51单片机 （第3版）
应用开发范例大全

张杰 宋戈 黄鹤松 员玉良 编著

人民邮电出版社

北京

图书在版编目（CIP）数据

51单片机应用开发范例大全 / 张杰等编著. -- 3版
. -- 北京 : 人民邮电出版社，2016.5（2022.1重印）
ISBN 978-7-115-41997-2

Ⅰ．①5… Ⅱ．①张… Ⅲ．①单片微型计算机 Ⅳ．
①TP368.1

中国版本图书馆CIP数据核字(2016)第059623号

内 容 提 要

本书延续了前两版的整体内容和风格，通过实例全面讲解单片机开发中的各种技术，内容包括单片机接口的扩展、存储器的扩展、输入/输出及显示技术、实用电子制作、传感控制技术、智能仪表与测试技术、电气传动及控制技术、单片机数据处理、单片机通信技术、单片机实现信号与算法、单片机的总线与网络技术、典型器件及应用技术等内容。本书最后通过智能手机充电器设计、单片机控制门禁系统设计、GPS接收设备的设计3个综合实例，具体演示应用多种技术开发单片机系统的思路和方法。其中前两版中的综合实例电机保护器的设计被现在的GPS接收设备的设计所替换。

本书内容注重各种技术的实际应用，所讲实例均以提高读者工程实践和开发能力为宗旨。

本书适合所有51单片机应用开发人员，可作为电子爱好者、大中院校相关专业学生、工程技术人员的参考用书。

◆ 编　著　张　杰　宋　戈　黄鹤松　员玉良
　　责任编辑　傅道坤
　　责任印制　张佳莹　焦志炜

◆ 人民邮电出版社出版发行　　北京市丰台区成寿寺路11号
　　邮编　100164　　电子邮件　315@ptpress.com.cn
　　网址　http://www.ptpress.com.cn
　　北京七彩京通数码快印有限公司印刷

◆ 开本：787×1092　1/16
　　印张：35　　　　　　　　2016年5月第3版
　　字数：850千字　　　　　2022年1月北京第10次印刷

定价：79.00 元
读者服务热线：(010)81055410　印装质量热线：(010)81055316
反盗版热线：(010)81055315

前　言

本书延续了之前两版的风格，书中内容安排基本一致，只是替换了某些应用实例和综合实例。本书内容仍然注重 51 单片机的技术实际应用，以提高读者的工程实践和开发能力为宗旨。

本书通过 18 个单片机 C 语言基础实例、79 个单片机技术应用实例和 3 个综合实例，总计 100 个实例来讲解单片机的 C 语言基础知识和单片机开发应用技术。读者可以通过本书的实例快速掌握单片机的开发技术以及开发技巧。

本书分为 14 章，每章内容安排如下。

第 1 章介绍了 51 单片机的基础知识，主要讲解单片机的基本概念、硬件结构特点及应用，单片机的开发工具及 C51 语言的基本知识。

第 2 章主要讲解单片机的端口扩展方式及扩展芯片的应用。

第 3 章主要讲解单片机外部程序存储器、数据存储器的扩展方式以及 Flash 的驱动。

第 4 章主要讲解单片机的输入/输出技术，包括键盘的控制及 LED、LCD 的显示控制技术。

第 5 章主要讲解单片机的几个电子制作实例，包括简易电子琴制作、电子标签设计等。

第 6 章主要讲解几种典型传感控制模块以及它们在单片机控制系统中的应用，主要包括指纹识别模块、数字温度传感器、宽带数控放大器的应用。

第 7 章主要讲解智能仪表及测试技术，包括超声波测距、简易数字频率计、车轮测速系统等。

第 8 章主要讲解单片机的电气传动控制系统，主要包括电源切换控制、步进电机控制、简易智能电动车、洗衣机控制器等。

第 9 章主要讲解单片机的 A/D、D/A 数据转换方式及相应器件的应用。

第 10 章主要讲解单片机的通信技术，包括单片机间的双机通信、多机通信以及 PC 机与单片机的通信等，还介绍了红外通信及无线通信等模块。

第 11 章主要讲解单片机实现各种信号输出以及在实现数学算法中的应用。

第 12 章主要讲解单片机的总线与网络技术的应用，包括 CAN 总线、USB 总线、以太网接口的应用。

第 13 章主要讲解典型器件在单片机系统中的应用，包括 U 盘、IC 卡、SD 卡的读写等。

第 14 章主要讲解单片机的综合应用实例，主要包括智能手机充电器设计、单片机控制门禁系统、GPS 接收设备的设计等。其中前两版中的综合实例电机保护器的设计被现在的 GPS 接收设备的设计所替换。

本书由张杰、宋戈、黄鹤松、员玉良编写。同时，参与本书编写工作的还有刘艳伟、蒋海峰、赵红波、高洁、郭华、刘坤、陈燕、赵艳华、张健、李月鹏、高明、王丽丽、王晓、李鹏、赵平强、王翀、王明燕、李建楠、孟祥豹、步士建、孟庆婕、盖宁、孙凯、周丰、吴洋、石峰、刘会灯、梅乐夫、王亮等，在此一并表示感谢。由于本书的电路图、数据表以及程序很多，受学识水平所限，错误之处在所难免，请广大读者给予批评指正。

编者

2016 年 2 月

目　　录

第1章　单片机 C 语言开发基础

单片微型计算机（Single Chip Micro Computer）现已正名为微控制器（MCU，Micro Controller Unit），单片机的称谓只是其习惯称呼。它把组成微型计算机的各功能部件（包括中央处理单元 CPU、随机存储器 RAM、只读存储器 ROM、I/O 接口电路、定时器/计数器以及串行口等）集成在一块电路芯片上。由于单片机的硬件结构与指令系统的功能都是按工业控制要求而设计的，因此常用在工业检测、控制装置中。

1.1　MCS-51 单片机硬件基础

MCS-51 是指美国 Intel 公司生产的一系列单片机的总称。这一系列单片机包括很多种，如 8031、8051、8751、8032、8052、8752 等。其中 8051 是最早、最典型的产品，该系列其他单片机都是以 8051 为核心发展起来的，都具有 8051 的基本结构和软件特征。8051 单片机内部包含了作为微型计算机所必需的基本功能部件,各部件相互独立地集成在同一块芯片上。其基本功能特性如下：

- 8 位 CPU；
- 32 条双向可独立寻址的 I/O 线；
- 4KB 程序存储器（ROM），外部可扩充至 64KB；
- 128B 数据存储器（RAM），外部可扩充至 64KB；
- 两个 16 位定时/计数器；
- 5 个中断源；
- 全双工的串行通信口；
- 具有布尔运算能力。

下面详细介绍 8051 单片机的基本工作原理和内部各功能模块等基础知识。

1.1.1　8051 引脚

标准 8051 单片机有几种不同的封装形式。本书以目前市场上最常见，也是最廉价的 PDIP40（塑料双列直插 40 引脚）封装的 8051 为主要描述对象，其引脚排列如图 1-1 所示。

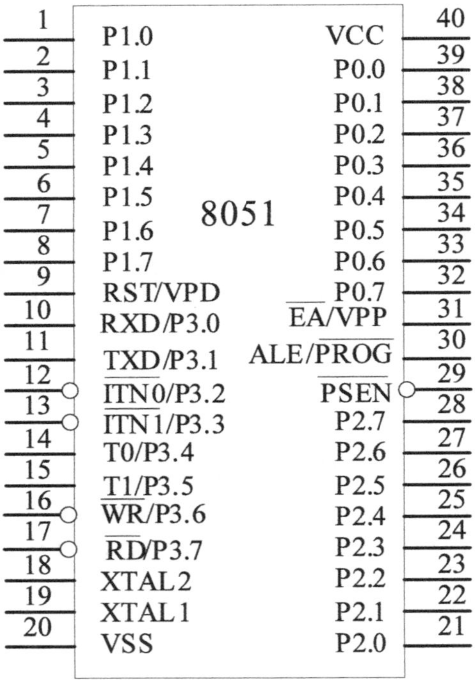

图 1-1   8051 单片机引脚图

40 个引脚功能说明如下。

（1）主电源引脚 VSS 和 VCC。

- VSS（20 脚）：地线。
- VCC（40 脚）：5V 电源。

（2）外接晶振引脚 XTAL1 和 XTAL2。

- XTAL1（19 脚）：外接晶体引线端。当使用芯片内部时钟时，此端用于外接石英晶体和微调电容；当使用外部时钟时，对于 HMOS 单片机，此引脚接地；对于 CHMOS 单片机，此引脚作为外部振荡信号的输入端。
- XTAL2（18 脚）：外接晶体引线端。当使用芯片内部时钟时，此端用于外接石英晶体和微调电容；当采用外部时钟时，对于 HMOS 单片机，此引脚接外部振荡源；对于 CHMOS 单片机，该引脚悬空不接。

（3）控制或与其他电源复用引脚 RST/VPD、ALE/$\overline{\text{PROG}}$、$\overline{\text{PSEN}}$ 和 $\overline{\text{EA}}$ /VPP。

- RST/VPD（9 脚）：复位信号。当输入的复位信号延续 2 个机器周期以上高电平即为有效，用以完成单片机的复位初始化操作。在 VCC 发生故障、降低到低电平规定值掉电期间，此引脚可接上备用电源 VPD（电压范围+5V ± 0.5V），由 VPD 向内部 RAM 供电，以保持内部 RAM 中的数据。
- ALE/$\overline{\text{PROG}}$（30 脚）：地址锁存控制信号。在系统扩展时，ALE 用于控制把 P0 口输出的低 8 位地址锁存器锁存起来，以实现低位地址和数据的隔离。此外由于 ALE 是以晶振六分之一的固定频率输出的正脉冲，因此可作为外部时钟或外部定时脉冲使用。对于 EPROM 型单片机（如 8751）或 Flash 型单片机（如 AT89C51），在 EPROM 或 Flash 编程期间，此引脚接收编程脉冲（$\overline{\text{PROG}}$ 功能）。

- $\overline{PSEN}$（29 脚）：外部程序存储器读选通信号。在读外部 ROM 时有效（低电平），以实现外部 ROM 单元的读操作。
- $\overline{EA}$ /VPP（31 脚）：访问程序存储控制信号。当 $\overline{EA}$ 信号为低电平时，对 ROM 的读操作限定在外部程序存储器；而当 $\overline{EA}$ 信号为高电平时，则对 ROM 的读操作是从内部程序存储器开始，并可延至外部程序存储器。对于 EPROM（或 Flash）型单片机，在 EPROM 编程期间，此引脚上加 12.75V 或 21V 的编程电源（VPP）。

（4）输入/输出引脚 P0 口、P1 口、P2 口、P3 口。

- P0 口（P0.0～P0.7、39 脚～32 脚）：8 位双向并行 I/O 接口。扩展片外存储器或 I/O 口时，作为低 8 位地址总线和 8 位数据总线的分时复用接口，它为双向三态。P0 口能以吸收电流的方式驱动 8 个 LSTTL 负载。
- P1 口（P1.0～P1.7、1 脚～8 脚）：8 位准双向并行 I/O 接口。P1 口每一位都可以独立设置成输入输出位。P1 口能驱动（吸收或输出电流）4 个 LSTTL 负载。
- P2 口（P2.0～P2.7、21 脚～28 脚）：8 位准双向并行 I/O 接口。扩展外部数据、程序存储器时，作为高 8 位地址输出端口。P2 口可以驱动（吸收或输出电流）4 个 LSTTL 负载。
- P3 口（P3.0～P3.7、10 脚～17 脚）：8 位准双向并行 I/O 口。P3 口除了作为一般的准双向口使用外，每个引脚还有特殊功能。P3 口能驱动（吸收或输出电流）4 个 LSTTL 负载。

1.1.2　51 单片机功能结构

这里主要介绍组成 8051 系列单片机的基本功能结构，如图 1-2 所示。

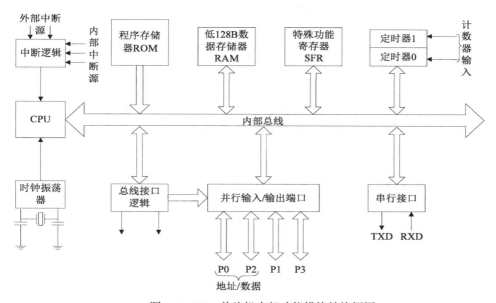

图 1-2　8051 单片机内部功能模块结构框图

从图 1-2 中可以看到，8051 单片机主要包含中央处理器（CPU）、程序存储器（ROM）、数据存储器（RAM）、定时器/计数器、并行接口、串行接口和中断系统几大功能模块及数据总线、地址总线和控制总线等，将在后面的小节中详细介绍。

此外，8051 单片机还有 8 位内部总线，作为数据、地址及控制信号传输的高速通道，负责将各个外围模块以及核心区域的各功能部件（累加器 A、算术/逻辑运算单元 ALU、程序计数器 PC、程序状态字寄存器 PSW、数据指针 DPTR、ROM、RAM、特殊功能寄存器 SFR 等）联系起来。

1.1.3 中央处理器（CPU）

中央处理器（CPU）是整个单片机的核心部件，是 8 位数据宽度的处理器，能处理 8 位二进制数据或代码，CPU 负责控制、指挥和调度整个单元系统协调的工作，完成运算和控制输入/输出功能等操作。它由运算器、控制器（定时控制部件）和专用寄存器组 3 部分部件组成。

1. 运算器（ALU）

运算器的功能是进行算术运算和逻辑运算。可以对半字节、单字节等数据进行操作，既能够完成加、减、乘、除等四则运算，也可以完成加 1、减 1、BCD 码十进制调整、比较等算术运算和与、或、异或、求补、循环等逻辑运算。

8051 运算器还包含有一个布尔处理器，用来处理位操作，以进位标志位 C 为累加器，可执行置位、复位、取反、等于 1 转移、等于 0 转移、等于 1 转移且清 0 以及进位标志位与其他可寻址的位之间进行数据传送等位操作。也能使进位标志位与其他可寻址的位之间进行逻辑与、或操作。

2. 控制器

（1）时钟电路。

8051 片内设有一个由反向放大器所构成的振荡电路，XTAL1 和 XTAL2 分别为振荡电路的输入和输出端，时钟可以由内部方式产生或外部方式产生。内部方式时钟电路如图 1-3 所示。在 XTAL1 和 XTAL2 引脚上外接定时元件，内部振荡电路就产生自激振荡。定时元件通常采用石英晶体和电容组成的并联谐振回路。晶振频率可以在 1.2MHz～12MHz 之间选择，电容在 5pF～30pF 之间选择，电容的大小可起频率微调作用。

外部方式的时钟很少用，若要用时，只要将 XTAL1 接地，XTAL2 接外部振荡器就行，如图 1-4 所示。对外部振荡信号无特殊要求，只要保证脉冲宽度，一般采用频率低于 12MHz 的方波信号。

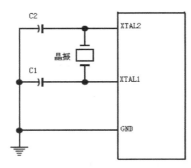

图 1-3 内部方式时钟电路

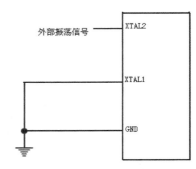

图 1-4 外部方式时钟电路

时钟频率越高，单片机控制器的控制节拍就越快，运算速度也越快，但同时消耗的功率也更大，对外界的干扰也更强。因此，不同型号、不同场合的单片机所需要的时钟频率是不一样的。

（2）振荡周期、时钟周期、机器周期和指令周期。

一条指令译码产生的一系列微操作信号在时间上有严格的先后次序，这种次序就是计算机的时序。8051 的主要时序将在后续章节中介绍，这里先介绍其基本时序周期。

● 振荡周期是为单片机提供时钟信号的振荡源的周期，是时序中最小的时间单位。

● 时钟周期是振荡源信号经二分频后形成的时钟脉冲信号。

● 机器周期是完成一个基本操作所需的时间。一个机器周期包含 6 个时钟周期，也就等于 12 个振荡周期。

● 指令周期是指 CPU 执行一条指令所需要的时间，是时序中的最大时间单位。由于单片机执行不同指令所需的时间不同，因此不同指令所包含的机器周期数也不相同，一个指令周期通常含有 1～4 个机器周期。

振荡周期、时钟周期、机器周期和指令周期的关系如图 1-5 所示。

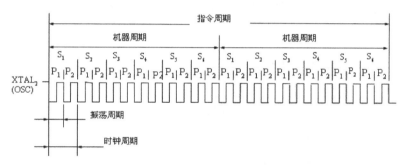

图 1-5　8051 单片机各种周期之间的关系

3. 专用寄存器组

专用寄存器组主要用来指示当前要执行的内存地址、存放操作数和指示指令执行后的状态等，是任何一台计算机的 CPU 不可或缺的组成部件。8051 的专用寄存器组主要包括累加器（ACC）、通用寄存器（B）、程序状态字（PSW）、堆栈指示器（SP）、数据指针（DPTR）和程序计数器（PC）等，下面分别对这些寄存器进行介绍。

（1）累加器（ACC）。

累加器是最常用的特殊功能寄存器，是一个二进制 8 位寄存器，运算大部分单操作数指令的操作数取自累加器，双操作数指令的一个操作数取自累加器。加、减、乘、除算术运算指令的运算结果都存放在累加器 ACC 或 A、B 寄存器中。指令系统中用 A 或 ACC 作为累加器的助记符。

【实例 1】使用累加器进行简单加法运算：

```
MOV    A,#02H ;A←02H
ADD A,#06H ;A←A+06H
```

指令"MOV　A,#02H"是把加数 2 预先送到累加器 A，为指令"ADD　A,#06H"的执行做准备，因此，指令"ADD   A,#06H"执行前累加器 A 中为加数 2，在执行后变为两数之和 8。

（2）通用寄存器（B）。

B 寄存器是乘除法指令中常用的寄存器。乘法指令的两个操作数分别取自 A 和 B，其结果存放在 B（高 8 位）、A（低 8 位）寄存器中。除法指令中，被除数取自 A，除数取自 B，商数存放于 A，余数存放于 B。在其他指令中，B 寄存器可作为 RAM 中的一个单元来使用。

【实例 2】使用 B 寄存器进行简单乘法运算：

```
MOV      A,#02H  ; A←2
MOV      B,#06H  ; B←6
MUL AB           ; BA←A*B=6*2
```

前面两条是传送指令，是进行乘法前的准备指令，乘法指令执行前累加器 A 和通用寄存器 B 中分别存放了两个乘数，乘法指令执行后，积的高 8 位自动存放在 B 中，低 8 位自动存放在 A 中。

（3）程序状态字（PSW）。

程序状态字是一个 8 位寄存器，包含了程序的状态信息，寄存器各位代表的含义如图 1-6 所示。

PSW7	PSW6	PSW5	PSW4	PSW3	PSW2	PSW1	PSW0
CY	AC	F0	RS1	RS0	OV	–	P

图 1-6 程序状态字各位的含义

其中 PSW1 未用。其他各位说明如下。

- CY（Carry）：进位标志。在执行某些算术和逻辑指令时，可以被硬件或软件置位或清零。具体地说在加法运算时，若累加器 A 中最高位 A.7 有进位，则 CY＝1，否则 CY＝0；在减法运算时，若 A.7 有借位，则 CY＝1，否则 CY＝0；CPU 在进行移位操作时也会影响这个标志位。在布尔处理机中被认为是位累加器，其重要性相当于一般中央处理机中的累加器 A。

- AC（Auxiliary Carry）：辅助进位标志。当进行加法或减法操作而产生由低 4 位数（BCD 码一位）向高 4 位数进位或借位时，AC 将被硬件置位，否则就被清零。AC 被用于 BCD 码调整。

- F0（Flag zero）：用户标志位。F0 是用户定义的一个状态标志，用软件来使其置位或清零。该标志状态一经设定，可由软件测试 F0，以控制程序的流向。

- RS1，RS0（Registers Selection）：寄存器区选择控制位。8051 共有 8 个 8 位工作寄存器，分别命名为 R0～R7。工作寄存器 R0～R7 常常被用来进行程序设计，但其在 RAM 中的实际物理地址是可以根据需要选定的。RS1 和 RS0 就是为了这个目的提供给用户使用的，用户通过改变 RS1 和 RS0 的状态可以方便地决定 R0～R7 的实际物理地址。可以用软件来置位或清零以确定工作寄存器区。RS1 和 RS0 与寄存器区的对应关系如表 1-1 所示。

表 1-1　　　　　　　　　　　　通过 **RS1** 和 **RS0** 选择工作寄存器组

RS1、RS0	R0~R7 的组号	R0~R7 的物理地址
00	0	00H~07H
01	1	08H~0FH
10	2	10H~17H
11	3	18H~1FH

● OV（Overflow）：溢出标志。可以指示运算过程中是否发生了溢出，当执行算术指令时由硬件置位或清零。溢出标志常用于作加减运算时 OV＝1 表示加减运算的结果超出了目的寄存器 A 所能表示的带符号数（2 的补码）的范围（−128~+127）。当执行加法指令 ADD 时，位 6 向位 7 有进位而位 7 不向 CY 进位时，或位 6 不向位 7 进位而位 7 向 CY 进位时，溢出标志 OV 置位，否则清零。无符号数乘法指令的执行结果也会影响溢出标志：若置于累加器 A 和寄存器 B 的两个数的乘积超过 255 时，OV＝1，否则 OV＝0。此积的高 8 位放在 B 内，低 8 位放在 A 内。因此，OV＝0 意味着只要从 A 中取得乘积即可，否则要从 B、A 寄存器对中取得乘积。除法指令也会影响溢出标志：当除数为 0 时，OV＝1，否则 OV＝0。

● P（Parity）：奇偶标志。每个指令周期都由硬件来置位或清"0"，以表示累加器 A 中值为 1 的位数的奇偶数。若 1 的位数为奇数，P 置"1"，否则 P 清"0"。P 标志位对串行通信中的数据传输有重要的意义，在串行通信中常用奇偶校验的办法来检验数据传输的可靠性。在发送端可根据 P 的值对数据的奇偶置位或清零。通信协议中规定采用奇偶校验的办法，则 P＝0 时，应对数据（假定由 A 取得）的奇偶位置位，否则就清零。

【实例 3】通过设置 RS1、RS0 选择工作寄存器区 1：

```
CLR     PSW.4   ; PSW.4←0
SETB    PSW.5   ; PSW.5←1
```

（4）堆栈指针（SP）。

栈指针 SP 一个 8 位特殊功能寄存器，其作用为指示堆栈顶部在内部 RAM 中的位置。系统复位后，SP 初始化为 07H，使得堆栈事实上由 08H 单元开始。考虑到 08H~1FH 单元分属于工作寄存器区 1~3，若程序设计中要用到这些区，则最好把 SP 值设置为 1FH 或更大的值，SP 的初始值越小，堆栈深度就可以越深。堆栈指针的值可以由软件改变，因此堆栈在内部 RAM 中的位置比较灵活。

（5）数据指针（DPTR）。

数据指针 DPTR 是一个 16 位特殊功能寄存器，其高位字节寄存器用 DPH 表示，低位字节寄存器用 DPL 表示，既可以作为一个 16 位寄存器 DPTR 来处理，也可以作为两个独立的 8 位寄存器 DPH 和 DPL 来处理。DPTR 主要用来存放 16 位地址，当对 64KB 外部存储器寻址时，可作为间址寄存器使用。

【实例4】使用数据指针 DPTR 访问外部数据数据存储器：

```
MOV       DPTR, #data16    ; DPTR←data16
MOVX A, @ DPTR            ; A←((DPTR))
MOVX @ DPTR, A            ; (DPTR)←A
```

（6）程序计数器（PC）。

程序计数器（PC）用来存放即将要执行的指令地址，共 16 位，可对 64KB 的程序存储器直接寻址。读取存储在外部程序存储器中的指令时，PC 内容的低 8 位经 P0 口输出，高 8 位经 P2 口输出。

【实例5】使用程序计数器 PC 查表：

```
MOV       A, #data        ; A←data
MOVC      A, @ A+DPTR     ; PC←(PC)+1 ,A←((A)+(PC))
```

1.1.4　存储器结构

MCS-51 单片机的存储器编址方式采用与工作寄存器、I/O 口锁存器统一编址的方式，程序存储器和数据存储器空间是互相独立的，各有自己的寻址系统和控制信号，物理结构也不同。程序存储器为只读存储器（ROM），数据存储器为随机存储器（RAM）。

从物理地址空间看，MCS-51 有 4 个存储器地址空间，即片内程序存储器和片外程序存储器以及片内数据存储器和片外数据存储器，其组织结构如图 1-7 所示。

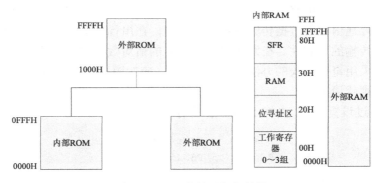

图 1-7　8051 存储器组织结构

1. 程序存储器

程序存储器用来存放程序和表格常数。程序存储器以程序计数器 PC 作地址指针，通过 16 位地址总线，可寻址的地址空间为 64KB。片内、片外统一编址。

在 8051/8751 片内，带有 4KB 的 ROM/EPROM 程序存储器。因此当 $\overline{EA}$ 接高电平时，将从内部 ROM 开始运行整个程序，其中外部程序存储器地址空间为 1000H-FFFFH。若将 $\overline{EA}$ 接低电平，可用于调试外部 ROM 内的程序，即把要调试的程序放在与内部 ROM 空间重叠的外部程序存储器内，进行调试和修改。

在程序存储器中有些特殊的单元在使用中应加以注意。其中一组特殊单元是 0000H～0002H 单元，系统复位后，PC 为 0000H，单片机从 0000H 单元开始执行程序，该单元是系统执行程序的起始地址，通常在该单元中存放一条跳转指令，而用户程序从跳转地址开始存放程序。

另一组特殊单元是 0003H～002AH，这 40 个单元专门用于存放中断处理程序，按中断的类型被均匀地分为 5 段，其定义如下。

- 0003H～000AH：外部中断 0 中断地址区。
- 000BH～0012H：定时/计数器 0 中断地址区。
- 0013H～001AH：外部中断 1 中断地址区。
- 001BH～0022H：定时/计数器 1 中断地址区。
- 0023H～002AH：串行中断地址区。

2．数据存储器

MCS-51 单片机的数据存储器无论在物理上或逻辑上都分为两个地址空间，一个为内部数据存储器，访问内部数据存储器用 MOV 指令；另一个为外部数据存储器，访问外部数据存储器用 MOVX 指令。

MCS-51 系列单片机各芯片内部都有数据存储器，是最灵活的地址空间，分成物理上独立的且性质不同的几个区。8051 内部有 128 个 8 位用户数据存储单元和 128 个专用寄存器单元，这些单元是统一编址的，专用寄存器只能用于存放控制指令数据。所以，用户能使用的 RAM 只有 00H～7FH（0～127）单元组成的 128 字节地址空间，可存放读写的数据或运算的中间结果；80H～FFH（128～255）单元组成的高 128 字节地址空间的特殊功能寄存器（又称 SFR）区只能访问，而不能用于存放用户数据。

> 📝 **注意** 8032/8052 单片机将 80H～FFH（128～255）单元组成的高 128 字节地址空间作为 RAM 区。

对于片内 RAM 的低 128 字节（00H～7FH）还可以分成工作寄存器区、可位寻址区和一般 RAM 区 3 个区域，其功能特点如下。

- 工作寄存器区：在 00H～1FH 安排了四组工作寄存器，每组占用 8 个 RAM 字节，记为 R0～R7。在某个时刻，CPU 只能使用其中的一组工作寄存器，工作寄存器的选择由程序状态字（PSW）中的两位来确定。
- 可位寻址区：占用 20H～2FH 16 字节，从 20H 单元的第 0 位到 2FH 单元的第 7 位至共 128 位，位地址 00H～7FH 分别与之对应。这个区域除了可作为一般的 RAM 单元按字节读写外，还可对每个字节的每一位进行操作，一般存放需要按位操作的数据。
- 一般 RAM 区：地址为 30H～7FH，共 80 字节，可作为一般用途的 RAM，如存放程序变量等。

特殊功能寄存器中只有一部分是定义了的，对其他没有定义的地址进行操作会导致不确定的结果。8051 内部特殊功能寄存器符号及地址如表 1-2 所示，其中带"*"号的特殊功能寄存器都是可以位寻址的，并可以用"寄存器名.位"来表示，如 ACC.0、B.7 等。

MCS-51 可以扩展 64KB 外部数据存储器，这对很多应用领域已足够使用，对外部数据存储器的访问采用 MOVX 指令，用间接寻址方式，R0、R1 和 DPTR 都可用作间址寄存器。

表 1-2 　　　　　　　　　　　8051 特殊功能寄存器一览表

符　　号	物 理 地 址	名　　称
*ACC	E0H	累加器
*B	F0H	通用寄存器
*PSW	D0H	程序状态字
SP	81H	堆栈指针
DPL	82H	数据存储器指针低 8 位
DPH	83H	数据存储器指针高 8 位
*P0	80H	通道 0
*P1	90H	通道 1
*P2	A0H	通道 2
*P3	B0H	通道 3
*IP	D8H	中断优先级控制器
*IE	A8H	中断允许控制器
TMOD	89H	定时器方式选择
*TCON	88H	定时器控制
TH0	8CH	定时器 0 高 8 位
TL0	8AH	定时器 0 低 8 位
TH1	8DH	定时器 1 高 8 位
TL1	8BH	定时器 1 低 8 位
*SCON	98H	串行口控制器
SBUF	99H	串行数据缓冲器
PCON	87H	电源控制及波特率选择

1.1.5 定时/计数器

8051 片内有两个 16 位的可编程定时器/计数器 T0 和 T1，用于定时或计数产生中断控制程序执行，它们各由两个独立的 8 位寄存器组成，用于存放定时或计数时的时间常数。T0 由两个 8 位寄存器 TH0 和 TL0 组成，其中 TH0 为高 8 位，TL0 为低 8 位。和 T0 类同，T1 也由 TH1 和 TL1 两个 8 位寄存器组成，其中 TH1 为高 8 位，TL1 为低 8 位。TH0、TL0、TH1 和 TL1 均为 SFR 特殊功能寄存器，用户可以通过指令对他们进行数据存取。

T0 和 T1 有定时器和计数器两种工作模式，在每种模式下又分为若干工作方式。在定时器模式下，T0 和 T1 通过对每个机器周期的计数，即一个机器周期定时器加 1，当定时器的数值与 TH0/1 和 TL0/1 中的时间常数相等时，执行指定动作。在计数器模式下，T0 和 T1 的计数脉冲可以从 P3.4 和 P3.5 引脚上输入，在输入引脚的电平由高到低出现跳变时计数器加 1。

对 T0 和 T1 的控制由两个 8 位特殊功能寄存器完成：一个称为定时器方式选择寄存器 TMOD，用于确定是定时器工作模式还是计数器工作模式；另一个叫做定时器控制寄存器 TCON，用于决定定时器或计数器的启动、停止以及进行中断控制。

1.1.6　并行端口

I/O 端口也叫做 I/O 通道或 I/O 通路，是 MCS-51 单片机对外部实现控制和信息交换的必经之路。I/O 端口有串行和并行之分，串行 I/O 端口一次只能传送一位二进制信息，并行 I/O 端口一次能传送一组二进制信息。

MCS-51 单片机有 P0、P1、P2、P3 等 4 个 8 位双向 I/O 端口，每一条 I/O 线都能独立地用做输入和输出，其内部结构和功能如下。

- P0 口：P0 的位结构如图 1-8 所示。电路中包含一个数据输出锁存器和两个三态数据输入缓冲器，另外还有一个数据输出的驱动和控制电路。这两组端口用来作为 CPU 与外部数据存储器、外部程序存储器和 I/O 扩展口的总线接口，而不像 P1、P3 直接用做输出口。该 8 位都为漏级开路输出，每个引脚可以驱动 8 个 LS 型 TTL 负载且内部没有上拉电阻，执行输出功能时外部必须接上拉电阻（10kΩ即可）；若要执行输入功能，必须先输出高电平方能读取该端口所连接的外部数据；若系统连接外部存储器，则 P0 可作为地址总线（A0～A7）及数据总线（D0～D7）。

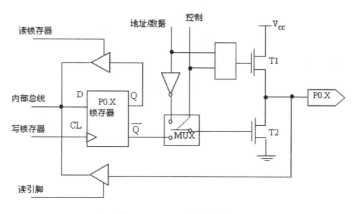

图 1-8　P0 口的位结构

- P1 口：P1 的位结构如图 1-9 所示。P1 口为 8 位准双向口，每一位均可单独定义为输入或输出口，当作为输出口时 1 写入锁存器，$\overline{Q}=0$，T2 截止，内部上拉电阻将电位拉至"1"，此时该端口输出为 1；当 0 写入锁存器时，$\overline{Q}=1$，T2 导通，输出为 0。作为输入口时，锁存器置 1，$\overline{Q}=0$，T2 截止，此时该位既可以把外部电路拉成低电平，也可由内部上拉电阻拉成高电平。需要说明的是，作为输入口使用时有两种情况，其一是首先是读锁存器的内容，

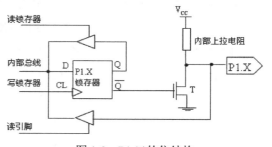

图 1-9　P1 口的位结构

进行处理后再写到锁存器中，这种操作即读—修改—写操作，如 JBC（逻辑判断）、CPL（取反）、INC（递增）、DEC（递减）、ANL（与逻辑）和 ORL（逻辑或）等指令均属于这类操作；其二是读 P1 口线状态时打开三态门 G2 将外部状态读入 CPU。

- P2 口：P2 的位结构如图 1-10 所示，电路结构与 P0 口相似，但内部有 30kΩ 上拉电阻，执行输出功能时不必连接外部上拉电阻。每个引脚可以驱动 4 个 LS 型 TTL 负载；若要执行输入功能，必须先输出高电平方能读取该端口所连接的外部数据；若系统连接外部存储器的地址线超过 8 条时，则 P2 口可作为地址总线（A15～A8）引脚。

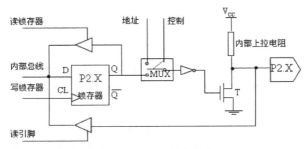

图 1-10   P2 口的位结构

- P3 口：P3 的位结构如图 1-11 所示，内部有 30kΩ 上拉电阻，执行输出功能时不必连接外部上拉电阻。该 8 位都为漏级开路输出，每个引脚可以驱动 4 个 LS 型 TTL 负载。若要执行输入功能，必须先输出高电平，方能读取该端口所连接的外部数据。

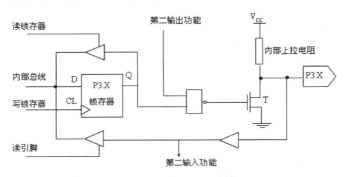

图 1-11   P3 口的位结构

在实际应用中，P3 口的第二功能更为重要，表 1-3 列出了 P3 口的各位的第二功能。

表 1-3   P3 口各位的第二功能

P3 口的位	第 二 功 能	注　　释
P3.0	RXD	累加器
P3.1	TXD	通用寄存器
P3.2	INT0	程序状态字
P3.3	INT1	堆栈指针

续表

P3 口的位	第 二 功 能	注　　释
P3.4	T0	数据存储器指针低 8 位
P3.5	T1	数据存储器指针高 8 位
P3.6	WR	通道 0
P3.7	RD	通道 1

　　每个 I/O 端口内部都有一个 8 位数据输出锁存器和一个 8 位数据输入缓冲器，4 个数据输出锁存器与端口号 P0、P1、P2 和 P3 同名，都是特殊功能寄存器。因此，CPU 数据从并行 I/O 端口输出时可以得到锁存，数据输入时可以得到缓冲。

　　4 个并行 I/O 端口作为通用 I/O 口使用时，共有写端口、读端口和读引脚 3 种操作方式。写端口实际上就是输出数据，是将累加器 A 或其他寄存器中数据传送到端口锁存器中，然后由端口自动从端口引脚线上输出。读端口不是真正的从外部输入数据，而是将端口锁存器中输出数据读到 CPU 的累加器。读引脚才是真正的输入外部数据的操作，是从端口引脚线上读入外部的输入数据。

1.1.7　串行端口

　　8051 有一个全双工的可编程串行 I/O 端口。这个串行 I/O 端口既可以在程序控制下将 CPU 的 8 位并行数据编程串行数据一位一位地从发送数据线 TXD 发送出去，也可以把串行接收到的数据变成八位并行数据送给 CPU，而且这种串行发送和串行接收可以单独进行，也可以同时进行。

　　8051 串行发送和串行接收利用了 P3 口的第二功能，即利用 P3.1 引脚作为串行数据的发送线 TXD，利用 P3.0 引脚作为串行数据的接收线 RXD，如表 1-3 所示。串行 I/O 口的电路结构还包括串行口控制器 SCON、电源及波特率选择寄存器 PCON 和串行数据缓存器 SBUF 等，这些寄存器都属于特殊功能寄存器（SFR）。其中 PCON 和 SCON 用于设置串行口工作方式和确定数据的发送和接收波特率，串行数据缓冲器 SBUF 用于存放欲发送或已接收的数据。SBUF 实际上由两个相互独立的发送缓冲器和接收缓冲器组成，当要发送的数据传送到 SBUF 时，进的是发送缓冲器；当要从 SBUF 读数据时，则取自接收缓冲器，取走的是刚接收到的数据。

1.1.8　中断系统

　　8051 的中断系统可以接受 5 个独立的中断源的中断请求，这 5 个中断源即 2 个外部中断、2 个定时器/计数器中断和 1 个串行口中断。

　　外部中断源产生的中断请求信号可以从 P3.2 和 P3.3 引脚上输入，有电平或边沿两种触发方式；内部中断源 T0 和 T1 的两个中断是在其从全“1”变为全“0”溢出时自动向中断系统提出的；内部串行口中断源的中断请求是在串行口每发送完一个 8 位二进制数据或接收到一组输入数据（8 位）后自动向中断系统提出的。

　　8051 的中断系统主要由 IE（Interrupt Enable，中断允许）控制器和中断优先级控制器 IP

等电路组成。其中，IE 用于控制 5 个中断源中哪些中断请求被允许向 CPU 提出，哪些中断源的中断请求被禁止，IP 用于控制 5 个中断源的中断请求的优先级。

1.1.9   总线

MCS-51 单片机属总线型结构，其总线通常分为地址总线、数据总线和控制总线等 3 种，其功能分别如下。

- 地址总线（AB）：地址总线宽度为 16 位，由 P0 口经地址锁存器提供低 8 位地址（A0～A7）；P2 口直接提供高 8 位地址（A8～A15），地址信号是由 CPU 发出的单方向信号。
- 数据总线（DB）：数据总线宽度为 8 位，用于传送数据和指令，由 P0 口提供。
- 控制总线（CB）：随时掌握各种部件的状态，并根据需要向有关部件发出命令。

在访问外部存储器时，P2 口输出高 8 位地址，P0 输出低 8 位地址，由 ALE（地址锁存允许）信号将 P0 口（地址/数据总线）上的低 8 位锁存到外部地址锁存器中，从而为 P0 口接收数据做准备。

在访问外部程序存储器指令时，$\overline{PSEN}$（外部程序存储器选通）信号有效；在访问外部数据存储器指令时，由 P3 口自动产生读/写（$\overline{RD}$ / $\overline{WR}$）信号，通过 P0 口对外部数据存储器单元进行读/写操作。

1.2   Keil μVision2

MCS-51 单片机的开发除了需要硬件的支持以外，同样离不开软件。CPU 真正可执行的是机器码，用汇编语言或 C 等高级语言编写的源程序必须转换为机器码才能运行，转换的方法有手工汇编和机器汇编两种，前者目前已极少使用。机器汇编是指通过汇编软件将源程序变为机器码的编译方法。这种汇编软件称为编译器。本节将向大家介绍目前十分流行的 Keil μVision2。

1.2.1   Keil μVision2 集成开发环境介绍

Keil μVision2 是一个集成开发环境（Intergrated Development Environment，IDE），它包括编译器、汇编器、实时操作系统、项目管理器和调试器等。它可以用于编写、调试和软仿真所有的 51 内核控制器，也可以和 IDE 连接进行芯片的在线调试。同时 C 编译器保留了汇编代码高效、快速的特点，可以作为许多编程工具的第三方支持。因此，它无疑是 8051 开发用户的首选。

当使用 μVision2 的开发工具进行项目开发时，项目的开发流程和其他软件开发项目的流程极其相似，一般遵循下面的几步。

（1）创建一个项目，从器件库中选择目标器件，配置工具设置。

（2）用 C 语言或汇编语言创建源程序。

（3）用项目管理生成应用。

（4）修改源程序中的错误。

（5）测试、连接应用。

用带有 μVision 集成开发环境的 Keil μVision2 工具进行软件开发的流程如图 1-12 所示。

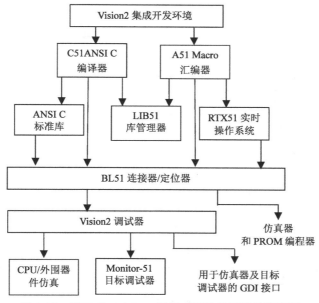

图 1-12 用 Keil μVision2 进行应用软件开发的流程图

1.2.2 使用 Keil μVision2 进行开发

对 Keil μVision2 软件及其集成开发环境有了整体认识后，本小节将详细介绍如何使用 Keil μVision2 软件来进行单片机程序的开发。

1. 建立工程

首先启动 Keil μVision2 软件的集成开发环境，如图 1-13 所示。几秒钟后出现编辑界面，程序窗口的左边会出现一个工程管理窗口，如图 1-14 所示。该窗口中有 3 个标签，分别是"Files"、"Regs"和"Books"，这 3 个标签页分别显示当前项目的文件结构、CPU 的寄存器及部分特殊功能寄存器的值（调试时才出现）和所选 CPU 的附加说明文件，如果是第一次启动 Keil μVision2，则这 3 个标签页全是空的。

图 1-13 启动 Keil μVision2 时的屏幕

使用菜单"File/New"或者单击工具栏的新建文件按钮，即可在项目窗口的右侧打开一个新的文本编辑窗口，在该窗口中输入源程序代码，然后保存该文件，注意必须加上扩展名".c"。源文件不一定使用 Keil μVision2 自带的文本编辑器编写，可以使用任意文本编辑器编写。

在项目开发中，并不仅是有一源程序就行了，还要为这个项目选择 CPU（Keil μVision2 支持数百种 CPU，这些 CPU 的特性不完全相同），确定编译、汇编、连接的参数，指定调试的方式。有一些项目还会由多个文件组成，为管理和使用方便，Keil μVision2 使用工程（Project）这一概念，将这些参数设置和所需的所有文件都加在一个工程中，对工程里的 MAIN.C 文件进行编译、连接，这样生成的代码才有意义。

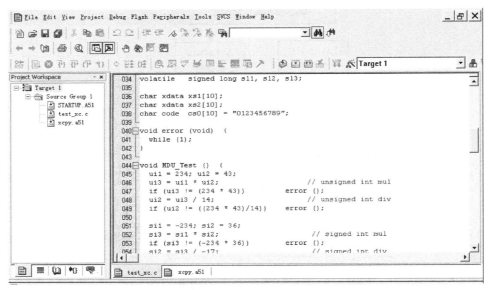

图 1-14　μVision2 的工程管理窗口

选择"Project/New Project"菜单，弹出一个对话框，如图 1-15 所示。

要求给将要建立的工程起一个名字，不需要扩展名，单击"保存"按钮，然后出现第二个对话框，如图 1-16 所示。这个对话框要求选择目标 CPU，从图中可以看出 Keil μVision2 支持的 CPU 种类繁多，几乎所有目前流行的芯片厂家的 CPU 型号都包括其中。选择时，单击所选厂家前面的"+"号，展开之后选择所需要的 CPU 类型即可。

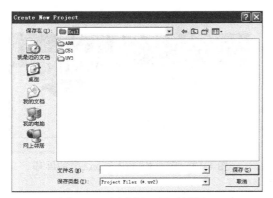

图 1-15　创建新工程对话框

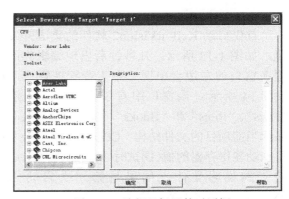

图 1-16　选择目标器件对话框

选好以后回到主界面，此时在工程窗口的文件页中，出现了"Target 1"，"Target 1"的前面有一个"+"号，单击"+"号展开，可以看到下一层的"Source Group 1"，这时的工程还是一个空的工程，里面什么文件也没有，需要手动把编写好的源程序文件输入。单击"Source Group 1"使其反白显示，然后单击鼠标右键，出现一个下拉菜单，如图 1-17 所示。

选择其中的"Add Files to Group 'Source Group 1'"选项，出现如图 1-18 所示的"添加源文件"对话框。

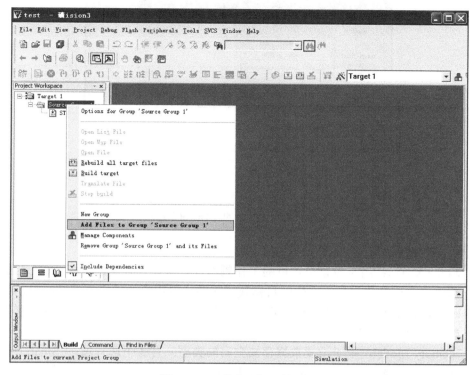

图 1-17 工程中添加文件页面

图 1-18 添加源文件对话框

注意该对话框下面的"文件类型"默认为"C Source files (*.C)",也就是以 C 为扩展名的文件,找到并选中需要加入的文件,将文件拖入到项目中,此后还可以继续加入其他需要的文件。

2．工程的设置

μVision2 允许用户为目标硬件设置选项。先单击左边"Project"窗口的"Target 1",然后选择菜单"Project/Options for Target 'Target 1'",即出现工程设置对话框,此对话框共有 8 个选项卡,绝大部分设置取默认值即可。

（1）Target 选项卡。

单击 Target 选项卡,如图 1-19 所示。

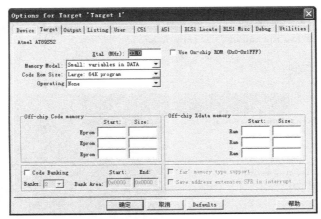

图 1-19　工程设置中的"Target"选项卡

其中各参数设置如下。

- Xtal（MHz）：用于设置单片机的工作频率，默认设置是所选目标 CPU 的最高可用频率值，该数值与最终产生的目标代码无关，仅用于软件模拟调试时显示程序执行时间。正确设置该数值可使显示时间与实际所用时间一致，一般将其设置为开发的硬件所用的晶振频率。

- Memory Model：用于设置数据存储空间的类型，有 3 个选择项："Small"指变量存储在内部 RAM 里；"Compact"指变量存储在外部 RAM 里，使用 8 位间接寻址；"Large"指变量存储在外部 RAM 里，使用 16 位间接寻址。

- Code Rom Size：用于设置 ROM 空间的使用，同样也有 3 个选项值："Small"模式，表示只使用不超过 2KB 的程序空间；"Compact"模式，表示函数的代码量不能超过 2KB，整个程序可以使用 64KB 的程序空间；"Large"模式，程序和函数可用全部的 64KB 空间。

- Operating：用于选择是否使用操作系统，Keil μVision2 提供了两种操作系统：RTX-51 Tiny 和 RTX-51 Full。一般情况下不使用操作系统，即使用该项的默认值："None"。

- Off-chip Code memory：用于确定系统外扩 ROM 的地址范围，如果没有外接 ROM 不要填任何数据。

- off-chip XData memory：用于确定系统外展 RAM 的地址范围，如果没有外接 RAM 不要填任何数据。

（2）Output 选项卡。

单击 Output 选项卡，如图 1-20 所示。

Output 选项卡的设置比较多，下面逐一介绍。

- Select Folder for Objects：用于选择最终的目标文件所在的文件夹，默认是与工程文件在同一个文件夹中。

- Name of Executable：用于指定最终产生的目标文件夹的名字，默认与工程的名字相同，这两项一般不需要更改。

- Debug Information：用于产生调试信息，这些信息用于调试。如果需要对程序进行调试，应当选中该项。

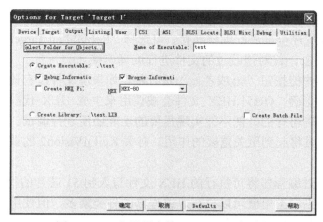

图 1-20 工程设置中的"Output"选项卡

- Browse Information：用于产生浏览信息，该信息可以用菜单"View/Browse"来查看，这里取默认值。
- Creat Hex File：用于生成可执行代码文件，扩展名为".HEX"，默认情况下该项未被选中，如果要需要生成 HEX 文件，必须选中该项。
- Create Library：生成库文件。选中该选项时将生成 lib 库文件，根据用户的需要是否生成库文件，一般的应用是不生成库文件的。

（3）Listing 选项卡。

"Listing"选项卡用于调整生成的列表文件选项。在汇编或编译完成后将产生*.lst 的列表文件，在连接完成后也将产生*.m51 的列表文件，该选项卡用于对列表文件的内容和形式进行细致的调节。其中比较常用的选项是"C Compile Listing"下的"Assemble Code"项，选中该项可以在列表文件中生成 C 语言源程序所对应的汇编代码。

（4）C 51 选项卡。

用于对 Keil μVision2 的 MCS-51 单片机的编译过程进行控制，其中比较常用的是"Code Optimization"组，如图 1-21 所示。

该组中"Level"是优化等级，MCS-51 在对源程序进行编译时，可以对代码进行多至 9 级优化，默认使用第 8 级，一般不必修改。如果在编译中出现一些问题，可以降低优化级别试一试。

"Emphasis"是选择编译优先方式，第一项是代码量优化（最终生成的代码量最小），第二项是

图 1-21 工程设置中的 C 51 选项卡中的 Code Optimization 组

速度优先（最终生成的代码速度最快），第三项是默认选项。默认的是速度优先，可根据需要更改。

设置完成后单击"确定"按钮返回主界面，工程文件设置完毕。

3. 编译与连接

在工程建立并设置好以后，接下来的工作就是对工程进行编译。如果一个项目包含多个源程序文件，并且已经编译，则当只修改了某一个文件时，没有必要全部再编译一次，可选

择"Project/Build Target"（ ），仅对修改过的文件进行编译，然后和已被编译过的文件进行连接。如果对所有原程序全部进行编译连接，可选择"Rebuild all Target Files（ ）"。推荐按F7键或单击快捷按钮 ，仅对修改过的文件进行编译连接。

编译是通过单击快捷按钮（ 或者 ）进行的，如果源文件没有语法错误，将生成.OBJ文件，同时如果设置正确，OH51.HEX 文件会被调用来生成 HEX 代码。源文件没有语法错误并不能保证就是正确可行的，能不能实现需要的功能还需进行调试。调试是一项复杂的工作，好的调试工具这时将起到至关重要的作用。有关 Keil μVision2 的调试器环境和调试方法将在后文做详细介绍。

利用编程环境通过编程器将可执行的.HEX 文件写入到 51 芯片的程序存储器 ROM 里，然后插入到目标硬件系统上电就可以执行。编程器的种类繁多，但使用方法大多相同（界面有些区别），具体过程本书不作介绍。

1.2.3　dScope for Windows 的使用

在开发产品时，软件仿真是芯片不具有在线调试接口时的首要步骤（8051 低端单片机不具备此功能，F 系列的 Soc 除外），可以用软件模拟仿真器（Simulator）对应用程序进行软件模拟调试。另外，现在应用程序的开发往往由几个人共同开发的情形较多，因此直接用硬件方法调试软件会带来一定的困难。Keil μVision2 提供了一种软件仿真器 dScope，为 MCS-51 单片机应用程序的调试带来了极大的方便。本小节将详细介绍 dScope for Windows 的使用方法。

1．如何启动

如果源程序代码编译成功，那么运行 dScope 可以对 MCS-51 应用程序进行软件仿真调试Simulator。为了运行 dScope，在图 1-22 所示的"Option for Target"对话框的"Debug"选项卡中要选中"Use Simulator"单选项。"Load Application at Startup"复选框用于在 dScope 启动时能够调用自己应用程序的 OMF 文件，因此也要选中这个复选框。如果不选中此复选框而运行了 dScope，则要手动装载应用程序。

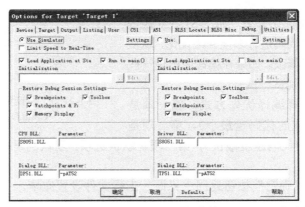

图 1-22　"Options for Target"对话框中的"Debug"选项卡

"Run to main()"选项用于选择在 dScope 启动后，是否从 C 源程序的 main()函数开始，因此推荐选中此复选框。

"Use"选项中的监控软件"Keil μVision2 Monitor",具有把已经编译好的代码下载到用户目标硬件系统后,监控硬件目标系统的功能。该监控软件通过 RS-232 串口实时地实现 Keil μVision2 的 dScope 和硬件目标系统相互联系的强大功能。这里由于使用软件仿真,所以不选取。

在编译源程序代码时,出现警告仍然可以写入芯片进行调试,但出现错误就不可以进行调试了,然后就应该执行 dScope。dScope 一词是 Debug 和 Scope 的合成语。图 1-23 中 Keil μVision2 执行菜单文件工具栏中带有红色"d"字的按钮 ，就是启动 dScope 的快捷按钮。

图 1-23　Keil μVision2 执行菜单

进入调试状态后,界面与编辑界面相比有明显的变化,"Debug"菜单项中原来不能用的命令现在已可以使用了,工具栏中会多出一个用于运行和调试的工具条,如图 1-24 所示。

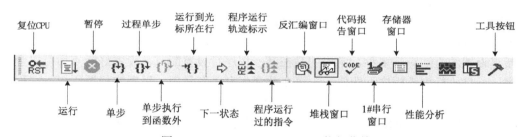

图 1-24　Keil μVision2 dScope 执行菜单

2．如何调试

调试是在源文件编辑、编译无误之后才得以进行的,主要是反复修改程序并检验编写的程序是否能够可靠地实现预期目标的过程。在做开发计划时,通常就把开发周期和调试周期同等对待。

程序调试时,必须明确两个重要的概念,即单步执行与全速运行。全速运行是指一程序行执行完以后紧接着执行下一程序行,中间不停止,这样可以看到该段程序执行的总体效果,即最终结果正确还是错误,但如果程序错误,则难以确认错误出现的位置。单步执行是每次执行一行程序,执行完该行程序即停止,等待命令执行下一行程序,此时可以观察该程序行执行完以后得到的结果,是否与我们写该程序行所想要得到的结果相同,由此可以找到程序中的问题所在。程序调试中,这两种运行方式都要用到。

使用菜单"Step"或相应的快捷按钮 或使用快捷键 F11,可以单步执行程序。使用菜单"Step Over"或相应的快捷按钮 或使用快捷键 F10,可以以过程单步形式执行命令。所谓过程单步,是指将汇编语言中的子程序或高级语言中的函数作为一个语句来全速执行。

通过单步执行程序,可以找出一些问题的所在,但是仅依靠单步执行来查错有时是困难的,或虽能查出错误但效率很低,为此必须辅以其他方法。比如在循环次数很多的循环子程序中，单步执行方法就不再合适，这时候可以使用"单步执行到函数外"命令（🔾），或者"运行到光标所在行"命令（🔾）来跳出循环子程序。还有个办法就是在单步执行到循环子程序的时候，不再使用单步命令 F11（🔾）而采用过程单步 F10（🔾）命令，这样就不会进入循环子程序内部。灵活使用这几种方法，可以大大提高调试的效率。

在进入 Keil μVision2 的调试环境以后，如果发现程序有错，可以直接对源程序进行修改，但是要实现重新编译，必须先退出调试环境，然后重新编译、连接后再次进入调试。如果只是需要对某些程序进行作测试，或仅需要对源程序进行临时的修改，这样的过程未免有些麻烦，可以采用 Keil μVision2 软件提供的在线汇编的方法。将光标定位于需要修改的程序行上，选择菜单"Debug/Inline Assembly"，会弹出如图 1-25 所示的对话框，在"Enter New Instruction"后面的编辑框内直接输入需更改的程序语

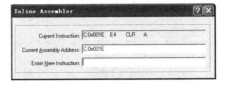

图 1-25   Keil μVision2 在线汇编窗口

句，输入完成以后回车将自动指向下一条语句，可以继续修改，如果不再需要修改，可以单击右上角的关闭按钮关闭窗口。

程序调试时，一些程序行必须满足一定的条件才能被执行（如程序中某变量达到一定的值、按键被按下、串口接收到数据、有中断产生等），这些条件往往是异步发生或难以预先设定的，这类问题使用单步执行的方法是很难调试的，这时就需要使用到程序调试中的另一种非常重要的方法——断点设置。

断点设置的方法有很多种，常用的是在某一程序行设置断点，设置好断点后可以全速运行程序，一旦执行到该程序行即停止，可在此观察有关变量值，以确定问题所在。在程序行设置/删除断点的方法是将光标定位于需要设置断点的程序运行，使用菜单"Debug/Insert/Remove Breakpoint"（🖐）设置或删除断点（也可以用鼠标在该行双击实现同样的功能）。其他几个选项的意义为：

"Debug/Enable/Disable Breakpoint"（🖐）是指开启或暂停光标所在行的断点功能，"Debug/Disable All Breakpoint"（🖐）暂停所有的断点，"Debug/Kill All Breakpoint"（🖐）清除所有的断点设置。

3. 调试窗口

Keil μVision2 软件在调试程序时提供了多个窗口，主要包括输出窗口（Output Window）、观察窗口（Watch & Call Stack Window）、存储器窗口（Memory Window）、反汇编窗口（Disassembly Window）和串行窗口（Serial Window）等。进入调试模式后，可以通过菜单"View"下的相应命令打开或关闭这些窗口。

在进入调试模式之前，工程窗口的寄存器页面是空白的，进入调试模式以后，此页面就会显示出当前模拟状态下单片机寄存器的值，如图 1-26 所示。

寄存器页面包括了当前的工作寄存器组和系统寄存器，系统寄存器有一些是实际存在的寄存器（如 A、B、DPTR、SP、

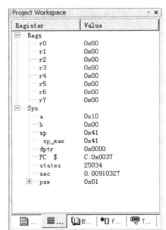

图 1-26   Keil μVision2 工程窗口
寄存器页面

PSW 等），有一些是实际中并不存在或虽然存在却不能对其进行操作的（如 PC、Status 等）。每当程序中执行到对某寄存器的操作时，该寄存器会以反色（蓝底白字）显示，用鼠标单击然后按下 F2 键，即可修改该值。

图 1-27 所示是调试模式下的输出窗口、存储器窗口和观察窗口。

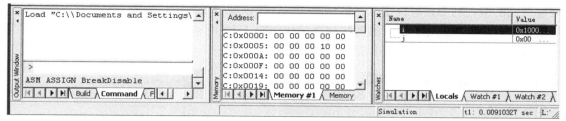

图 1-27　Keil μVision2 调试窗口（命令窗口、存储器窗口、观察窗口）

进入调试程序后，输出窗口自动切换到 "Command" 页（命令窗口）。输出窗口可以输入调试命令，同时可以输出调试信息，调试命令以文本的形式输入，详细的命令语句可以参照 "Getting Started with μVision2" 的说明，大约有 30 个命令，这里不做详细介绍。

存储器窗口可以显示系统中各种内存中的值，通过在 Address 后的编辑框内输入 "字母：数字" 即可显示相应内存值，其中字母可以是 C、D、I 和 X，它们分别代表代码存储空间、直接寻址的片内存储空间、间接寻址的片内存储空间和扩展的外部 RAM 空间。数字代表想要查看的地址。如输入 "D:5"，即可观察到地址 0x05 开始的片内 RAM 单元值，键入 "C:0" 即可显示从 0 开始的 ROM 单元中的值，即查看程序的二进制代码。该窗口的显示值可以以各种形式显示，如十进制、十六进制、字符型等。

改变显示方式的方法是：按鼠标右键，在弹出的快捷菜单中选择，该菜单用分隔条分成 3 部分，其中第一部分与第二部分的 3 个选项为同一级别，选中第一部分的任意选项，内容将以整数形式显示；而选中第二部分的 "ASCII" 项将以字符型显示，选中 "Float" 项内容将以相邻 4 字节组成的浮点数形式显示，选中 "Double" 项内容将以相邻 8 字节组成的双精度形式显示。第一部分又有多个选项，其中 "Decimal" 项是一个开关，如果选中该选项，则窗口中的值将以十进制的形式显示，否则按默认的十六进制方式显示。"Unsigned" 和 "Signed" 后分别有 3 个选项：Char，Int，Long，分别代表以单字节方式显示、相邻双字节组成整型数方式显示、相邻 4 字节组成长整型方式显示，而 "Unsigned" 和 "Signed" 则分别代表无符号形式和有符号形式，至于究竟从哪一个单元开始相邻单元则与设置有关。第三部分的 "Modify Memory at X:xx" 用于更改鼠标处的内存单元值，选中该项即出现如图 1-28 所示的对话框，可以在对话框中输入要修改的内容。

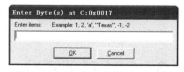

图 1-28　修改内存单元对话框

观察窗口是很重要的一个窗口，工程窗口中仅可观察到工作寄存器和有限的系统寄存器，如 A、B、DPTR 等，如果需要观察其他寄存器的值或者在高级语言编程时需要直接观察变量，就要借助于观察窗口了。比如如果想要观察程序中某个临时变量 tmp 在单步工作时的变化情况，就可以在观察窗口中按 F2 键，然后键入变量名 tmp，这样在程序运行的时候会看到 tmp 变量的即时值。一般情况下，仅在单步执行时才对变量值的变化感兴趣，全速运行时，变量的值是不变的，只有在程序停下来之后，才会将这些最新的变化反映出来。但是，在一些特殊的场合也可能需要在全速运行时观察变量的变化，此时可以选择"View/Periodic Window Updata"菜单，确认该项处于被选中状态，即可在全速运行时动态地观察有关变量值的变化。选中该项，将会使程序模拟执行的速度变慢。

选择菜单"View/Disassembly Window"可以打开反汇编窗口，如图 1-29 所示。

该窗口可以显示反汇编后的代码、源程序和相应反汇编代码的混合代码，可以在该窗口进行在线汇编、利用该窗口跟踪已执行的代码、在该窗口按汇编代码的方式单步执行。打开反汇编窗口，单击鼠标右键，出现快捷菜单，如图 1-30 所示，其中"Mixed Mode"是以混合方式显示，"Assembly Mode"是以反汇编码方式显示。

图 1-29   反汇编窗口   图 1-30   快捷菜单

程序调试中常使用设置断点然后全速执行的方式，在断点处可以获得各变量值，但却无法知道程序在断点前究竟执行了哪些代码，而这往往是需要了解的。为此，Keil μVision2 提供了跟踪功能，在运行程序之前打开调试工具条上的运行跟踪代码开关，然后全速运行程序。当程序停止运行后，单击查看跟踪代码按钮，自动切换到反汇编窗口，其中前面标有"-"号的行就是中断以前执行的代码，可以按窗口边的上卷按钮向上翻查看代码执行记录。

Keil μVision2 提供了 2 个串行观察窗口，用于 PC 机与模拟的 51 单片机窗口通信。从模拟的 51 单片机的 CPU 串口输出的数据，将在这个串行窗口中显示，而在串口中输入的字符，将被输入到模拟的 51 单片机的 CPU 串口中，利用这一点，可以在没有外部硬件的情况下模拟 51 单片机 CPU 的 UART。这是一种高级调试技巧，本书不再做详细介绍。

1.3   C51 基础知识

1.3.1   C51 控制语句

C51 语言中，有相关的控制语句，用以实现选择结构与循环结构。

● 选择控制语句：if 语句和 switch-case 语句。

● 循环控制语句：for 语句、while 语句和 do…while 语句。

● 转移控制语句：break 语句、continue 语句和 goto 语句。

1. 选择控制语句

在 C51 语言中选择结构主要是利用 if 语句和 switch-case 语句来实现的。

（1）if 语句的 3 种常用形式。

C51 语言中分支结构主要是应用 if 语句来实现的，if 语句是对给定条件进行判断，然后决定执行某个分支。if 语句包括 if 语句、if-else 语句、else-if 语句 3 种形式。

- if 语句

  if（表达式）语句

含义：如果表达式的值为真，则执行其后的语句；否则不执行该语句后面的语句。

- if-else 语句

  if（表达式）

  语句 1；

else

  语句 2；

含义：如表达式的值为真，则执行语句 1；否则执行语句 2。

- else-if 语句

  if（表达式 1）

  语句 1；

else if（表达式 2）

  语句 2；

else if（表达式 3）

  语句 3；

…

else if（表达式 m）

  语句 m；

else（表达式 m + 1）；

含义：依次判断各个表达式的值，如某个值为真时，则执行其对应的语句，然后跳出 else-if 结构。如果所有的表达式的值均为假，则执行语句 m + 1，然后执行后续程序。

【实例 6】if 语句实例：

```
void main()
{   int a,b,c,min;
    printf("\n please input three number:");
    scanf("%d%d%d ",&a,&b,&c);
    if(a<b&&a<c)    printf("min=%d\n",a );
    else if(b<a&&b<c)    printf("min=%d\n",b);
    else if(c<a&&c<c)    printf("min=%d\n",c);
    else        printf("There at least two numbers are equal\n");
}
```

（2）switch-case 语句。

在 C51 语言中提供了直接处理多分支的方法，如 switch-case 语句。

● switch-case 语句

switch-case 语句的一般形式：

switch（表达式）{

    case 常量表达式 1：语句 1；

    case 常量表达式 2：语句 2；

……

    case 常量表达式 n：语句 n；

    default   ：语句 n + 1；

}

含义：首先计算表达式的值，然后逐个与每一个 case 后的常量表达式值进行比较。当表达式的值与某个常量表达式的值相等时，就执行该 case 后的语句组，然后不再进行判断，继续执行后面所有的语句。如表达式的值与所有 case 后的常量表达式均不相同时，则执行 default 后的语句组。

【实例 7】switch-case 语句实例：

```
void main()
{    int num;    printf("input one number:");
    scanf("%d",& num);
    switch(num)
    {    case 1: printf("num =%d\n", num);break;
         case 2: printf("num =%d\n", num);break;
         case 3: printf("num =%d\n", num);break;
         case 4: printf("num =%d\n", num);break;
          default: printf("The number is out of the range\n", num);
    }
}
```

2. 循环控制语句

在 C51 语言中循环结构主要是利用 for 语句、while 语句和 do-while 语句来实现的。

（1）for 语句。

在 C 语言的循环语句中，for 语句使用最为灵活。它常用于循环次数已知的循环控制，也可以灵活用于循环次数不确定的而只给出循环结束条件的情况。

for 语句的一般形式：

for（表达式 1；表达式 2；表达式 3）语句；

表达式 1　通常在循环开始时用来给循环变量赋初值，一般是赋值表达式。也允许在 for 语句外给循环变量赋初值，此时可以省略该表达式。

表达式 2　通常是循环条件，一般为关系表达式或逻辑表达式。只要这个条件是满足的，循环就得继续下去。表达式 2 一般是关系表达式或逻辑表达式，但也可以是数值表达式或字符表达式，只要其值非零，就执行循环体。

表达式 3　通常是循环增量，用来修改循环变量的值，一般是赋值语句。表达式 1 和表达式 3 可以是逗号表达式，即每个表达式都可由多个表达式组成。

含义：求解计算表达式 1（循环变量初值）的值；求解表达式 2（循环条件）的值，若值为真（非 0）则执行循环体一次，否则循环结束，执行 for 语句下面的语句；执行构成循环体的程序语句；计算表达式 3（循环增量表达式）的值，转回求解表达式 2；循环结束，执行 for 语句下面的语句。

【实例 8】 for 语句实例：

```
void main()
{    for(int a=10;n>0;a --)
     printf("%d",a);
}
```

（2）while 语句。

while 语句的一般形式：

while（表达式）语句

含义：先判断表达式，后执行语句。

【实例 9】 while 语句实例：

```
void main()
{    int i=0;
     while(i<=10)  i++;
}
```

（3）do…while 语句。

do…while 语句一般形式：

do 循环体语句

while（表达式）；

含义：先执行语句，后判断表达式。

【实例 10】 do…while 语句实例：

```
void main()
{    int i=0;
     do{ i++;}
     while(i<=10);
}
```

3．转移控制语句

break 语句、continue 语句和 goto 语句都是限定转向语句，改变程序的正常流向，但是它们不允许用户自己指定转向，而是按程序事先规定的原则向某一点转移。

（1）break 语句。

当 break 语句用于 do-while、for、while 循环语句中时，可使程序终止循环而执行后面的语句。

break 语句的一般形式为：

语句 break；

（2）continue 语句。

continue 语句只能用在循环体中。其一般格式是：

continue;

含义：continue 语句作用是结束本次循环，即跳过循环体重下面尚未执行的语句，转入下一次循环条件的判断与执行。

（3）goto 语句。

goto 语句也称为无条件转移语句，其一般形式如下：

goto   语句标号;

含义：goto 语句的语义是改变程序流向，转去执行语句标号所标识的语句。

1.3.2   C51 函数

程序设计中 C51 程序由一个主函数和若干个函数组成，主函数调用其他函数，其他函数也可以互相调用。同一个函数可以被一个或多个函数调用任意多次，所以有经验的开发人员将一些常用的功能模块编写成函数，放在函数库中以供调用，以减少重复程序段的工作量。

1．函数的划分

函数从形式上划分，分为无参数函数和有参数函数及空函数。

（1）无参函数的定义形式

类型标识符   函数名()

{   声明部分

语句

}

（2）有参函数的定义

类型标识符   函数名（形式参数列表）

{   声明部分

语句

}

（3）空函数

类型说明符 函数名()

{}

2．函数参数和函数的返回值

函数之间的参数传递，由函数调用时主调函数的实际参数与被调用函数的形式参数之间进行数据传递来实现。

（1）形式参数和实际参数。

形式参数：定义函数时，函数名后面括号中的变量名称为"形式参数"，简称"形参"。

实际参数：调用函数时，函数名后面括号中的表达式称为"实际参数"，简称"实参"。

（2）函数的返回值。

通过函数调用使主调函数能得到一个确定的值，这就是函数的返回值。

3. 函数的调用

C51 语言中被调用的函数必须是已经存在的函数，可以是库函数，也可以是用户自定义的函数。在确定函数存在的情况下用户可以通过以下方法来使用函数。

（1）函数调用的一般形式。

函数名（实参列表）

对于有参数型的函数，若包含多个实际参数时，则用逗号隔开各参数。其中实参与形参的个数应相等，且类型一致，并按顺序对应的进行数据传递。如果调用的是无参函数，可省去"实参列表"项，但括号不能省。

（2）函数调用的方式。

C51 语言中可以通过以下 3 种方式实现函数调用。

① 函数作为一个语句调用，不要求函数带返回值，只要求函数完成一定的功能操作。

【实例 11】语句形式调用实例：

```
void main()
{   int i=0; while(i<=10)  i++; … …
    Sum();   /*函数调用*/
}
```

② 将函数结果作为表达式的一个运算对象，要求函数带回一个确定的值以参加表达式的运算。

【实例 12】表达式形式调用实例：

```
void main()
{   int a,b,i=0; while(i<=10)  i++; … …
    i=4*Sum(a,b);   /*函数调用*/
}
```

③ 将函数作为另一个函数的参数进行调用。

【实例 13】以函数的参数形式调用实例：

```
void main()
{   int a,b,c,i=0; while(i<=10)  i++; … …
    i= max(c,Sum(a,b));  /*函数调用*/
}
```

（3）调用函数的声明和函数原型。

在对一个函数进行调用时不仅需要其已经存在，还必须在调用前在主调函数中对被调用的函数进行声明，如调用的是库函数应在文件开头用#include 命令将调用的有关库函数的信息"包含"到本文件中。

【实例 14】函数的声明实例：

```
void main()
{   int max(int x,int y);    /*函数的声明*/
```

```
    int a,b,c,i=0; while(i<=10)  i++; … …
    i= max(c,Sum(a,b));  /*函数调用*/
}
```

函数原型的一般形式如下所示。

- 函数类型　函数名（参数类型 1，参数类型 2……）
- 函数类型　函数名（参数类型 1　参数名 1，参数类型 2　参数名 2……）

其中第 1 种形式是基本的形式，在声明函数时给出参数类型。也可以如第 2 种形式所示，在函数原型中加上参数名。

（4）函数的嵌套调用。

在 C51 中函数的定义都是相互独立的，但允在调用时许嵌对函数进行嵌套调用。即在调用一个函数的过程中，允许调用另一个函数，如实例 13 所示。

（5）函数的递归调用。

在 C51 中调用函数时，直接或间接地调用该函数本身，即称为函数的递归调用。但递归调用过程中应避免无终止地自身调用。

【实例 15】函数递归调用的简单实例：

```
void fun()
{   int a=1, result,i;
    for(i=0;i<10;)
    {  i=a+I;
     result = fun();  /*函数调用*/
    }
  return  result;
}
```

1.3.3　C51 数组和指针

1. C51 数组

所谓数组就是指具有相同数据类型的变量集，并拥有共同的名字。其可以是一维的，也可以是多维的。

（1）一维数组

一维数组的说明格式：

类型　变量名[长度]；

（2）多维数组

多维数组的一般说明格式：

　类型　数组名[第 n 维长度] [第 n-1 维长度]…[第 1 维长度]；

【实例 16】数组的实例：

```
void main()
{    char num[3] [3]={{'','#',''},{'#','','#'},{'','#',''}};  /*定义多维数组*/
     int i=0,j=0;
     for(;i<3;i++)
{    for(;j<3;j++)    printf("%c",num[i][j]);
     printf("/n");
}
```

2. C51 指针

（1）指针变量的定义。

在 C51 语言中，对变量的访问形式之一，就是先求出变量的地址，然后再通过地址对它进行访问，这就是这里所要论述的指针及其指针变量。变量的指针，实际上指变量的地址。

指针变量的一般定义：

类型标识符   *标识符；

其中标识符是指针变量的名字，标识符前加了个"*"号，表示该变量是指针变量，而最前面的"类型标识符"表示该指针变量所指向的变量的类型。一个指针变量只能指向同一种类型的变量，也就是说，不能定义一个指针变量，既能指向一个整型变量又能指向一个双精度变量。

（2）指针变量的引用。

在指针变量中只能存放地址，因此，在使用中不要将一个整数赋给一个指针变量。

（3）指针的运算。

指针允许的运算方式有指针在一定条件下进行比较，指针和整数进行加、减运算，两个指针变量在一定条件下进行减法运算等多种。

【实例 17】指针的实例：

```
void main()
{    int a=3,*p;
     p=&a;    /*将变量 a 的地址赋值给指针变量 p*/
     printf("%d,%d",a,*p);    /*输出二者的数值进行对比*/
}
```

【实例 18】数组与指针实例：

```
void main()
{    int i=3,num[3]={1,2,3},*p;
     p=num;    /*将数组 num[]的地址赋值给指针变量 p*/
     result =max(p,3);    /*函数调用,计算数组的最大值*/
}
```

1.4 【实例19】P1口控制直流电动机实例

利用 P1 口，编制程序输出一串脉冲，经放大后驱动小电动机，改变输出脉冲的电平及持续时间，达到使电动机正转、反转、加速、减速、停转之目的。

1．实例概述

可以通过 74HC244 输入开关量数据来控制小直流电动机的转动，实现正转 4 种转速，反转 4 种转速及停转。电路及连线如图 1-31 所示。

图 1-31 中 P1.0 连接 74HC244 的 2A2。两个输出通过两个 74HC32 连接直流电动机电源。小直流电动机原理是：转动方向是由电压来控制的，电压为正则正转，电压为负则负转。转速大小则是由输出脉冲的占空比来决定的，正向占空比越大则转速越快，反向转则占空比越小转速越快，如图 1-32 所示。

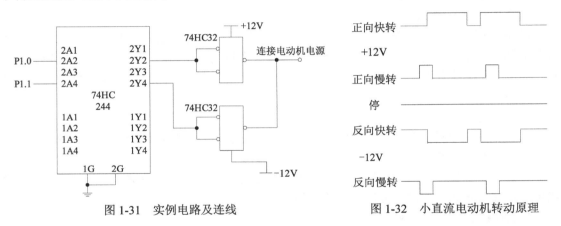

图 1-31　实例电路及连线　　　　　图 1-32　小直流电动机转动原理

2．程序框图及代码

在编写代码前，最好先把程序流程图画出来，这样可以使得编写的代码更加简洁有效。实例程序的流程图如图 1-33 所示。

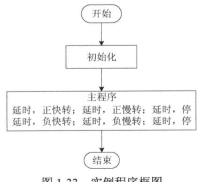

图 1-33　实例程序框图

程序代码如下：

```
sfr p1=0x90;
sbit p10=p1^0;
sbit p11=p1^1;

void main ()
{
int i, m;
int j=100;
int k=20;

// 正快转
for (i=0; i<100; i++)
{
P10=1;
for (j=0; j<50; j++)
    {
        m=0;
    }
}
P10=0;
for (j=0; j<10; j++)
    {
        m=0
    }
//正慢转
for (i=0; i<100; i++)
{
P10=1;
for (j=0; j<10; j++)
  {
    m=0
  }
}
p10=0;
for (j=0; j<50; j++)
    {
        m=0
    }
// 负快转
for (i=0; i<100; i++)
{
p11=1;
for (j=0; j<50; j++)
    {
      m=0;
    }
}
p11=0;
```

```
for (j=0; j<10; j++)
    {
        m=0;
    }

// 负慢转
for (i=0; i<100; i++)
{
p11=1;
for (j=0;j<10;j++)
    {
        m=0;
    }
}
p11=0
for (j=0; j<50; j++)
    {
        m=0;
    }
}
```

Cx51 源程序是一个 ASCII 文件，可以用任何标准的 ASCII 文本编辑器来编写，例如记事本、写字板等。

C 源程序的书写格式自由度较高，灵活性很强，有较大的任意性。其要点如下。

● 一般情况下，每个语句占用一行。

● 不同结构层次的语句，从不同的起始位置开始，即在同一结构层次中的语句，缩进同样的字数。

● 表示结构层次的大括号通常写在该结构语句第一个字母的下方，与结构化语句对齐，并占用一行。

第 2 章　单片机接口的扩展

单片机输入/输出（I/O）接口是单片机和外部设备之间信息交换和控制的桥梁。它可以实现和不同外部设备的速度匹配，可以改变数据传送的方式，也可以改变信号的性质和电平等，可以根据不同的外设需要对输入/输出（I/O）接口进行扩展。本章主要结合具体的实例进行讲解，主要包括以下内容：

● 基本器件实现端口扩展；
● 扩展芯片实现端口扩展；
● cpld 实现端口扩展。

2.1　基本器件实现端口扩展实例

目前，比较常用的串行口转换并行口的专用芯片有 74LS165、CD4014 等，并行口转换串行口的专用芯片有 74LS164、CD4094 等。

2.1.1　【实例 20】用 74LS165 实现串口扩展并行输入口

一些低速的并行设备，如果直接和单片机连接，则浪费了宝贵的端口资源；如果先经过并行转换，然后以串行方式送入数据，则可以节省 I/O 端口。本设计就是通过 74LS165，利用单片机串口，实现 8 位并行数据的输入。

1．74LS165 与单片机接口电路设计

74LS165 有多种封装，它们在功能上并没有什么差别，可以根据实际需要选择合适的封装。图 2-1 所示是 74LS165 的引脚图。

● SH/$\overline{\text{RD}}$：移位/装载数据，当为高电平时，在时钟信号下进行移位；当为低电平时，将并行输入口的数据送到寄存器中。
● CLK：时钟输入。
● A～H：并行输入口。
● QH、$\overline{\text{Q}}$H：串行输出口。

1	SH/$\overline{\text{RD}}$	VCC	16
2	CLK	CLKINH	15
3	E	D	14
4	F	C	13
5	G	B	12
6	H	A	11
7	QH	SER	10
8	GND	QH	9

74LS165

图 2-1　74LS165 芯片引脚图

- GND：接地端。
- SER：串行输入口，通过它可以将多个 74LS165 连接起来，也可以和其他串行口连接，在时序配合的情况下，将数据加入送出的串行数据中。
- CLKINH：时钟抑制。
- VCC：电源。

图 2-2 所示是 8051 单片机与 74LS165 的接口电路。8051 单片机的串口工作于模式 0，为同步移位寄存器输入/输出方式，收/发的数据为 8 位，低位在前，无起始位、奇偶校验位和停止位。串行数据从 RXD（P3.0）输入，移位时钟由 TXD（P3.1）输出。端口线 P1.7 用于控制 74LS165 的工作状态。当 P1.7 输出低电平时，74LS165 将并行数据置入寄存器中；当 P1.7 输出高电平时，74LS165 工作在时钟控制下的串行移位状态，数据通过 RXD（P3.0）移入 8051 单片机。

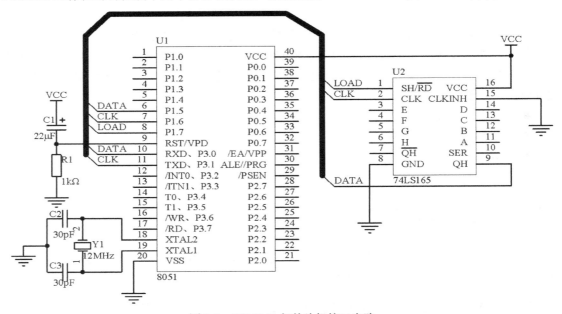

图 2-2　74LS165 与单片机接口电路

注意　由于单片机的串口资源有限，在串口被占用的情况下，也可以利用 I/O 口来模拟时序，实现移位寄存，这是一种简单可行的方法。串行数据从 P1.5 输入，移位时钟脉冲可由 P1.6 输出，还是用 P1.7 来控制 74LS165 的工作状态。

2. 用串口驱动 74LS165

利用单片机串口实现输入移位寄存器，只需用软件置 REN = 1（同时 RI =0），即开始接收。数据字节在移位时钟脉冲的配合下，从低位至高位一位一位地接收下来并装入 SBUF 中，在启动接收过程（即写 SCON，清 RI 位）开始后的第 8 个机器周期 RI 被置位。这一数据帧接收完毕，可进行下一帧的接收。

在模式 0 下，数据传输速率为 fosc/12，fosc 是时钟频率。时钟频率为 12MHz 时串行数据传输速率为 1Mbit/s，速度较快，故程序中对接收过程采取查询等待方式。如果有必要，应该用中断控制方式以提高程序速率。

需要特别注意，在工作模式 0 下，必须将 SCON 的 SM2 位清零。

单片机串口驱动 74LS165 的程序主要包括函数声明管脚定义部分、串口初始化函数以及数据接收函数。

（1）函数声明管脚定义。

函数声明管脚定义部分主要完成程序所涉及的库函数的声明及有关引脚的定义，一般置于程序的开头部分，代码如下：

```
//-----------------库函数声明,管脚定义-----------------------
#include<reg52.h>
sbit LOAD=P1^7;
//用 P1^7 控制 SH/ 管脚
```

（2）串口初始化函数 UART_init()。

串口初始化函数 UART_init()实现串口的初始化，包括工作方式选择和中断的开禁等功能，程序代码如下：

```
//---------------------------------------------------------
// 函数名称:UART_init()
// 功能说明:串口初始化,设定串口工作在方式 0
//---------------------------------------------------------
void UART_init(void)
{
    SCON=0x10;
    //设串行口方式 0,允许接收,启动接收过程
    ES=0;
    //禁止串口中断
}
```

（3）数据接收函数 PA()。

数据接收函数 PA()能够完成 8 位串行数据的接收，代码如下：

```
//---------------------------------------------------------
// 函数名称:PA()
// 输入参数:无
// 输出参数:返回由并口输入的数据
// 功能说明:接收 8 位串行数据
//---------------------------------------------------------
unsigned char PA(void)
{
    unsigned char PA_data;
    LOAD=0;
    //当 P1.7 输出低电平,74LS165 将并行数据装入寄存器当中
    LOAD=1;
    //当 P1.7 输出高电平,74LS165 在时钟信号下进行移位
    UART_init();
    //74LS165 工作在时钟控制下的串行移位状态
    while(RI==0);
    //循环等待
    RI=0;
```

```
    PA_data=SBUF;
    return PA_data;
    //返回并行输入的数据
}
```

3. 用 I/O 端口驱动 74LS165

单片机的串口工作在模式 0，只是作为同步移位寄存器。如果能够直接用 I/O 模拟移位寄存器的时序，同样能驱动 74LS165，实现并行数据的输入。如图 2-2 所示，P1.5 被用于串行数据输入，P1.6 用于移位时钟输出，P1.7 用来控制 74LS165 的工作状态。

单片机 I/O 端口驱动 74LS165 主要包括函数声明管脚定义部分、数据输入函数以及数据输出函数。

（1）函数声明管脚定义。

函数声明管脚定义部分主要完成程序所涉及的库函数的声明及有关引脚的定义，一般置于程序的开头部分，代码如下：

```
//----------------------------库函数声明,管脚定义-----------------------------
#include<reg52.h>
sbit a7=ACC^7;
sbit simuseri_CLK=P1^6;
//用 P1^6 模拟串口时钟
sbit simuseri_DATA=P1^5;
//用 P1^5 模拟串口数据
sbit drive74165_LD=P1^7;
//用 P1^7 控制 SH/ 管脚
```

（2）数据输入函数 in_simuseri()。

数据输入函数 in_simuseri()能够实现 8 位数据的从低位到高位的串行输入，程序代码如下所示：

```
//------------------------------------------------------------------
//   函数名称:in_simuseri()
//   输入参数:无
//   输出参数:data_buf
//   功能说明:8 位同位移位寄存器,将 simuseri_DATA 串行输入的数据按从低位到
//   高位
//   保存到 data_buf
//------------------------------------------------------------------
unsigned char in_simuseri(void)
{
    unsigned char i;
    unsigned char data_buf;
    i=8;
    do
    {
        ACC=ACC>>1;
        for(;simuseri_CLK==0;);
        a7= simuseri_DATA;
```

```
            for(;simuseri_CLK==1;);
        }
        while(--i!=0);
        simuseri_CLK=0;
        data_buf=ACC;
        return(data_buf);
    }
```

（3）数据输出函数 PAs()。

数据输出函数 PAs()能够实现数据的并行输出，程序代码如下：

```
//------------------------------------------------------------
// 函数名称:PAs()
// 输入参数:无
// 输出参数:PAs _buf,返回并行输入 74LS165 的数据
// 功能说明:直接调用,即可读取并行输入 74LS165 的数据,不需要考虑 74LS165 的
// 工作原理
//------------------------------------------------------------
unsigned char PAs(void)
{
    unsigned char PAs_buf;
    drive74165_LD=0;
    drive74165_LD=1;
    PAs_buf= in_simuseri();
    return(PAs_buf);
}
```

2.1.2 【实例 21】用 74LS164 实现串口扩展并行输出口

在单片机应用系统中，并行输入的接口设备很多，如果设备数据传输速率不是很高，可以在单片机输出后端预处理。如果利用串并转换接口，单片机只需要串行输出，就可以满足接口设备并行输入的需要。本设计采用 74LS164，通过单片机的串口实现串口转换为并口输出。

1. 74LS164 与单片机接口电路设计

图 2-3 所示是 74LS164 的引脚图。具体各引脚说明如下。

- VCC：电源。
- GND：接地端。
- QA～QH：并行输出口。
- B：串行输入口。
- CLK：时钟输入。
- CLR：清零位，当为低电平时，并行输出口上均为低电平 "0"。

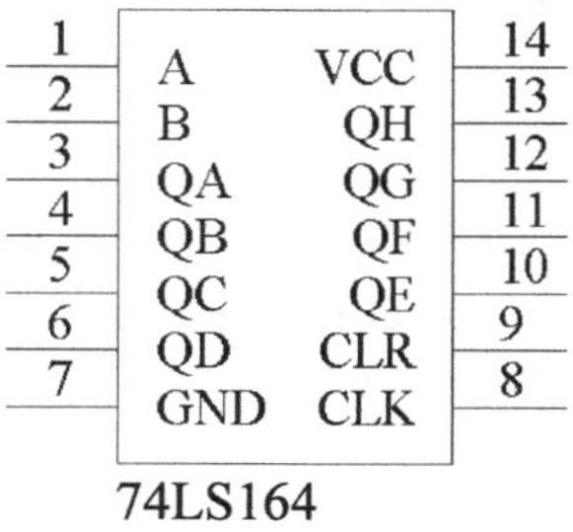

```
 1  ┌─────────┐ 14
────┤ A    VCC ├────
 2  │          │ 13
────┤ B     QH ├────
 3  │          │ 12
────┤ QA    QG ├────
 4  │          │ 11
────┤ QB    QF ├────
 5  │          │ 10
────┤ QC    QE ├────
 6  │          │ 9
────┤ QD   CLR ├────
 7  │          │ 8
────┤ GND  CLK ├────
    └─────────┘
      74LS164
```

图 2-3　74LS164 芯片引脚图

74LS164 与 8051 单片机接口电路如图 2-4 所示。当 51 系列单片机的串行口工作在方式 0 的发送状态下，串行数据由 P3.0（RXD）送出，移位时钟由 P3.1（TXD）送出。在移位时钟

的作用下，串行口发送缓冲器的数据一位一位地移入 74LS164。

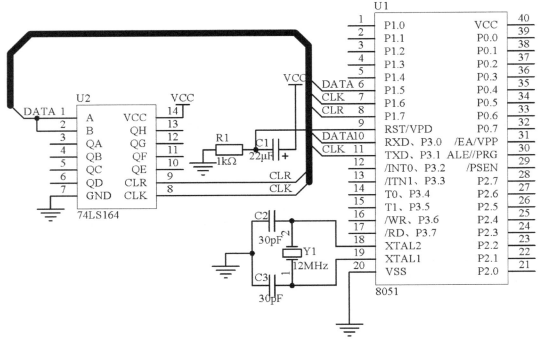

图 2-4   74LS164 与单片机接口

如果串行口被其他设备占用，可以用普通 I/O 口模拟移位寄存器的时序向 74LS164 发送数据。实践证明，这是一种方便、经济、可行的方法。P1.5 用于输出串行数据，P1.6 用于移位时钟输出。

在实际应用中，还应注意，74LS164 没有并行输出控制端，在串行输入数据时，并行输出口会不断变化。如果需要，可在 74LS164 的输出端加接输出三态门控制，以便保证串行输入结束后再输出。

2．用串口驱动 74LS164

单片机的串口工作在模式 0，只是作为同步移位寄存器。RXD（P3.0）用于串行数据输出，TXD（P3.1）用于移位时钟输出，P1.7 用来控制 74LS164 的工作状态。

单片机串口驱动 74LS164 的程序主要包括函数声明管脚定义部分、串口初始化函数以及数据发送函数。

（1）函数声明管脚定义。

函数声明管脚定义部分主要完成程序所涉及的库函数的声明及有关引脚的定义，一般置于程序的开头部分，代码如下：

```
//---------------------------------库函数声明,管脚定义
#include <reg52.h>
sbit   CLR=P1^7;
//用 P1^7 控制 CLR
```

（2）串口初始化函数 UART_init()。

串口初始化函数 UART_init()能够实现串口的初始化,包括工作方式选择和中断的开禁等功能,程序代码如下:

```
//-------------------------------------------------------------
//   函数名称:UART_init()
//   功能说明:串口初始化,设定串口工作在方式 0
//-------------------------------------------------------------

void UART_init(void)
{
    SCON =0x00;
    //没串行口方式 0,允许发送,启动发送过程
    ES=0;
    // 禁止串口中断
}
```

（3）数据发送函数 PA_out()。

数据发送函数 PA_out()能够完成 8 位数据由串口串行发出,程序代码如下:

```
//-------------------------------------------------------------
//   函数名称:PA_out()
//   输入参数:PA_data,需要从 74LS164 并行口输出的数据
//   输出参数:无
//   功能说明:发送 8 位串行数据至并口
//-------------------------------------------------------------

void  PA_out(unsigned char PA_data)
{
    CLR=0;
    //并口输出清零
    CLR=1;
    //开始串行移位
    UART_init();
    //74LS165 工作在时钟控制下的串行移位状态
    while(TI==0);
    //循环等待
    TI=0;
    SBUF=PA_data;
}
```

3. 用 I/O 端口驱动 74LS164

74LS164 工作时,在移位时钟 CLK 的作用下,串行口送入的数据一位一位地移入。用单片机的 P1.6 口输出移位脉冲,用 P1.5 口输出串行数据,同样可以驱动 74LS164 工作。如图 2-4 所示,74LS164 的清零端 CLR 由单片机 P1.7 控制。

单片机 I/O 端口驱动 74LS164 主要包括函数声明管脚定义部分、数据输入函数以及数据

输出函数。

（1）函数声明管脚定义。

函数声明管脚定义部分主要完成程序所涉及的库函数的声明及有关引脚的定义，一般置于程序的开头部分，代码如下：

```
//----------------------------库函数声明,管脚定义----------------------------
#include <reg52.h>
sbit simuseri_CLK=P1^6;
//用 P1^6 模拟串口时钟
sbit simuseri_DATA=P1^5;
//用 P1^5 模拟串口数据
sbit drive74164_CLR=P1^7;
//用 P1^7 控制 CLR
sbit a0=ACC^0;
```

（2）数据输入函数 out_simuseri ()。

数据输入函数 out_simuseri ()将 8 位数据的从低位到高位的逐位输入 simuseri_DATA 当中，程序代码如下所示：

```
//--------------------------------------------------------------------------
//   函数名称:out_simuseri
//   输入参数:data_buf
//   输出参数:无
//   功能说明:8 位同步移位寄存器,将 data_buf 的数据逐位输出到 simuseri_DATA
//--------------------------------------------------------------------------

void out_simuseri(char data_buf)
{
    char i;
    i=8;
    ACC=data_buf;
    do
    {
        simuseri_CLK=0;
        simuseri_DATA=a0;
        simuseri_CLK=1;
        ACC=ACC>>1;
    }
    while(--i!=0);
    simuseri_CLK=0;
}
```

（3）数据输出函数 PA_out ()。

数据输出函数 PA_out ()能够实现数据的并行输出，程序代码如下：

```
//--------------------------------------------------------------------------
//   函数名称:PA_out
//   输入参数:Pseri_out,需要输出的 8 位数据
//   输出参数:无
```

```
//  功能说明:将 Pseri_out 中的数据送到 74165 并行口 A-G 输出
//-------------------------------------------------------------------

void  PA_out (char Pseri_out )
{
    drive74164_CLR =0;
    //并口输出清零
    drive74164_CLR =1;
    //开始串行移位
    out_simuseri(Pseri_out);
}
```

2.1.3 【实例 22】P0 I/O 扩展并行输入口

实际应用中经常会遇到开关量、数字量的输入,如开关、键盘等,主机可以随时与这些外设交换信息。在这种情况下,只要按照"输入三态"与总线相连的原则,选择 74LS 系列或者 MOS 电路即可组成简单 I/O 扩展输入口。本例以 8 位三态缓冲器 74LS244 组成输入口,P2.0 与 $\overline{RD}$ 信号组成片选信号,如图 2-5 所示。I/O 口对应的地址为:

```
1111  1110  1111  1111    B=FEFFH
```

CPU 操作指令为:

```
#define 244_addr xbyte[0XFEFF]
unsigned char  I/O_DATA;
I/O_DATA=244_addr;
```

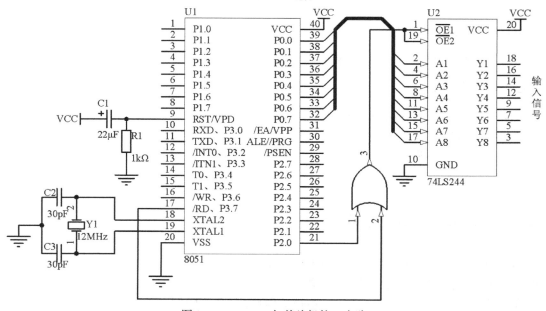

图 2-5　74LS244 与单片机接口电路

2.1.4 【实例 23】P0 I/O 扩展并行输出口

实际应用中经常遇到多路控制系统数字量的输出，比如数码显示器、继电器控制等，在这种情况下，只要按照"输出锁存"的原则相连，可以采用 8D 锁存器 74LS273、74LS373、74LS377 等组成输出口。本例采用 74LS273 实现端口扩展，P2.1 与 $\overline{WR}$ 信号组成锁存信号，具体电路连接如图 2-6 所示。

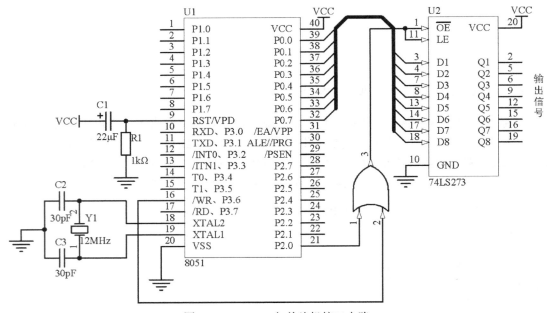

图 2-6　74LS273 与单片机接口电路

I/O 端口对应的地址为：

```
1111  1101  1111  1111   B=FDFFH
```

CPU 操作指令为：

```
#define 273_addr xbyte[0XFDFF]
unsigned char  I/O_DATA;
244_addr =I/O_DATA;
```

2.2　扩展芯片实现端口扩展

用串口扩展 I/O 口非常实用，但是串口是按位读取的，输入的数据必须重组后才能使用，速度受到限制，同时还需要严格的时钟配合。

在有些场合，利用串口扩展 I/O 口不是很理想，比如 BCD 码的输入及多组速率较高的并行数据的输入。所以，用并行数据端口扩展 I/O 口也是很有必要的。

2.2.1 【实例 24】用 8243 扩展 I/O 端口

BCD 码由四位二进制数组成，有些设备直接以 BCD 码的形式收发数据。如果这类接口的设备比较多，就需要扩展 4 位并行接口。本设计利用单片机 4 个 I/O 接口，扩展成 4 个 4 位的并行 I/O 端口，用于 4 位并行数据的输入/输出。

1. 8243 简介

8243 共有 4 个 4 位的并行 I/O 端口，即 P4、P5、P6、P7 口，这 4 个端口均可独立地设置为输入口或输出口。由于各端口均为 4 位。因此，十分适宜用于 BCD 码的输入/输出。图 2-7 所示为 8243 引脚图，具体引脚说明如下。

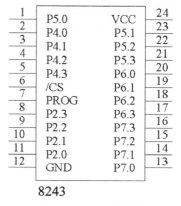

图 2-7 8243 引脚图

- **PROG**：地址/数据传送选通信号线。
- **P2.0～P2.3**：数据/地址和控制信号输入端，由 PROG 信号控制选择 P4、P5、P6、P7 4 个 4 位双向 I/O 口。
- $\overline{CS}$：片选信号。

PROG 信号用于选择 P2 口的功能。在进行输入/输出时，先通过 P2 口传送选择端口及端口操作方式的控制命令，该命令由 PROG 的下跳沿所存至 8243 内部的指令寄存器和地址译码器，而进行的数据传送，由 PROG 的上跳沿将数据通过指定的端口输入/输出。P2 传送命令时，由 P2.1 和 P2.0 指定端口地址，由 P2.3 和 P2.2 规定端口的工作方式，各位具体的定义如表 2-1 所示。

表 2-1   控制命令时各位的定义

P2.1	P2.0	端 口 地 址	P2.3	P2.2	端口工作方式
0	0	P4	0	0	输入
0	1	P5	0	1	输出
1	0	P6	1	0	或
1	1	P7	1	1	与

表中的"或"、"与"方式是指分别把输出的数据与被寻址端口的内容进行"逻辑或"以及"逻辑与"运算后再写入该端口。

2. 8243 与单片机的接口设计

8243 的 P2 口负责传送控制命令、输入/输出数据，所以需要将 P2 口与单片机的 I/O 口直接相连，PROG 信号另外用 1 个单片机的 I/O 接口产生，$\overline{CS}$ 片选直接接地，保证 8243 始终选通。应用中，可以用一个 I/O 接口产生片选信号。具体接口电路如图 2-8 所示。

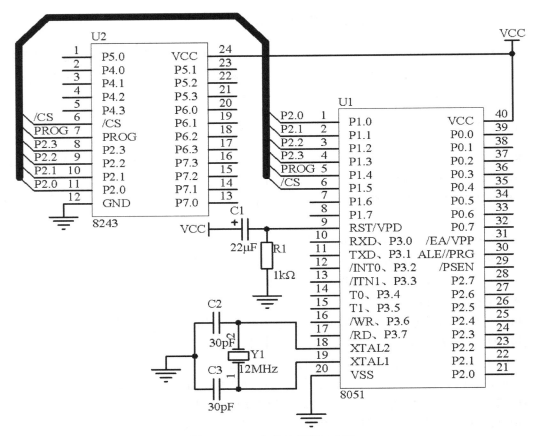

图 2-8　8243 与单片机接口电路

以下是单片机串口驱动 8243 的程序代码：

```
#include<reg52.h>
sbit ContrBit0=P1^0;
sbit ContrBit1=P1^1;
sbit ContrBit2=P1^2;
sbit ContrBit3=P1^3;
sbit PROG=P1^4;
sbit CS=P1^5;

char driver8243(char sele_P,char sele_M,char out_data)
{
    char in_data=0;
    char data_buf;
    PROG=1;
    //置 PROG 为高电平
    //--------------------------开始写控制字--------------------------
    if((sele_P&0x01)==0)              //将控制字最低位送到 8243 的 p2.0
    ContrBit0=0;
    else
```

```
        ContrBit0=1;
        if((sele_P&0x02)==0)              //将控制字第二位送到 8243 的 p2.1
        ContrBit1=0;
        else
        ContrBit1=1;
        //以上两位共同指定端口地址
        //------------------------写端口工作模式控制字------------------------
        if((sele_M&0x01)==0)              //将端口工作模式控制字低位送到 8243 的 p2.2
        ContrBit2=0;
        else
        ContrBit2=1;
        if((sele_M&0x01)==0)              //将端口工作模式控制字高位送到 8243 的 p2.3
        ContrBit3=0;
        else
        ContrBit3=1;
        //完成写控制字
        PROG=0;
        //在 PROG 上产生下降沿
        switch(sele_M&0x03)               //判断工作模式
        {
            case 0: break;
            //sele_M=B00 为输入,不处理,等待上升沿
            case 1: data_buf=out_data;
            break;
            //sele_M=B01 为输出,直接送数据
            case 2: data_buf=out_data;
            break;
            //sele_M=B10 为逻辑或,直接送数据
            case 3: data_buf=out_data;
            break;
            //sele_M=B11 为逻辑与,直接送数据
        }
        PROG=1;
        //产生上升沿
        if((sele_M&0x03)==0)              //sele_M=B00 为输入,接收数据
        in_data=(data_buf&0x0F);
        return(in_data);
        //sele_M=B00,返回接收到的数据
}
//sele_M! =B00,返回 0

void main( void)
{
    char receive_data;
    receive_data=driver8243(1,0,5);
}
```

2.2.2 【实例 25】用 8255A 扩展 I/O 口

可编程并行 I/O 接口芯片 8255A 是 Intel 公司生产的标准外围接口电路。它采用 NMOS 工艺制造，用单一+5V 电源供电，具有 40 条引脚，采用双列直插式封装。它有 A、B、C 共 3 个端口共 24 条 I/O 线，可以通过编程的方法来设定端口的各种 I/O 功能。由于它功能强，又能方便地与各种微机系统相连，而且在连接外部设备时，通常不需要再附加外部电路，所以得到了广泛的应用。

1．8255A 的引脚介绍

8255A 是一种有 40 个引脚的双列直插式标准芯片，其引脚如图 2-9 所示。除电源（+5V）和地址外，其他信号可以分为两组。

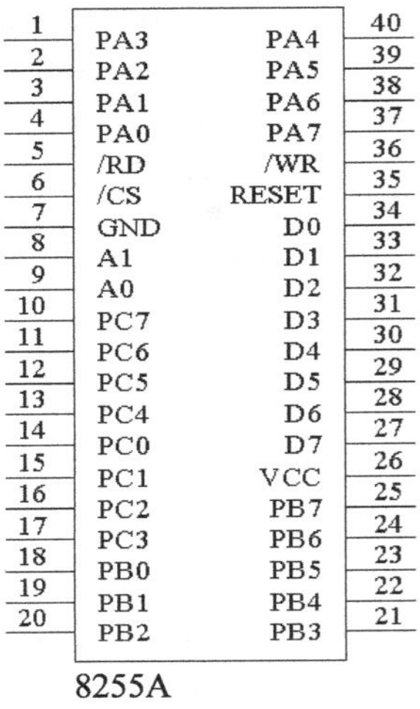

与外设相连接的如下。

● PA7～PA0：端口 A 数据线。

● PB7～PB0：端口 B 数据线。

● PC7～PC0：端口 C 数据线。

与 CPU 相连接的如下。

● D7～D0：8255A 的数据线，和系统数据总线相连 RESET。

● 复位信号，高电平有效。当 RESET 有效时，所有内部寄存器都被清除，同时，3 个数据端口被自动设为输入方式。

● $\overline{\text{CS}}$：片选信号，低电平有效。只有当 $\overline{\text{CS}}$ 有效时，芯片才被选中，允许 8255A 与 CPU 交换信息。

● $\overline{\text{RD}}$：读信号，低电平有效。当 $\overline{\text{RD}}$ 有效时，CPU 可以从 8255A 读取输入数据。

● $\overline{\text{WR}}$：写信号，低电平有效。当 $\overline{\text{WR}}$ 有效时，CPU 可以往 8255A 中写控制字或数据 A1、A0：端口选择信号。8255A 内部有 3 个数据端口和 1 个控制口，当 A1A0=00 时选中端口 A；A1A0=01 时选中端口 B，A1A0=10 时选中端口 C，A1A0=11 时选中控制口 A1、A0 和 $\overline{\text{RD}}$、$\overline{\text{WR}}$、$\overline{\text{CS}}$ 组合所实现的各种功能如表 2-2 所示。

1	PA3	PA4	40
2	PA2	PA5	39
3	PA1	PA6	38
4	PA0	PA7	37
5	/RD	/WR	36
6	/CS	RESET	35
7	GND	D0	34
8	A1	D1	33
9	A0	D2	32
10	PC7	D3	31
11	PC6	D4	30
12	PC5	D5	29
13	PC4	D6	28
14	PC0	D7	27
15	PC1	VCC	26
16	PC2	PB7	25
17	PC3	PB6	24
18	PB0	PB5	23
19	PB1	PB4	22
20	PB2	PB3	21

8255A

图 2-9　8255A 引脚图

表 2-2　　　　　　　　　　　8255A 端口选择表

A1	A0	$\overline{\text{RD}}$	$\overline{\text{WR}}$	$\overline{\text{CS}}$	操　作
0	0	0	1	0	端口 A→数据总线
0	1	0	1	0	端口 B→数据总线
1	0	0	1	0	端口 C→数据总线
0	0	1	0	0	数据总线→端口 A
0	1	1	0	0	数据总线→端口 B
1	0	1	0	0	数据总线→端口 C
1	1	1	0	0	数据总线→控制寄存器
×	×	×	×	1	数据总线为三态

A1	A0	$\overline{RD}$	$\overline{WR}$	$\overline{CS}$	操　作
1	1	0	1	0	非法状态
×	×	1	1	0	数据总线为三态

2．8255A 的工作方式

8255A 共有 3 种工作方式，即工作方式 0、工作方式 1 和工作方式 2，这些工作方式可以用软件编程来指定。

（1）工作方式 0。

工作方式 0 也叫基本输入/输出方式。这种工作方式不需任何选通信号，端口 A、端口 B 及端口 C 的高 4 位和低 4 位都可以设定为输入或输出。作为输出端口时，输出的数据均被锁存；作为输入端口时，端口 A 的数据能锁存，端口 B 与端口 C 的数据不能锁存。

（2）工作方式 1。

工作方式 1 也叫选通输入/输出方式。在这种工作方式下，端口 A 可由编程指定为输入口或输出口，端口 C 的高 4 位用来作为输入/输出操作的控制联络信号；端口 B 同样可由编程指定为输入口或输出口，端口 C 的低 4 位用来作为输入/输出操作的控制联络信号。在方式 1 下，端口 A 和端口 B 的输入数据或输出数据均能被锁存。

（3）工作方式 2。

8255A 的工作方式 2 仅适合于端口 A，这种工作方式下，端口 A 可作为 8 位的双向数据传输端口，即可发送数据，也可接收数据。端口 C 的 PC7～PC3 用来作为输入/输出的同步控制信号。此时，端口 B 和 PC2～PC0 只能编程为方式 0 或方式 1 工作，而端口 C 剩下的 3 条线可作为输入或输出线使用或用作端口 B 方式 1 下的控制线。

3．8255A 的控制字及初始化

8255A 为可编程接口芯片，以控制字形式对其工作方式和端口 C 各位的状态进行设置，它有两种控制字：工作方式控制字和端口 C 置位/复位控制字。

工作方式控制字用于确定各端口的工作方式及数据传送方向，其格式如表 2-3 所示。

表 2-3　　　　　　　　　　　　　工作方式控制字

D0	端口 C（下口）：1 = 输入，0 = 输出	B 组
D1	端口 B（下口）：1 = 输入，0 = 输出	
D2	方式选择：0 = 方式 0，1 = 方式 1	
D3	端口 C（上口）：1 = 输入，0 = 输出	A 组
D4	端口 A：1 = 输入，0 = 输出	
D5	方式选择：D6D5：00 = 方式 0；01 = 方式 1；1× = 方式 2	
D6		
D7	D7 = 1 为工作方式控制字标志位	

对工作方式控制字作如下说明。

- 端口 A 有 3 种工作方式，而端口 B 只有 2 种工作方式。
- A 组包括端口 A 与端口 C 的高 4 位，B 组包括端口 B 与端口 C 的低 4 位。
- 在方式 1 或方式 2 下，对端口 C 的定义（输入或输出）不影响作为联络使用的端口 C 各位的功能。
- 最高位（D7）为标志位，D7 为方式控制字。
- 利用端口 C 置位/复位控制字可以很方便地使端口 C 8 位任一位清 0 或置 1，控制字的格式如表 2-4 所示。D7 位为控制字的标志位，D7 = 0 为端口 C 置位/复位控制字。

表 2-4   端口 C 置位/复位控制字

D0	所选位置位或复位设定	1 = 置位；0 = 复位
D3D 2D1	000 = bit0；001 = bit1；010 = bit2；011 = bit3；100 = bit4；101 = bit5；110 = bit6；111 = bit7	
D6D 5D4	无关位，置为 000	
D7	D7 = 0 为端口 C 置位/复位控制字标志位	

- 在使用中，控制字每次只能对端口 C 的一位进行置位或复位。
- 应注意的是，作为联络信号使用的端口 C 各位是不能采用置位/复位操作来使其置位或复位的。其数值应视现场的具体情况而定。

8255A 初始化的内容就是向控制寄存器写入工作方式控制字或端口 C 置位/复位控制字。这两个控制字可按同一地址写入且不受先后顺序限制，因为两个控制字标志位的状态不同，因此 8255A 能加以区分。

例如，对 8255A 各口作如下设置：端口 A 方式 0 输入，端口 B 方式 0 输出，端口 C 高位部分为输出、低位部分为输入。假设控制寄存器的地址为 03FFH，则其工作方式控制字可设置如下。

- D0 = 1：端口 C 低半部分输入。
- D1 = 0：端口 B 输出。
- D2 = 0：端口 B 方式 0。
- D3 = 0：端口 C 高半部分输出。
- D4 = 0：端口 A 输入。
- D6D5 = 00：端口 A 方式 0。
- D7 = 1：工作方式字标志。

因此工作方式控制字为 10010001B，即 91H。

4. 8255A 与单片机的接口电路

图 2-10 所示为 8255A 与单片机的接口电路。8255A 中 D7～D0 用作地址端口，A0～A1 用作地址端口，$\overline{WR}$、$\overline{RD}$、$\overline{CS}$、RESET 用作控制端口。

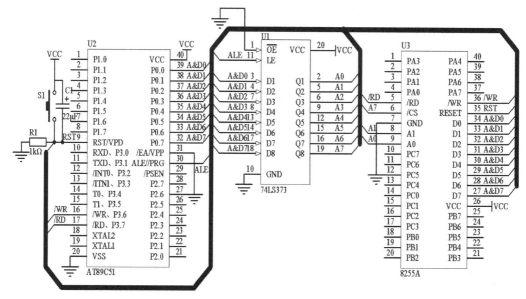

图 2-10　8255A 与单片机接口电路

因为 8255A 所有的寄存器、I/O 端口都对应有读写地址，所以可以对 8255A 的各 I/O 口和控制字寄存器进行编址。令 A15~A8 为 01111111，A6~A2 为 11111 时，8255A 才会工作。

- PA 地址：7F7CH。
- PB 地址：7F7DH。
- PC 地址：7F7EH。
- 控制字地址：7F7FH。

5. 8255A 驱动程序设计

8255A 的驱动程序主要是涉及对端口 A、B、C 以及控制字的设置，8255A 具体的驱动程序主要包括以下代码及函数。

（1）管脚定义及函数声明。

管脚定义是指端口 A、端口 B、端口 C 和控制字的地址说明以及状态标志位的定义；函数的声明包括端口 A、端口 B、端口 C 的读写函数和控制字以及 C 口配置函数，具体代码如下：

```
//------------------------函数声明,管脚定义-----------------------
#include<reg52.h>
#include<ABSACC.H>
#define a8255_PA  XBYTE[0x7F7C]    //PA 地址
#define a8255_PB  XBYTE[0x7F7D]    //PB 地址
#define a8255_PC  XBYTE[0x7F7E]    //PC 地址
#define a8255_CON XBYTE[0x7F7F]    //控制字地址
unsigned char bdata IO_flags;
//用于表示 PA、PB、PC 的当前输入输出状态
//内容不能被其他程序改写
sbit IO_flagsA=IO_flags^0;
//PA 的当前输入输出状态
```

```
sbit IO_flagsB=IO_flags^1;
//PB 的当前输入输出状态
sbit IO_flagsC=IO_flags^2;
//PC 的当前输入输出状态
unsigned char const cfg_table[8]=
{
    0x80,                              //10000000b, c=out  b=out  a=out
    0x90,                              //10010000b, c=out  b=out  a=in
    0x82,                              //10000010b, c=out  b=in   a=out
    0x92,                              //10010010b, c=out  b=in   a=in
    0x89,                              //10001001b, c=in   b=out  a=out
    0x99,                              //10011001b, c=in   b=out  a=in
    0x8B,                              //10001011b, c=in   b=in   a=out
    0x9B,                              //10011011b, c=in   b=in   a=in
}
unsigned char rd_PA(void);
//读 PA
unsigned char rd_PB(void);
//读 PB
unsigned char rd_PC(void);
//读 PC
void wr_PA(unsigned char PA_data);
//写 PA
void wr_PB(unsigned char PB_data);
//写 PB
void wr_PC(unsigned char PC_data);
//写 PC
void set_PC(unsigned char PC_num);
//PC 位操作,置位,PC_num 为端口号 0~7
void clr_PC(unsigned char PC_num);
//PC 位操作,复位,PC_num 为端口号 0~7
void PABC_config(void);
//写 8255A 控制字
```

（2）端口 A、B、C 读写函数。

端口 A、B、C 读写函数完成 8255A 端口 A、B、C 的数据读写，程序代码如下：

```
//-----------------------------------------------------------------
//   函数名称:rd_PA
//   输入函数:无
//   输出参数:PA_data,PA 输入的数据
//   功能说明:驱动 PA 实现输入功能,读入 PA 的并行数据
//-----------------------------------------------------------------
unsigned char rd_PA(void)              //读 PA
{
    unsigned char PA_data;
    ACC=IO_flags;
```

```
        //把状态标志字读到 ACC 便于进行位操作
        do
        {
            IO_flagsA=1;
            //置 PA 状态标志位为高--输入
            IO_flags=ACC;
            PABC_config();
            //调用配置子程序,完成对 8255 的设置
            ACC=IO_flags;
        }
        while(IO_flagsA==0);
        //判断状态标志位是否为高
        //控制字设置完成
        PA_data=a8255_PA;
        //把 PA 的数据读到 PA_data
        return(PA_data);
        //返回 PA_data
}
//------------------------------------------------------------
//   函数名称:rd_PB
//   输入函数:无
//   输出参数:PB_data,PB 输入的数据
//   功能说明:驱动 PB 实现输入功能,读入 PB 的并行数据
//------------------------------------------------------------
unsigned char rd_PB(void)                //读 PB
{
    unsigned char PB_data;
    ACC=IO_flags;
    //把状态标志字读到 ACC 便于进行位操作
    do
    {
        IO_flagsB=1;
        //置 PB 状态标志位为高--输入
        IO_flags=ACC;
        PABC_config();
        //调用配置子程序,完成对 8255 的设置
    }
    while(IO_flagsB==0);
    //判断状态标志位是否为高
    //控制字设置完成
    PB_data=a8255_PB;
    //把 PB 的数据读到 PB_data
    return(PB_data);
    //返回 PB_data
}
//------------------------------------------------------------
```

```
//   函数名称:rd_PC
//   输入函数:无
//   输出参数:PC_data,PC 输入的数据
//   功能说明:驱动 PC 实现输入功能,读入 PC 的并行数据
//------------------------------------------------------------------------
unsigned char rd_PC(void)              //读 PC
{
    unsigned char PC_data;
    ACC=IO_flags;
    //把状态标志字读到 ACC 便于进行位操作
    do
    {
        IO_flagsC=1;
        //置 PC 状态标志位为高--输入
        IO_flags=ACC;
        PABC_config();
        //调用配置子程序,完成对 8255 的设置
        //ACC=IO_flags;
    }
    while(IO_flagsC==0);
    //判断状态标志位是否为高
    //控制字设置完成
    PC_data=a8255_PC;
    //把 PC 的数据读到 PC_data
    return(PC_data);
    //返回 PC_data
}
//------------------------------------------------------------------------
//   函数名称:wr_PA
//   输入函数:PA_data,送 PA 输出的数据
//   输出参数:无
//   功能说明:驱动 PA 实现输出功能,输出数据到 PA
//------------------------------------------------------------------------
void wr_PA(unsigned char PA_data)    //写 PA
{
    ACC=IO_flags;
    //把状态标志字读到 ACC 便于进行位操作
    {
        IO_flagsA=0;
        //置 PA 状态标志位为低--输出
        IO_flags=ACC;
        //位操作完成,把 ACC 的内容写回状态标志字
        PABC_config();
        //调用配置子程序,完成对 8255 的设置
        ACC=IO_flags;
    }
    while(IO_flagsA==1);
```

```
            //判断状态标志位是否为高,
            //为高,设置未完成,需从新设置
            a8255_PA=PA_data;
            //将 PA_data 的内容送到 PA
}
//------------------------------------------------------------
//    函数名称:wr_PB
//    输入函数:PB_data,送 PB 输出的数据
//    输出参数:无
//    功能说明:驱动 PB 实现输出功能,输出数据到 PA
//------------------------------------------------------------
void wr_PB(unsigned char PB_data)    //写 PB
{
    ACC=IO_flags;
    //把状态标志字读到 ACC 便于进行位操作
    {
        IO_flagsB=0;
        //置 PB 状态标志位为低--输出
        IO_flags=ACC;
        //位操作完成,把 ACC 的内容写回状态标志字
        PABC_config();
        //调用配置子程序,完成对 8255 的设置
        ACC=IO_flags;
    }
    while(IO_flagsB==1);
    //判断状态标志位是否为高,为高,设置未完成,
    //需从新设置
    a8255_PB=PB_data;
    //将 PB_data 的内容送到 PB
}
//------------------------------------------------------------
//    函数名称:wr_PC
//    输入函数:PC_data,送 PC 输出的数据
//    输出参数:无
//    功能说明:驱动 PC 实现输出功能,输出数据到 PC
//------------------------------------------------------------
void wr_PC(unsigned char PC_data)    //写 PC
{
    ACC=IO_flags;
    //把状态标志字读到 ACC 便于进行位操作
    {
        IO_flagsC=0;
        //置 PC 状态标志位为低--输出
        IO_flags=ACC;
        //位操作完成,把 ACC 的内容写回状态标志字
        PABC_config();
        //调用配置子程序,完成对 8255 的设置
```

```
        ACC=IO_flags;
    }
    while(IO_flagsC==1);
    //判断状态标志位是否为高,
    //为高,设置未完成,需从新设置
    a8255_PC=PC_data;
    //将 PC_data 的内容送到 PC
}
```

（3）端口 C 配置函数。

端口 C 配置函数可实现 PC 口具体某一位的输入/输出设置，程序代码如下：

```
//----------------------------------------------------------------
//   函数名称:set_PC
//   输入函数:PC_num,范围 0～7
//   输出参数:无
//   功能说明:对 PC 进行位操作,置 PC（PC_num）为高
//----------------------------------------------------------------

void set_PC(unsigned char PC_num)
{
    ACC=IO_flags;
    IO_flagsC=0;
    ACC=IO_flags;
    PC_num=PC_num<<1;
    PC_num=(PC_num|0x01);
    a8255_CON=PC_num;
}
//----------------------------------------------------------------
//   函数名称:clr_PC
//   输入函数:PC_num,范围 0～7
//   输出参数:无
//   功能说明:对 PC 进行位操作,清 PC（PC_num）为低
//----------------------------------------------------------------

void clr_PC(unsigned char PC_num)
{
    ACC=IO_flags;
    IO_flagsC=1;
    ACC=IO_flags;
    PC_num=PC_num<<1;
    PC_num=(PC_num&0xFE);
    a8255_CON=PC_num;
}
```

（4）写控制字函数。

写控制字函数完成对控制字的写，从而实现对端口 A、B、C 口输入/输出的配置，程序

代码如下：

```
//------------------------------------------------------------
// 函数名称:PABC_config
// 功能说明:写 8255A 的控制字寄存器
//------------------------------------------------------------


void PABC_config(void)
{
    a8255_CON=cfg_table[IO_flags];
}
```

2.2.3 【实例 26】用 8155 扩展 I/O 口

8155 是 Intel 公司生产的可编程多功能接口芯片。它的内部有两个可编程的 8 位并行 I/O 口、一个 6 位并行 I/O 口、一个 14 位定时/计数器以及 256 字节的 RAM 存储器。8155 可以直接和 MCS-51 系列单片机连接，而不需增加硬件电路，它是单片机应用系统中最常用的芯片之一。8155 的结构及引脚如图 2-11 所示。

8155 有 3 个可编程并行 I/O 端口：端口 A、端口 B、端口 C。其中，端口 A 和端口 B 是 8 位，端口 C 是 6 位；1 个 14 位可编程定时/计数器和 256B 的静态 RAM，能方便地进行 I/O 端口扩展和 RAM 扩展。

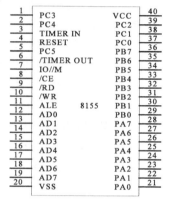

图 2-11　8155 引脚图

8155 共有 40 个引脚，按其功能特点分类说明如下。

● 地址数据线：AD0～AD7 是低 8 位地址和数据共用输入口，当 ALE=1 时，输入的是地址信息，否则是数据信息。所以，AD0～AD7 应与 MCS-51 的 P0 口相连。

● 端口线：PA0～PA7、PB0～PB7 用于 8155 与外设之间传送数据，PC0～PC5 既可用于 8155 与外设之间传送数据，也可作为端口 A 和端口 B 的控制信号线。

● 地址锁存线：在 ALE 的下降沿将单片机 P0 口输出的低 8 位地址信息及 $\overline{CE}$、IO/$\overline{M}$ 的状态都锁存到 8155 内部寄存器，因此，单片机 P0 口输出的低 8 位地址信号不需要外接锁存器。

● RAM 或 I/O 端口选择线：当 IO/$\overline{M}$ =0 时，选中 8155 的片内 RAM，AD0～AD7 为 RAM 地址（00H～FFH）；若 IO/$\overline{M}$ =1 时，选中 8155 的 3 个 I/O 端口及命令/状态寄存器和定时/计数器。AD0～AD7 为 I/O 端口地址，其分配如表 2-5 所示。

● 片选线：$\overline{CE}$ 为低电平时选中 8155。

● 读、写线：$\overline{RD}$、$\overline{WR}$ 控制对 8155 的读/写操作。

● 定时/计数器的脉冲输入、输出线：TIMER IN 是外界向 8155 输入计数脉冲的输入端，TIMEROUT 是 8155 向外界输出脉冲或方波的输出端。

表 2-5   8155 口地址分布

AD0～AD7								选中寄存器
A7	A6	A5	A4	A3	A2	A1	A0	
×	×	×	×	×	0	0	0	内部命令/状态寄存器
×	×	×	×	×	0	0	1	PA 口寄存器
×	×	×	×	×	0	1	0	PB 口寄存器
×	×	×	×	×	0	1	1	PC 口寄存器
×	×	×	×	×	1	0	0	定时/计数器低 8 位寄存器
×	×	×	×	×	1	0	1	定时/计数器高 8 位寄存器

1．8155 的工作方式及基本操作

8155 可作为通用 I/O 端口，也可作为片外 256B RAM 及定时器使用，在各种不同类型下使用时的基本操作如下。

作为片外 256B RAM 使用时，将 IO/$\overline{\text{M}}$ 引脚置低电平，这时 8155 只能做片外 RAM 使用，其寻址范围由片选线 $\overline{\text{CE}}$（高位地址译码）和 AD0～AD7 决定，与应用系统中其他数据存储器统一编址。使用片外 RAM 的读/写操作指令"MOVX"。

作为扩展 I/O 端口使用时，IO/$\overline{\text{M}}$ 引脚必须为高电平，这时 PA、PB、PC 的口地址低 8 位分别为 01H、02H、03H（设地址无关位为 0 时）。

8155 的 I/O 端口各种方式选择是通过对 8155 内部命令寄存器命令字来实现的。命令寄存器由 8 位锁存器组成，只能写入不能读出。命令字各位定义如表 2-6 所示。

表 2-6   8155 命令寄存器格式

PA	0：端口 A 定义为输入方式；1：端口 A 定义为输出方式
PB	0：端口 B 定义为输入方式；1：端口 B 定义为输出方式
PC1 PC2	PC2PC1=00：方式 1，端口 A、端口 B 定义基本输入输出，端口 C 输入；01：方式 2，端口 A、端口 B 定义基本输入输出，端口 C 输出；10：方式 3，端口 A 选通输入输出，端口 B 基本输入输出。PC0：AINTR，PC1：ABF，PC2：/ASTB，PC（3～5）：输出
IEA	0：禁止端口 A 中断；1：允许端口 A 中断
IEB	0：禁止端口 B 中断；1：允许端口 B 中断
TM1 TM2	TM2TM1 = 00：空操作，不影响定时/计数器操作；01：停止定时/计数操作；10：若定时/计数器正在计数，长度减为 1 时停止计数；11：启动，置定时/计数器方式和长度后立即启动计数。若正在计数溢出后按新的方式和长度计数

8155 的工作状态由状态寄存器指出，与命令字寄存器用同一个地址，只能读出不能写入。状态字的格式如表 2-7 所示。

表 2-7   **8155 状态字格式**

INTRA	端口 A 中断请求标志
ABF	端口 A 缓冲器清空标志
INTEA	端口 A 中断允许标志
INTRB	端口 B 中断请求标志
BBF	端口 B 缓冲器清空标志
INTEB	端口 B 中断允许标志
TIMER	定时器中断标志，定时器计数到指定长度时置"1"，读状态后清"0"
×	

端口操作如下。
- 端口 A 寄存器和端口 B 寄存器有完全相同的功能，可工作于基本 I/O 方式或选通 I/O 方式。
- 端口 C 可工作于基本 I/O 方式，也可作为端口 A、端口 B 选通方式工作时的状态控制信号线。
- 当 8155 设定为方式 1 和方式 2 时，端口 A、端口 B、端口 C 均工作于基本输入/输出方式，由"MOVX"类指令进行输入/输出操作。
- 设定为方式 3 时，端口 A 定义为选通输入/输出，由端口 C 低 3 位作为端口 A 联络线，端口 C 其余位作为 I/O 端口线。
- 设定为方式 4，端口 A、端口 B 均定义为选通输入/输出方式，由端口 C 作为端口 A、端口 B 的联络线。

逻辑组态如表 2-8 所示。

表 2-8   **8155 端口 C 的工作方式**

端 口	方 式 1	方 式 2	方 式 3	方 式 4
PC0	输入	输出	端口 A 中断请求	端口 A 中断请求
PC1	输入	输出	端口 A 缓冲器满	端口 A 缓冲器满
PC2	输入	输出	端口 A 选通	端口 A 选通
PC3	输入	输出	输出	端口 B 中断请求
PC4	输入	输出	输出	端口 B 缓冲器满
PC5	输入	输出	输出	端口 B 选通

INTR 为中断请求输出线，作为 CPU 的中断源，高电平有效。当 8155 的端口 A 或端口 B 缓冲器接收到设备输入的数据或设备从缓冲器中取走数据时，中断请求线 INTR 升高（仅当命令字寄存器相应中断允许位为 1），向 CPU 请求中断，CPU 对 8155 的相应 I/O 端口进行

一次读/写操作后，INTR 自动变为低电平。

BF 为 I/O 端口缓冲器标志输出线，缓冲器存有数据时，BF 为高电平，否则为低电平。$\overline{STB}$ 为设备选通信号输入线，低电平有效。

在 I/O 端口设定为输出口时，仍可用对应的端口地址执行读操作，读取输出端口的内容；设定为输入端口时，输出锁存器被清除，无法将数据写入输出锁存器。所以每次通道由输入方式转为输出方式时，输出端总是低电平。8155 复位时，清除所有输出寄存器，3 个端口都为输入方式。

2. 8155 与单片机的接口电路

图 2-12 所示为 8155 与单片机接口电路。

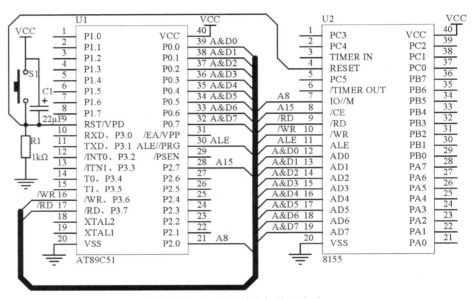

图 2-12   8155 与单片机接口电路

根据图中连线图，假设 A14～A9 均为高电平，8155 才工作，所以会有下述信息。

- 存储器地址：0x7F00～0x7FFF。
- 命令/状态寄存器地址：0x7E00（共有 32 个地址对应，选期中一个有效地址）。
- 端口 A 地址：0x7E01（共有 32 个地址对应，选期中一个有效地址）。
- 端口 B 地址：0x7E02（共有 32 个地址对应，选期中一个有效地址）。
- 端口 C 地址：0x7E03（共有 32 个地址对应，选期中一个有效地址）。
- 定时器寄存器 A 地址：0x7E04（共有 32 个地址对应，选期中一个有效地址）。
- 定时器寄存器 B 地址：0x7E05（共有 32 个地址对应，选期中一个有效地址）。

3. 8155 驱动程序设计

8155 驱动程序主要是涉及对端口 PA、PB、PC、控制字以及定时器的设置，主要包括以下代码及函数。

（1）相关函数声明及管脚定义。

管脚定义主要是指端口 PA、端口 PB、端口 PC、控制字以及定时器 A、B 和存储器首地址和相关标志位的定义；函数的声明涉及存储器及端口 PA、端口 PB、端口 PC 的读写函数、中断的开关函数和定时器相关函数，具体代码如下。

```c
//--------------------------函数声明,管脚定义--------------------------*/
#include<reg52.h>
#include<ABSACC.H>
#define a8155_PA  XBYTE[0x7E00]       //控制字地址
#define a8155_PB  XBYTE[0x7E01]       //PA 地址
#define a8155_PC  XBYTE[0x7E02]       //PB 地址
#define a8155_CON XBYTE[0x7E03]       // PC 地址
#define Timer_A   XBYTE[0x7E04]       // 定时器寄存器 A
#define Timer_B   XBYTE[0x7E05]       // 定时器寄存器 B
#define mem_head  XBYTE[0x7F00]       // 存储器首地址
unsigned char bdata IO_flags;
//用于表示 PA、PB、PC 的当前输入输出状态
//内容不能被其他程序改写
sbit IO_flagA=IO_flags^0;
//PA 的当前输入输出状态
sbit IO_flagB=IO_flags^1;
//PB 的当前输入输出状态
sbit IO_flagC=IO_flags^2;
//PC 的当前输入输出状态
sbit IO_flagC1=IO_flags^3;
//PC 的当前输入输出状态
sbit Int_flagA=state_flags^4;
//PA 的当前输入输出状态
sbit Int_flagB=state_flags^5;
//PB 的当前输入输出状态
sbit Timer_flag1=state_flags^6;
sbit Timer_flag2=state_flags^7;
//Timer 的状态置位表示计数中
unsigned char rd_mem(unsigned char mem_ad);
//读存储器
void wr_mem(unsigned char mem_ad,unsigned char mem_data);
//写存储器
char rd_PA(void);
//读 PA
char rd_PB(void);
//读 PB
char rd_PC(void);
//读 PC
void wr_PA(unsigned char PA_data);
//写 PA
void wr_PB(unsigned char PB_data);
//写 PB
```

```
void wr_PC(unsigned char PC_data);
//写 PC
void Dint_PA(void);
//关端口 A 中断
void Eint_PA(void);
//开端口 A 中断
void Dint_PB(void);
//关端口 B 中断
void Eint_PB(void);
//开端口 B 中断
void setting_PC0int(void);
void setting_PC4int(void);
void start_timer(void);
//开始计数器计数
void stop_timer(void);
//停止计数器计数
void setting_zero_stop(void);
//设定计数到零停止计数
int rd_timer(void);
//读计数值
void setting_timerout_mode(unsigned char mode);
//设定输出模式
```

（2）读写外 RAM 函数。

读写外 RAM 函数对外部存储器指定单元数据进行读写，程序代码如下。

```
//-------------------------------------------------------------------
//   函数名称:rd_mem
//   输入函数:mem_ad,范围 0~255
//   输出参数:mem_data,存储对应数据
//   功能说明:读外部 RAM,输入相对地址,返回数据
//-------------------------------------------------------------------
unsigned char rd_mem(unsigned char mem_ad)                    //读存储器
{
    unsigned char mem_data;
    unsigned int  AD_mem;
    AD_mem=&mem_head;
    AD_mem=AD_mem+mem_ad;
    mem_data=XBYTE[AD_mem];
    return(mem_data);
}
//-------------------------------------------------------------------
//   函数名称:wr_mem
//   输入函数:mem_ad,mem_data 相对地址和数据
//   输出参数:无
//   功能说明:写数据到外部 RAM,把数据写到相应的地址
//-------------------------------------------------------------------
void wr_mem(unsigned char mem_ad, unsigned char mem_data)   //写存储器
```

```
{
    unsigned int  AD_mem;
    AD_mem=&mem_head;
    AD_mem=AD_mem+mem_ad;
    XBYTE[AD_mem]=mem_data;
}
```

（3）端口 PA、端口 PB 以及端口 PC 的读写设置函数。

端口 PA、端口 PB 以及端口 PC 的读写设置函数主要完成对 8155 端口的输入输出设置及数据读写，程序代码如下。

```
//----------------------------------------------------------
// 函数名称:rd_PA
// 输入函数:无
// 输出参数:PA_data
// 功能说明:返回 PA 数据
//----------------------------------------------------------
char rd_PA(void)                                      //读 PA
{
    unsigned char PA_data;
    ACC=state_flags;
    //把状态标志字读到 ACC 便于进行位操作
    do
    {
        IO_flagA=0;
        //置 PA 状态标志位为低--输入
        state_flags=ACC;
        a8155_CON=state_flags;
        //重写控制字,完成对 8155 的设置
    }
    while(IO_flagA==1);
    //判断状态标志位是否为高
    //控制字设置完成
    PA_data=a8155_PA;
    //把 PA 的数据读到 PA_data
    return(PA_data);
    //返回 PA_data
}
//----------------------------------------------------------
// 读 PB、PC 的函数:rd_PB 和 rd_PC 程序代码与 rd_PA 类似,不再赘述
//----------------------------------------------------------
// 函数名称:wr_PA
// 输入函数:PA_data
// 输出参数:无
// 功能说明:把 PA_data 送到 PA 输出
//----------------------------------------------------------
```

```
void wr_PA(unsigned char PA_data)                              //写 PA
{
    ACC=state_flags;
    //把状态标志字读到 ACC 便于进行位操作
    {
        IO_flagA=1;
        //置 PA 状态标志位为高--输出
        state_flags=ACC;
        //位操作完成,把 ACC 的内容写回状态标志字
        a8155_CON=state_flags;
        //写控制字,完成对 8155 的设置
    }
    while(IO_flagA==0);
    //判断状态标志位是否为低
    //为低,设置未完成,需从新设置
    a8155_PA=PA_data;
    //将 PA_data 的内容送到 PA
}
//-----------------------------------------------------------------
// 写 PB、PC 的函数:wr_PB 和 wr_PC 程序代码与 wr_PA 类似,不再赘述
//-----------------------------------------------------------------
```

（4）端口 PA、端口 PB 以及端口 PC 的中断设置函数。

① 端口 PA、端口 PB 以及端口 PC 的中断设置函数完成各个端口的中断开启和关断，程序代码如下。

```
//   函数名称:Eint_PA
//   输入函数:无
//   输出参数:无
//   功能说明:PA 中断允许
//-----------------------------------------------------------------
void Eint_PA(void)                                          //开端口 A 中断
{
    ACC=state_flags;
    //把状态标志字读到 ACC 便于进行位操作
    Int_flagA=1;
    state_flags=ACC;
    //位操作完成,把 ACC 的内容写回状态标志字
    a8155_CON=state_flags;
    //写控制字,完成对 8155 的设置
}
//-----------------------------------------------------------------
//   函数名称:Dint_PA
//   输入函数:无
//   输出参数:无
```

```
//  功能说明:PA 中断禁止
//------------------------------------------------------------
void Dint_PA(void)                                   //关端口 A 中断
{
    ACC=state_flags;
    //把状态标志字读到 ACC 便于进行位操作
    Int_flagA=0;
    state_flags=ACC;
    //位操作完成,把 ACC 的内容写回状态标志字
    a8155_CON=state_flags;
    //写控制字,完成对 8155 的设置
}
//------------------------------------------------------------
// 开关 PB 中断的函数 Eint_PB、Dint_PB 和 Eint_PA、Dint_PA 程序代码类似,不再赘述
//------------------------------------------------------------
```

② 端口 PC 上下半口配置函数可实现端口 PC 上半口配置为 PA 状态输出和 PC 下半口配置为 PB 状态输出。程序代码如下。

```
//------------------------------------------------------------
//  函数名称:PC0_PAint
//  输入函数:无
//  输出参数:无
//  功能说明:设置 PC 上半口为 PA 状态输出,PC0=INTRa,PC1=BFa,PC2=/STBb
//------------------------------------------------------------
void PC0_PAint(void)                                 //PC 上半口为 PA 状态输出
{
    //PC0=INTRa,PC1=BFa,PC2=/STBa
    ACC=state_flags;
    //把状态标志字读到 ACC 便于进行位操作
    Int_flagA=1;
    IO_flagC1=1;
    state_flags=ACC;
    //位操作完成,把 ACC 的内容写回状态标志字
    a8155_CON=state_flags;
    //写控制字,完成对 8155 的设置
}
//------------------------------------------------------------
//  函数名称:PC4_PBint
//  输入函数:无
//  输出参数:无
//  功能说明:设置 PC 下半口为 PB 状态输出,PC3=INTRb,PC4=BFb,PC5=/STBb
//------------------------------------------------------------
```

```
void PC4_PBint(void)                              //PC 下半口为 PB 状态输出
{
    //PC0=INTRa,PC1=BFa,PC2=/STBa
    ACC=state_flags;
    //把状态标志字读到 ACC 便于进行位操作
    Int_flagA=1;
    IO_flagC1=1;
    IO_flagC=1;
    state_flags=ACC;
    //位操作完成,把 ACC 的内容写回状态标志字
    a8155_CON=state_flags;
    //写控制字,完成对 8155 的设置
}
```

③ 计数器设置函数完成计数器的起停和读写和输出模式设置，具体程序代码如下。

```
//---------------------------------------------------------------------
//   函数名称:start_timer
//   输入函数:无
//   输出参数:无
//   功能说明:开始计数器计数
//---------------------------------------------------------------------
void start_timer(void)                            //开始计数器计数
{
    ACC=state_flags;
    //把状态标志字读到 ACC 便于进行位操作
    Timer_flag1=1;
    Timer_flag2=1;
    state_flags=ACC;
    //位操作完成,把 ACC 的内容写回状态标志字
    a8155_CON=state_flags;
    //写控制字,完成对 8155 的设置
}
//---------------------------------------------------------------------
//   函数名称:stop_timer
//   输入函数:无
//   输出参数:无
//   功能说明:停止计数器计数
//---------------------------------------------------------------------
void stop_timer(void)                             //停止计数器计数
{
    ACC=state_flags;
    //把状态标志字读到 ACC 便于进行位操作
    Timer_flag1=1;
    Timer_flag2=0;
    state_flags=ACC;
    //位操作完成,把 ACC 的内容写回状态标志字
```

```c
        a8155_CON=state_flags;
        //写控制字,完成对 8155 的设置
}
//-------------------------------------------------------------
//  函数名称:size_zero_stop
//  输入函数:无
//  输出参数:无
//  功能说明:设定计数到零停止计数
//-------------------------------------------------------------
void stop_timer(void)                          //停止计数器计数
{
    ACC=state_flags;
    //把状态标志字读到 ACC 便于进行位操作
    Timer_flag1=1;
    Timer_flag2=0;
    state_flags=ACC;
    //位操作完成,把 ACC 的内容写回状态标志字
    a8155_CON=state_flags;
    //写控制字,完成对 8155 的设置
}
//-------------------------------------------------------------
//  函数名称:rd_timer
//  输入函数:无
//  输出参数:time
//  功能说明:读计数值
//-------------------------------------------------------------
int rd_timer(void)                             //读计数值
{
    int time;
    char timea;
    time=Timer_B;
    timea=Timer_A;
    time=time<<8;
    time=((time&timea)&0x3F);
    return(time);
}
//-------------------------------------------------------------
//  函数名称:setting_timerout_mode
//  输入函数:mode,范围 0~3
//  输出参数:无
//  功能说明:设定 输出模式
//-------------------------------------------------------------
void setting_timerout_mode(unsigned char mode)  //设定输出模式
{
    Timer_B=(mode&0x03);
    //写控制字
}
```

2.3   CPLD 实现端口扩展

单片机与大规模 CPLD 有很强的互补性。单片机具有性价比高、功能灵活、易于实现人机对话和良好的数据处理能力等优点；CPLD/FPGA 则具有高速度、高可靠性以及开发便捷、灵活等优点。以此两类器件相结合的电路结构在许多高性能仪器仪表和电子产品中已经被广泛应用。

单片机与 CPLD/FPGA 的接口方式一般有两种，即总线方式与独立方式。

1．总线方式

单片机以总线方式与 CPLD/FPGA 进行数据与控制信息通信有如下优点。

（1）速度快。其通信工作时序是纯硬件行为，对于 MCS-51 单片机，只需一条指令就能完成所需的读/写时序，如：

```
Data_tem=CPLD_addr; CPLD_addr = Data_tem;
```

其中，CPLD_addr 为地址，Data_tem 为数据暂存单元。

（2）节省 CPLD 芯片的 I/O 口线。如图 2-13 所示，如果将图中的译码器 DECODER 设置足够的译码输出，并安排足够的锁存器，就能仅通过 19 根 I/O 口线在 FPGA 与单片机之间进行各种类型的数据与控制信息交换。

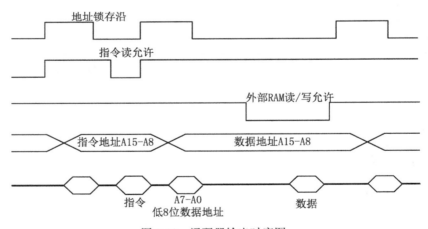

图 2-13   译码器输出时序图

（3）与非总线方式相比较，单片机编程简捷，控制可靠。

在 CPLD/FPGA 中通过逻辑切换，单片机易于与 SRAM 或 ROM 接口。这种方式有许多优势，如利用类似于微处理器系统的 DMA 的工作方式，首先由 CPLD/FPGA 与接口的高速 A/D 等器件进行高速数据采样，并将数据暂存于 SRAM 中，采样结束后，通过切换，使单片机与 SRAM 以总线方式进行数据通信，以便发挥单片机强大的数据处理能力。

根据单片机外部操作时序，ALE 为地址锁存使能信号，可利用其下降沿将低 8 位地址锁存于 CPLD/FPGA 中的地址锁存器（LATCH_ADDRES）中；当 ALE 将低 8 位地址通过 P0 锁存的同时，高 8 位地址已稳定建立于 P2 口，单片机利用读指令允许信号 PSEN 的低电平从外部 ROM 中将指令从 P0 口读入，其指令读入的时机是在 PSEN 的上升沿之前。

接下来，由 P2 口和 P0 口分别输出高 8 位和低 8 位数据地址，并由 ALE 的下降沿将 P0 口的低 8 位地址锁存于地址锁存器。若需从 CPLD/FPGA 中读出数据，单片机则通过指令 "Data_tem = CPLD_addr" 使 RD 信号为低电平，由 P0 口将锁存器 LATCH_IN1 中的数据读入累加器 A；但若欲将累加器 A 的数据写进 CPLD/FPGA，则需通过指令 "CPLD_addr = Data_tem" 和写允许信号 WR。

这时，DPTR 中的高 8 位和低 8 位数据作为高、低 8 位地址分别向 P2 和 P0 口输出，然后由 WR 的低电平并结合译码，将累加器 A 的数据写入图 2-14 中相关的锁存器。

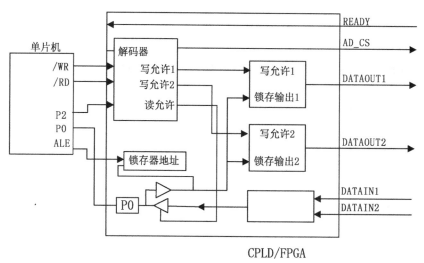

图 2-14　CPLD 与单片机接口原理图

由 8051 将数据#5AH 写入目标器件中的第一个寄存器 LATCH_OUT1 的指令是：

```
#define DAT_OUT1 XBYTE[0X6FFF5H]
unsigned char dat;
DAT_OUT1=dat;
```

当 READY 为高电平时，8051 从目标器件中的寄存器 LATCH_IN1 将数据读入的指令是：

```
#define DAT_IN1 XBYTE[0X6FFF5H]
unsigned char dat;
dat= DAT_IN1;
```

2. 独立方式

和总线接口方式不同，几乎所有单片机都能以独立接口方式与 CPLD/FPGA 进行通信，其通信的时序方式可由所设计的软件自由决定，形式灵活多样。其最大的优点是 CPLD/FPGA 中的接口逻辑无需遵循单片机内固定总线方式的读/写时序。CPLD/FPGA 的逻辑设计与接口的单片机程序设计可以分先后相对独立地完成。事实上，目前许多流行的单片机已无总线工作方式，如 AT89C2051、97C2051、Z84 系列、PIC16C5X 系列等。

独立方式的接口设计方法相对比较简单，在此不作详细介绍。

第3章 存储器的扩展

本章主要介绍 MCS-51 单片机外部程序存储器、数据存储器的扩展方法，本章主要包括以下内容：

- MCS-51 程序存储器的扩展；
- MCS-51 数据存储器的扩展；
- MCS-51 FLSAH 的驱动。

3.1 外部程序存储器的扩展

单片机内部没有 ROM 或虽有 ROM 但容量太小时，必须扩展外部程序存储器方能工作。现在常用的 ROM 器件有紫外线擦除电可编程只读存储器（EPROM）、电擦除电可编程只读存储器（EEPROM）、快闪电擦除电可编程只读存储器（FlashEEPROM）等。

3.1.1 【实例 27】EPROM27xxx 程序存储器的扩展

紫外线擦除电可编程只读存储器（EPROM）的编程是通过电气方式完成的，在对 EPROM 芯片加载适当的电压后，按照特定的编程时序将数据一一写入存储器中。在对 EPROM 编程之前必须保证整个存储器芯片内部的数据全部被擦除。

1. 芯片介绍

EPROM 主要是以 27xxx 命名的芯片，如 2764（8KB）、27128（16KB）、27256（32KB）、27512（64KB）等，一般选择 8KB 以上的芯片作为外部程序存储器。2764、27128、27256 的引脚图如图 3-1 所示，三者之间的不同仅在于地址线的数目。

MD2764A 是一种 8KB 的紫外线擦除电可编程只读存储器，单一+ 5V 供电，工作电流为 100mA，维持电流为 50mA，读出时间最大为 250ns。M2764A 的引脚与图 3-1 所示的 2764 的引脚完全兼容，其中各引脚的功能如下。

- A0～A12：地址线。
- D0～D7：数据输出线。
- $\overline{\text{OE}}$：数据输出选通线。

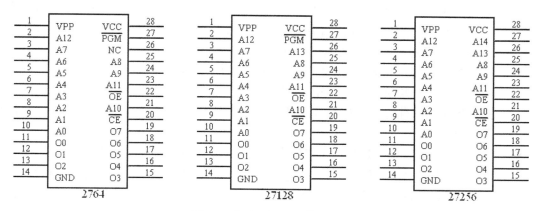

图 3-1　部分 EPROM 的引脚图

- $\overline{CE}$：片选线。
- $\overline{PGM}$：编程脉冲输入。
- VPP：编程电源。

M2764A 处于 5 种工作方式时的引脚状态如表 3-1 所示。

表 3-1　　　　　　　　MD2764A 处于 5 种工作方式时的引脚状态

方　式	引　脚					
	$\overline{CE}$（20）	$\overline{OE}$（22）	$\overline{PGM}$（27）	VPP（1）	Vcc（28）	输　出（11~13）（15~19）
读出	V_{IL}	V_{II}	V_{IH}	V_{CC}	V_{CC}	D_{OUT}
维持	V_{IH}	任意	任意	V_{CC}	V_{CC}	高阻
编程	V_{IL}	V_{IL}	V_{IL}	V_{PP}	V_{CC}	D_{IN}
编程校验	V_{IL}	V_{IL}	V_{IH}	V_{PP}	V_{CC}	D_{OUT}
编程禁止	V_{IH}	任意	任意	V_{PP}	V_{CC}	高阻

　　M2764A 的正常和编程方式是由 VPP 引线上的电源电压决定的。若 VPP 接+5V 电源，则 M2764A 处于正常工作方式；若 VPP 接 + 21V 电源，则 M2764A 处于编程模式。各种模式的介绍如下。

- 读出模式。读出模式也称在系统使用模式，进入这种模式的条件是在 M2764A 的 VPP 引脚加载+5V 电源，VCC 引脚加载+5V 电源使能片选（允许工作），控制信号 $\overline{CE}$ 为低电平（$\overline{CE}$ 的有效电平）状态，同时使输出使能信号 $\overline{OE}$ 为低电平（$\overline{OE}$ 的有效电平）。这时 M2764A 按照地址总线指定的地址将该地址中的数据发送到数据总线上。
- 维持模式。当片选控制信号 $\overline{CE}$ 为高电平时，EPROM 芯片立即进入维持模式，并且其数据总线处于高阻态。在维持模式的 EPROM 将忽略所有输入信号（包括 $\overline{CE}$、A0~A15）。

- 编程模式。在 M2764A 的 VPP 引脚加载+21V 电源，VCC 引脚加载+5V 电源，如果 $\overline{CE}$ 为低电平，则本芯片被选中编程，数据线 D7～D0 上的程序代码便可在 $\overline{PGM}$ 上 50ms 宽的负脉冲作用下写入由地址线 A12～A0 决定的存储单元。
- 编程校验模式。在 M2764A 的 VPP 引脚加载+ 21V 电源，VCC 引脚加载+ 5V 电源，按照读模式的要求（除了 VPP 的要求外），将数据从 M2764A 中读出校验。进入编程校验模式的目的是将写入的数据重新读出与希望写入的数据比较，以确定编程是否有误。
- 编程禁止模式。在 M2764A 的 V_{PP} 引脚加载+ 21V 电源，V_{CC} 引脚加载+ 5V 电源，如果 $\overline{CE}$ 为高电平（$\overline{PGM}$ 也为高电平），则本芯片处于禁止编程状态，数据线 D7～ D0 上为高阻态，隔断了其与 M2764A 内部总线的电气联系。因此，编程禁止状态实际上是前后两个存储单元进行编程写入的一个间隙状态，即 $\overline{PGM}$ 上两个 50ms 宽的负脉冲的间隙期。

2．扩展实例

EPROM 类型的 MCS-51 单片机在使用时必须扩展外部程序存储器，单片机的 $\overline{EA}$ 引脚必须与 GND 连接。

片外扩展 EPROM 的电路图如图 3-2 所示。图中的关键连接为：$\overline{EA}$ 引脚必须与 GND 连接，$\overline{PSEN}$ 必须与 EPROM 的输出使能控制信号 $\overline{CE}$ 连接，EPROM 的 $\overline{CE}$ 必须与 GND 连接，单片机的数据总线和地址总线与 EPROM 的数据线和地址总线的引脚一一对应连接。

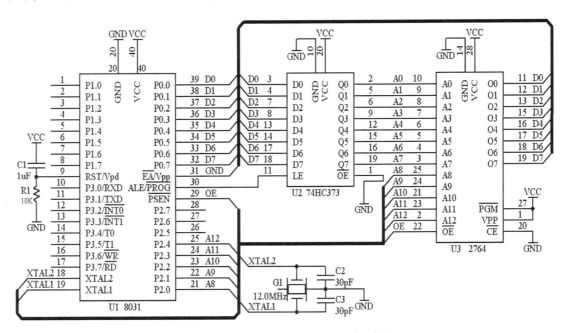

图 3-2　片内无程序存储器的单片机系统

使用 EEPROM 作为 8031 的外部程序存储器的典型电路如图 3-3 所示。

由于 EEPROM 允许电气方式写操作，这种类型的存储器写操作允许引脚 $\overline{WE}$ 。如果把

EEPROM 作为程序存储器使用，系统正常运行时其只能以只读的模式工作，因此必须在系统中禁止对其进行写操作，也就是将其 $\overline{\text{WE}}$ 引脚接高电平（VCC）。

比较图 3-2 和图 3-3，二者的区别只有一点，即 EEPROM 的 $\overline{\text{WE}}$ 引脚必须与 VCC 相连接。

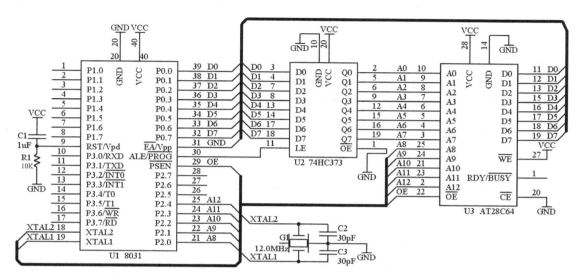

图 3-3　片内无程序存储器类型单片机扩展 EEPROM 作为程序存储器

3.1.2 【实例 28】EEPROM28xxx 程序存储器的扩展

电可擦除可编程只读存储器 EEPROM 是一种电气方法在线擦除和再编程的只读存储器，它既有 RAM 可读写、可修改的特性，又具有非易失性存储器 ROM 在掉电后仍能保存所有数据的优点，因此 EEPROM 在电路中既可以作为程序存储器又可以作为数据存储器，本例中将其扩展为程序存储器。

1．芯片介绍

EEPROM 是一种电擦除电可编程只读存储器，其主要特点是能在系统中进行在线修改，并能在断电的情况下保持修改的结果，因而得到普遍采用。

EEPROM 一般以 28xxx 命名，如早期的 Intel2864A 和相对较新的 AT28C64 等。本小节以 AT28C64 为例详细介绍 EEPROM。AT28C64 的引脚图如图 3-4 所示。

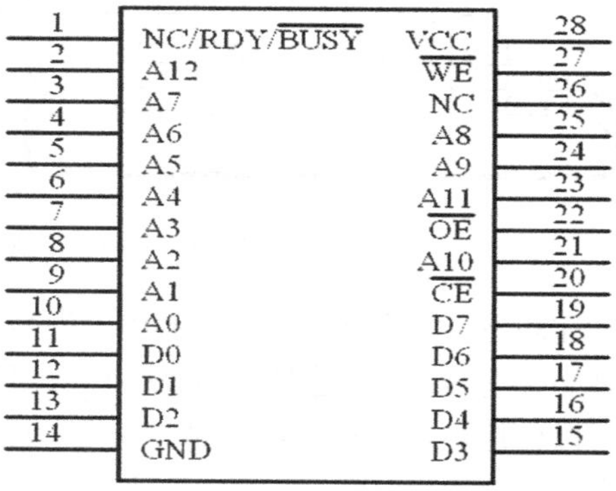

其中各引脚的功能如下。

- A0～A12：地址输入。
- D0～D7：数据输入/输出。
- $\overline{\text{OE}}$：数据输出使能端。

图 3-4　典型代表 EEPROM AT28C64 的引脚图

- $\overline{\text{WE}}$：写使能端。
- $\overline{\text{CE}}$：片选线。
- RDY/$\overline{\text{BUSY}}$：就绪/忙输出。

AT28C64 主要有如下操作或状态。

- 读出：当 $\overline{\text{CE}}$ 和 $\overline{\text{OE}}$ 为低电平、$\overline{\text{WE}}$ 为高电平时，由地址线所决定的存储单元中的数据发送到数据线上；当 $\overline{\text{CE}}$ 或 $\overline{\text{OE}}$ 为高电平时，数据线被设置为高阻态。这种双重控制为解决总线冲突提供了便利。
- 字节写：当 $\overline{\text{OE}}$ 为高电平、$\overline{\text{CE}}$ 或 $\overline{\text{WE}}$ 为低电平时，在 $\overline{\text{WE}}$ 或 $\overline{\text{CE}}$（分别与 $\overline{\text{CE}}$ 或 $\overline{\text{WE}}$ 为低电平对应）加一个低电平脉冲就可以启动一个字节写过程，要写入的地址在 $\overline{\text{WE}}$ 或 $\overline{\text{CE}}$ 的下降沿锁存，要写入的数据在 $\overline{\text{WE}}$ 或 $\overline{\text{CE}}$ 的上升沿锁存。一旦启动了一个字节写过程，AT28C64 内部在写之前会将该字节地址自动清零，然后自动将数据写入该地址。
- RDY/$\overline{\text{BUSY}}$：该引脚是一个开漏极输出，可用来检测一个写过程是否结束。在写字节的过程中，RDY/$\overline{\text{BUSY}}$ 为低电平，写字节结束后变为高电平。

2．扩展实例

片内有程序存储器的 MCS-51 单片机内部的程序存储器的容量一般在 4KB～64KB，当使用的 MCS-51 单片机的片内 ROM 不够用时，还必须扩展外部程序存储器。如图 3-5 所示是片内带有 4KB 的 FlashEEPROM 存储器的 89S51 单片机外部扩展 EPROM 的电路原理图。

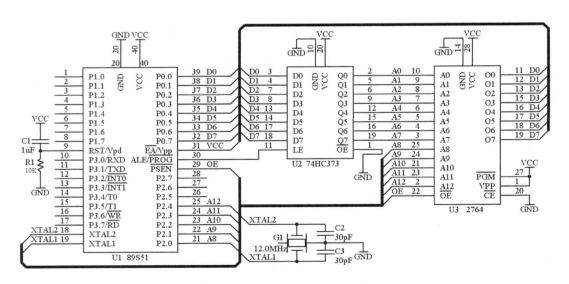

图 3-5　片内有程序存储器的单片机扩展 EPROM 作为程序存储器

比较图 3-5 和图 3-2，除单片机型号不同外，二者的区别只有一点，即单片机的 $\overline{\text{EA}}$/Vpp 引脚必须与 VCC 相连接。当 $\overline{\text{EA}}$/Vpp 引脚必须与 VCC 相连时，89S51 内部的 4KB 程序存储器可以使用。当执行的程序地址大于 4KB 时，CPU 根据 PC 的值自动到片外扩展的程序存储器中取指令。

当使用 MCS-51 单片机的片内存储器时，片内的地址空间和片外扩展的地址空间一起编址，其中内部地址空间的起始地址从 0000H 开始，即 CPU 被复位后必须从内部程序空间开始执行程序。

外部扩展 EEPROM 的电路原理图如图 3-6 所示。将其与图 3-3 比较，与扩展 EPROM 一样，除了单片机型号不同外，惟一的区别就是单片机的 $\overline{EA}$ /Vpp 引脚必须与 VCC 相连接。

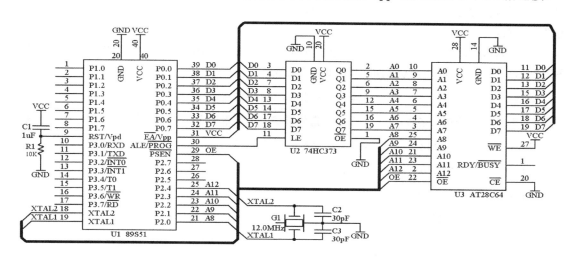

图 3-6　片内有程序存储器的单片机扩展 EEPROM 作为程序存储器

3.2　外部数据存储器的扩展

数据存储器用于存储现场采集的原始数据和运算结果，需要经常进行读写操作。单片机系统最紧缺的资源是什么，肯定是 RAM。以常用的 AT89S52 为例，片上内存仅仅 128 字节，即使是内存较大的 w77e58 也只有 1K 字节的内存，所以在一些数据处理比较复杂的项目中扩展内存的需求是十分迫切的。数据存储器的扩展主要有两种形式，一种是扩展 RAM，弥补单片机内部数据存储器的不足，此类数据在掉电后数据丢失；一种是扩展 EEPROM 保存数据，此类数据在掉电后数据不丢失。

3.2.1　【实例 29】与 AT24 系列 EEPROM 接口及驱动程序

1．芯片介绍

AT24 系列存储芯片就是一种可以在线读写的 EEPROM 芯片。它属于非易失性存储器，即断电后信息能够继续保存 40 年，读写次数可以达到 10 万次，在系统设计中我们可以用它来保什系统产生的数据，就像使用"硬盘"一样。

AT24 系列 EEPROM 存储具有 01/02/04/08/16/32/64 一系列型号。这些型号的含义是：芯片的容量是 xxKbit。例如 AT24C01 的容量是 1kbit，即有 128KB，同样 AT24C64 的容量是 64kbit，即 8KB，AT24 系列芯片都为 I^2C 总线结构，一般称为串行 EEPROM。这种器件允许两种写入方式，单个字节写入或页写入。页写入的含义是将多个字节在一个周期内同时写入。

1
2
3
4
A0 VCC
A1 SCL
A2 SDA
GND WP
8
7
6
5

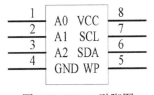

图 3-7　24xxx 引脚图

AT24 系列器件的引脚如图 3-7 所示。从引脚图上可以看出 24 系列器件是 I^2C 器件，它的 5、6 脚分别是 SDA、SCL，第 7 脚 WP 的含义是写保护，当 WP 为高电平时，芯片具有写保护功能，芯片数据只能被读出，而被保护部分不能写入数据。

A0、A1、A2 的含义比较特殊，它们所提供的功能根据型号不同有所改变，其定义如表 3-2 所示。对于 24 系列来说就是 24C01 和 24C02。

表 3-2　24xxx 系列 A0、A1、A2 定义

器件型号	容量（字节）	用于片选的引脚	用于片内寻址的引脚	最大连接片数
2401	128	A0、A1、A2	无	8
2402	256	A0、A1、A2	无	8
2404	1024	A1、A2	A0	4
2408	2048	A2	A0、A1	2
2416	4096	无	A0、A1、A2	1

至于容量大于等于 2432 字节的器件，由于需要 12 位以上的地址信息，所以即使借用 A0、A1、A2 引脚也不能完成寻址任务，那么解决这个问题的方法就是将地址信息由一个字节改为 2 字节，这样 A0、A1、A2 又可以恢复为片选信息使用。

24 系列的控制字由三部分组成，第一部分是前四位的 1010，这是 24 系列的特征码，第二部分是对 A0、A1、A2 的选取值，第三部分最后一位，该位的含义是读写选择，1 表示读，0 表示写，如图 3-8 所示。

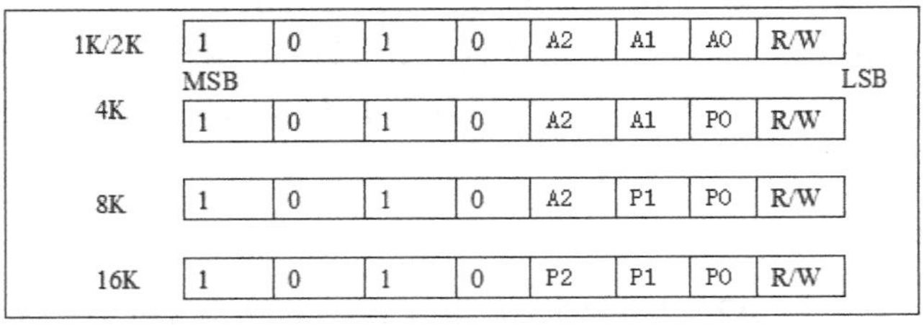

1K/2K　1　0　1　0　A2　A1　A0　R/W
MSB
LSB
4K　1　0　1　0　A2　A1　P0　R/W
8K　1　0　1　0　A2　P1　P0　R/W
16K　1　0　1　0　P2　P1　P0　R/W

图 3-8　24 系列芯片的控制字格式

如：2401 的 A1 接高电平，A2、A0 接地，那么该芯片的控制字格式如下：

```
读控制字：10100101B
写控制字：10100100B
```

2．硬件连接

A0、A1、A2 接地，SDA、SCL 与单片机 I/O 口连接，通过程序软件模拟 I^2C 时序，WP 引脚接地、如图 3-9 所示。

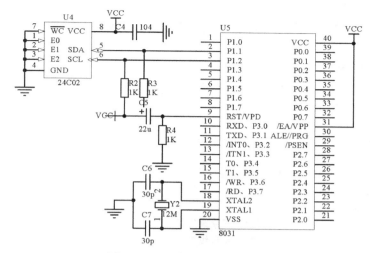

图 3-9　8031 扩展 2402 原理图

3.驱动程序

（1）在写数据周期依次执行以下过程。

① 发"起始位"。

② 发"写入代码"（8bit），1010（A1 A2 A3）0，其中的 A1、A2、A3 三位是片地址，由 24C02 的硬件决定，文中采用 000。

③ 收"ACK"应答（1 bit）。

④ 发 EEPROM 片内地址（即要写入 EEPROM 的什么位置）（8bit）。从 00 到 FF 中的任意一个，对应 EEPROM 中的相应位。

⑤ 收"ACK"应答（1bit）。

⑥ 发要发送的数据（8bit），即要存储到 EEPROM 中的数据。

⑦ 发"停止位"。

（2）在读数据周期，依次执行以下过程。

① 发"起始位"。

② 发"写入代码"（8bit），1010（A1 A2 A3）0，其中 A1、A2、A3 三位是片地址，由 24C02 的硬件决定，文中采用 000。

③ 收"ACK"应答（1bit）。

④ 发"EEPROM"片内地址（即要读出 EEPROM 的位置）（8bit）。从 00 到 FF 中的任意一个，对应 EEPROM 中的相应位。

⑤ 收"ACK"应答（1bit）。

⑥ 发"起始位"（1bit）。

⑦ 发"读出代码"（8bit），1010（A1 A2 A3）1，其中 A1、A2、A3 三位是片地址，由 24C02 的硬件接线决定，本例中采用 000。

⑧ 接收。

⑨ 发 ACK 应答。

⑩ 发"停止位"。

单片机对 2402 的驱动程序主要包括函数声明管脚定义部分、数据输入函数以及数据输出函数。

（1）函数声明管脚定义。

函数声明管脚定义部分主要完成程序所涉及的库函数的声明及有关引脚的定义，一般置于程序的开头部分，代码如下：

```
*=======对 2402 的读写函数==================*/
#include <reg52.h>
#define DELAY_TIME  60///*经实验，不要小于 50！否则可能造成时序混乱*/
#define FALSE  0
#define TRUE  1
sbit SCL = P1^2;          //I²C 信号线定义
sbit SDA = P1^1;          //I²C 数据线定义
```

（2）延时子程序 delayus()。

延时子程序 delayus()完成短延时，具体延时值可按数据手册要求进行调整，程序代码如下：

```
/*======启动 I²C 总线的函数，当 SCL 为高电平时使 SDA 产生一个负跳变=====*/
void delayus(unsigned int t)
 {
 while(t!=0)
 t--;
 }
```

（3）起停信号函数 I²C_Start ()和 I²C_Stop()。

函数 I²C_Start ()实现 SCL 信号保持高电平期间，数据线电平从高到低的跳变，以此作为 I²C 总线的起始信号；函数 I²C_Stop()实现 SCL 信号保持高电平期间，数据线电平从低到高的跳变，以此作为 I²C 总线的停止信号。程序代码如下：

```
void I²C_Start(void)
 {
 SDA=1;
 SCL=1;
 delayus(DELAY_TIME);
 SDA=0;
 delayus(DELAY_TIME);
 SCL=0;
 delayus(DELAY_TIME);
 }
/*=======终止 I²C 总线，当 SCL 为高电平时使 SDA 产生一个正跳变=========*/
void I²C_Stop(void)
 {
 SDA=0;
 SCL=1;
 delayus(DELAY_TIME);
```

```
    SDA=1;
    delayus(DELAY_TIME);
    SCL=0;
    delayus(DELAY_TIME);
   }
```

（4）写数据函数 SEND_0 ()和 SEND_1 ()。

函数 SEND_0 ()和 SEND_1 ()完成在 SCL 信号为高电平期间，向 SDA 线写入 0 和 1 的功能，程序代码如下：

```
/*================发送 0,在 SCL 为高电平时使 SDA 信号为低============*/
void SEND_0(void)
 {
  SDA=0;
  SCL=1;
  delayus(DELAY_TIME);
  SCL=0;
  delayus(DELAY_TIME);
 }
/*================发送 1,在 SCL 为高电平时使 SDA 信号为高============*/
void SEND_1(void)
 {
  SDA=1;
  SCL=1;
  delayus(DELAY_TIME);
  SCL=0;
  delayus(DELAY_TIME);
 }
```

（5）应答信号函数 Check_Acknowledge ()。

I^2C 总线传输数据时，每成功传输 1 字节数据，接收器都必须产生一个应答信号。应答信号函数 Check_Acknowledge ()就是实现该应答信号的查询功能。在器件工作于读模式时，在发送 1 个 8 位数据后释放 SDA，当接收到应答信号，继续发送数据，反之，器件停止并等待产生 1 个停止信号。

```
/*================发送完一个字节后检验设备的应答信号===============*/
bit Check_Acknowledge(void)
 {
  char F0;
  SDA=1;
  SCL=1;
  delayus(DELAY_TIME/2);
   F0=SDA;
  delayus(DELAY_TIME/2);
   SCL=0;
  delayus(DELAY_TIME);
   if(F0==1)
```

```
    return FALSE;
    return TRUE;
  }
```

（6）读写数据函数。

读写数据函数包括读单字节读写以及数组读写函数，具体程序代码如下：

```
/*========================向 I²C 总线写一个字节==================*/
void WriteI²CByte(char b)
  {
   char i;
   for(i=0;i<8;i++)
   if((b<<i)&0x80)
      SEND_1();
   else
      SEND_0();
  }
/*========================从 I²C 总线读一个字节==================*/
char ReadI²CByte(void)
  {
  char b=0,i,F0;
  for(i=0;i<8;i++)
   {
    SDA=1;            /*释放总线*/
    SCL=1;            /*接受数据*/
    delayus(10);
    F0=SDA;
    delayus(10);
    SCL=0;
     if(F0==1)
      {
       b=b<<1;
       b=b|0x01;
      }
     else
    b=b<<1;
   }
   return b;
  }
/*========================读写 24c02 子函数==================*/
/*========================向 2402 写一个字节==================*/
void Write_One_Byte(char addr, char thedata)
  {
    bit acktemp=1;
```

```
    I²C_Start();                              /*总线开始*/
    WriteI²CByte(0xa0);
    acktemp=Check_Acknowledge();             /*发送完一个字节后检验设备的应答信号*/
    WriteI²CByte(addr);                       /*向 address 首地址开始写数据*/
    acktemp=Check_Acknowledge();             /*发送完一个字节后检验设备的应答信号*/
    WriteI²CByte(thedata);                    /*把 thedata 写进去*/
    acktemp=Check_Acknowledge();             /*发送完一个字节后检验设备的应答信号*/
    I²C_Stop();                               /*总线停止*/
  }
/*========================向 2402 写一个数组========================*/
void Write_A_Page(char *buffer,char m,char addr)
  {
    bit acktemp=1;
    int i;
    I²C_Start();
    WriteI²CByte(0xa0);
    acktemp=Check_Acknowledge();             /*发送完一个字节后检验设备的应答信号*/
    WriteI²CByte(addr);                       /*address*/
    acktemp=Check_Acknowledge();             /*发送完一个字节后检验设备的应答信号*/
  for(i=0;i<m;i++)
    {
     WriteI²CByte(buffer[i]);
      if(!Check_Acknowledge())
       {
        I²C_Stop();
       }
    }
    I²C_Stop();
  }
/*========================从 2402 读一个字节========================*/
char Read_One_Byte(char addr)
  {
    bit acktemp=1;
    char mydata;
    I²C_Start();                              /*启动 I²C 总线*/
    WriteI²CByte(0xa0);                       /*向 I²C 总线写一个字节*/
    acktemp=Check_Acknowledge();             /*发送完一个字节后检验设备的应答信号*/
    WriteI²CByte(addr);                       /*向 I²C 总线写一个字节,addr 是地址*/
    acktemp=Check_Acknowledge();             /*发送完一个字节后检验设备的应答信号*/
    I²C_Start();
    WriteI²CByte(0xa1);
    acktemp=Check_Acknowledge();             /*发送完一个字节后检验设备的应答信号*/
    mydata=ReadI²CByte();
    acktemp=Check_Acknowledge();             /*发送完一个字节后检验设备的应答信号*/
    return mydata;
```

```
    I²C_Stop();                              /*停止 I²C 总线*/
  }
/*=====================从2402读一个数组=====================*/
  void Read_N_Bytes(char *buffer, char n, char addr)
  {
    bit acktemp=1;
    int i=0;
    I²C_Start();                             /*启动 I²C 总线*/
    WriteI²CByte(0xa0);
    acktemp=Check_Acknowledge();             /*发送完一个字节后检验设备的应答信号*/
    WriteI²CByte(addr);                      /*address*/
    acktemp=Check_Acknowledge();             /*发送完一个字节后检验设备的应答信号*/
    I²C_Start();
    WriteI²CByte(0xa1);
    acktemp=Check_Acknowledge();             /*发送完一个字节后检验设备的应答信号*/
    for(i=0;i<n;i++)
    {
     buffer[i]=ReadI²CByte();
      if(i!=n-1)
        SEND_0();                            /*发送应答*/
      else
        SEND_1();                            /*发送非应答*/
    }
    I²C_Stop();                              /*停止 I²C 总线*/
  }
```

3.2.2 【实例30】EEPROM（X5045）接口及驱动程序

1．X5045功能介绍

X5045是一款多功能芯片，它可以进行系统的上电复位、电压跌落检测，又可以提供看门狗功能。同时它又是一个容量为512字节的EEPROM，片内EEPROM有1 000 000次的擦写周期，并且具有数据的块保护功能，它可以保护1/4、1/2或全部的EEPROM。典型的器件些周期为5ms。这种多功能芯片有效地降低了设计的复杂程度，提高了可靠性。X5045引脚图如图3-10所示，各引脚定义如下。

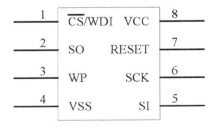

图3-10　X5045引脚图

- $\overline{CE}$/WDI：片选和喂狗线。
- SO：数据输出线。
- WP：写保护。
- VSS：地。
- SI：数据输入线。
- SCK：时钟线。

- RESET：复位信号输出。
- VCC：电源+5V。

2．X5045 的使用方法

X5045 具有两个功能：看门狗定时器和 SPI 串行编程 EEPROM。

看门狗定时器：看门狗定时器通过检测 WDI 引脚的输入来判断微处理器是否正常工作。在设定的定时时间内，微处理器必须在 WDI 引脚产生一个由高到低的电平变化，否则 X5045 将产生一个复位信号，在 X5045 内部的一个寄存器中由两位可编程位决定了定时周期的长短，微处理器可以通过指令来改变这两个位，从而改变看门狗定时时间的长短。

SPI 串行编程 EEPROM：芯片控制的指令被组织成一个字节（8bit）。这些命令只要直接将指令代码写入芯片即可。有两条读指令用于初始化输出数据，其他的指令还需要一个 8 位的地址以及相关的数据。所有指令如表 3-3 所示。它们都是通过 SPI 串行总线来写入器件的，所有指令地址都是 MSB（高位）先写。

表 3-3   X5045 的指令表

指 令 名 称	指 令 格 式	完成的操作
WREN	0000 0110	写允许
WRDI	0000 0100	写禁止
RDSR	0000 0101	读状态寄存器
WRSR	0000 0001	写状态寄存器（看门狗和块锁定）
READ	0000 A8 0111	从选中的开始单元地址中读数据
WRITE	0000 A8 0110	向选定的开始地址单元写入数据

写允许：在器件进行写操作之前，首先必须设置写操作指令。WREN 指令允许进行写操作，而 WRDI 将禁止写操作。而一旦对器件写入一个字节、一页或者写入状态寄存器后将自动处于写禁止状态。在 WP 引脚接地后也会使器件处于写禁止状态。在写了 WREN、WRDI、RDSR 和 WRSR 指令后不需要在后边跟上一个数据或者一个地址。

状态寄存器：状态寄存器由 4 个非断电不丢失的控制位和 2 个断电即丢失的状态位组成。控制位用于设置看门狗定时器的溢出时间和存储器块保护区。状态寄存器的格式如表 3-4 所示。

表 3-4   X5045 状态寄存器格式

7	6	5	4	3	2	1	0
0	0	WD1	WD0	BL1	BL0	WEL	WIP

- WIP：一个非易失的只读位。在片内编程时，它指示出器件"忙"。这一位可以用 RDSR 指令读出，读出的这一位是"1"则表示内部正在进行写操作，如果是"0"表示内部没有进行写操作。
- WEL：一个易失位，当该位为"1"时表示芯片处于写允许状态，而该位是"0"则代表芯片处于写禁止状态。WEL 也是一个只读位，指令 WREN 将使 WEL 变为"1"，而指令 WRDI 则将该位变为"0"。

- BL0、BL1：块锁定位 BL0 和 BL1 用于设置块保护的层次。这个非易失性的位通过 WRSR 指令来编程，通过这两位的设置，可以使存储器的 1/4、1/2、全部都处于写保护状态，当然也可以全部都不处于写保护状态。
- WD1、WD0：看门狗定时器控制位，用于选择看门狗的定时溢出的时间。具体的情况如表 3-5 所示。这两个非易失位通过 WRSR 指令进行编程。

表 3-5　　　　　　　　　　　　　　　　　　X5045 控制字含义

状态寄存器位		看门狗定时溢出时间	状态寄存器位		保护的地址空间
WD1	WD0	X5045/X5043	BL1	BL0	X5045/X5043
0	0	1.4 秒	0	0	不保护
0	1	600 毫秒	0	1	$180H-$1FFH
1	0	200 毫秒	1	0	$100H-$1FFH
1	1	禁止	1	1	$000H-$1FFH

读状态寄存器：要读状态寄存器，首先将 CS 接地以选择该器件，然后送一个 8 位的 RDSR 指令，则状态寄存器的内容就通过 SO 线进行输出。当然必须要有相应的时钟加到 SCK 线上。状态寄存器可以在任何时候被读出，即使是在 EEPROM 内部的写周期内也可以读出。

写状态寄存器：要将数据写入状态寄存器，首先必须用 WREN 命令将 WE1 置为 "1"。首先将 CS 接低电平以选中该器件，然后写入 WREN 指令，接着将 CS 拉至高电平，然后再次将 CS 接低电平，接着写入 WRSR 指令，跟着写入 8 位数据，这个 8 位数据就是相应的寄存器中的内容。写入结束后必须将 CS 拉至高电平，如果 CS 没有在 WREN 和 WRSR 期间变高，则 WRSR 指令将被忽略。

读存储器内容：要读存储器的内容，首先将 CS 拉低以选中该器件，然后将 8 位的读指令送到器件中去，跟着送 8 位的地址。读指令的第 3 位用于选择存储器的上半区或下半区。在读操作码和地址发送完毕后，所选中的地址单元数据通过 SD0 线送出。在读完这一字节后，如果继续提供时钟脉冲，则这一地址单元的下一个单元数据将会被顺序读出。地址将会自动加 1，等到达最高地址之后，地址将会回绕到 000H 单元。读周期在 CS 变为高电平后中止。

写存储器内容：要写存储器内容，WEN 必须通过 WREN 指令置为 "1"。先将 CS 拉低，将 WREN 指令送人器件，然后将 CS 拉高，然后再次将 CS 拉低，随后写入 WRITE 指令并跟随 8 位的地址。wRHx 指令用于选择存储器的上半区和下半区：如果 CS 没有在 WREN 和 WRITE 指令之间变为高电平，则 WRITE 指令被忽略。

写操作至少需要 24 个时钟周期，CS 必须拉低并在操作期间保持低电平。主控机可以连续写入 16 字节的数据，限制是这 16 字节必须写入同一页，一页的地址开始于地址[x x x x x 0000]，结束于地址[x x x x x 1111]。如果待写入的字节地址已达到一页的最后，而时钟还继续存在，计数器将回绕到该页的第一个地址并覆盖前面所写的内容。

3. 硬件连接

X5045 与 8051 硬件连接原理图如图 3-11 所示。

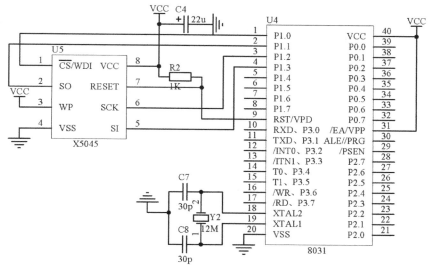

图 3-11 X5045 与 8031 连接原理图

- CS/WDI 引脚与 P1.0 连接。
- SO、SCK、SI 分别与 P1.1～P1.3 连接完成 SPI 时序。
- RESET 通过 1K 上拉电阻与单片机复位引脚相连。
- WP 引脚接高电平,不进行数据保护。

4.X5045 驱动程序

X5045 程序主要由喂狗程序、读字节、写字节、写使能、读使能、读状态寄存器等程序组成。

```
/*========================复位看门狗==============================*/
void RESWDI(void)
{
CS = 0;
CS = 1;
}
/*========================写使能锁存==============================*/
void WREN(void)
{
SCK=0;
CS=0;
OUTByte(0x06);  //发送06H写使能命令字
SCK=0;
CS=1;
}
/*====================写使能复位(禁止写)==========================*/
void WRDI(void)
{
```

```
SCK=0;
CS=0;
OUTByte(0x04);   //发送04H写禁止命令字
SCK=0;
CS=1;
}
/*=====================写状态寄存器=====================*/
void WRSR(void)
{
SCK=0;
CS=0;
OUTByte(0x01);   //发送01H写寄存器命令字
OUTByte(0x20);    //发送寄存器值BL0，BL1为0没写保护，WD0=0 WD1=1看门狗复位时间为200ms
SCK=0;
CS=1;
WIPCHK();         //判断是否写入
}
/*=====================读状态寄存器=====================*/
unsigned char RSDR(void)
{
unsigned char Temp;
SCK=0;
CS=0;
OUTByte(0x05);        //发送05H读状态寄存器命令字
Temp = INPUTByte(); //读状态寄存器值
SCK=0;
CS=1;
return Temp;
}
/*===============检查WIP位，判断是否写入完成=================*/
void WIPCHK(void)   //reentrant
{
unsigned char Temp, TempCyc;
for(TempCyc=0;TempCyc<50;TempCyc++)
  {
  Temp = RSDR();     //读状态寄存器
  if (Temp&0x01==0)
  TempCyc = 50;
  }
}
/*=====================输出一个字节=====================*/
void OUTByte(unsigned char Byte) //
{
unsigned char TempCyc;
for(TempCyc=0;TempCyc<8;TempCyc++)
{
```

```
SCK = 0;
SI = Byte & 0x80;
Byte = Byte<<1;        //右移
SCK = 1;
}
SI=0; //使 SI 处于确定的状态
}
/*====================输入一个字节============================*/
unsigned char INPUTByte(void)
{
unsigned char Temp=0,  TempCyc;
for(TempCyc=0;TempCyc<8;TempCyc++)
{
Temp=Temp<<1;          //右移
SCK=0;
if(SO)
Temp = Temp|0x01;      //SO 为 1，则最低位为 1
SCK = 1;
}
return Temp;
}
/*====================读 ADD 中的一个字节============================*/
unsigned char ReadByte(unsigned char ADD)//读地址中的数据这里不做先导字处理，只能
读 00-FFH
{
unsigned char Temp;
SCK=0;
CS=0;
OUTByte(0x3);     //发送读指令 03H 如要支持 000-FFF 则要把高位地址左移 3 位再为 03H 相或
OUTByte(ADD);     //发送低位地址
Temp = INPUTByte();
SCK=0;
CS=1;
return Temp;
}
/*====================写 ADD 中的一个字节============================*/
void WriteByte(unsigned char Byte，ADD) //向地址写入数据这里同样不做先导字处理，
只能写 00-FFH
{
SCK=0;
CS=0;
OUTByte(0x2);     //发送写指令 02H 如要支持 000-FFF 则要把高位地址左移 2 位再为 02H 相或
OUTByte(ADD);     //发送低位地址
OUTByte(Byte);  //发送数据
SCK=0;
```

```
CS=1;
WIPCHK();          //判断是否写入
}
```

3.2.3 【实例 31】铁电存储器接口及驱动程序

铁电存储器是 RAMTRON 公司的专利产品，该产品的核心技术是铁电晶体材料，这一特殊材料使得铁电存储器产品同时拥有随机存储器（RAM）和非易失性存储器（ROM）产品的特性。该产品已广泛应用于数据写入频率要求较高且要求掉电不丢失数据的应用领域（如数据采集系统、电量计量系统）。本小节将介绍铁电存储器 FM1808 的基本原理、使用方法，及其驱动程序。

1．FM1808 功能介绍

铁电存储器 FM1808 的主要特点如下：

- 采用先进的铁电技术制造；
- 存储容量为 256KB（即 32k byte）；
- 读写寿命为 100 亿次；
- 掉电数据可保存 10 年；
- 写数据无延时；
- 存取时间为 70ns；
- 低功耗，工作电流为 25mA，待机电流仅为 20μA；
- 采用单 5V 工作电压；
- 工作温度范围为- 40℃～ + 85℃；
- 具有特别优良的防潮湿、防电击及抗震性能；
- 与 SRAM 或并行 EEPROM 管脚兼容。

FM1808 多采用 28 脚 PDIP 或者 SOIC 封装形式。如图 3-12 所示，各引脚定义如下。

- A0～A14：地址线，地址数据在 CE 的下降沿被锁定。
- DQ0～DQ7：8 位数据线。
- CE：片选输入，当 CE 为低电平时，芯片被选中。
- OE：输出使能，当 OE 为低电时，把数据送到总线；当 OE 为高，数据线为高阻态。
- WE：写使能，当 WE 为低电平时，总线的数据写入被 A0～A14 所决定的地址中。
- VDD：电源，+5V。
- VSS：地。

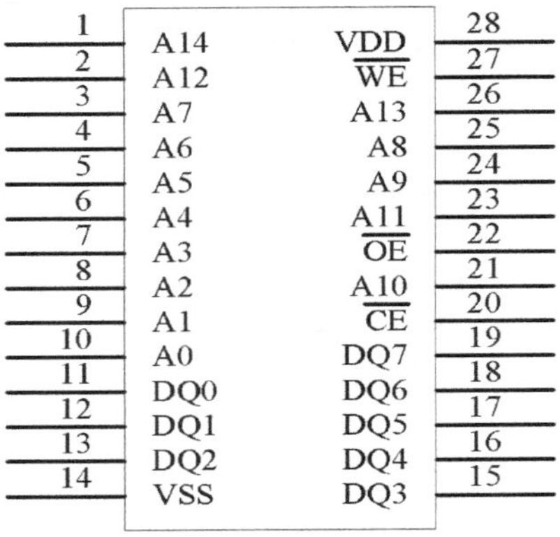

图 3-12   FM1808 引脚图

2．FM1808 的使用方法

FM1808 的功能真值表如表 3-6 所示。其操作主要分为读操作、写操作和充电操作。

表 3-6　　　　　　　　　　　　FM1808 的功能真值表

CE	OE	WE	方　式	功　能
1	X	X	非选	芯片未选中
1	1	1	写	DQ0～DQ7 的内容写入 A0～A14 地址单元
0	1	0	读	将 A0～A14 地址单元内容输出到 DQ0～DQ7
↓	X	X	锁存	CE 的下降沿锁定地址数据

（1）FM1808 的读操作。

如图 3-13 所示，读操作一般在 CE 下降沿开始，这时地址位被锁存，存储器读周期开始，一旦开始，应使 CE 保持不变，一个完整的存储器周期可在内部完成，在访问时间结束后，总线上的数据变为有效。

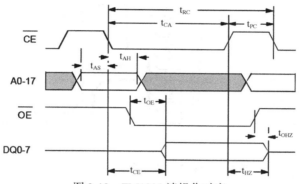

图 3-13　FM1808 读操作时序

当地址被锁存后，地址值可在满足保持时间参数的基础上发生改变，这一点不像 SRAM，地址被锁存后改变地址值不会影响存储器的操作。

（2）FM1808 的写操作。

如图 3-14 所示，FM1808 写与读通常发生在同一时间间隔，FM1808 的写操作由 CE 和 WE 控制，地址均在 CE 的下降沿锁存。CE 控制写操作时，WE 在开始写周期之前置 0，即当 CE 有效时，WE 应先为低电平。FRAM 没有写延时，读写访问时间是一致的，整个存储器操作一般在一个总线周期出现。因此，任何操作都能在一个写操作后立即进行，而不像 EEPROM 需要通过判断来确定写操作是否完成。

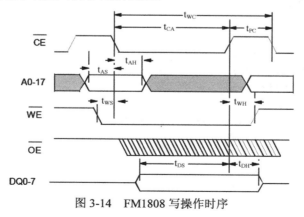

图 3-14　FM1808 写操作时序

3. 硬件连接

如图 3-15 所示，P0 口作为地址线的低 8 位以及数据线分别与 FM1808 的数据线 DQ0～DQ7 和地址线低 8 位 A0～A7 相连；P2 口的 P2.0～P2.6 作为地址线的高 7 位分别与 FM1808 的 A8～A14 相连；P1 口的 P1.0～P1.2 作为控制线分别与 FM1808 的 CE、OE、WE 相连。

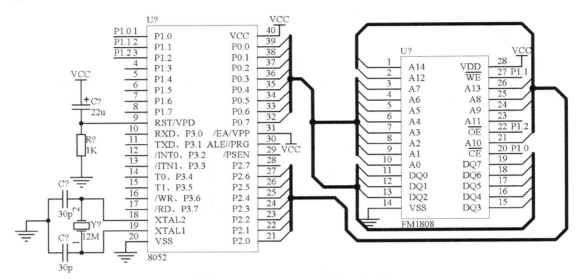

图 3-15   8052 与铁电存储器连接原理图

4. 驱动程序

以下驱动程序包括测试程序以及读写数据子程序：

```
#define  FM18L08_CEB  0x04
#define  FM1808_WEB   0x07
#define  FM18L08_OEB  0x02
#define  P_LCM_CONOUT  P1
#define  P_ADDRESSLOW_OUT  P0
#define  P_ADDRESSHIGN_OUT  P2
/*数据包读写测试程序*/
while(1)
    {
        ADDRESS2=0x01;
        ADDRESS1=0x00;
        for(i=0;i<14;i++)
          {
            save_char(ADDRESS1, ADDRESS2, SAVE_DATA);
          }        //写数据包
    _NOP();
    ADDRESS2=0x01;
    ADDRESS1=0x00;
    for(j=0;j<14;j++)
```

```
                    {
                DISP_NUM[0][j]=get_char(ADDRESS1，ADDRESS2);
            }           //读数据包
          _NOP();
      }
/*写数据子程序完成对铁电存储器 FM1808 数据的写操作*/
  void save_char(char address1, char address2, char wbyte)
    {
      P_LCM_CONOUT|=FM18L08_CEB;                //预充电
      P_LCM_CONOUT|=FM1808_WEB;                 //写操作
      P_ADDRESSLOW_OUT=address1;                //低 8 位地址
      P_ADDRESSHIGH_OUT=address2;               //高 7 位地址
      P_LCM_CONOUT&=~FM18L08_CEB;               //地址锁定
      //P_DATA_DIR=0XFF;                        //DATA—BUS 口线改为输出状态
      P_DATA_OUT=wbyte;                         //给出数据内容
      P_LCM_CONOUT|=FM18L08_CEB;                //结束写操作
     // P_ADDRESSHIGH_OUT|=FM1808_WEB;          //取消写状态
      ADDRESS1++;                               //地址递增
      if(ADDRESS1>0xff)
        {
          ADDRESS1=0x00;
          ADDRESS2++;
          if(ADDRESS2>0x7f)
            {
              ADDRESS2=0x00;
            }
        }
     // P_DATA_DIR=0XFF;                         //BUS 口线为输出状态
      P_DATA_OUT=0XFF;                           //释放 BUS 总线
    }
/*读数据子程序实现对铁电存储器 FM1808 数据的读操作*/
  char get_char(char address1, char address2)
    {
      char rbyte;
      P_LCM_CONOUT |=FM1808_WEB;                //取消写状态
      P_LCM_CONOUT|=FM18L08_CEB;                //预充电
      P_ADDRESSLOW_OUT=address1;                //低 8 位地址
      P_ADDRESSHIGH_OUT=address2;               //高 7 位地址
      P_LCM_CONOUT&=~FM18L08_CEB;               //地址锁定
      P_LCM_CONOUT&=~FM18L08_OEB;               //读状态
      P_DATA_DIR=0X00;                          //DATA—BUS 口线改为输入状态
      rbyte=P_DATA_IN;                          //读入数据内容
      P_LCM_CONOUT|=FM18L08_CEB;                //结束读操作
      P_LCM_CONOUT|=FM18L08_OEB;                //取消读状态
      ADDRESS1++;                               //地址递增
      if(ADDRESS1>0xff)
        {
          ADDRESS1=0x00;
```

```
          ADDRESS2++;
          if(ADDRESS2>0x7f)
            {
              ADDRESS2=0x00;
            }
        }
  // P_DATA_DIR=0XFF;                           //BUS 口线为输出状态
     P_DATA_OUT=0XFF;                           //释放 BUS 总线
     return rbyte;                              //返回数据值
    }
```

3.2.4 【实例 32】与双口 RAM 存储器接口及应用实例

在许多的双 CPU 的系统设计中，尤其是在两个 CPU 之间需要进行大量的数据交换的情况下，经常会用到双口 RAM。在这一小节中我们将介绍双口 RAM IDT7132 的使用方法及驱动程序。

1．IDT7132 功能介绍

IDT7132CMOS 静态 RAM 存储容量为 2KB，它有左、右两套完全相同的 I/O 口，即两套数据总线 D0～D7，两套地址总线 A0～A10，两套控制总线 CE、R/W、OE、BUSY，并有一套竞争仲裁电路。IDT7132 的 2KB 存储器可以通过左右两边的任一组 I/O 口进行全异步的存储器读写操作。

IDT7132 有 3 种封装形式，图 3-16 给出了 48 脚双列直插封装形式。各引脚功能如下。

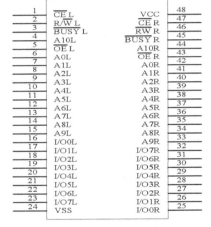

图 3-16　IDT7132 引脚图

- R/W\：读写选择，高电平时读存储单元，低电平时写存储单元。
- CE\：片选，该端低电平时选中，可以对芯片进行读写操作；高电平时，芯片处于维持状态。
- OE\：允许读，该端低电平时，允许读存储单元的内容。
- BUSY：忙信号，该端高电平时，允许对芯片读写操作，低电平时，芯片处于忙状态，读写操作无效。注意：该端是开路输出端，需接几百欧姆的上拉电阻；对于 IDT7132 该端为输出端，对于 IDT7142 该端为输入端。
- D0～D7：数据总线。
- A0～A10：地址总线。
- Vcc：电源。
- GND：地。

IDT7132 属于高速 RAM，其读写时间分为几挡，分别为 20ns、25ns、35ns、55ns、100ns，工作电源为+5V，对于 SA 型，读写时最大功耗为 325mW，维持工作时最大功耗为 5mW。对于 LA 型，维持工作时功耗仅为 1mW。如配上后备电池即可实现掉电保护数据的功能。IDT7132 可单独用于 8 位双口 RAM 系统中，也可作为主器件，再与配套的从器件 IDT7142 组成 16 位数据总线双口 RAM。硬件连接图如图 3-17 所示。

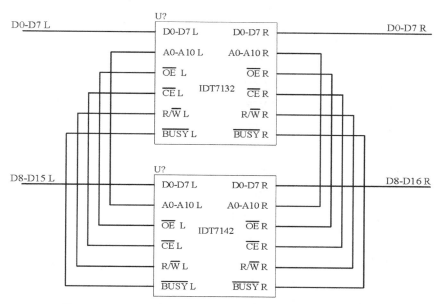

图 3-17　IDT7132 与 IDT7142 组成的 16 位双口 RAM 原理图

2．IDT7132 的工作原理

双口 RAM IDT7132 中两组 I/O 中，任意一组 I/O 都可以单独对存储器进行读写操作。在双口非竞争情况下，读写逻辑关系如表 3-7 所示。

表 3-7　　　　　　　　　　　　　　IDT7132 非竞争读\写逻辑真值表

左 右 端 口				功　能
W\	CE\	OE\	D0-D7	
X	H	X	Z	进入维持状态
L	L	X	DATIN	数据写入存储器
H	L	L	DATOUT	存储器数据输出
H	L	H	Z	高阻状态

注：L 为低电平，H 为高电平，Z 为高阻态

　　当左右两个口同时对同一个存储单元进行写操作，或者对同一个存储单元一个口进行写操作，另一个口进行读操作时，双口将发生竞争。为此 IDT7132 内部设置了一个竞争仲裁电路。竞争仲裁电路用于判定双口地址分配或者片选使能信号匹配时差最小达到 5 ns 以上的竞争胜负，并用忙信号 BUSY\来指示竞争仲裁结果。内部仲裁优先的口可以进行读\写操作，而竞争失败的口的 BUSY\端输出忙信号（0 电平）。这时对该口的读\写操作无效。双口竞争仲裁表如表 3-8 所示。

表 3-8　　　　　　　　　　　　　IDT7132 双口竞争仲裁表

左　　口		右　　口		BUSY\标志		功　能	说　　明
CEL\	A0-A10L	CER\	A0-A10R	BUSYL\	BUSYR\		
H	X	H	X	H	H	无竞争	
L	任一地址	H	X	H	H	无竞争	
H	X	L	任一地址	H	H	无竞争	
L	不等于右地址	L	不等于左地址	H	H	无竞争	
L	LV5R	L	LV5R	H	L	左口胜	左右口的 CE\同时有效时
L	RV5L	L	RV5L	L	H	右口胜	
L	SAME	L	SAME	H	L	判定完成	
L	SAME	L	SAME	L	H	判定完成	
LL5R	等于右地址	LL5R	等于左地址	H	L	左口胜	左右口的 地址同时 有效时
RL5L	等于右地址	RL5L	等于左地址	L	H	右口胜	
LW5R	等于右地址	LW5R	等于左地址	H	L	判定完成	
LW5R	等于右地址	RW5L	等于左地址	L	H	判定完成	

注：LV5R：左地址比右地址先有效 5ns 以上；

RV5L：右地址比左地址先有效 5ns 以上；

SAME：左右地址有效时差在 5ns 以内；

LL5R：左片选信号比右片选信号先有效 5ns 以上；

RL5L：右片选信号比左片选信号先有效 5ns 以上；

LW5R：左右片选信号有效时差在 5ns 以内。

判定完成：如果左右地址或者片选信号的有效时差在 5ns 以内，那么 BUSYL\或者 BUSYR\变低，具体哪个变低无法推测。

当 IDT7132 双口 RAM 的 CE 脚为低电平时，芯片处于读\写状态，工作电流较大，约为 60mA。但是当 CE 为高电平时，芯片不被选中而处于低功耗的维持状态。根据双口 CE 的状态及 CE 信号的大小不同，维持状态有 4 种，每种状态的条件及工作电流如表 3-9 所示。

表 3-9　　　　　　　　　　　　　IDT7132 维持工作状态表

片选端控制电平	特　　征	工 作 电 流
CE\为 TTL 低电平	双口选中	65mA 左右
CER\和 CEL\为 TTL 高电平	双口 TTL 电平不选中	25mA 左右
CER\和 CEL\为 TTL 高电平	单口 TTL 电平不选中	40mA 左右
CER\和 CEL\为 CMOS 高电平	双口 CMOS 电平不选中	0.2mA～1mA
CER\和 CEL\为 CMOS 高电平	单口 CMOS 电平不选中	40mA 左右

3．IDT7132 与 MCS-51 单片机连接方法

IDT7132 与 8031 单片机的接口电路如图 3-18 所示。在图中，IDT7132 的左右口分别与

两片 8031 相连。在非竞争情况下（即 BUSY=1），8031 对双口 RAM 读写与其对 SRAM 的读写完全相同；在竞争情况下（即 BUSY = 0），通过 P1.0 判断 BUSY 为低电平时，再进行读写操作。

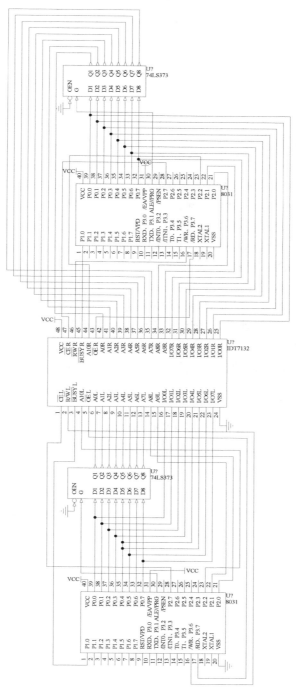

图 3-18　IDT7132 与双 8031 单片机接口电路图

> **注意**　因为 IDT7132 是非读即写器件，所以单片机与其接口时，单片机的读、写信号都应参与对 IDT7132 的操作，否则会发生总线冲突。

如要对 IDT7132 的 100H 单元访问，程序如下：

```
#define ADDR_7132 XBYTE[0x100h];
sbit busy= p1^0;
unsigned char DAT;
while(!busy)
DAT= ADDR_7132;
```

3.3　FLASH 驱动程序

FLASH 存储器具有 ROM 存储器的结构特点，存储在该芯片中的数据可在断电情况下维持 10 年而不丢失，而芯片的引脚和访问又具有类似于 RAM 的特点。由于芯片直接提供有数据、地址、读、写和片选控制等信号引脚且与 CPU 相连十分方便，因此，FLASH 存储器的应用越来越广泛。首先介绍 NAND FLASH K9F5608 与单片机的接口及驱动程序。

【实例 33】　NANDFLASH（K9F5608）接口及驱动程序

随着 U 盘、MP3、数码相机等数码电子产品对存储容量的要求越来越高，传统存储器结构及引脚信号定义方式难以解决存储容量增加的矛盾，因此出现了新型 NAND FLASH 结构。NAND FLASH 存储器将数据线与地址线复用为 8 条线，另外还分别提供了命令控制信号线，因此，NAND FLASH 存储器不会因为存储容量的增加而增加引脚数目。从而极大地方便了系统设计和产品升级，但芯片的连接方法与编程访问同传统存储器相比仍有较大差异。

1．K9F5608U0A 功能介绍

K9F5608U0A 是三星公司生产的 K9XXXXXU0A 系列闪存中的一种，32MB 容量，具有读写速度快，数据保存时间长以及高达 10 万次的擦除写入寿命等优点。引脚图如图 3-19 所示。

图 3-19　K9F5608A 引脚图

各引脚功能如下。

- I/O0～I/O7：数据输入/输出。
- CLE：命令锁存使能。
- ALE：地址锁存使能。
- CE：片选信号。
- WE：写使能。
- WP：写保护。
- GND：地输入使能额外位。
- R/B：准备好/忙。
- VCC：电源。
- VSS：地。
- NC：悬空。

图 3-20 所示为 K9F5608 芯片的内部结构框图，该存储器芯片的引脚包括片选信号 $\overline{CE}$ 、读使能 $\overline{RE}$ 、写使能 $\overline{WE}$ 、命令锁存 CLE、地址锁存 ALE 和 8 位并行口 I/O0～I/O7 等。各引脚信号的不同组合所决定的具体操作功能如表 3-10 所示。当 WE 为低电平时，NANDFLASH 处于保护状态，此时禁止对 FLASH 芯片作任何操作。命令码、地址和数据都通过并行口线在控制信号的作用下分时输入/输出，这种结构不仅减少了芯片的引脚数，同时也使得不同容量的芯片引脚相互兼容。

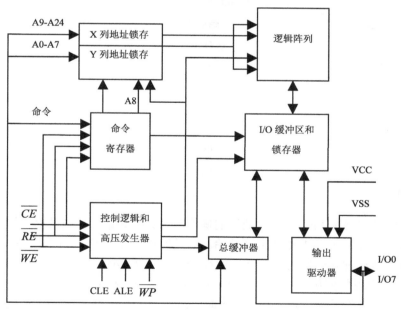

图 3-20　K9F5608A 内部结构框图

表 3-10　　　　　　　　　　　　　　**K9F5608A 功能表**

$\overline{CE}$	CLE	ALE	$\overline{WE}$	$\overline{RE}$	功　　能
H	X	X	X	X	保持
L	H	L	↑	H	命令

$\overline{CE}$	CLE	ALE	$\overline{WE}$	$\overline{RE}$	功 能
L	L	H	↑	H	地址
L	L	L	↑	H	写数据
L	L	L	H	↑	读数据

从图 3-20 可以看出，地址 A0～A7，A9～A24 是通过 I/O0～I/O7 分 3 次送入的，而 A8 则由命令寄存器控制。每个存储页分为 A 区（0～255B），B 区（256～511B）和 C 区（512～527B），可通过命令码 00H、01H、50H 选择页存储空间的不同存储区域单元，00H 命令码可选择 A 区、AB 区或 ABC 区，01H 命令码可选择 B 区或 BC 区，50H 命令码则只能选择 C 区。

除此之外，K9F5608A 芯片还提供了一根状态指示信号线 R/B，当该信号为低电平时表示 FLASH 可能正处于擦除、编程或随机读操作的忙状态；而当其为高电平时，则表示为准备好状态，此时可以对芯片进行各种操作。

从表 3-11 所示命令表可知，FLASH 芯片的操作主要包括擦除、编程和读数据等。各种操作除了像访问随机存取存储器那样要提供地址和数据外，还要按特定的次序提供各种操作命令，因此，它比随机存取存储器的操作要复杂一些，且操作方式也较多。

表 3-11   **K9F5608A 专用命令表**

功 能	命令 1	命令 2
读 1	00H/01H	--
读 2	50H	--
读 ID	90H	--
复位	FFH	--
页编程	80H	10H
回拷编程	00H	8AH
块擦除	60H	D0H
读状态	70H	--

图 3-21 所示为 NAND FLASH 写数据的操作时序。写数据时，先设置存储页的区选择命令码，00H 表示编程是从存储页的 A 区开始。通过编程命令 80H 可将数据写入到 FLASH 缓冲区，顺序输入待编程存储器的 3 字节起始地址 A0～A7、A9～A24 以及待写入的数据。编程命令 10H 用于实现数据从缓冲区到 FLASH 的编程操作。待 R/B 变为高后，系统将读状态寄存器，以判断写操作是否成功。写入命令时，CLE 要有效；写入地址时，ALE 要有效；写入数据时，CLE、ALE 都必须无效。I/O0～I/O7 上的命令、地址、数据通常是在 WE 的上升沿锁存的。

FLASH 的其他操作与编程操作类似，也需要借助一系列的命令才能完成（各操作命令如表 3-11 所列）。

📝 **注意**   读数据时，应在 RE 下降沿后 35ns，数据才开始有效。

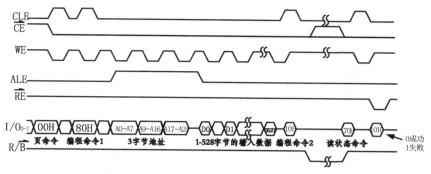

图 3-21 NAND FLASH 写数据的操作时序

2. K9F5608A 与 MCS-51 单片机的连接

连接图如图 3-22 所示。

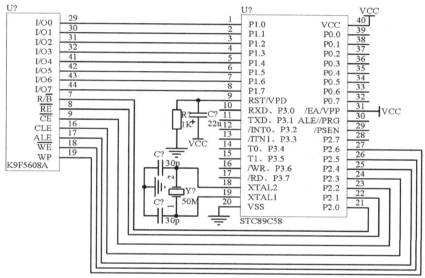

图 3-22 K9F5608A 与 MCS-51 单片机硬件连接原理图

> 注 P1 口作为数据端口，P2 口作为控制端口，软件模拟其操作时序。

3. K9F5608A 的 MCS-51 单片机驱动程序

K9F5608A 的 MCS-51 单片机驱动程序主要包括函数声明管脚定义部分、命令操作函数以及数据输出函数。

（1）函数声明管脚定义部分主要完成程序所涉及的库函数的声明及有关引脚的定义，一般置于程序的开头部分，代码如下。

```
sbit NF_RB    P2^0;
sbit NF_RE    P2^1;
sbit NF_CE    P2^2;
```

```
sbit NF_CLE    P2^3;
sbit NF_ALE    P2^4;
sbit NF_WE     P2^5;
sbit NF_WP     P2^6;
unsigned char ReadByte(unsigned int blockadd, unsigned char pageadd);
unsigned char ReadSpare(unsigned int blockadd, unsigned char pageadd);
unsigned char ReadStatus(void);
unsigned int ReadID(void);
void BadBlockScan(void);
void CopyBack(unsigned int blockaddh_s, blockaddh_e);
void EraseBlock(unsigned int blockadd);
void NfAddre(unsigned int blockadd, unsigned char pageadd);
void NfCommand(unsigned char Com);
void ReadPage(unsigned int blockadd, unsigned char pageadd);
void ReadPageS(unsigned int blockadd, unsigned char select, pageadd);
void WirteByte(unsigned int blockadd, unsigned char pageadd, unsigned char buf);
void WirtePage(unsigned int blockadd, unsigned char pageadd);
void WirtePageF(unsigned int blockadd);
void WirteSpare(unsigned int blockadd, unsigned char pageadd, unsigned char buf);
```

（2）命令操作函数 NfCommand ()。

NfCommand ()函数实现向 K9F5608 发送操作命令，程序代码如下。

```
/*==============================================================*/
//参    数: unsigned char Com
//函数功能: 向 K9F5608 操作命令
/*==============================================================*/
void NfCommand(unsigned char Com)
{
NF_CLE=1;
NF_WE=0;
P1=Com;
_nop_();
NF_WE=1;
NF_CLE=0;
P1=0xff;
}
```

（3）地址发送函数 NfAddre()。

NfAddre()函数完成向 K9F5608 发送 3 字节地址数据，程序代码如下。

```
/*==============================================================*/
//参    数: unsigned int bolckadd  2nd 3th 的地址 (Row 地址
//          unsigned char pageadd  1st 的地址   (Column 地址)
//函数功能: 向 K9F5608 送地址
/*==============================================================*/
void NfAddre(unsigned int blockadd, unsigned char pageadd)
{
```

```
NF_ALE=1;
NF_WE=0;
P1=pageadd;
_nop_();
NF_WE=1;                        //送地址第一个字节
NF_WE=0;
P1=blockadd&0xff;
_nop_();
NF_WE=1;                        //送地址第二个字节
NF_WE=0;
P1=blockadd/256;
_nop_();
NF_WE=1;                   //送地址第三个字节
NF_ALE=0;
P1=0xff;
}
```

（4）页读函数。

页读函数实现对 K9F5608 数据的页读功能，主要包括 ReadPageF()、ReadPage()和 ReadPageS()等 3 种函数，相关程序代码如下。

```
/*===========================================================*/
//参　　数: unsigned int blockaddh 2nd 3th 的地址(Row 地址)
//函数功能: 页读 PAGE READ OPERATION 可连续读 512 个字节
/*===========================================================*/
void ReadPageF(unsigned int blockadd)
{
unsigned int i;
NF_RE=1;NF_CE=0;NF_CLE=0;NF_ALE=0;NF_WE=1;NF_WP=1;
NfCommand(0);                   //送读命令
NfAddre(blockadd, 0);           //送开始字节
NF_RB=1;while(!NF_RB);          //Data Transfer from Cell to Register max 10us
i=0;
P1=0xff;
Do
{
NF_RE=0;
DataArray[i]=P1;
NF_RE=1;
i++;
}
while(i<512);                   //第 1 页数据传送数据完成
NF_CE=1;
}
/*===========================================================*/
//参　　数: unsigned int blockaddh  2nd 3th 的地址(Row 地址)
//          unsigned char pageadd  1st 的地址    (Column 地址)
```

```
//函数功能：页写 PAGE READ OPERATION 可连续写 256 个字节
/*===========================================================*/
void ReadPage(unsigned int blockadd, unsigned char pageadd)
{
unsigned char i;
NF_RE=1;NF_CE=0;NF_CLE=0;NF_ALE=0;NF_WE=1;NF_WP=1;
NfCommand(0);                    //送读命令
NfAddre(blockadd, pageadd);    //送开始字节地址
NF_RB=1;while(!NF_RB);          //Data Transfer from Cell to Register max 10μs
i=0;
P1=0xff;
Do
{
NF_RE=0;
DataArray[i]=P1;
NF_RE=1;
i++;
}
while(i);                        //页数据传送数据完成
NF_CE=1;
}
/*===========================================================*/
//参    数：unsigned int blockaddh  2nd 3th 的地址 (Row 地址)
//          unsigned char pageadd  1st 的地址    (Column 地址)
//函数功能：页读 PAGE READ OPERATION 可连续写 512 字节
/*===========================================================*/
void ReadPageS(unsigned int blockadd, unsigned char pageadd, select)
{
NF_RE=1;NF_CE=0;NF_CLE=0;NF_ALE=0;NF_WE=1;NF_WP=1;
NfCommand(select);               //送读命令
NfAddre(blockadd, pageadd);      //送开始字节
NF_RB=1;while(!NF_RB);           //Data Transfer from Cell to Register max 10μs
DataPtr+=pageadd;
Do
{
NF_RE=0;
pageadd++;
*DataPtr=P1;
DataPtr++;
NF_RE=1;
}
while(pageadd<256);              //页数据传送数据完成
NF_CE=1;
}
```

（5）字节读函数。

字节读函数包括 ReadByte()和 ReadSpare()两种，其中函数 ReadByte()实现只读取一个字节功能，ReadSpare()完成保留字节的单字节读功能。程序代码如下。

```
/*============================================================*/
//参      数: unsigned int blockaddh  2nd 3th 的地址(Row 地址)
             unsigned char pageadd  1st 的地址(Column 地址)
//函数功能: BYTE READ OPERATION 只读取一个字节
/*============================================================*/
unsigned char ReadByte(unsigned int blockadd, unsigned char pageadd)
{
unsigned char i;
NF_RE=1;NF_CE=0;NF_CLE=0;NF_ALE=0;NF_WE=1;NF_WP=1;
NfCommand(0);                   //送读命令
NfAddre(blockadd, pageadd);     //送开始字节
NF_RB=1;while(!NF_RB);          //Data Transfer from Cell to Register max 10us
NF_RE=0;
P1=0xff;
i=P1;
NF_RE=1;
NF_CE=1;
return(i);
}
/*============================================================*/
//参      数: unsigned int blockaddh  2nd 3th 的地址 (Row 地址)
        unsigned char pageadd  1st 的地址    (Column 地址)
//函数功能: 保留字读 Command input sequence for programming 'C' area 只读一个字节
/*============================================================*/
unsigned char ReadSpare(unsigned int blockadd, unsigned char pageadd)
{
unsigned char j;
NF_RE=1;NF_CE=0;NF_CLE=0;NF_ALE=0;NF_WE=1;NF_WP=1;
NfCommand(0x50);                //读 C 页数据 512-527
NfAddre(blockadd, pageadd);     //送开始字节
NF_RB=1;while(!NF_RB);          //Data Transfer from Cell to Register max 10us
NF_RE=0;
P1=0xff;
j=P1;
NF_RE=1;
NF_CE=1;
return(j);
```

（6）字节写函数。

与字节读函数对应，字节写函数包括 WirteByte()和 WirteSpare()两种，其中函数 RWirteByte ()实现只写入一个字节功能，WirteSpare ()完成保留字节的单字节写功能。程序代码如下。

```
/*==============================================================*/
//参    数: unsigned int blockaddh  2nd 3th 的地址 (Row 地址)
        unsigned char pageadd  1st 的地址    (Column 地址)
//函数功能: 单字节写 Command input sequence for programming 'A' area
/*==============================================================*/
void WirteByte(unsigned int blockadd, unsigned char pageadd, unsigned char buf)
{
// unsigned int i;
 NF_RE=1;NF_CE=0;NF_CLE=0;NF_ALE=0;NF_WE=1;NF_WP=1;
 NfCommand(0x80);
 NfAddre(blockadd, pageadd);              //送开始字节
 NF_WE=0;
 P1=buf;
 NF_WE=1;
 NfCommand(0x10);
 NF_RB=1;while(!NF_RB);                    //Page Program Time max 500us
 NF_CE=1;
}
 /*==============================================================*/
//参    数: unsigned int blockaddh  2nd 3th 的地址 (Row 地址)
 unsigned char pageadd  1st 的地址    (Column 地址)
//函数功能: 保留字写 Command input sequence for programming 'C' area        单个
字节写
 /*==============================================================*/
 void WirteSpare(unsigned int blockadd, unsigned char pageadd, unsigned char buf)
 {
 //unsigned int i;
 NF_RE=1;NF_CE=0;NF_CLE=0;NF_ALE=0;NF_WE=1;NF_WP=1;
 NfCommand(0x50);
 NfCommand(0x80);
 NfAddre(blockadd, pageadd);              //送开始字节
 NF_WE=0;
 P1=buf;
 NF_WE=1;
 NfCommand(0x10);
 NF_RB=1;while(!NF_RB);                    //Page Program Time max 500us
 NF_CE=1;
 }
```

（7）页写函数。

页写函数包括 WirtePage()函数和 WirtePageF()等两个函数，其中 WirtePage()函数可连续读写 256 字节的数据，WirtePageF()函数可连续读 512 字节的数据，具体的程序代码如下。

```
 /*==============================================================*
//参    数: unsigned int blockaddh  2nd 3th 的地址 (Row 地址)
```

```
                unsigned char pageadd 1st 的地址　　(Column 地址)
//函数功能: 页编程 PAGE PROGRAM OPERATION 可连续写 256 字节
/*===========================================================*/
void WirtePage(unsigned int blockadd, unsigned char pageadd)
{
 unsigned char i;
 NF_RE=1;NF_CE=0;NF_CLE=0;NF_ALE=0;NF_WE=1;NF_WP=1;
 NfCommand(0x00);
 NfCommand(0x80);
 NfAddre(blockadd, pageadd);            //送开始字节
 i=0;
 do
 {
 NF_WE=0;
 P1=DataArray[i];
 i++;
 NF_WE=1;
 }
 while(i);                             //页数据传送数据完成
 NfCommand(0x10);
 NF_RB=1;while(!NF_RB);                 //Page Program Time max 500us
 NF_CE=1;
}
/*===========================================================*/
//参　　数: unsigned int blockaddh 2nd 3th 的地址 (Row 地址)
           unsigned char pageadd 1st 的地址　　(Column 地址)
//函数功能: 页编程 PAGE PROGRAM OPERATION     连续写一整页 512 字节
/*===========================================================*/
void WirtePageF(unsigned int blockadd)
{
 unsigned int i;
 NF_RE=1;NF_CE=0;NF_CLE=0;NF_ALE=0;NF_WE=1;NF_WP=1;
 NfCommand(0x00);
 NfCommand(0x80);
 NfAddre(blockadd, 0);                  //送开始字节
 i=0;
 do
 {
 NF_WE=0;
 P1=DataArray[i];
 i++;
 NF_WE=1;
 }
 while(i<512);                          //页数据传送数据完成
 NfCommand(0x10);
 NF_RB=1;while(!NF_RB);                 //Page Program Time max 500us
 NF_CE=1;
}
```

（8）状态读函数 ReadStatus()。

状态读函数 ReadStatus()用于判断操作是否正取，当 IO0 为 0 时，操作成功，为 1 时操作失败，程序代码如下。

```c
/*=============================================================*/
//参    数：将 IO0 送出，判断 IO0 是否为 0，为 1 操作失败
//函数功能：读状态 Status Read Cycle
=/*=============================================================*/
unsigned char ReadStatus(void)
{
 unsigned char i;
 NF_RE=1;NF_CE=0;NF_CLE=0;NF_ALE=0;NF_WE=1;NF_WP=1;
 NF_CLE=1;
 P1=0x70; NF_WE=0; NF_WE=1;
 NF_CLE=0;
 NF_RE=0;_nop_();
 i=P1;
 NF_RE=1;NF_CE=1;
 if(i&0x01) return(0);              //操作失败返回
 else return(0xff);                 //操作成功返回
}
```

（9）块擦除函数 EraseBlock ()。

块擦除函数 EraseBlock ()可实现数据块的擦除功能，程序代码如下。

```c
/*=============================================================*/
//参    数：unsigned int blockaddh_s  2nd 3th 的地址
//函数功能：块擦除 BLOCK ERASE OPERATION
/*=============================================================*/
void EraseBlock(unsigned int blockadd)
{
 NF_RE=1;NF_CE=0;NF_CLE=0;NF_ALE=0;NF_WE=1;NF_WP=1;
 NfCommand(0x60);
 NF_ALE=1;
 P1=blockadd%256;NF_WE=0;NF_WE=1;
 P1=blockadd/256;NF_WE=0;NF_WE=1;
 NF_ALE=0;
 NfCommand(0xD0);                   //块擦除命令
 NF_RB=1;while(!NF_RB);             //读忙信号 max 3ms
 NF_CE=1;
}
```

（10）备份函数 CopyBack()。

备份函数 CopyBack()可完成数据的备份复制功能，程序代码如下。

```c
/*=============================================================*/
//参    数：unsigned cahr blockaddl_s 源 1st 的地址
```

```
                unsigned int blockaddh_s   源 2nd 3th 的地址
                unsigned char blockaddl_e  目的 1st 的地址
                unsigned int blockaddh_e   目的 2nd 3th 的地址
//函数功能：备份复制操作 COPY-BACK PROGRAM OPERATION
/*=============================================================*/
void CopyBack(unsigned int blockaddh_s, blockaddh_e)
{
NF_RE=1;NF_CLE=0;NF_ALE=0;NF_WE=1;NF_WP=1;
NF_CE=0;
NfCommand(0);
NfAddre(blockaddh_s, 0);            //WE High to Busy 100ns
NF_RB=1;while(!NF_RB);              //读忙信号 10us
NfCommand(0x80);
NfAddre(blockaddh_e, 0);
NfCommand(0x10);
NF_RB=1;while(!NF_RB);             //读忙信号 max500us
NF_CE=1;
}
```

（11）ID 号读去函数 int ReadID()。

int ReadID()函数可读取 NandFlash 芯片的 ID 号，具体的程序代码如下。

```
/*=============================================================*/
//参    数：unsigned int id 送出 NandFlash ID 号
//函数功能：读芯片的 ID 号
/*=============================================================*/
unsigned int ReadID(void)
{
 unsigned int i;
 NF_CE=0;NF_ALE=0;NF_WE=1;NF_RE=1;
 NfCommand(0x90);
 NF_ALE=1;
 P1=0; NF_WE=0;NF_WE=1;
 NF_ALE=0;
 P1=0xff;
 NF_RE=0;
 i=0x00ff&P1;
 NF_RE=1;
 P1=0xff;
 NF_RE=0;
 i=(P1*256)|i;
 NF_RE=1;
 NF_CE=1;
 return(i);
}
```

第4章 输入/输出及显示技术

4.1 【实例 34】独立键盘控制

4.1.1 实例功能

本例介绍了如何用 89C51 单片机的 P1 口来实现 8 个独立式键盘的硬件连接和软件实现。

4.1.2 典型器件介绍

独立式按键就是各按键相互独立,每个按键单独占用一根 I/O 口线,每根 I/O 口线的按键工作状态不会影响其他 I/O 口线上的工作状态。因此,通过检测输入线的电平状态可以很容易判断哪个按键被按下了。

独立式按键的优点是电路配置灵活,软件结构简单,并且能同时检测到多个键被按下的情况。但缺点是每个按键需占用一根 I/O 口线,在按键数量较多时,I/O 口浪费大,电路结构复杂。因此,此键盘常用于按键较少的系统或操作速度较快的场合。

4.1.3 硬件设计

本电路由上拉电阻和按键组成,对于每路键盘来讲,当键没有按下时,单片机相应引脚上的电平为低电平,当键按下时,单片机相应引脚上的电平为高电平,详细电路如图 4-1 所示。

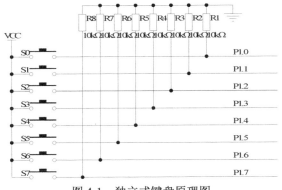

图 4-1 独立式键盘原理图

4.1.4 程序设计

程序中采用轮询的方式，不断地扫描 P1 口各个引脚的电平，根据引脚电平的高低判断是否有键按下。该程序中采用延时法消除键盘抖动问题。以下是完整的程序：

```c
/*- - - - - - - - - - - - - - -
文件名称: simple_key_test.c
功能 : 独立按键检测程序
说明 : 采用轮询方式查询 P1 口，采用延时法消除键盘抖动
- - - - - - - - - - - - - - - - -*/
#include <reg51.h>
/********************************
函数名称: delay()
功能: 用于键盘消抖的延时函数
说明: 无
入口参数: 无
返回值 : 无
********************************/
void delay()
{
 unsigned char i;
 for (i=400;i>0;i--);
}

// 主函数 main()
void main(void)
{
 unsigned char key;
   while(1)
    {
     P1=0xff;              //要想从 P1 口读数据必须先给 P1 口写 1
     key=P1;               //读入 P1 口的数据，赋值给变量 key
     if(key!=0x00)         //判断是否有键按下，当没有键按下时，P1 口的数据为 0x00
       {
       delay();            //延时去抖
       key=P1;             //再次读入 P1 口的数据，赋值给变量 key
         if(key!=0x00)     //再次判断是否有键按下
         switch(key)
         {
         case 0x01:
            key1();         //键盘 1 功能函数
            break;
         case 0x02:
            key2();         //键盘 2 功能函数
            break;
         case 0x04:
```

```
            key3();      //键盘 3 功能函数。
            break;
        case 0x08:
            key4();      //键盘 4 功能函数。
            break;
        case 0x10:
            key5();      //键盘 5 功能函数。
            break;
        case 0x20:
            key6();      //键盘 6 功能函数。
            break;
        case 0x40:
            key7();      //键盘 7 功能函数。
            break;
        case 0x80:
            key8();      //键盘 8 功能函数。
            break;
        default:break;
        }
    }
  }
}
```

4.1.5 经验总结

当系统需要的按键数量不多时，独立式按键不失为一种简单可行的解决方案。但需要较多按键时，该方案占用的 IO 资源太多。在本实例中，采用顺序检测的方法实现各个按键的检测，并调用相应的按键处理程序，如果按键处理程序运行时间较长，有可能无法及时响应用户的按键动作，导致出现"按键失灵"的现象。在使用中，需要注意每个按键处理程序的运行时间，尽量避免出现"按键失灵"现象。

4.2 【实例 35】矩阵式键盘控制

4.2.1 实例功能

本例用 AT89C51 单片机的 P1 口，采用扫描法获取 4×4 键盘的按键键值。

4.2.2 典型器件介绍

矩阵式键盘又叫行列式键盘。就是用 I/O 口线组成行、列结构，按键设置在行列的交点上。在按键较多时多用矩阵式键盘，可以节省 I/O 口线。例如：占用 8 个 I/O 口线的 4×4 矩阵式结构可以构成 16 个键的键盘。当有键按下时，要逐行或逐列扫描来判断是哪个按键按下了。

通常的扫描方式有扫描法和反转法。

4.2.3 硬件设计

单片机的 P1 口的低 4 位接矩阵键盘的行线，高 4 位接矩阵键盘的列线，如图 4-2 所示。

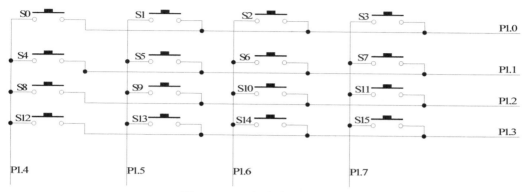

图 4-2 4×4 矩阵式键盘原理图

4.2.4 程序设计

扫描函数的返回值为按键特征码，若无键被按下，返回值为 0。程序清单如下：

```c
/*- - - - - - - - - - - - - - -
文件名称: matrix_key_test.c
功能: 矩阵式键盘示范程序
说明: 采用扫描方式，获取按键信息
- - - - - - - - - - - - - - - -*/
#include<reg51.h>
#define uchar unsigned char
#define uint unsigned int
/*********************************
函数名称: delay()
功能: 用于键盘消抖的延时函数
说明: 无
入口参数: 无
返回值: 无
*********************************/
void  delay(void);

/*********************************
函数名称: uchar  keyscan(void)
功能: 扫描键盘
说明: 无
入口参数: 无
返回值: 当有键按下时，返回按键值;无键按下时，返回 0;
*********************************/
```

```
uchar  keyscan(void);

//主函数
void main(void)
    {
        uchar key;
        while(1)
         {
          key=keyscan();
           delay();
         }
    }

void delay(void)
    {uchar i;
     for(i=200;i>0;i--){}
    }

uchar  keyscan(void)
    {
    uchar sccode,recode;
    P1=0xf0;
    if((P1&0xf0)!=0xf0)                          //判断是否有键按下
      {
        delay();                                 //延时去抖
        if((P1&0xf0)!=0xf0)
          {
            sccode=0xfe;
            while((sccode&0x10)!=0)              //判断行扫描是否结束
              {
                P1=sccode;
                if((P1&0xf0)!=0xf0)
                  {
                    recode=(P1&0xf0)|0x0f;
                    return((~sccode)+(~recode));  //返回按键特征码
                  }
                else
                  sccode=(sccode<<1|0x01);
              }
          }
      }
    return(0);
    }
```

4.2.5　经验总结

本例采用 AT89C51 单片机的 P1 口实现了 4×4 矩阵 16 个按键的键码读取。基本能满足一般应用的需求。本例中采用的是行扫描法来判断具体的按键，读者也可以采用反转法实现按键的判断。

4.3 【实例 36】改进型 I/O 端口键盘

4.3.1 实例功能

改进型 I/O 端口键盘可以用较少的 I/O 口实现更多的键盘数目，如要想实现 16 个键盘，用独立式键盘需要 16 个 I/O 口，采用行列式键盘也要 8 个 I/O 口，而采用改进型 I/O 端口键盘则只需要 4 个 I/O 口。

4.3.2 硬件设计

如图 4-3 所示就是用 4 个 I/O 口实现 16 个键盘的原理图。

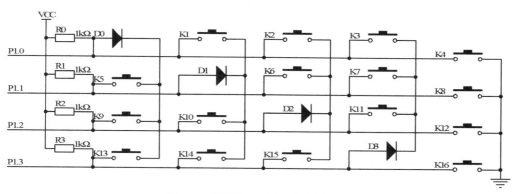

图 4-3 改进型 I/O 端口键盘原理图

4.3.3 程序设计

改进型 I/O 端口键盘与上述的 2 种键盘的设计还是存在很大差别的，从设计原理图上可以很容易区别开来。同时程序的设计方法也存在很大差异，该程序不能判断多个键同时按下时具体是哪个键被按下了，具体的程序清单如下：

```
#include <reg51.h>
sbit key0=P1^0;          // 将 p1.0 定义为 key0
sbit key1 =P1^1;         // 将 p1.1 定义为 key1
sbit key2 =P1^2;         // 将 p1.2 定义为 key2
sbit key3 =P1^3;         // 将 p1.2 定义为 key3
#define key P1
unsigned char keydelay();        //完成按键消抖的键盘处理程序
unsigned char keyscan();         //扫描程序
void dyNUM(unsigned  int num) ;//延时程序
//-------------------------------------------------------------------------
```

```
// 函数名称 keydelay ( )
// 函数功能是主程序调用键盘处理程序
//    如果有键按下，定时消抖，如果是有效按键返回键值，无效按键返回 0xFF
//-------------------------------------------------------------------
unsigned char keydelay()
{
  unsigned char keyvalue;
  keyvalue=keyscan();
  if(keyvalue<=0x0f)
  dynum(1000);
  if(keyvalue!=keyscan())
  keyvalue=0xFF;
  return(keyvalue);
}
//-------------------------------------------------------------------
// 函数名称:  dynum()
// 入口参数:  num
// 函数功能: 延时子程序
//-------------------------------------------------------------------
  void dynum(unsigned  int num)
  {
  int i;
  for(i=0;i<num;i++);
  }


//-------------------------------------------------------------------
// 函数名称:  keyscan();
// 返回值:     有按键按下返回键值，无按键按下返回 0xFF
//-------------------------------------------------------------------
unsigned char keyscan()
{
unsigned int keyvalue;
key=0x0f;
keyvalue=key;
if(keyvalue!=0x0f)
{
  switch(keyvalue)
    {
      case 0x0e: keyvalue=4;return(keyvalue);// /keyvalue=4代表图中 K4 按下
      case 0x0d: keyvalue=8;return(keyvalue);// /keyvalue=8代表图中 K8 按下
```

```
            case 0x0b: keyvalue=12;return(keyvalue);// /keyvalue=12 代表图中 K12 按下
            case 0x07: keyvalue=16;return(keyvalue);// /keyvalue=16 代表图中 K16 按下
            default: keyvalue=0xFF; return(keyvalue);// /keyvalue=0xFF 代表无键按下
        }
}
key=0x0e;
keyvalue=key;
if(keyvalue!=0x0e)
{
    switch(keyvalue)
     {
        case 0x0c: keyvalue=5;return(keyvalue);//keyvalue=5 代表图中 K5 按下
        case 0x0a: keyvalue=9;return(keyvalue);// keyvalue=9 代表图中 K9 按下
        case 0x06: keyvalue=13;return(keyvalue);// keyvalue=13 代表图中 K13 按下
        default: keyvalue=0xFF; return(keyvalue);//0xff 代表没有键盘按下
     }
}
key=0x0d;
keyvalue=key;
if(keyvalue!=0x0d)
{
    switch(keyvalue)
     {
        case 0x0c: keyvalue=1;return(keyvalue);// keyvalue=1 代表图中 K1 按下
        case 0x09: keyvalue=10;return(keyvalue);// keyvalue=10 代表图中 K10 按下
        case 0x05: keyvalue=14;return(keyvalue);// keyvalue=14 代表图中 K14 按下
        default: keyvalue=0xFF; return(keyvalue);// 0xff 代表没有键盘按下
     }
}
key=0x0b;
keyvalue=key;
if(keyvalue!=0x0b)
    {
     switch(keyvalue)
      {
        case 0x0a: keyvalue=2;return(keyvalue);// keyvalue=2 代表图中 K2 按下，下同
        case 0x09: keyvalue=6;return(keyvalue);//
        case 0x03: keyvalue=15;return(keyvalue);//
        default: keyvalue=0xFF; return(keyvalue);//
      }
    }
key=0x07;
keyvalue=key;
if(keyvalue!=0x07)
```

```
    {
      switch(keyvalue)
        {
            case 0x06: keyvalue=3;return(keyvalue);//
            case 0x05: keyvalue=7;return(keyvalue);//
            case 0x03: keyvalue=11;return(keyvalue);//
            default: keyvalue=0xFF; return(keyvalue);//
          }
      }
    return(0xff);//没有键按下
}
main()
{
    unsigned char keytemp;
    dynum(1000);
    do
    {
        keytemp=keyscan();
        if(keytemp!=0xff)
        {
        keydelay();
        switch(keytemp)
          {
                case 1: KY1();break;//KY1()为 1 号键盘处理程序
                case 2: KY2();break;// KY2()为 2 号键盘处理程序;下同
                case 3: KY3();break;//
                case 4: KY4();break;//
                case 5: KY5();break;//
                case 6: KY6();break;//
                case 7: KY7();break;//
                case 8: KY8();break;//
                case 9: KY9();break;//
                case 10: KY10();break;//
                case 11: KY11();break;//
                case 12: KY12();break;//
                case 13: KY13();break;//
                case 14: KY14();break;//
                case 15: KY15();break;//
                case 16: KY16();break;//
            }
          }
        }
while(1);
    }
```

4.4 【实例 37】PS/2 键盘的控制

4.4.1 实例功能

随着单片机的不断发展，PS/2 键盘在单片机系统中的应用越来越广泛。本例将实现获取由普通 PS/2 键盘输入字符的 keil c 程序。

4.4.2 典型器件介绍

PS/2 键盘其实只有 4 个引脚有意义，它们分别是 Clock（时钟脚）、DATA（数据脚）、+5V（电源脚）和 Ground（电源地）。在 PS/2 键盘与 PC 机的物理连接上只要保证这 4 根线一一对应就可以了。PS/2 键盘靠 PC 的 PS/2 端口提供+5V 电源，另外两个脚 Clock（时钟脚）和 DATA（数据脚）都是集电极开路的，所以必须接大阻值的上拉电阻。它们平时保持高电平，有输出时才被拉到低电平，之后自动上浮到高电平。

4.4.3 硬件设计

本实例的电路原理图如图 4-4 所示，PS/2 接口的 1 脚接 P3.4，用来接收串行的键码信号，5 脚接 P3.3（INT1），是时钟信号，每当 5 脚从高电平变成低电平时，都会引起单片机产生一次中断，在中断程序中读取 1 脚的信号。连续中断 11 次即可获得一个字节的键码值。

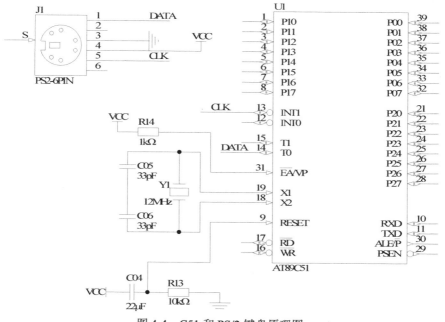

图 4-4 C51 和 PS/2 键盘原理图

4.4.4　程序设计

本实例程序采用电平中断方式接收 PS/2 键盘传来的按键信息，通过判断 shift 键是否按下，查询不同的键码表，实现大小写按键的识别。具体程序如下。

```c
/*- - - - - - - - - - - - - -
文件名称: PS2_key_test.c
功能 : PS2 键盘检测程序
说明 : 通过中断方式接收按键信息，程序中没有做数据的奇偶校验
- - - - - - - - - - - - - - -*/
#include  <reg51.h>
#include  "pscodes.h "
#define  Keydata  P3_4                          //定义 Keyboard 引脚
#define  kclock   P3_3                          //定义 clock 引脚
void  Delay5Ms(void);
void  Delay400Ms(void);
void  Decode(unsigned char Skeycode);
static unsigned char IntNum = 0;                //中断计数
static unsigned char KeyV;                      //键值
static unsigned char DisNum = 0;                //显示指针
static unsigned char keyup=0,Shift = 0;         //keyup 是键松开标识，Shift 是
Shift 键按下标识
static unsigned char BF = 0;                    //标识是否有字符被收到

void main(void)
{
    unsigned char TempCyc;
    unsigned char key;
    Delay400Ms();                               //启动等待
    IT1 = 0;                                    //设外部中断 1 为低电平触发
    EA = 1;
    EX1 = 1;                                    //开中断
    do
     {
       if (BF)
       key=Decode(KeyV);                        //解码按键
       else
       EA = 1;                                  //开中断
     }
   while(1);
}

/*****************************
函数名称: void Delay5Ms(void)
功能 : 5 毫秒延时函数
说明 : 采用软延时方法实现 5 毫秒延时
```

入口参数：无
返回值：无
```
******************************/
void Delay5Ms(void)
{
  unsigned int TempCyc = 5552;
  while(TempCyc--);
}
/******************************
```
函数名称：void Delay400Ms(void)
功能：400 毫秒延时函数
说明：采用软延时方法实现 400 毫秒延时
入口参数：无
返回值：无
```
******************************/
void Delay400Ms(void)
{
  unsigned char TempCycA = 5;
  unsigned int TempCycB;
  while(TempCycA--)
    {
      TempCycB=7269;
      while(TempCycB--);
    };
}
/******************************
```
函数名称：void Keyboard_out(void)
功能：中断处理函数，获取 PS2 口输出的串行键码
说明：获取的键码存储在变量 KeyV 中
入口参数：无
返回值：无
```
******************************/
void Keyboard_out(void)  interrupt  2
{
if ((IntNum > 0) && (IntNum < 9))
    {
      KeyV = KeyV >> 1;          //因键盘数据是低>>高，结合上一句所以右移一位
      if (Keydata)
      KeyV = KeyV | 0x80;        //当键盘数据线为1时最高位为1
    }
IntNum++;
while (!kclock);                 //等待时钟信号从低变高
  if (IntNum > 10)               //判断一个完整的键码是否接收完毕，如果接收完毕，
则重置IntNum,设置键码
                                 //有效标志 BF=1，并关闭中断
    {
```

```
        IntNum = 0;
        BF = 1;
        EA = 0;
    }
}
/******************************
函数名称: unsigned char Decode(unsigned char Skeycode)
功能 : 按键解码程序
说明 : 获取的键码存储在变量KeyV中
入口参数: 无
返回值 : 解码后的键盘按键
******************************/
unsigned char  Decode(unsigned char Skeycode)
{
    unsigned char TempCyc;
    if (!keyup)             //键盘松开时
      {
        switch (Skeycode)
          {
            case 0xF0 :   // 当收到0xF0，keyup置1表示断码开始
            keyup = 1;
            break;
            case 0x12 :   // 左SHIFT
            Shift = 1;
            break;
            case 0x59 :   // 右SHIFT
            Shift = 1;
            break;
         default:
         if(!Shift)         // SHIFT没按下
            {
                          //查表获取按键值
            for(TempCyc=  0;(UnShifted[TempCyc][0]!=Skeycode)&&(TempCyc<59);
TempCyc++);
            if(UnShifted[TempCyc][0]== Skeycode)
            return UnShifted[TempCyc][1]);
          }
         else               // SHIFT按下
            {
                          //查表获取按键值
            for(TempCyc  =  0;  (Shifted[TempCyc][0]!=Skeycode)&&(TempCyc<59);
TempCyc++);
        if(Shifted[TempCyc][0]== Skeycode)
        return Shifted[TempCyc][1]);
           }
        break;
```

```
        }
     }
   else
     {
       keyup = 0;
       switch (Skeycode)          //当键松开时不处理判码
         {
          case 0x12 :             // 左 SHIFT
          Shift = 0;
          break;
          case 0x59 :             // 右 SHIFT
          Shift = 0;
          break;
         }
      }
   BF = 0;                        //标识字符处理完了
}
/*- - - - - - - - - - - - - -
文件名称: pscodes.h
功能 : PS2 键码的解码数组头文件
说明 : UnShifted 数组时小写对应的键码，Shifted 数组是大写对应的键码
- - - - - - - - - - - - - - - -*/

pscodes.h
unsigned char code UnShifted[59][2]= {
0x1C,'a',0x32,'b',0x21,'c',0x23,'d',0x24,'e',
0x2B,'f',0x34,'g',0x33,'h',0x43,'i', 0x3B, 'j',
    0x42,'k',0x4B,'l',0x3A,'m',0x31,'n',0x44,'o',0x4D,'p',0x15,'q',0x2D,'r',0
x1B,'s',0x2C,'t',
    0x3C,'u',0x2A,'v',0x1D,'w',0x22,'x',0x35,'y',0x1A,'z',0x45,'0',0x16,'1',0
x1E,'2',0x26,'3',
    0x25,'4',0x2E,'5',0x36,'6',0x3D,'7',0x3E,'8',0x46,'9',0x0E,'`',0x4E,'-',0
x55,'=',0x5D,'\\',
    0x29, ' ', 0x54, '[', 0x5B, ']', 0x4C, ';', 0x52, '\'', 0x41, ' ', 0x49, '.',0x4A,
'/', 0x71, '.', 0x70, '0', 0x69, '1',
    0x72,'2',0x7A,'3',0x6B,'4',0x73,'5',0x74,'6',0x6C,'7',0x75,'8',0x7D,'9' };
    unsigned char code Shifted[59][2]= {
    0x1C, 'A', 0x32, 'B', 0x21, 'C', 0x23, 'D', 0x24, 'E',0x2B, 'F',0x34, 'G',
0x33, 'H',0x43, 'I',0x3B, 'J',0x42, 'K',
    0x4B, 'L',0x3A, 'M',0x31, 'N', 0x44, 'O', 0x4D, 'P', 0x15, 'Q', 0x2D, 'R',
0x1B,'S',0x2C,'T', 0x3C,'U',
    0x2A,'V',0x1D,'W',0x22,'X',0x35,'Y',0x1A,'Z',0x45,'0',0x16,'1',
0x1E,'2',0x26,'3',0x25,'4',
    0x2E,'5',0x36,'6',0x3D,'7',0x3E,'8',0x46,'9',0x0E,' ~ ',0x4E,'_',0x55,'+',
0x5D,'|',0x29,' ',0x54,'{',
    0x5B,'}',0x4C,':',0x52,'"',0x41,'<',0x49,'>',0x4A,'?',0x71,'.',0x70,'0',0
x69,'1',0x72,'2',0x7A,'3',
    0x6B,'4',0x73,'5',0x74,'6',0x6C,'7',0x75,'8',0x7D,'9' };
```

4.4.5　经验总结

在本实例中，仅仅使用了 8051 的两个引脚和一个中断，就实现了 PS/2 键盘的按键读取功能。对于需要用户输入信息较多和对设备体积没有严格限制的应用场合，采用此方法是非常合适的，并且普通 PS/2 键盘维修更换都很方便。

4.5　【实例 38】LED 显示

4.5.1　实例功能

本实例利用单片机 P1 口具有内部的上拉功能，控制 8 个发光二极管的亮灭。通过程序控制 8 个二极管轮流亮灭，形成跑马灯效果。

4.5.2　硬件设计

本例电路如图 4-5 所示。当单片机的 P1 口的引脚为低电平时，相应引脚相连的发光二极管发光，反之则灭。

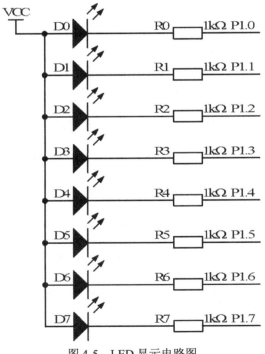

图 4-5　LED 显示电路图

4.5.3　程序设计

用 89C51 单片机的 P1 口控制 8 个发光二极管的亮灭，实现跑马灯效果的程序清单如下。

```
/*- - - - - - - - - - - - - - -
文件名称: LED_Simple.C
功能: 利用 LED 实现跑马灯效果
说明:  8 个 LED 灯从上到下, 然后从下到上依次循环显示。
- - - - - - - - - - - - - - - */
#include  <reg51.h>
/***************************
函数名称: void delay(unsigned char  times)
功能: 延时函数
说明: 采用软延时方式实现延时
入口参数: 延时常数
返回值: 无
***************************/
void delay(unsigned char  times)
{
    int t=12000;                       //延时常数
    unsigned char i=times;
    for(;i!=0;i--)
    {for(;t!=0;t--){}}
}


//主函数
void main()
{
    int k;
    delay(255);
    P1=0;                              //全亮检测
    delay(255);
    P1=1;                              //全灭检测
    while(1)                           //设置一个无限制循环
      { P1 = 254;                      //从第一个灯开始显示
        for(k=0;k<8;k++)
          {
              delay(255);
              P1 <<= 1;                //表示, P1 每次向左一位
          }
        for(k=0;k<8;k++)               //第二次重复
          {
              delay(255);
              P1 >>= 1;                //表示, P1 每次向右一位
          }
      }
}
```

4.5.4　经验总结

本例中利用单片机的 P1 口实现了跑马灯效果, 更多的效果 (例如广告灯效果) 读者可

以在此程序的基础上修改实现。LED 灯虽然简单，但是在日常生活中却得到了广泛的应用。尤其在显示的内容是逻辑量时，最为合适。例如，洗衣机的手动/自动状态指示、电磁炉的工作模式等。

4.6 【实例 39】数码管（HD7929）显示实例

4.6.1　实例功能

本实例利用单片机的串口功能，实现两个共阴极 7 段数码管的显示功能。

4.6.2　硬件设计

用单片机驱动 LED 数码管有很多方法，按显示方式分，有静态显示和动态（扫描）显示，按译码方式可分硬件译码和软件译码之分。本实例用两片 74LS164 采用动态扫描的方法驱动两个 7 段数码管显示，如图 4-6 所示。因为 74LS164 没有数据锁存端，所以数据在传送过程中，数码管上有闪动现象，驱动的位数越多，闪动现象越明显。为了消除这种现象，可以在电路中增加一个 PNP 型的三极管来控制数码管的接地端，这样在数据传送过程中，关闭三极管使数码管断电而不显示，数据传送完后立刻使三极管导通。这种办法可驱动十几个 74LS164 显示而没有闪动现象。

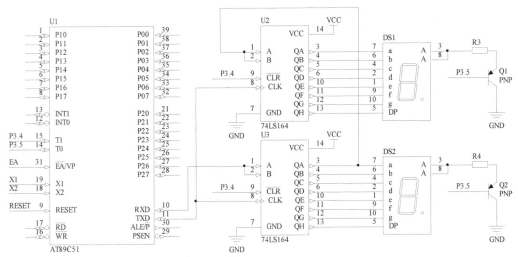

图 4-6　74LS164 驱动 7 段 LED 数码管原理图

4.6.3　程序设计

本实例采用动态刷新方式在两个 7 段数码管上显示数字，P3.4 用来控制 74LS164 的清零端，用两个 PNP 三极管来控制数码管的通电，从而消除在传输数据的过程中数码管的显示抖动问题。程序代码如下。

```
/*- - - - - - - - - - - - - - -
文件名称: 7seg_test.C
功能 : 7 段数码管动态显示数字
说明 : 本程序适合于共阴极数码管，对于共阳极数码管修改 DISP_TAB 码表即可使用。
- - - - - - - - - - - - - - - -*/
#include<reg51.h>
//--------------------管脚定义-------------------------------------------
sbit load=P3^4;
sbit  loadgnd=P3^5;//控制 PNP 型三极管，1 为开，0 为关
/*******************************
函数名称: void delay()
功能 : 延时函数
说明 : 采用软延时方式实现延时
入口参数: 无
返回值 : 无
*******************************/
void delay()
{
 unsigned char  t;
 for (t=400;t>0;t--);
}
/*******************************
函数名称: tran(unsigned char  i, unsigned char dp)
功能 : 用于把数字转换成 LED 显示需要的的代码
说明 :   此函数适合于共阴极 7 段数码管
入口参数: i 为要显示的数字，dp 为小数点控制位，不为零表示小数点亮
返回值 : 供 7 段数码管显示的数码
*******************************/
unsigned char tran(unsigned char i, unsigned char dp)
{
    unsigned char DISP_TAB[18]= { 0x3f,0x06,0x5b,0x4f,0x66,0x6d,0x7d,0x07,
0x7f,0x6f, 0x77,0x7c,0x39,0x5e,0x79,0x71,0x40,0x00 };
    if (dp!=0)
    return (~(DISP_TAB[i]+0x80));
    else return(~ DISP_TAB[i]);
}


//------------------------------------------------------------------
// 主函数: main()
// 一个显示 5 和 9 的函数
//------------------------------------------------------------------
void main()
{
```

```
    unsigned char display;
    load=0;
    delay();
    load=1;
    //显示数字 5
    display=5;
    loadgnd=0;              //为了消除闪动现象，关闭数码管
    SBUF=tran(display,0);   //将转换后的结果送 SBUF
    while(!TI)              //等待串行发送结束
    TI=0;
    //显示数字 9
    display=9;
    SBUF=tran(display,0);
    while(!TI)
    TI=0;
    loadgnd=1;             //开数码管,显示数字
    while(1);
}
```

4.6.4　经验总结

本例中充分利用 8051 单片机的串行输出功能，采用 74LS164 串转并芯片，大大节省了 IO 的占用，结合两个 PNP 型三极管实现了无抖动输出。读者可以在本例基础上根据具体应用，扩展更多的数码管。但是，在数码管较多时，要注意系统的电源设计，要保证有充足的电流。

4.7　【实例 40】16 × 2 字符型液晶显示实例

4.7.1　实例功能

本实例通过单片机的 P0 口控制 SMC1602A 模块，实现 ASCII 字符的现实，可以在指定位置显示指定的字符。

4.7.2　典型器件介绍

SMC1602A 液晶显示模块可以显示 16×2 行字符或数字的液晶显示模块,内置标准 ASCII 字符码表，通过命令码可以控制液晶屏显示字符、闪烁光标等。

4.7.3　硬件设计

本例系统地介绍了用 AT89C51 单片机显示字符的详细电路图和 C51 程序。采用 SMC1602A 液晶模块，使用并行接口方式实现双行字符的显示。单片机通过控制并行接口的输出状态实现对液晶显示模块的控制，接口电路如图 4-7 所示。

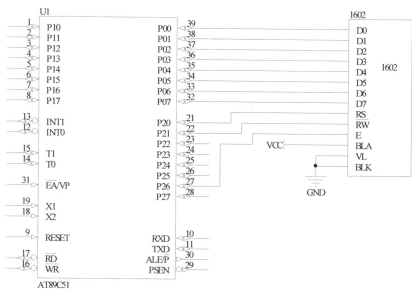

图 4-7 AT89C51 与 SMC1602A 接口电路图

4.7.4 程序设计

本实例中，AT89C51 单片机用 P0 口来传输数据到 SMC1602A，用 P2.0、P2.1、P2.6 分别控制 SMC1602A 的数据/命令选择、数据读写选择和使能。程序清单如下。

```
/*- - - - - - - - - - - - - - -
文件名称: 1602_test.C
功能 : SMC1602A 的 C51 驱动程序
说明 : 在 SMC1602A 上显示字符
- - - - - - - - - - - - - - - -*/
#include <reg51.h>
#include<intrins.h>
//变量类型标识的宏定义
#define Uchar unsigned char
#define  Uint unsigned int
// 控制引脚定义
sbitRS  = P2^0;        //数据/命令选择，高电平表示传送的是数据，低电平则表示是命令
sbit RW = P2^1;        //读写选择，高电平表示从1602读数据，低电平则表示写数据到1602
sbit Elcm = P2^6;       //使能信号
#define  Data  P0              //定义数据端口
#define   By 0x80
code char emp[]="For an example";
void Delay400Ms(void);
void Delay5Ms(void);
void WaitEnable( void );
void WriteLcdData( char dataW );
void WriteLcdCommand( Uchar CMD,Uchar AttribC );
```

```
void LcdReset( void );
void Display( Uchar dd );
void DispOneChar(Uchar x,Uchar y,Uchar Wdata);
void ePutstr(Uchar x,Uchar y, Uchar code *ptr);
//主程序
void main(void)
{
    Uchar  temp;
    Delay400Ms();
    LcdReset();
    temp = 32;
    ePutstr(0,0,emp);                    // 显示一个预定字符串 "For an example"
    Delay400Ms();
    Delay400Ms();
    Delay400Ms();
    Delay400Ms();
    Delay400Ms();
    Delay400Ms();
    Delay400Ms();
    Delay400Ms();
    while(1)
    {
        temp &= 0x7f;                    // 只显示 ASCII 字符
        if (temp<32)temp=32;             // 屏蔽控制字符，不予显示
        Display( temp++ );
        Delay400Ms();
    }
}
/*********************************
函数名称: void ePutstr(Uchar x,Uchar  y,  Uchar code *ptr)
功能：在 1602 上在指定位置显示指定的字符串
说明：无
入口参数: x 为横坐标，y 为纵坐标，*ptr 为指向显示字符串的指针
返回值：无
*********************************/
void ePutstr(Uchar x,Uchar y, Uchar code *ptr)
  {
    Uchar i,l=0;
    while (ptr[l]>31){l++;};
    for (i=0;i<l;i++)
        {
          DispOneChar(x++,y,ptr[i]);
          if( x == 16 )
            {
              x = 0; y ^= 1;
            }
```

```
        }
}
/*********************************
函数名称: void Display( Uchar dd )
功能 : 在1602第一行显示dd到dd+15
说明 : 无
入口参数: dd为要显示的第一个数
返回值 : 无
*********************************/
void Display( Uchar dd )
  {
        Uchar  i;
        for (i=0;i<16;i++) {
        DispOneChar(i,1,dd++);
        dd &= 0x7f;
        if (dd<32) dd=32;
    }
}
/*********************************
函数名称: void LocateXY( char posx,char posy)
功能 : 在指定位置显示光标定位
说明 : 无
入口参数: posx为光标的横坐标，posy为光标的纵坐标
返回值 : 无
*********************************/
void LocateXY( char posx,char posy)
   {
  Uchar temp;
    temp = posx & 0xf;
    posy &= 0x1;
    if ( posy )temp |= 0x40;
    temp |= 0x80;
    WriteLcdCommand(temp,0);
}
/*********************************
函数名称: void DispOneChar(Uchar x,Uchar y,Uchar Wdata)
功能 : 在指定位置显示出一个字符
说明 : 无
入口参数: x为光标的横坐标，y为光标的纵坐标，Wdata为要显示的字符
返回值 : 无
*********************************/
void DispOneChar(Uchar x,Uchar y,Uchar Wdata)
{
   LocateXY( x, y );                    // 定位显示地址
   WriteLcdData( Wdata );               // 写字符
}
```

```
/*******************************
函数名称: void LcdReset ( void )
功能 : 初始化液晶屏
说明 : 无
入口参数: 无
返回值 : 无
*******************************/
void LcdReset ( void )
{
    WriteLcdCommand( 0x38, 0);            // 显示模式设置(不检测忙信号)
    Delay5Ms();
    WriteLcdCommand( 0x38, 0);        // 共三次
    Delay5Ms();
    WriteLcdCommand( 0x38, 0);
    Delay5Ms();
    WriteLcdCommand( 0x38, 1);        // 显示模式设置(以后均检测忙信号)
    WriteLcdCommand( 0x08, 1);        // 显示关闭
    WriteLcdCommand( 0x01, 1);        // 显示清屏
    WriteLcdCommand( 0x06, 1);        // 显示光标移动设置
    WriteLcdCommand( 0x0c, 1);        // 显示开及光标设置
}


/*******************************
函数名称: void WriteLcdCommand( Uchar CMD,Uchar AttribC )
功能 : 写控制字符子程序
说明 : E=1 RS=0 RW=0
入口参数: CMD 为命令码，AttribC 为属性
返回值 : 无
*******************************/
void WriteLcdCommand( Uchar CMD,Uchar AttribC )
{
    if(AttribC)
      WaitEnable();          // 检测忙信号？
     RS = 0;
     RW = 0;
     _nop_();
    Data = CMD;              // 送控制字子程序
    _nop_();
    Elcm = 1;
    _nop_();
    _nop_();
    Elcm = 0;                // 操作允许脉冲信号
}
/*******************************
函数名称: void WriteLcdData( char dataW )
功能 : 当前位置写字符
```

说明： E =1 RS=1 RW=0

入口参数：dataW 为要显示的字符

返回值：无

*******************************/

```c
voidWriteLcdData( char dataW )
{
    WaitEnable();                    // 检测忙信号
    RS = 1;
    RW = 0;
    _nop_();
    Data = dataW;
    _nop_();
    Elcm = 1;
    _nop_();
    _nop_();
    Elcm = 0;                        // 操作允许脉冲信号
}
```

/*******************************

函数名称：void WaitEnable(void)

功能：检测 LCD 控制器状态

说明：正常读写操作之前必须检测 LCD 控制器状态:CS=1 RS=0 RW=1

　　DB7: 0 LCD 控制器空闲; 1 LCD 控制器忙

入口参数：无

返回值：无

*******************************/

```c
voidWaitEnable( void )
{
    Data = 0xff;
    RS =0;
    RW = 1;
    _nop_();
    Elcm = 1;
    _nop_();
    _nop_();
    while( Data &By );               //等待 LCD 空闲
    Elcm = 0;
}
```

/*******************************

函数名称：void Delay5Ms(void)

功能 ：短延时函数

说明：在单片机工作在 12MH 是大约延时 5ms

入口参数：无

返回值：无

*******************************/

```c
void Delay5Ms(void)
```

```
{
    Uint i = 5552;
    while(i--);
}


/********************************
函数名称: void Delay400Ms(void)
功能 : 长延时函数
说明 : 在单片机工作在 12MH 是大约延时 400ms
入口参数: 无
返回值 : 无
********************************/
void Delay400Ms(void)
{
    Uchar i = 5;
    Uint j;
    while(i--)
    {
        j=7269;
        while(j--);
    };
}
```

4.7.5   经验总结

本例中利用 8051 单片机的 P0 口，采用并行方式控制 SMC1602A 显示 ASCII 字符。可在屏幕任意位置显示指定的字符。满屏可显示两行共计 32 个字符。可以满足一般应用的需求。注意本例不能显示汉字。若要显示汉字则要选择点阵型液晶屏或内置汉字发生器的液晶屏。

4.8 【实例 41】点阵型液晶显示实例

4.8.1   实例功能

点阵型 LCD 显示模块有很多种，本实例用 AT89C51 控制 MGLS240×128 点阵型液晶模块在指定位置显示任意字符。

4.8.2   典型器件介绍

本例以 MGLS240128 为例讲解点阵型 LCD 显示模块的应用。该液晶模块 MGLS240×128 是内置 HD61830 的液晶模块。已经完成了控制器与液晶显示驱动器和显示缓冲区的接口工作，留给用户的仅仅是与 MPU 的接口。因此只需了解 HD61830 的指令系统及与 MPU 接口的工作时序，无需对液晶显示驱动器及其与 HD61830 的接口做太多了解，就可使用内置 HD61830 的液晶显示模块。在应用时只需要控制 HD61830 的外部引脚就完全可以了，而没有必要了解 HD61830 与 240×128 液晶显示器的连接情况及数据通信等。下面简单介绍一下 HD61830 的外接受控引脚功能，如表 4-1 所示。

表 4-1 HD61830 外部引脚功能

符 号	状 态	名 称	功 能
DB0~DB7	三态	MPU 接口的数据总线	
/CS	输入	片选信号	低电平有效
R/W	输入	读、写选择信号	R/W 为 1 时 MPU 从 HD61830 读出数据，R/W 为 0 时 MPU 向 HD61830 写数据
RS	输入	寄存器选择	RS=1 选通指令寄存器，RS=0 选通数据寄存器
E	输入	使能信号	在 E 下降沿写数据，E 为高电平时为读数据
RES	输入	复位信号	低电平有效

此外，当/CS 为低电平时 RS、R/W 和 E 的各种组合所实现的功能如表 4-2 所示。

表 4-2 RS、R/W 和 E 功能表

RS	R/W	E	功 能
0	0	下降沿	写数据或指令参数
0	1	高电平	读数据
1	0	下降沿	写指令代码
1	1	高电平	读忙标志位

HD61830 有 13 条指令，指令是由一个指令代码和一个功能参数组成。指令代码好似参数寄存器的地址代码，而参数才是实质的功能值。MPU 向 HD61830 指令寄存器写入指令代码来选择参数寄存器，再通过数据寄存器向参数寄存器写入参数值，以实现功能的设置。

（1）方式控制，指令代码为 00H。

（2）字体设置，指令代码 01H。

（3）显示域设置，指令代码 02H。

（4）帧设置，指令代码 03H。

（5）光标位置设置，指令代码 04H。

（6）SADL 设置，指令代码 08H。

（7）SADH 设置，指令代码 09H。

（8）CACL 设置，指令代码 0AH。

（9）CACH 设置，指令代码 0BH。

（10）数据写，指令代码 0CH。

（11）数据读，指令代码 0DH。

（12）位清零，指令代码 0EH。

（13）位置 1，指令代码 0FH。

HD61830 向 MPU 提供一个忙（BF）标志位，BF = 1 表示当前 HD61830 处于内部运行状态，不接受 MPU 的访问读忙标志位除外；BF = 0 表示 HD61830 允许 MPU 的访问。因此，MPU 在访问 HD61830 时都要判断 BF 是否为 0。MPU 可在 RS = 1 时从数据总线 D7 位上读

出 BF 标志值。

以上列出了 HD61830 的所有指令。由于 HD61830 的指令代码好似参数寄存器的地址代码，所以在写入一个指令代码后向数据口写入的多个数据都将修改该指令代码所指的参数寄存器内的内容。

4.8.3 硬件设计

如图 4-8 所示电路图中只标明了单片机、8255 和 240×128 间的连接关系，而没有画出电源的连接关系，注意 240128 有负电源。

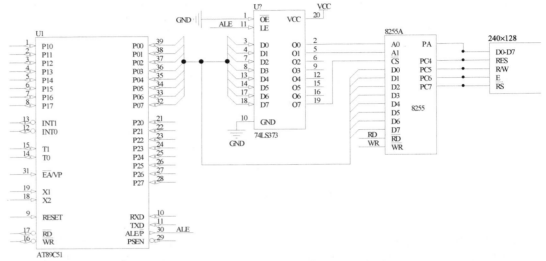

图 4-8   AT89C51 通过 8255 控制 240×128 连线图

4.8.4 程序设计

本实例中采用一片 8255A 对液晶屏进行地址片选和数据传送，在 240×128 液晶屏上任意指定位置显示字符、数字等。程序代码如下：

```c
/*- - - - - - - - - - - - - -
文件名称：240X128_test.C
功能 ：在 240X128 点阵液晶屏上显示字符、数字。
说明：无
- - - - - - - - - - - - - - - -*/
#include <reg51.h>
#include <absacc.h>
#define uchar unsigned char
#define uint unsigned int
#define PA  XBYTE[0xFF7C]       //8255A 的 PA 口地址
#define PB  XBYTE[0xFF7D]       //8255A 的 PB 口地址
#define PC  XBYTE[0xFF7E]       //8255A 的 PC 口地址
#define COM XBYTE[0xFF7F]       //8255A 的片选地址
#define DELAY 3
```

```
ucharidatawelc[11]={0x20,0x57,0x45,0x4c,0x43,0x4f,0x4d,0x45,0x21,0x20,0x00};
uchar  idata  sadl, sadh;
uchar  idata  addl,addh;
void  wcode(uchar c);
void  wdata(uchar d);
void  disstr(uchar idata *str);
//主函数
void main(void)
{
    COM=0x81;
    PB=0x00;
    PB=0xf0;
    disstr(welc);
    while(1);
}
/*******************************
函数名称: void wcode(uchar c)
功能：通过 8255A 将指定的指令码发送到液晶屏控制器
说明：无
入口参数: c 为要发送到液晶屏的命令码
返回值：无
*******************************/
voidwcode(uchar c)
{
    uchar i=DELAY;
    while(i) i--;
  PC=0x9f;
  PA=c;
  PC=0x5f;
  PC=0x1f;
    PC=0x9f;
}
/*******************************
函数名称: void wdata(uchar d)
功能：通过 8255A 将指定的数据发送到液晶屏控制器
说明：无
入口参数: d 为要发送到液晶屏的数据
返回值：无
*******************************/
void wcode(uchar d)
{
    uchar i=DELAY;
    while(i) i--;
    PC=0x5f;
    PA=d;
    PC=0x1f;
```

```
}

/********************************
函数名称: void comd(uchar  x,uchar  y)
功能 : 将指定的命令和参数发送到液晶屏
说明 : 无
入口参数: x为要发送到液晶屏的命令码，y为参数码
返回值 : 无
********************************/
voidcomd(uchar  x,uchar  y)
{
    wcode(x);
    wdata(y);
}
/********************************
函数名称: void disstr(uchar idata *str)
功能 : 将指定的字符串发送到液晶屏显示
说明 : 无
入口参数: *str为指向要显示字符串
返回值 : 无
********************************/
void disstr(uchar idata *str)
{
    uchar i,j;
    comd(0x00,0x3c);
    comd(0x01,0x77);
    comd(0x02,0x1d);
    comd(0x03,0x7f);
    comd(0x04,0x07);
    sadl=0x00;
    sadh=0x00;
    comd(0x08,sadl);
    comd(0x09,sadh);
    comd(0x0a,0x00);
    comd(0xab,0x00);
    wcode(0x0c);
    for(j=0;j<10;j++)
        wdata(0x20);
    addl=0x00;
    addh=0x00;
    comd(0x0a,addl);
    comd(0x0b,addh);
    i=0;
    wcode(0x0c);
    while(str[i]!=0x00)
    {
```

```
      wdata(str[i]);
      i++;
   }
}
```

4.8.5 经验总结

本实例演示了在点阵液晶屏幕上显示英文字符的方法，对于汉字的显示，根据液晶屏的功能不同，有不同的实现方法，对于内置汉字发生器的液晶屏可以直接对液晶屏送汉字码显示，也可以利用字模软件生成点阵的字模发送到屏幕显示。对于没有内置汉字发生器的液晶屏则只能通过字模方式来显示汉字。

4.9 【实例 42】LCD 显示图片实例

4.9.1 实例功能

本例设计实现通过 ATC8051 在 122×32 液晶屏上显示点阵图形，既可以显示点阵汉字，也可以显示任意图形。

4.9.2 典型器件介绍

本例采用 122×32 液晶模块显示图片。该模块应用简单，技术成熟，被广泛应用，下边就简要介绍一下 122×32 的特性和指令等。

（1）液晶驱动 IC 基本特性。

● 具有低功耗、供应电压范围宽等特点。
● 具有 16common 和 61segment 输出，并可外接驱动 IC 扩展驱动。
● 具有 2560 位显示 RAM（DD RAM），即 $80 \times 8 \times 4$ 位。
● 具有与 68 系列或 80 系列相适配的 MPU 接口功能，并有专用的指令集，可完成文本显示或图形显示的功能设置。

（2）指令描述。

① 显示模式设置 R/W。

CODE:	A0	/RD	/WR	D7	D6	D5	D4	D3	D2	D1	D0
	L	H	L	H	L	H	L	H	H	H	D

功能：开/关屏幕显示，不改变显示 RAM（DD RAM）中的内容，也不影响内部状态。$D = 0$，开显示；$D = 1$，关显示。如果在显示关闭的状态下选择静态驱动模式，那么内部电路将处于安全模式。

② 设置显示起始行。

CODE:	A0	/RD	/WR	D7	D6	D5	D4	D3	D2	D1	D0
	L	H	L	H	H	L	A4	A3	A2	A1	A0

功能：执行该命令后，所设置的行将显示在屏幕的第一行。起始地址可以是 0～31 范围内任意一行。行地址计数器具有循环计数功能，用于显示行扫描同步，当扫描完一行后自动加 1。

③ 页地址设置。

CODE:	A0	/RD	/WR	D7	D6	D5	D4	D3	D2	D1	D0
	L	H	L	H	L	H	H	H	L	A1	A0

功能：设置页地址。当 MPU 要对 DD RAM 进行读写操作时，首先要设置页地址和列地址。本指令不影响显示。

A1	A0	页　地　址
0	0	0
0	1	1
1	0	2
1	1	3

④ 列地址设置。

CODE:	A0	/RD	/WR	D7	D6	D5	D4	D3	D2	D1	D0
	L	H	L	L	A6	A5	A4	A3	A2	A1	A0

功能：设置 DD RAM 中的列地址。当 MPU 要对 DD RAM 进行读写操作前，首先要设置页地址和列地址。执行读写命令后，列地址会自动加 1，直到达到 50H 才会停止，但页地址不变。

A6	A5	A4	A3	A2	A1	A0	列　地　址
0	0	0	0	0	0	0	0
0	0	0	0	0	0	1	1
1	0	0	1	1	1	0	4E
1	0	0	1	1	1	1	4F

⑤ 读状态指令。

CODE:	A0	/RD	/WR	D7	D6	D5	D4	D3	D2	D1	D0
	L	L	H	BUSY	ADC	OM/OFF	RESET	L	L	L	L

功能：检测内部状态。

BUSY 为忙信号位，BUSY = 1：内部正在执行操作；BUSY = 0：空闲状态。

ADC 为显示方向位，ADC = 0：反向显示；ADC = 1：正向显示。

ON/OFF 显示开关状态，ON/OFF = 0：显示打开，ON/OFF = 1：显示关闭。

RESET 复位状态，RESET = 0：正常，RESET = 1：内部正处于复位初始化状态。

⑥ 写显示数据。

CODE:	A0	/RD	/WR	D7	D6	D5	D4	D3	D2	D1	D0
	H	H	L				Write　Data				

功能：将 8 位数据写入 DD RAM，该指令执行后，列地址自动加 1，所以可以连续将数据写入 DD RAM 而不用重新设置列地址。

⑦ 读显示数据。

CODE:	A0	/RD	/WR	D7	D6	D5	D4	D3	D2	D1	D0
	H	L	H				Read	Data			

功能：读出页地址和列地址限定的 **DD RAM** 地址内的数据。当"读-修改-写模式"关闭时，每执行一次读指令，列地址自动加 1，所以可以连续从 **DD RAM** 读出数据而不用设置列地址。

> **注意**　再设置完列地址后，首次读显示数据前必须执行一次空的"读显示数据"。这是因为设置完列地址后，第一次读数据时，出现在数据总线上的数据是列地址而不是所要读出的数据。

4.9.3 硬件设计

本例硬件连接采用的为 122×32 模拟口线接线方式，也就是并口方式，如图 4-9 所示。

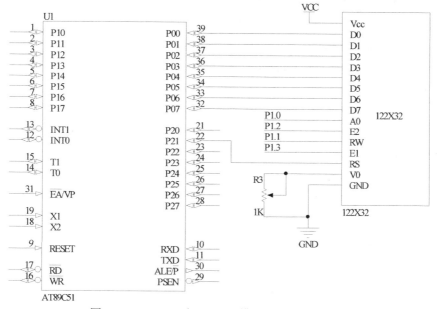

图 4-9 AT89C51 与 122×32 模拟口线接线原理图

4.9.4 程序设计

本例通过每隔一段时间修改液晶屏的显存内容，从而实现两幅点阵图画的交替显示。程序代码如下：

```
/*- - - - - - - - - - - - - - - -
文件名称：122×32_test.C
功能：在 122×32 的点阵液晶屏上显示图片
说明：图片事先使用 img2lcd 等类似程序转换成图片数组文件
- - - - - - - - - - - - - - - - -*/
/*---------------------------------------------------------
```

```
D0-----P0.0      D4-----P0.4      RW-------P1.1      A0--------P1.0
D1-----P0.1      D5-----P0.5      RS-------P2.1      V0 接到 GND
D2-----P0.2      D6-----P0.6      E1-------P1.3
D3-----P0.3      D7-----P0.7      E2-------P1.2
--------------------------------------------------------------------------*/
#include <reg51.h>
#define uchar  unsigned  char
#define uint  unsigned  int
#define  E1   P1_3              //块 1 左边使能
#define  E2   P1_2              //块 2 右边使能
#define  RW   P1_1
#define  A0   P1_0              //A0 为 1 时是数据，0 时为指令数据
#define  DATA  P0               //数据
extern unsigned char code Bmp02[]={0x00,0x00,0x00,0x00,......};//图形代码数组
extern unsigned char code Bmp01[]={0x00,0x00,0x00,0x00,......};//图形代码数组
/*******************************
函数名称: void delay(unsigned  int  i)
功能 : 延时函数
说明 : 采用软延时方案实现延时
入口参数: i 为延时常数，i 越大延时越长
返回值 : 无
*******************************/
void delay(unsigned  int  i)
{
unsigned char k=200;
while(i>0)
  {
   i--;
  }
  while(k>1)k--;
}
/*******************************
函数名称: void OUTMD(unsigned char  i)
功能 : 发送左页数据
说明 : 无
入口参数: i 为要发送的数据
返回值 : 无
*******************************/
void OUTMD(unsigned char  i)
{
  A0=1;                         //写数据
E1=1;
DATA=i;
E1=0;
}
/*******************************
```

```
函数名称: void OUTMI(unsigned  char  i)
功能 : 发送左页命令
说明 : 无
入口参数: i 为要发送的命令码
返回值 : 无
*******************************/
void OUTMI(unsigned  char  i)
{
  A0=0;  //写指令
  E1=1;
  DATA=i;
  E1=0;
}
/*******************************
函数名称: void OUTSD(unsigned char  i)
功能 : 发送右页数据
说明 : 无
入口参数: i 为要发送的数据
返回值 : 无
*******************************/
void OUTSD(unsigned char  i)
{
  A0=1;  //写数据
  E2=1;
  DATA=i;
  E2=0;
}
/*******************************
函数名称: void OUTSI(unsigned  char  i)
功能 : 发送右页命令
说明 : 无
入口参数: i 为要发送的命令码
返回值 : 无
*******************************/
void OUTSI(unsigned  char  i)
{
  A0=0;  //写指令
  E2=1;
  DATA=i;
  E2=0;
}
/*******************************
函数名称: void lcdini(void)
功能 : 初始化液晶屏
说明 : 液晶屏被复位，并初始化到图形模式
入口参数: 无
```

```
返回值：无
********************************/
void lcdini(void)
{
  RW=0;
  OUTMI(0XE2);
  OUTSI(0XE2);              //复位
  OUTMI(0XAE);
  OUTSI(0XAE);             //POWER SAVE
  OUTMI(0XA4);
  OUTSI(0XA4);             //动态驱动
  OUTMI(0XA9);
  OUTSI(0XA9);             //1/32 占空比
  OUTMI(0XA0);
  OUTSI(0XA0);             //时钟线输出
  OUTMI(0XEE);
  OUTSI(0XEE);             //写模式
  OUTMI(0X00);
  OUTMI(0XC0);
  OUTSI(0X00);
  OUTSI(0XC0);
  OUTMI(0XAF);
  OUTSI(0XAF);
}
/*******************************
函数名称：void SetPage(uchar page0,uchar page1)
功能：同时设置左右页面地址 0～3 页
说明：对液晶屏操作时，要先设置页面地址，不影响当前液晶屏的显示内容
入口参数：page0 为左页地址，page1 为右页地址
返回值：无
********************************/
void SetPage(uchar page0,uchar page1)
{
  OUTMI(0xB8|page1);
  OUTSI(0xB8|page0);
}
/*******************************
函数名称：void SetAddress(uchar address0,uchar address1)
功能：设置左右屏列地址 0～121
说明：设置要操作的左右屏地址
入口参数：address0 为左页地址，address1 为右页地址
返回值：无
********************************/
void SetAddress(uchar address0,uchar address1)
{
  OUTMI(address1);
```

```
    OUTSI(address0);
}
/*******************************
函数名称: void PutCharR(uchar ch)
功能 : 向右屏当前地址画一个字节 8 个点
说明 : 无
入口参数: ch 为要显示的数据
返回值 : 无
*******************************/
void PutCharR(uchar ch)
{
    OUTSD(ch);
}
/*******************************
函数名称: void PutCharL(uchar ch)
功能 : 向右屏当前地址画一个字节 8 个点
说明 : 无
入口参数: ch 为要显示的数据
返回值 : 无
*******************************/
void PutCharL(uchar ch)
{
    OUTMD(ch);
}
/*******************************
函数名称: void clrscr(void)
功能 : 清屏
说明 : 无
入口参数: 无
返回值 : 无
*******************************/
void clrscr(void)
{
    uchar  i;
    uchar  page;
    for(page=0;page<4;page++)
    {
        SetPage(page,page);
        SetAddress(0,0);
        for(i=0;i<61;i++)
    {
            PutCharR(0);
            PutCharL(0);
        }
    }
}
```

```
/*******************************
函数名称: void DrawBmp1(uchar  x_add, uchar width,uchar *bmp)
功能：在屏幕显示图片
说明：图片数组可采用字模软件生成
入口参数：x_add 为要显示的横坐标，width 为要显示的图片的宽度，*bmp 为指向图片数组的指针
返回值：无
*******************************/
void DrawBmp1(uchar  x_add, uchar width,uchar *bmp)
{
  uchar  x, address, i=0;        //address 表示显存的物理地址
  uchar  page=0;                 //page 表示上下两页
  uchar  window=0;               //window 表示左右两页
for (x=width;x>1;x--)
  {
   if(x_add>60)
     {
     window=1;
     address=x_add%61;
     }
     else
       address=x_add;
  SetPage(0,0);
  SetAddress(address,address);
  if(window==1)
    PutCharR(bmp[i]);
  else
    PutCharL(bmp[i]);
  SetPage(1,1);
  SetAddress(address,address);
  if(window==1)
    PutCharR(bmp[i+width]);
  else
    PutCharL(bmp[i+width]);
  SetPage(2,2);
  SetAddress(address,address);
  if(window==1)
    PutCharR(bmp[i+width+width]);
  else
    PutCharL(bmp[i+width+width]);
  SetPage(3,3);
  SetAddress(address,address);
  if(window==1)
    PutCharR(bmp[i+width+width+width]);
  else
    PutCharL(bmp[i+width+width+width]);
  i++;
```

```
    x_add++;
  }
}


/********************************
函数名称: void delay1s(unsigned char  i)
功能 : 一秒延时
说明 : 无
入口参数: i 为延时参数，数值越大，延时越长
返回值 : 无
********************************/
void delay1s(unsigned char i)
{
  while(i>1)
   {
    i--;
    delay(65530);
   }
}
//主函数
void main()
{
lcdini();           //复位初始化液晶屏
clrscr();           //清屏
while(1)            //交替显示 Bmp01 和 Bmp02
  {
  delay1s(3);
  clrscr();      //
  DrawBmp1(10,101,Bmp01); //
  delay1s(8);
  clrscr();      //
  DrawBmp1(0,122,Bmp02); //
  delay1s(8);
  }
}
```

4.9.5 经验总结

本实例演示了利用单片机和点阵液晶屏显示图片，也可以显示点阵汉字、英文字符等任意符号。对于点阵数组的生成，读者可采用字模 2 或字模 3 等软件生成。

第5章 实用电子制作

本章将结合前述章节的内容，介绍几个电子制作实例，包括各个实例的实现原理、硬件设计和软件编程。这些实例具有一定的典型性，能够起到良好的示范作用，帮助读者建立电子系统设计和 C51 编程的整体概念。

5.1 【实例 43】简易电子琴的设计

5.1.1 实例功能

定时器/计数器主要用于定时或对外部信号进行计数。当定时时间到，定时器会发出中断请求，在中断服务程序中重新设置计数初值，定时器就能不间断地运行，从而形成周期性的定时。

本例介绍一种使用单片机实现简易电子琴的设计方法。系统外部设置 8 个按键作为琴键，使用者可以通过按键控制蜂鸣器发出不同音阶的乐音，即：1、2、3、4、5、6、7 和 1（高音）。设计者可通过按键演奏简单的音乐。

5.1.2 典型器件介绍

单片机系统中最常用的输入方式是键盘。键盘按键可通过多种方式与单片机的连接，如独立式、行列矩阵式、专用芯片等。本系统中由于单片机可用引脚较多，为简化设计，采用独立式接法。即在单片机的一个 I/O 口上接一个按键，采用排电阻为 8 个按键外接上拉电阻。

5.1.3 硬件设计

通过单片机实现电子琴演奏，实质就是将不同按键和特定频率的方波信号对应起来，以方波信号驱动蜂鸣器发出乐音。下面简单介绍一下乐音的特性。乐音实际上是有固定频率的信号。在音乐理论中，把一组音按音调高低的次序排列起来就成为音节，也就是 1、2、3、4、5、6、7 和高音 1。高音 1 的频率正好是中音 1 频率的 2 倍，而且音节中各音的频率跟 1 的频率之比都是整数之比。

为了发出某一特定频率的乐音，可以控制单片机的一个 I/O 口产生该频率的方波信号，经过电流放大后驱动蜂鸣器发出该乐音。对于方波的产生，可以启用单片机的一个定时器进行计时，产生溢出中断。中断发生时，将输出引脚的电平取反，然后重新载入计数器初始值。

因此，正确的设置定时器的工作模式和初始计数值是发出乐音的基础。例如中音 1，其频率是 523Hz，则周期为 T=1/523=1912μs，半个周期为 956μs。根据单片机计数器计数的机器周期，就可以算出计数器的预置初始值应为多少。例如，假设采用的单片机的一个计数周期需要 12 个时钟周期，当采用 12MHz 晶振时，一个计数周期即 1μs。要定时 956μs，只需设置其计数初值为计数最大计数值减去 956。对应不同的按键，调节 T1 的溢出时间，即可输出不同频率的乐音，这样就实现了简易电子琴的设计。

形成每个乐音音高的频率是固定的，表 5-1 列出了一个 8 度以及其上下共 16 个音的音名、频率及定时器 T1 初值对照（设晶体频率为 12MHz）。

表 5-1　　　　　　　　　　　　C 大调各音符频率与计数值对照表

音　阶	频　率	周期（μs）	半　周　期	十六进制	计数初值
低音 5	392	2251	1275.5	4FC	FB03
低音 6	440	2273	1136.5	471	FB83
低音 7	494	2024	1012	3F4	FC0B
中音 1	523	1912	956	3BC	FC43
中音 2	587	1704	852	354	FCAB
中音 3	659	1517	758	2F7	FD08
中音 4	698	1433	716	2CD	FD32
中音 5	784	1276	638	27E	FD81
中音 6	880	1136	568	238	FDC7
中音 7	988	1012	506	1FA	FE05
高音 1	1046	956	478	1DE	FE21
高音 2	1175	851	425	1AA	FE55
高音 3	1318	759	379	17C	FE83
高音 4	1397	716	358	166	FE99
高音 5	1568	638	319	13F	FEC0

该简易电子琴的硬件电路设计较简单，通过 P1 口进行按键扫描，从 P0.1 口输出方波信号，经三极管放大后驱动蜂鸣器发出声响。系统硬件电路如图 5-1 所示。

注意　图 5-1 只列出了电子琴设计相关资源，未包含其他设计线路，读者可根据需要调整单片机口线应用，扩展系统功能。

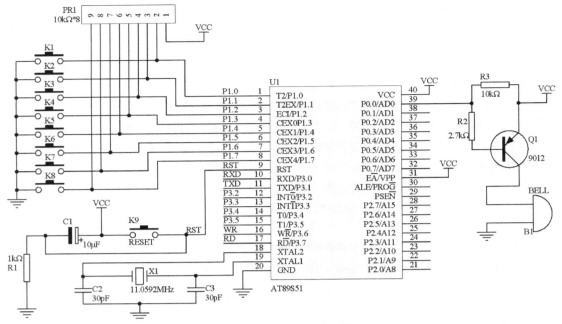

图 5-1 电子琴设计原理图

5.1.4 程序设计

系统程序主要包括按键扫描及键值处理模块、定时器控制模块。主程序流程如图 5-2 所示。主程序调用键值处理子程序 Get_Key()获取键值，并返回键值对应的数组索引值，然后调用 Play()函数启动或停止蜂鸣器发声。

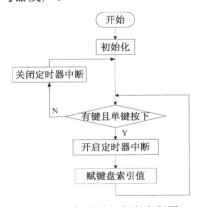

图 5-2 电子琴主程序流程图

主程序代码如下。

```c
#include <reg52.h>
#include <stdio.h>
#define uchar unsigned char
#define uint  unsigned int
sbit buz=P0^1;
```

```
uchar keycode;
/* 各音阶对应计数器初值: 1,2,3,4,5,6,7,1(高)*/
uint toneh[8]={ 0xfc43,0xfcab,0xfd08,0xfd32,0xfd81,0xfdc7,0xf05e,0xfe21};
uchar keymode[8]={ 0xfe,0xfd,0xfb,0xf7,0xef,0xdf,0xbf,0x7f};
void main()
{
    Sys_Init();
    do
    {
        keycode=Get_Key();  /*获取键值索引*/
        Play(keycode);
    }
}
```

> 💡 说明　根据系统采用的晶振频率和所用单片机的机器周期计算各音阶对应的计数器初始值，存储在数组中供程序使用。

子程序 Get_Key ()为键值读取子函数。系统按键采用单线单键接法，程序采用扫描方式读取。程序扫描到按键后并不直接返回键值，而是查找键值表 keymode[]，获取并返回键值对应的索引值 i。这样处理方便后续程序将键值转换为该键对应的计数器初值。代码如下。

```
uchar Get_Key ()                    /*读取键值，并转换为索引值*/
{
    uchar temp,i;
    P1=0xff;
    temp=P1;
    for (i=0;i<8;i++)
    {
        if (temp==keymode[i])  return i;
    }
    return (8);  //无正确对应的键值,则忽略
}
```

系统初始化子程序 Sys_Init 用于设定定时器工作模式，开启中断。代码如下。

```
void sys_init()
{
    TMOD=0x10; /*启动定时器1*/
    EA=1;  /*开总中断*/
    ET1=1;  /*允许定时器1中断*/
    P1=0xff;  /*设置P1口为输入模式*/
}
```

子程序 Play()根据子程序 Get_Key ()返回的按键值，决定是否开启定时器 1。在中断处理子函数中，通过取反 P0.1 引脚控制蜂鸣器鸣叫。子程序 Play()代码如下。

```
void play(uchar key)
{
    if (key==8)/*无键按下或多键按下,不响应*/
```

```
    {
        TR1=0;
        buz=0;
    }
    else
    {
        TR1=1;  /*有键按下,开中断*/
        keycode=key;  /*键值索引赋值*/
    }
}
```

定时器 T1 主要用于生成各音阶对应的方波频率。在 T1 的中断服务程序中，通过将 P0.1 引脚取反后输出方波信号，通过对 T1 重新赋计数初值生成不同的方波频率。代码如下。

```
void timer0(void) interrupt 3 using 1      /*定时器 1 中断服务程序*/
{
    buz= !buz;
    TH0=toneh[keycode]/256; /*获取各键对应的乐音频率所需的计时器高位初值*/
    TL0=tonel[keycode]%256; /*获取各键对应的乐音频率所需的计时器低位初值*/
}
```

5.1.5　经验总结

该设计实现了一个简易的电子琴，并给出了硬件电路图及软件程序。在软件设计中，通过键盘扫描子程序读取键值，返回键值对应的索引值。根据索引值决定是否启动 T1 运行。在 T1 中断服务程序中，根据索引值对 T1 重新赋初值并对蜂鸣器驱动口电平取反获得相应频率的方波信号，从而实现了乐音输出。

该设计体现了电子音乐发声的基本原理和设计方法。设计者可以对该设计进行功能扩展，如增加按键，实现更多音阶的输入和响应；或者可以设置功能选择键，增设播放预存电子音乐的功能等。

5.2　【实例 44】基于 MCS-51 单片机的四路抢答器

5.2.1　实例功能

抢答器是为智力竞赛参赛者答题时进行抢答而设计的一种优先判决器电路，广泛应用于各种知识竞赛、文娱活动等场合。实现抢答器功能的方式有多种，可以采用前期的模拟电路、数字电路或模拟与数字电路相结合的方式，但这种方式制作过程复杂，而且准确性与可靠性不高，成品面积大，安装、维护困难。本小节将介绍一种利用 8051 单片机作为核心部件进行逻辑控制及信号产生的四路抢答器。

系统完成的功能：主持人提出问题后，按动启动按钮。参加竞赛者要在最短的时间内对问题作出判断，并按下抢答按键回答问题。当第一个人按下按键后，在显示器上显示此竞赛者的号码并进行声音提示，同时对其他抢答按键封锁，使其不起作用。若有人在可以抢答之前按键，应该有违规提示。系统还具有定时抢答功能，定时时间可由主持人设定。在抢答过程中，倒计时显示定时时间，若在规定时间内没有人抢答，则本题作废。回答完或超时后，主持人按动清除按钮将系统恢复初态，以便开始下一轮抢答。

5.2.2　典型器件介绍

单片机系统中常用的显示方式是 LED 数码管显示，其驱动方式较多，系统采用专用 LED 驱动芯片 MAX7219。MAX7219 是一种四线串行接口的共阴极显示驱动器，它可以连接 8 个 LED 数码管显示器，也可以连接 64 个独立的 LED。它内部集成 B 型 BCD 编码器、多路扫描回路、段字驱动器，还有一块 8 × 8 可独立寻址的静态 RAM 区来存储显示数据。在向内部 RAM 区写入数据时，用户可以选择编码或者不编码。MAX7219 与 SPI、QSPI 以及 MICROWIRE 相兼容。

MAX7219 芯片采用 DIP 或 SO 封装，引脚图如图 5-3 所示。引脚功能如表 5-2 所示。

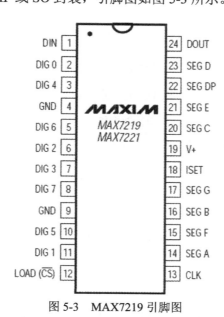

图 5-3　MAX7219 引脚图

表 5-2　　　　　　　　　　　　　　　**MAX7219 引脚功能表**

引　　脚	名　　称	功　　能
1	DIN	串行数据输入引脚
2,3,5-8,10,11	DIG 0–DIG7	8 个 LED 数码管驱动阴极输出
4,9	GND	芯片地
12	LOAD	输入数据锁定引脚。最后输入的 16 位数据在 LOAD 端的上升沿时被锁定
14-17,20-23	SEG A–SEG G,DP	驱动 LED 数码管的 a～dp 段
18	ISET	通过一个电阻连接到 VDD 来提高段电流
19	V+	芯片正极，+5V
24	DOUT	串行数据输出端口
13	CLK	时钟序列输入端。最大速率为 10MHz。在时钟的上升沿，数据移入内部移位寄存器。下降沿时，数据从 DOUT 端输出

MAX7219 采用 SPI 接口与微处理器相连，其串行时序如图 5-4 所示。

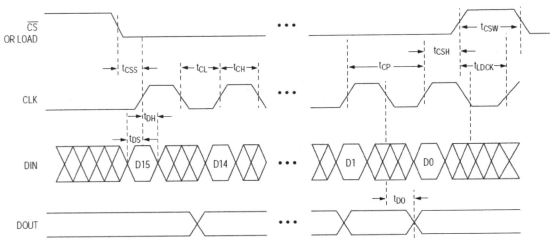

图 5-4 MAX7219 芯片 SPI 时序图

微处理器每次要向 MAX7219 传送 16 位二进制数 D15～D0，串行数据格式如表 5-3 所示。

表 5-3 串行数据格式表

D15	D14	D13	D12	D11	D10	D9	D8	D7	D6	D5	D4	D3	D2	D1	D0
×	×	×	×	地址				MSB		数据					LSB

5.2.3 硬件设计

根据系统功能，硬件电路可分为显示电路、声音提示电路、键盘电路、设置电路及单片机电路等。整个硬件电路如图 5-5 所示。

1. 数码管显示电路

数码管显示模块由一片 MAX7219 和 3 个数码管组成。数码管是共阴极，3 个阴极分别与 MAX7219 的 DIG0、DIG1、DIG2 相接。流过数码管的电流由 R9 控制，本设计中约为 130mA。MAX7219 的 DIN、CLK、LOAD 分别与单片机的 P2.4、P2.2、P2.3 相接。U5 用来显示按键者的编号，U6、U7 在倒计时时显示还有多长时间，如果有人犯规抢答，U6～U7 显示"FF"。

2. 时间设定电路

以拨码开关 U3 作为倒计时时间的选择信号。拨码开关上有 4 个开关，这 4 个开关的一端接地，另一端分别与单片机的 P3.7、P3.6、P3.5、P3.4 相接，倒计时时间分别为 10s、8s、6s、4s。设置时间时，P3.7 优先级最高，P3.4 优先级最低。

3. 按键电路

系统按键采用独立式接法。KEY1～KEY4 为抢答按键，KEY5 为主持人控制按键。

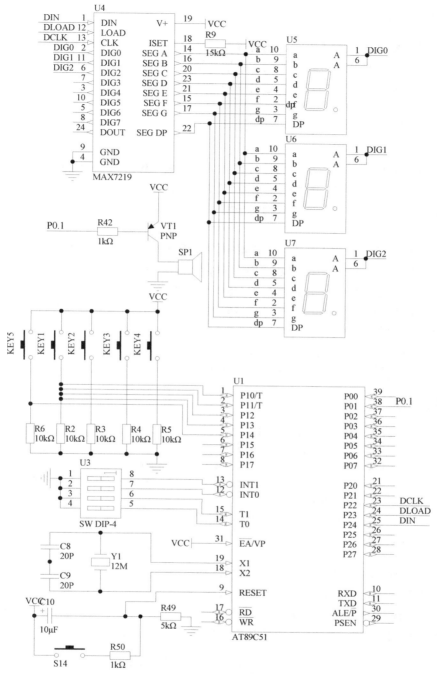

图 5-5 四路抢答器电路原理图

4. 声音提示电路

声音提示电路由蜂鸣器和三极管构成。在主持人发出可以抢答信号时、在有人按下抢答按键时、在倒计时时间到等 3 种情况下会发出蜂鸣声。

5．单片机电路

单片机电路根据键盘输入控制数码管显示或声音提示。通过读取 P3.7～P3.3 的状态决定倒计时时间；通过读取 P1.3～P1.0 的状态读取按键情况；通过 P2.4～P2.2 控制显示模块以显示按键者的号码和倒计时所剩时间；通过 P0.1 控制蜂鸣器。

5.2.4　程序设计

系统的工作过程如下。

- 主持人通过拨码开关选定倒计时时间，默认为 10s。按下抢答按键之后，蜂鸣器响一声，开始倒计时，数码管 U6 和 U7 显示倒计时时间，数码管 U5 显示"0"。
- 如果有竞赛者率先在规定时间内按键，则蜂鸣器响一声，数码管 U5 显示该竞赛者的编号。
- 如果在主持人未按下抢答按键的时候有选手抢答，则此时蜂鸣器响一声，U5 显示犯规者的编号，U6 和 U7 显示"FF"以指示有人犯规。
- 如果在规定时间内无人按键，则 U5 显示"0"，U6 和 U7 显示"EE"。
- 在答题完毕后，主持人需按一下抢答按键，3 个数码管全部显示"0"，恢复到初始状态，准备下一轮抢答。

因此，系统软件分为按键扫描程序模块、显示程序模块、报警程序模块及主程序等。其中，显示模块有关程序前面章节有介绍，此处不再介绍，只给出所引用子程序的功能介绍。

1．显示程序

```
void delay_20ms(void)                        //延时 20ms
 void max7219_reset(void)                     //初始化 MAX7219
 void write_reg(uchar reg,uchar sdata)        //写入命令
 void write_digit(uchar digit,uchar number)   //显示数字
 void send_data(uchar byte)                   //MAX7219 的驱动程序
 void display_time(void)                      //显示倒计时剩余时间
```

2．按键扫描程序

按键扫描程序模块主要扫描键盘，读取按键值。判断主持人是否按动启动键，是否有竞赛者按动答题键以及对相应按键进行处理的函数。

control_key(void)用于检测主持人是否按动启动按键。当程序检测到单片机 P3.7 引脚变为低电平后，延时去抖，返回 1 表明按动启动按键；否则，程序返回 0。程序代码如下。

```
bit control_key(void)        //检测主持人是否按键
{
    if(KEY5==1)              //如果 KEY5 为高说明没有按键
        return 1;           //返回 1，表示没有按键动作
    else                    //如果 KEY5 为低说明可能有按键动作
        delay_20ms();       //延时 20ms，去抖动
    if(KEY5==1)             //如果 20ms 后 KEY5 变为高电平是干扰
        return 1;           //返回 1
```

```
        else                    //如果 20ms 后仍为低电平确认有按键动作
            return 0;           //返回 0
    }
```

子程序 get_key_num()用于检测是否有参赛者按动答题按键。程序读取 P1 口的值，按照从 P1.0～P1.3 的顺序逐个检测，当某个引脚值为 0 时，表明有按键按下。程序代码如下。

```
uchar get_key_num()                         //检测哪个参赛者按键
{
    uchar key_state=0;
    key_state=P1;
    key_state&=0x0f;                        //读取 P1 口的低四位
    if(key_state==0x0f)                     //若均为高电平，说明无人按键
        return 0;                           //返回 1
    else
    {
        key_state^=0xff;
        if(key_state&0x01) return 1;        //如果 KEY1 被按下，返回 1
      else if(key_state&0x02) return 2;     //如果 KEY2 被按下，返回 2
        else if(key_state&0x04) return 3;   //如果 KEY3 被按下，返回 3
        else return 4;                      //如果 KEY4 被按下，返回 4
    }
}
```

子程序 key_handle()用于对答题按键进行处理。当竞赛者按动答题按键时，函数显示竞赛者号码，并控制蜂鸣器发声。程序代码如下。

```
void key_handle(uchar key_number)           //按键处理
{
    write_digit(DIGIT0,key_number);         //显示按键者号码
    buz_on();
}
```

3. 报警程序模块

报警程序模块主要控制蜂鸣器发出报警声，包括以下子程序。
子程序 buz_on(void)用于控制蜂鸣器发声 500ms，代码如下。

```
void buz_on(void)
{
    uchar i;
    BUZ=0;                      //开蜂鸣器
    for(i=1;i<=25;i++)          //延时 500ms
        delay_20ms;
    BUZ=1;                      //关蜂鸣器
}
```

子程序 foul_handle()用于当有人犯规时报警处理。程序调用 write_digit()函数显示犯规者号码，同时控制蜂鸣器发声。代码如下。

```
void foul_handle(uchar key_number)              //犯规处理
{
        write_digit(DIGIT0,key_number);         //显示犯规者号码
        write_digit(DIGIT1,0x0f);               //显示 "FF"
        write_digit(DIGIT2,0x0f);
        buz_on();                               //蜂鸣器响
}
```

子程序 time_over_handle(void)用于处理超时情况，即主持人按动启动按键后，并且预设的答题时间到，仍然没有人按答题按键。子程序调用相关函数显示 0，同时控制蜂鸣器发声。代码如下。

```
void time_over_handle(void)                     //超时处理
{
        write_digit(DIGIT0,0x0);                //显示 "0"
        write_digit(DIGIT1,0x0e);               //显示 "EE"
        write_digit(DIGIT2,0x0e);
        buz_on();                               //蜂鸣器响
}
```

4．主程序模块

主程序主要调用相关子程序实现系统初始化，键盘扫描、信息显示等功能。

子程序 set_time(void)根据拨码开关状态设置答题时间。代码如下。

```
uchar set_time(void)                            //根据设置决定倒计时时间
{
    uchar intr_counter;
    if(P3^5==0) intr_counter=160;               //8s
    else if (P3^4==0) intr_counter=120;         //6s
    else if (P3^3==0) intr_counter=80;          //4s
    else intr_counter=200;                      //如果没有设置，默认为10s
    return intr_counter;
}
```

子程序 init_t0(void)用于初始化定时器 T0。T0 工作于方式 1，16 位定时器模式，定时时间 50ms。代码如下。

```
void init_t0(void)
{
        TMOD=0x01;                              //T0 选择工作方式1，16位定时器
        TH0=TIMER_HBYTE;                        //定时时间为 50ms
        TL0=TIMER_LBYTE;
        EA=1;                                   //使能 CPU 中断
        ET0=1;                                  //使能 T0 溢出中断
        TR0=1;                                  //T0 运行
}
```

子程序 isr_t0(void)是 T0 的中断服务程序。当 50ms 时间到时，该程序被执行，重新装载

T0 的计数初值，并判断倒计时时间是否到。代码如下。

```
void isr_t0(void) interrupt 1        //T0 中断服务函数
{
        TH0=TIMER_HBYTE;             //定时时间为 50ms
        TL0=TIMER_LBYTE;
        intr_counter--;              //中断次数
        if(intr_counter==0)          //倒计时时间到
        {
                time_over_flg=1;     //设置超时标志
                TR0=0;//禁止 T0 运行
        }
}
```

系统主程序流程图如图 5-6 所示。

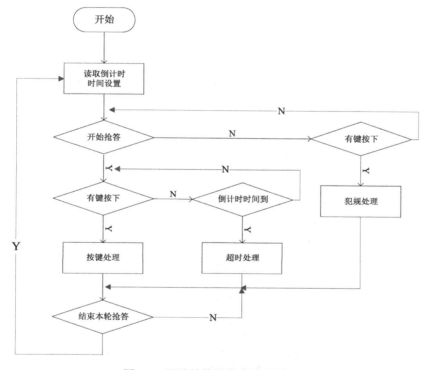

图 5-6　四路抢答器程序流程图

程序如下。

```
#include <reg51.h>
typedef unsigned char uchar;
sbit LE=P1^4;
sbit KEY5=P3^7;
sbit DIN=P2^4;                //定义 P2.5 控制 MAX7219 的串行数据输入端
sbit LOAD=P2^3;               //定义 P2.4 控制 MAX7219 的载入使能端
sbit CLK=P2^2;                //定义 P2.3 控制 MAX7219 的时钟信号
```

```
        sbit BUZ=P0^1;
        #define TIMER_HBYTE -50000/256  //定时 50ms
        #define TIMER_LBYTE -50000%256
        uchar intr_counter;                    //设定的时间，用需要产生的中断次数表示
        uchar bdata byte;                      //在 bdata 区定义一个变量，便于位操作
        sbit byte_7=byte^7;
        bit foul_flg;                          //是否有人犯规标志
        bit time_over_flg;                     //是否倒计时超时标志
        bit key_flg;                           //是否有人在规定时间内按键标志
        void max7219_reset(void);              //初始化 MAX7219
        void write_reg(uchar,uchar);           //向控制寄存器写数据
        void write_digit(uchar,uchar);         //向字型寄存器写数据
        void send_data(uchar);                 //底层的硬件驱动
        uchar set_time(void);                  //函数功能: 设置倒计时时间
        bit control_key(void);                 //函数功能: 检测主持人是否按键
        uchar get_key_num(void);               //函数功能: 检测哪个参赛者按键
        void display_time(void);               //函数功能: 显示倒计时剩余时间
        void foul_handle(uchar);               //函数功能: 犯规处理
        void key_handle(uchar);                //函数功能: 按键处理
        void time_over_handle(void);           //函数功能: 超时处理
        void init_t0(void);                    //函数功能: 初始化 T0 定时器
        void delay_20ms(void);                 //函数功能: 延时 20ms，按键去抖动
        void buz_on(void)                      //函数功能: 蜂鸣器响 500ms
        void main(void)
        {
            uchar key_number;
            max7219_reset();                   //初始化 MAX7219
            while(1)
            {
                foul_flg=0;                    //设置初始环境
                time_over_flg=0;
                TR0=0;                         //禁止 T0 运行
                write_digit(DIGIT0,LED_code[0x0]);//上电后三个数码管全部显示 0
                write_digit(DIGIT1,LED_code[0x0]);
                write_digit(DIGIT2,LED_code[0x0]);
                while((control_key()==1)&&(foul_flg==0))
                {//如果主持人没有按键
                    key_number=getkey_num();//检查是否有人犯规
                    if(key_number==0)        //如果没有，进行下一次循环
                        continue;
                    else                     //如果有人犯规
                    {
                        foul_handle();       //犯规处理
                        foul_flg=1;          //设置犯规标志
                    }
                }
                if(foul_flg==1)              //如果有人犯规
```

```
                {
                    while(control_key()==1);      //等待主持人按键以进入下一轮
                    continue;                      //主持人按键后进入下一轮
                }
                else                  //如果没有人犯规，必定是主持人允许答题
                {
                    intr_counter=set_time();   //读取倒计时时间
                    init_t0();                  //定时器 T0 开始计时
                    buz_on();                   //蜂鸣器响 500ms
                    while(time_over_flg==0&&key_flg==0)
                    {
                        key_number=getkey_num();  //在规定时间内检查是否有按键
                        if(key_number!=0)         //如果有
                        {
                            key_handle(key_number);//按键处理
                            key_flg=1;             //设置有人按键答题标志
                            TR0=0;                 //停止 T0 运行
                        }
                        else                       //否则循环检测
                        {
                            display_time();        //并显示剩余时间
                            continue;
                        }
                    }
                    if(key_flg==1)                 //如果有人在规定时间内答题
                    {
                        while(control_key()==1);//等待主持人按键以进入下一轮
                        continue;                  //主持人按键后进入下一轮
                    }
                    else                           //倒计时时间到仍无人按键
                    {
                        time_over_handle();        //超时处理
                        while(control_key()==1);//等待主持人按键以进入下一轮
                        continue;                  //主持人按键后进入下一轮
                    }
                }
            }
        }
    }
```

5.2.5 经验总结

该设计实现了一个四人抢答器的功能。硬件设计时，采用 MAX7219 芯片驱动 LED 数码管显示。在软件设计中，通过读取键盘获得按键键值，根据系统所处的模式控制显示器显示及蜂鸣器报警。定时器 T0 每隔 50ms 中断一次，用于答题倒计时。

该设计给出了一个基本抢答器的硬件电路及软件设计方法。设计者可以对该设计进行功能扩展，如增加按键书面增加竞赛者人数，加入语音芯片实现不同语音提示，加入通信接口，实现计算机管理多个抢答器等。

5.3 【实例45】电子调光灯的制作

5.3.1 实例功能

调光灯在生活、生产中应用广泛。目前市面上有很多线路简单、价格低廉的调光灯，其调光方式主要有3种：一是利用可控硅改变电压导通角，二是利用变压器调节供电电压，三是利用电位器直接分压。较理想的方式是通过可控硅调整电压导通角来实现调光。

可控硅调光的调光原理是通过可调电阻改变电容充放电速度，从而改变可控硅的导通角，控制灯泡在交流电源一个正弦周期内的导通时间，即而达到灯光调节的目的。

本例主要采用可控硅实现电灯亮度调节。使用者通过按键控制电灯开、关，通过按键控制灯光的亮度。

5.3.2 典型器件介绍

本例通过改变可控硅的导通角实现亮度调节。可控硅直接接在220V交流电路上，但是单片机采用低电压供电，因此需要采用一定的隔离措施，将220V强电与5V弱电隔离。系统使用MOC3051作为强电与弱电的隔离器。

MOC3051系列光电可控硅驱动器是美国摩托罗拉公司推出的器件。该系列器件的显著特点是大大加强了静态 d v / dt 能力。输入与输出采用光电隔离，绝缘电压可达7500V。该系列有MOC3051及MOC3052，它们的差别只是触发电流不同，MOC3051最触发电流为15mA，MOC3052为10mA。

MOC3051系列可以用来驱动工作电压为220V的交流双向可控硅。MOC3051 可直接驱动小功率负载，也适用于电磁阀及电磁铁控制、电机驱动、温度控制、固态继电器、交流电源开关等场合。由于能用 TTL 电平驱动，它很容易与微处理器接口，进行各种自动控制设备的实时控制。

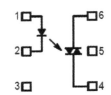

图 5-7 MOC3051 引脚图

MOC3051系列采用DIP-6封装形式，如图5-7所示。1、2脚为输入端，输入级是一个砷化镓红外发光二极管；4、6脚为输出端，输出级为光控双向可控硅；3、5脚为空脚。当红外发光二极管发射红外光时，触发光控双向可控硅导通。MOC3051典型应用如图5-8所示。

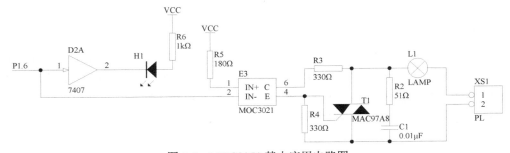

图 5-8 MOC3051 基本应用电路图

5.3.3 硬件设计

本例调光电路设计，是通过单片机控制双向可控硅的导通角来实现亮度调节的，如图 5-9 所示。整个电路主要包括可控硅控制电路及过零检测电路。

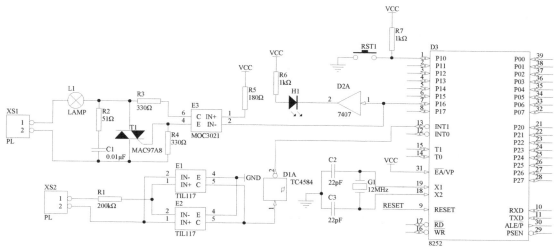

图 5-9 调光灯总体电路图

图中 MOC3051 是摩托罗拉公司生产的光电耦合芯片，用以可靠驱动可控硅并实现强弱电隔离。单片机 P1.6 口负责驱动光耦，控制可控硅导通和关断。在灯泡主回路中，灯与可控硅串联、可控硅导通角的变化会改变灯光亮度。XS1 是外供交流 220V 电源的接入口。

为了精确控制可控硅的导通角，电路还加入过零检测电路，如图 5-9 所示。交流电源从 XS2 引入并送入两片光耦，注意两光耦的输入端是反相的。这样使得交流电压过零时，无论是从正电压变为负电压还是由负电压变为正电压，都能够在光耦输出端 C 上得到一个正向阶跃信号。经过施密特触发器 TC4584 整型并反相输出到单片机外部中断 0 引脚上，作为中断触发信号。单片机由此信号获得每个正弦周期内的两个过零点。

5.3.4 程序设计

如前所述，系统的核心是通过单片机控制双向可控硅的导通角来实现亮度调节。在交流电压的每个过零点，通过过零检测电路给单片机外部中断引脚发出中断信号，单片机获得控制周期的起点信号，控制可控硅关断，并启动定时器。在定时器定时结束后才改变双向可控硅的控制端口的驱动信号，开启可控硅。假设定时器定时时间为 T，则在交流电的一个正弦周期 20ms 内，可控硅导通的时间即为 20ms-2T。

程序主要功能由子程序 Check() 和子程序 ServiceINT1() 完成。子程序 Check() 的功能是进行按键响应。该程序对按键的处理包括了去抖动、区分长时按下和短时按下，从而设置相应的标志位，为灯光控制决策提供依据。程序代码如下。

```
/*------------------------------------------------*/

void Check(void)
```

```
{
    LIGHT_KEY=HIGH;
    /* 确保各输入管脚处在输入状态。*/
    if(LIGHT_KEY==LOW)
    {
        if(LIGHT_KEYold==HIGH)
        {
            delay6ms();
            if(LIGHT_KEY==LOW)                    /* 灯调光键按下，"LOW"为有效电平。*/
            {
                if(LIGHT_KEYcounter>DEVIBRATE_FACTOR)
                {
                    LIGHTKeyPress=1;
                    LIGHT_KEYold=LOW;
                    LIGHT_KEYcounter=0;
                }
                else LIGHT_KEYcounter++;
            }
            else LIGHT_KEYcounter=0;
        }
        else
        {
            LIGHTKeyPress=1;
            LIGHT_KEYcounter=0;
        }
    }
    else
    {
        if(LIGHT_KEYold==LOW)
        {
            delay6ms();
            if(LIGHT_KEY==HIGH)                    /* 灯调光键抬起。*/
            {
                if(LIGHT_KEYcounter>DEVIBRATE_FACTOR)
                {
                    LIGHTKeyPress=0;
                    LIGHT_KEYold=HIGH;
                    LIGHT_KEYcounter=0;
                }
                else LIGHT_KEYcounter++;
            }
            else LIGHT_KEYcounter=0;
        }
        else
        {
            LIGHTKeyPress=0;
            LIGHT_KEYcounter=0;
```

```
            }
        }
    }
```

外部中断响应子程序 ServiceINT1()的功能是根据按键状态决定灯光的亮灭或调节处理。
对按键的响应机制如下：短时按下按键（大于 6ms 否则认为是抖动，不予处理），则灯在开
和关两种状态下切换；长时间按下按键时，则进入自动调光状态，灯光由暗到亮，再由亮到
暗。代码如下。

```
/*-------------------------------------------*/
ServiceINT1()  interrupt 2  using 1
{
    /* 过零检测时间到。*/
    TR2=0;
    LIGHT=HIGH;
    /* 调光灯触发端关闭。*/
    if(LIGHTKeyPress==1)                        /* 调光键在按下。*/
    {
        LIGHTKeyPressOld=1;
        if(LIGHTState==0)                       /* 调光灯处在开关状态。*/
        {
            if(LIGHTNum>=0x32)                  /* 调光按键长时按下。*/
            {
                LIGHTState=1;
                /* 调光灯切换至调光状态。*/
                LIGHTLevel|=0x10;
                LIGHTNum=0;
            }
            else LIGHTNum++;
        }
        else                                    /* 调光灯处在调光状态。*/
        {
            if(LIGHTSwitch==0)
            {
                if(LIGHTNum>=0x42)
                {
                    LIGHTSwitch=1;
                    LIGHTNum=0;
                }
                else LIGHTNum++;
            }
            else
            {
                if(LIGHTDimmer==0)              /*进入调亮灯光过程*/
                {
                    if(LIGHTValue>0xffe0)       /*灯光最亮定时器限度*/
                    LIGHTDimmer=1;
```

```
                                /*设置调暗灯光标志*/
                     else LIGHTValue+=0x13;
                     /*增加定时器初值*/
            }
            else                                /*进入调暗灯光过程*/
            {
                if(LIGHTValue<0xe000)           /*灯光最暗定时器限度*/
                {
                    LIGHTDimmer=0;
                    /*设置调亮灯光标志*/
                    LIGHTSwitch=0;
                    LIGHTNum=1;
                }
                else LIGHTValue-=0x13;
                /*减小定时器初值*/
            }
        }
    }
}
else                                    /* 调光键已抬起。*/
{
    if(LIGHTKeyPressOld==1)             /* 调光键刚抬起。*/
    {
        LIGHTKeyPressOld=0;
        LIGHTNum=0;
        if(LIGHTState==0)               /* 调光键抬起前为开关状态。*/
        {
            if(LIGHTSwitch==0)
            {
                LIGHTSwitch=1;
                /* 调光灯设置为开。*/
                LIGHTLevel|=0x10;
            }
            else
            {
                LIGHTSwitch=0;
                /* 调光灯设置为关。*/
                LIGHTLevel&=0xef;
            }
        }
        else                                /* 调光键抬起前为调光状态。*/
        {
            LIGHTState=0;
            /* 调光键恢复为开关状态。*/
            LIGHTLevel&=0x10;
            if(LIGHTValue>0xe000)
            LIGHTLevel+=(LIGHTValue-0xe000)/0x01fe;
```

```
                 else LIGHTLevel+=0;
                 LIGHTValueH=LIGHTValue>>8;
                 LIGHTValueL=LIGHTValue&0xff;
                 EX0=1;
             }
          }
      }
      LIGHTValueH=LIGHTValue>>8;
      /* 打开本次过零周期的定时器。 */
      LIGHTValueL=LIGHTValue&0xff;
      TH2=LIGHTValueH;
      TL2=LIGHTValueL;
      TR2=1;
}
```

主程序主要用于初始化系统，调用相关子程序实现系统功能。代码如下。

```
#include "reg52.h"
#define LOW  0                      /* 低电平 */
#define HIGH 1                      /* 高电平 */
#define DEVIBRATE_FACTOR    0x03    /* 去抖动因子 */
sbit LIGHT=P1^6;
/* 调光灯触发端 */
sbit LIGHT_KEY=P1^0;
/* 调光灯按键   */
typedef unsigned char uint8;
typedef unsigned int  uint16;
bit   LIGHT_KEYold;
/* 按键去抖变量   */
bit   LIGHTState;
/* 调光标志位,0:开关状态, 1:调光状态   */
bit   LIGHTSwitch;
/* 开灯标志位   */
bit   LIGHTKeyPress;
/* 当前时刻按键状态   */
bit   LIGHTKeyPressOld;
/* 前一时刻按键状态   */
bit   LIGHTDimmer;
/* 调光过程,0:渐亮, 1:渐暗   */
uint8 LIGHTValueH,LIGHTValueL;
/* 调光定时器初值   */
uint8 LIGHT_KEYcounter;
/* 去抖计数   */
uint8 LIGHTNum;
/* 按键时长计数值   */
uint8 LIGHTLevel;
/* 调光灯亮度等级*/
uint16 idata LIGHTValue;
/* 调光初值   */
```

```
/*      Function Definitions      */
void  Initialize(void);
/* 初始化单片机。    */
void  Check();
/* 检查按键和灯所处状态。      */
void  delay6ms(void);
/* 延时 6 毫秒。       */
void main(void)
{
    Initialize();
    do
    {
        Check();
    }
    while(1);
}
void Initialize(void)
{
    T2CON=0x00;
    /* TIMER2.用于调光灯的驱动。  */
    PT0=1;
    IT1=1;
    TR0=0;
    TR2=0;
    ET0=1;
    ET2=1;
    EX1=1;
    EA=1;
    EX0=1;
    LIGHTState=0;
    LIGHTSwitch=0;
    LIGHTNum=0;
}
/*--------------------------------------------*/

void delay6ms(void)
{
    int delaycnt;
    for(delaycnt=0;delaycnt<=460;delaycnt++);
}
--------------------------------------------*/
void ServiceTimer2() interrupt 5 using 1
{
    if(LIGHTSwitch==1)
    LIGHT=LOW;
    /* 触发调光灯晶闸管。 */
    TR2=0;
    TF2=0;
}
```

5.3.5 经验总结

调光灯线路中，最根本的是在灯泡供电线路中串入晶闸管。通过改变可控硅的导通角调节灯泡的亮度。本实例调光控制的实现过程中，启用了单片机的一个定时器和一个外部中断。在单片机外部中断触发时，即正弦电压的过零点时刻，启动定时器计时，并关闭可控硅触。当定时期溢出，进入定时器中断后，开启可控硅导通，灯泡获得电压发亮。等待再次到达过零点时，关闭可控硅，如此反复。因此，随着按键的控制，改变定时器初值，即可改变可控硅的导通角，从而实现灯光亮度调节。

对于按键的处理机制，本例采用了一种良好的去抖机制，并根据按键按下的时间长短，在开关灯模式和调光模式之间进行切换。长时按下时，灯光自动由暗到亮，到达亮度极限后，自动由亮到暗。亮度具有 16 个等级，各等级之间依靠改变定时器初值实现区分，调节步长相同。

本例介绍的调光灯电路其调光的基本原理是相同的，但由于加入单片机控制，使得灯光调节可以控制得更加精确，实现多级分级控制；另外可以组合加入红外传输模块或其他无线通信模块，实现灯光的无线遥控；更进一步，可以在智能家居控制系统中作为一个可控部分，实现网络或电话线等方式的远程控制。

5.4 【实例 46】数码管时钟的制作

5.4.1 实例功能

数字时钟是日常生活中广泛应用的电子产品。本例介绍一种数字时钟的实现方法。系统采用 PCF8563 作为实时时钟/日历芯片，ZLG7290 作为键盘及数码管扫描显示驱动，以蜂鸣器作为闹铃，具有时间显示、闹铃及系统设置等功能。具有功能如下。

- 时间、日期显示：系统时间采用 24 小时制。正常情况下，系统显示当前的时间，通过切换按键可以在时间显示与日期显示间切换。例如，当前的系统时间是 12 点 20 分 22 秒，则显示格式为 12-20-22。当用户按切换键时，系统切换到日期显示，如显示 07-10-30。再次按切换按键系统回到时间显示。
- 闹铃功能：当系统时间与用户设置的闹铃时间一致时，闹铃报警。报警时有声、光提示，时间为一分钟。在报警过程中，可以按任意按键取消报警。
- 设置功能：用户可以对系统的时间、日期及闹铃时间进行设置。用户连续按 SET 键，依次进入日期设置、时间设置、闹铃设置。日期、时间分别采用 6 位表示，闹铃时间采用 4 位表示。日期设置时，从年十位开始，时间、闹铃设置从时十位开始。通过 ADD 键、SUB 键对数值进行加、减调整；长按不放时，其值快速加、减。通过 NEXT 键，在各个数位间移动。

5.4.2 典型器件介绍

衡量一个时钟系统的好坏关键是计时精度的问题。现在绝大多数时钟系统都采用专用时钟芯片用于计时。本系统采用 PCF8563 作为实时时钟/日历芯片。PCF8563 内部资源丰富，含有 16 个 8 位寄存器，一个可自动增量的地址寄存器，一个带有内部集成电容的 32.768KHz 的振荡器，一个给实时时钟 RTC 提供源时钟的分频器，一个可编程时钟输出，一个定时器，一个报警器，一个掉电检测器和一个 400kHz I²C 总线接口。

PCF8563 的管脚描述如表 5-4 所示。

表 5-4　　　　　　　　　　　　　　PCF8563 管脚描述

符　　号	管　脚　号	描　　述
OSCI	1	振荡器输入
OSCO	2	振荡器输出
$\overline{\text{INT}}$	3	中断输出（开漏；低电平有效）
VSS	4	地
SDA	5	串行数据 I/O
SCL	6	串行时钟输入
CLKOUT	7	时钟输出（开漏）
VDD	8	正电源

PCF8563 的管脚排列如图 5-10 所示。

PCF8563 芯片内部有 16 个 8 位寄存器，从 00 开始编址，地址范围是 00H～0FH。在这些寄存器中并不是所有的位都可用。地址 00H、01H 的寄存器用于控制寄存器和状态寄存器，内存地址 02H～08H 的寄存器用于时钟计数器（秒～年计数器），地址 09H～0CH 的寄存器用于报警寄存器，地址 0DH 的寄存器用于控制 CLKOUT 管脚的输出频率，地址 0EH 和 0FH 分别用于定时器控制寄存器和定时器寄存器。报警方式可以是分钟报警、小时报警、日报警、星期报警等。当 PCF8563 芯片内部某个时间寄存器被读出时，所有其他时间寄存器的内容被锁

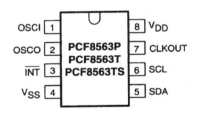

图 5-10　PCF8563 管脚排列图

存，这样可以避免在读取时间的过程中时间寄存器内部发生变化。

5.4.3　硬件设计

数码管时钟的硬件原理图如图 5-11 所示，主要包括键盘显示电路、时钟电路、报警电路及单片机电路等。

键盘显示电路主要由 ZLG7290 芯片外接按键、共阴极 LED 数码管显示器等组成。按键主要包括数字键、控制键共 16 个按键，分为 2 行 8 列，分别接 ZLG7290 的 SEGA、SEGB、DIG0～DIG7，按键 K1～K16 的键值分别是 1～16。时间、日期采用 8 位分时显示方式，只需 8 个数码管。这 8 个数码管的 a～dp 段分别接 SEGA～SEGH，8 个阴极分别接 DIG0～DIG7。

时钟电路主要由 PCF8563 芯片组成，采用 I²C 接口与单片机连接。报警电路由三极管 Q1 及蜂鸣器 B1 等组成。单片机采用 AT89S51，复位电路采用阻容复位方式。

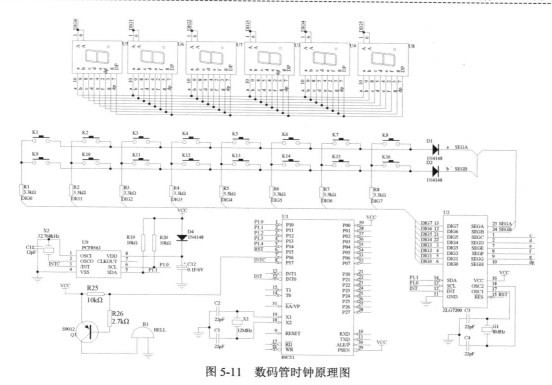

图 5-11　数码管时钟原理图

各键功能如下　　　K1～K10 为数字键 1～9 和 0；K11 为显示切换键，切换日期、时间显示；K12 为左移位键，K13 为右移位键，在修改日历、时钟时使用；K14 启用/停止闹铃功能键；K15 为取消键；K16 为确认键。

5.4.4　程序设计

该数字钟实现功能包括：日期显示，时间显示，闹铃设置，日期和时间修改。主程序中，根据不同的显示标志显示不同的信息，在日期、时间修改状态下，修改位的数目以闪烁方式显示。下面是数码管时钟的程序设计实现。

```
#include "reg51.h"
#include "I2C.C";
#define PCF8563  0xA2      /*定义 8563 器件地址*/
#define ZLG7290  0x70      /*定义 7290 器件地址*/
#define WRADDR   0x00      /*定义写单元首地址*/
#define uint unsigned int
#define uchar unsigned char
sbit KEY_INT=P3^2;
/*7290 INT 引脚定义*/
sbit RST=P1^5;
/*7290 RES 引脚定义*/
sbit Alarm_INT=P1^;
/*8563 起闹中断引脚定义*/
sbit Buzz=P1^6;
```

```
/*蜂鸣器信号引脚定义*/
sbit I2C_SCL = P1^0;
//定义I²C总线时钟信号
sbit I2C_SDA = P1^1;
//定义I²C总线数据信号
uchar  rd[7],key,wd[5];
uchar disp_buf[8];
uchar  idata ad1[8]=
{
    0,0,0,0,0,0,31,31
};
ad2[8]=
{
    0,0,31,0,0,31,0,0
};
/*起闹时间*/
uchar  i,j,m,n,t,chg;
/*中间变量*/
uchar disp_type_flag;
disp_tem;
disp_rd;
disp_ad;
/*显示标志*/
uchar  modif_flag,alarm_mod,alarm_bit;
alarm_flag;
/*修改标志*/
uint   alarm_time;
/*响闹时间长度*/
/*********************************************************************/
```

以下为I²C总线函数，放在I2C.C文件中。限于篇幅本程序内不列出其源代码，只给出函数原形，读者可到www.zlg.com网站下载程序包。函数及其功能如表5-5所示。

表5-5   I²C总线函数表

函　　数	功　　能
void I2C_Init()	I²C总线初始化函数
void I2C_Delay()	模拟I²C总线延时
void I2C_Start()	产生I²C总线的起始条件
void I2C_Stop()	产生I²C总线的停止条件
void I2C_PutAck(bit ack)	主机产生应答位（应答或非应答）
bit I2C_GetAck()	读取从机应答位（应答或非应答）
unsigned char I2C_Read()	从从机读取1字节的数据
void I2C_Write(unsigned char dat)	向I²C总线写1字节的数据
bit I2C_Puts()	主机通过I²C总线向从机发送多字节的数据
bit I2C_Gets()	主机通过I²C总线从从机接收多字节的数

其中函数 I2C_Puts()、bit I2C_Gets()参数较多，具体介绍如下。

```
/*****************************************************************************/
bit I2C_Puts(
unsigned char SlaveAddr,       //从机地址
unsigned char Subaddr,         //从机子地址
unsigned char size,            //数据大小（以字节计）
unsigned char *dat             //要发送的数据
);
/*****************************************************************************/
bit I2C_Gets(
unsigned char SlaveAddr,       //从机地址
unsigned char Subaddr,         //从机子地址
unsigned char size,            //数据大小（以字节计）
unsigned char *dat             //保存接收到的数据
);
```

init（void）为初始化程序，该程序功能包括：设置数字时钟上电时的起始时间，设定闹钟控制，设定定时器工作方式，并初始化后续程序中要用到的中间变量。具体函数代码如下。

```
void init(void)
{
        /*初始化,时钟时间为 12: 30: 00,日历时间为 2005.02.23*/
        uchar td[9]={ 0x00,0x12,0x00,0x30,0x12,0x23,0x03,0x02,0x05 } ;
        uchar flash_t=0x33; /*闪烁时间数组*/
        uchar alarm_c=0x80; /*起闹控制,屏蔽星期起闹*/
        RST=0;
        I2C_Delay();
        RST=1;
        Alarm_INT=1;
        TMOD=0x11; /*设定定时器/计数器工作方式*/
        I2C_Puts(PCF8563,0x00,0x09,td); /*写入初始化时间、日期*/
        I2C_Puts(ZLG7290, 0x0c,0x01,& flash_t); /*写入闪烁频率*/
        I2C_Puts(PCF8563, 0x0c,0x01,& alarm_c); /*写入报警设置*/
        disp_type_flag=1;
        /*初始化后显示日期*/
        modif_flag=0;
        /*清 0 各种标志*/
        alarm_mod=0;
        alarm_bit=0;
}
```

以下是 ZLG7290 的数码管显示及键盘扫描的控制子程序。

子函数 SendCmd()向 ZLG7290 发送显示指令，该函数利用了 I²C 总线模拟函数包中的多字节发送指令 I2C_Puts()函数传递显示指令。代码如下。

```
void SendCmd(uchar Data1,uchar Data2)
{
    uchar Data[2];
```

```
        Data[0]=Data1;
        Data[1]=Data2;
        I2C_Puts(ZLG7290,0x07,2,Data);
        I2C_Delay();
}
/**********************数码管(低位开始)显示 NUM 个指定字节子函数************/
void SendBuf(uchar *disp_buf,uchar num)    //num<8,显示缓存,否则无效地址编号
{
        uchar k;
        for(k=0;k<num;k++)
        {
            SendCmd(0x60+k,*disp_buf);
            disp_buf++;
        }
}
/*********************取键值子函数********************/
uchar GetKey(void)
{
        uchar  rece;
        I2C_Gets(ZLG7290+1,0x01,0x01,&rece); //从 01 寄存器读取键值
        return rece;
}
```

子函数 display_time ()是控制 G7290 显示时间和闪烁功能的子函数，该函数利用了前述的数码管(低位开始)显示 NUM 个指定字节子函数 SendBuf()实现时间显示，具体代码如下。

```
void display_time(uchar *sd,uchar n)
{
        /*取时(十位数大于 1 的小时数被屏蔽)*/
        disp_buf[0]=(sd[0]%16);
        disp_buf[1]=(sd[0]/16);
        disp_buf[2]=31;
        /*不显示该位*/
        disp_buf[3]=(sd[1]%16);
        disp_buf[4]=(sd[1]/16);
        disp_buf[5]=31;
        disp_buf[6]=(sd[2]%16);
        disp_buf[7]=(sd[2]/16);
        if(n!=-1)       /*闪烁控制*/
        {
            disp_buf[n]|=0x40;
            disp_buf[n+1]=0x40;
        }
        SendBuf(disp_buf,8);
}
/**********ZLG7290 显示日期子函数和闪烁控制(默认为 21 世纪,星期不显示)子函数*******/
void display_date(uchar  *sd,char n)
{
```

```
        disp_buf[0]=(sd[0]%16);
        disp_buf[1]=(sd[0]/16);
        disp_buf[2]=31;
        disp_buf[3]=((sd[2]%16)+0x80);
        disp_buf[4]=(sd[2]/16);
        disp_buf[5]=31;
        disp_buf[6]=((sd[3]%16)+0x80);
        disp_buf[7]=(sd[3]/16);
        if(n!=-1)
        {
            disp_buf[n]|=0x40;
            disp_buf[n+1]|=0x40;
        }
        SendBuf(disp_buf,8);
}
/***************修改日期(年,月,日)高位数码管的显示内容子函数********/
void chgdat_bit_h(uchar n)
{
    uchar changeh,chgd;
    chgd=6-(n-1)*n/2;
    changeh=key%10;
    rd[chgd]&=0x0F;
    changeh<<=4;
    changeh&=0xF0;
    rd[chgd]|=changeh;
}
/********************修改时间(时,分,秒)高位数码管的显示内容子函数********/
void chgtim_bit_h(uchar n)
{
    uchar changeh;
    changeh=key%10;
    rd[6-n]&=0x0F;
    changeh<<=4;
    changeh&=0xF0;
    rd[6-n]|=changeh;
}
/********************修改日期(年,月,日)低位数码管的显示内容子函数*********/
void chgdat_bit_l(uchar n)
{
    uchar changel,chgd;
    chgd=6-(n-1)*n/2;
    key=GetKey();
    changel=key%10;
    rd[chgd]&=0xF0;
    changel&=0x0F;
    rd[chgd]|=changel;
}
```

```
/********************修改时间(时,分,秒)低位数码管的显示内容子函数********/
void chgtim_bit_l(uchar n)
{
    uchar changel;
    key=GetKey();
    changel=key%10;
    rd[6-n]&=0xF0;
    changel&=0x0F;
    rd[6-n]|=changel;
}
/*************将由数码管显示的报警时间值转换为8563所需报警寄存器值子函数*********/
uchar clocktrans(uchar i)
{
    uchar clk_l,clk_h;
    clk_l=ad1[i];
    clk_h=ad1[i+1];
    clk_h<<=4;
    clk_h&=0x70;
    /*AE=0,报警有效*/
    clk_l&=0x0F;
    clk_l|=clk_h;
    return(clk_l);
}
/**********将数码管显示的倒计时数时间转换为8563所需的定时器计数值子函数**********/
uchar timetrans(void)
{
    // uchar k,tt;
    uint sum=0;
    sum=ad2[7]*36000+ad2[6]*3600+ad2[4]*600+ad2[3]*60+ad2[1]*10+ad2[0];
    return(sum);
}
```

以下是蜂鸣器响闹控制子函数。该函数中，利用变量 alarm_flag 传递不同响闹状态和要求。

```
/*******************蜂鸣器响闹控制子函数*******************/

void buzz(void)
{
    uchar valid=0x00;
    if(alarm_flag==1)                        /*响闹初始化*/
    {
        EA=1;
        ET1=1;
        TH1=-800/256;
        /*写入定时器1初值*/
        TL1=-800%256;
        TR1=1;
        Buzz=1;
```

```
            alarm_flag=2;
            alarm_time=0;
        }
        else if(alarm_flag==2)          /*正常起闹*/
        {
            if(alarm_time>=10000)          /*响闹结束时间到*/
            {
                EA=0;
                ET1=0;
                TR1=0;
                valid=0x00;
                I2C_Puts(PCF8563, 0x01,0x01,& valid);
                Alarm_INT=1;
            }
        }
        else if (alarm_flag==3)        /*取消起闹*/
        {
            EA=0;
            ET1=0;
            TR1=0;
            valid=0x00;
            I2C_Puts(PCF8563, 0x01,0x01,& valid);
            Alarm_INT=1;
        }
}
```

子函数 timer1 为定时器 1 的中断处理函数。该函数负责产生蜂鸣器鸣叫信号并重置定时器初值。

```
void timer1(void) interrupt 3
{
    Buzz=!Buzz;
    TH1=-800/256;
    TL1=-800%256;
    alarm_time++;
}
```

子函数 enter()是确认键处理子函数。该函数根据 modif_flag 和 alarm_mod 两个标志变量，决定响应的执行任务。

```
void enter(void)
{
    uchar k,clock[5],timer_t[3],valid=0x00;
    if(modif_flag==1||modif_flag==2)     /*修改日期确认*/
    {
        wd[0]=0x05;
        wd[1]=rd[3];
        wd[2]=0x07;
```

```
        wd[3]=rd[5];
        wd[4]=rd[6];
        I2C_Start();
        /*修改值写入寄存器*/
        I2C_Write(PCF8563);
        I2C_Write(0x05);
        I2C_Write(wd[1]);
        I2C_Delay();
        I2C_Puts(PCF8563,0x07,0x02,&wd[3]);
        modif_flag=3;
        disp_type_flag=1;
        n=0;
        j=1;
    }
    else if(modif_flag==3||modif_flag==4)   /*修改时间确认*/
    {
        wd[0]=0x02;
        for(k=1;k<4;k++)
        wd[k]=rd[k-1];
        I2C_Puts(PCF8563,wd[0],0x03,&wd[2]);
        /*修改值写入寄存器*/
        disp_type_flag=1;
        n=0;
        j=1;
    }
    else if(alarm_mod==1)    /*时钟控制起闹设定确认*/
    {
        clock[0]=0x09;
        for(k=1;k<4;k++)
        {
            clock[k]=clocktrans(2*(k-1));
            /*时钟控制时间转换*/
        }
        valid=0x02;
        I2C_Puts(PCF8563,clock[0],0x03,&clock[2]);
        /*写入起闹时间*/
        I2C_Start();
        /*使能时钟控制起闹功能*/
        I2C_Write(PCF8563);
        I2C_Write(0x01);
        I2C_Write(valid);
        I2C_Delay();
        disp_type_flag=1;
        alarm_mod=0;
    }
    else if(alarm_mod==2)    /*时钟控制起闹设定确认*/
    {
```

```
            timer_t[0]=0x0E;
            timer_t[1]=0x82;
            timer_t[2]=timetrans();
            /*时间控制时间转换*/
            //valid[0]=0x01;
            valid=0x01;
            I2C_Puts(PCF8563,timer_t[0],0x02,&timer_t[1]);
            /*写入起闹时间*/
            //I2C_Puts(PCF8563,0x01,0x01,valid);
            /*使能时间控制起闹功能*/
            I2C_Start();
            I2C_Write(PCF8563);
            I2C_Write(0x01);
            I2C_Write(valid);
            I2C_Delay();
            disp_type_flag=1;
            alarm_mod=0;
        }
    }
```

子函数 cancel()是取消键处理子函数。该函数根据 modif_flag 和 alarm_mod 两个标志变量，决定响应的执行任务。

```
/*******************取消键处理子函数********************/
void  cancel(void)
{
    uchar k;
    if(modif_flag==1||modif_flag==2)              /*取消修改日期*/
    {
        disp_type_flag=1;
        modif_flag=1;
        n=1;
        j=1;
    }
    else if(modif_flag==3||modif_flag==4)     /*取消修改时间*/
    {
        disp_type_flag=2;
        modif_flag=3;
        n=4;
        j=4;
    }
    else if(alarm_mod==1)                     /*取消设定时钟控制起闹*/
    {
        for(k=0;k<6;k++)
        ad1[k]=0;
        alarm_bit=1;
        j=0;
    }
```

```
        else if(alarm_mod==2)                    /*取消设定时间控制起闹*/
        {
            for(k=0;k<3;k++)
            {
                ad2[3+k]=0;
                ad2[3+k+1]=0;
            }
            i=0;
            j=0;
        }
        else if(alarm_flag==2)      /*取消响闹*/
        alarm_flag=3;
}
```

子函数 numkey_manage 是数字键处理函数，该函数在 key_manage()函数中被调用。该函数根据 modif_flag 和 alarm_mod 两个标志变量进行时间和起闹时间的修订操作。具体函数如下：

```
void numkey_manage(void)
{
    if(modif_flag==1)            /*取消日期十位*/
    {
        chg=6-2*n;
        /*计算闪烁位*/
        chgdat_bit_h(n);
        modif_flag=1;
        n++;
        i++;
        if(n==4)
        {
            disp_type_flag=6;
            /*全闪烁显示,等待确认*/
            display_date(rd+3,-1);
            modif_flag=1;
            /*未确定,继续修改"日"*/
            n=3;
        }
    }
    else if(modif_flag==3)     /*修改时间十位*/
    {
        chg=-3*n+18;
        chgtim_bit_h(n);
        modif_flag=4;
        disp_rd=0;
        i=n;
    }
    else if(modif_flag==4)   /*修改时间个位*/
    {
        chg=-3*n+18;
```

```
            chgtim_bit_l(n);
            modif_flag=3;
            disp_rd=0;
            n++;
            i++;
            if(n>6)
            {
                disp_type_flag=6;
                display_time(rd,-1);
                modif_flag=3;
                n=6;
            }
        }
        else if (alarm_mod==1)          /*闹钟控制修改*/
        {
            if(alarm_bit==1)          /*修改十位*/
            {
                ad1[5-2*j]=key%10;
                alarm_bit=2;
            }
            else if(alarm_bit==2)          /*修改个位*/
            {
                ad1[4-2*j]=key%10+0x80;
                alarm_bit=1;
                /*修改下一个十位*/
                j++;
                if(j==3)
                j=0;
            }
        }
        else if(alarm_mod==2)     /*时间控制修改*/
        {
            ad2[7-3*j-m]=key%10;
            m++;
            if(m==2)
            {
                m=0;
                j++;
            }
            if(j==3)
            j=0;
        }
    }
```

　　子函数 key_manage 是按键处理函数。该函数根据键值 key 的数值，决定执行相应的操作，或者设置相应的标志位，在其他功能函数中，根据这些标志位执行相应的操作。具体函数代码如下。

```
void key_manage(void)
{
    if(key==0x08)                    /*显示切换按键按下*/
    {
        alarm_mod=0;
        alarm_bit=0;
        modif_flag=0;
        i=1;
        n=1;
        m=0;
        j=0;

        switch(t)
        {
            case 1: disp_type_flag=1;
            /*显示日期*/
            t++;
            break;
            case 2: disp_type_flag=2;
            /*显示时间*/
            t++;
            break;
            case 3: disp_type_flag=3;
            /*显示温度*/
            t=1;
            disp_tem=1;
            break;
            default:break;
        }
    }
    else if(key==0x0c)               /*修改日期/时间键按下*/
    {
        alarm_mod=0;
        /*禁止修改起闹时间*/
        alarm_bit=0;
        disp_rd=1;
        /*动态显示时间*/
        j=0;
        m=0;

        switch(i)
        {
            case 1: disp_type_flag=4;
            /*切换到修改"年"*/
            modif_flag=1;
            n=1;
            i++;
```

```
            break;
            case 2: disp_type_flag=4;
            /*切换到修改"月"*/
            n=2;
            i++;
            break;
            case 3: disp_type_flag=4;
            /*切换到修改"日"*/
            n=3;
            i++;
            break;
            case 4: disp_type_flag=5;
            /*切换到修改"时"*/
            modif_flag=3;
            n=4;
            i++;
            break;
            case 5: disp_type_flag=5;
            /*切换到修改"分"*/
            n=5;
            i++;
            break;
            case 6: disp_type_flag=5;
            /*切换到修改"秒"*/
            n=6;
            i=1;
            break;
            default:break;
        }
    }
    else if(key==0x0D)                  /*时间控制起闹设定键按下*/
    {
        i=1;
        n=1;
        j=0;
        m=0;
        modif_flag=0;
        /*禁止修改日期时间*/
        disp_type_flag=7;
        /*切换到起闹时间显示*/
        disp_ad=2;
        alarm_mod=2;
        /*置时间控制设定标志*/
        alarm_flag=1;
        alarm_time=0;
    }
    else if(key==0x0E)                  /*时间控制起闹设定键按下*/
```

```
    {
        i=1;
        n=1;
        j=0;
        m=0;
        modif_flag=0;
        /*禁止修改日期时间*/
        disp_type_flag=7;
        disp_ad=1;
        alarm_mod=1;
        /*置时间控制设定标志*/
        alarm_flag=1;
        alarm_time=0;
        /*清响闹时间*/
    }
    else if(key<=0x0A)              /*按下数字键*/
    {
        numkey_manage();
    }
    else if(key==0x10)              /*按下确认键*/
    {
        enter();
    }
    else if(key==0x0F)              /*按下取消键*/
    {
        cancel();
    }
}
```

主程序首先进行初始化工作，然后进入 while1(1)的死循环。在该循环内部，通过判断
disp_type_flag 的数值，决定显示信息；响应按键输入中断和响闹中断，执行相应的处理。具
体函数如下。

```
void main(void)
{
    uchar nondis[8]=
    {
        31,31,31,31,31,31,31,31
    }
    ;
    /*led 全灭*/
    uchar flash_c[3]=
    {
        0x07,0x70,0xFF
    }
    ;
    /*闪烁控制数组*/
```

```
uchar temp=0x02;
/*读时间日期寄存器首地址*/
init();
/*初始化*/
while(1)
{
    if(1)
    {
        if(disp_type_flag==1)              /*正常显示日期*/
        {
            I2C_Gets(PCF8563+1,temp,0x07,rd);
            I2C_Delay();
            display_date(rd+3,-1);
        }
        else if(disp_type_flag==2)         /*正常显示时间*/
        {
            I2C_Gets(PCF8563+1,temp,0x07,rd);
            I2C_Delay();
            display_time(rd,-1);
        }
        else if(disp_type_flag==3) /*显示温度,本例中未包含该模块,读者可自行扩展*/
        {
            if(disp_tem==1)        /*使 LED 全灭*/
            {
                SendBuf(nondis,8);
                disp_tem=0;
            }
        }
        else
        if(disp_type_flag==4)    /*日期指定位闪烁显示*/
        {
            chg=6-2*n;
            display_date(rd+3,chg);
        }
        else if(disp_type_flag==5)              /*时间指定位闪烁显示*/
        {
            if(disp_rd==1)
            {
                I2C_Gets(PCF8563+1,temp,0x07,rd);
            }
            chg=-3*n+18;
            display_time(rd,chg);
        }
        else if(disp_type_flag==6)              /*日期,时间全闪烁显示*/
        {
```

```
                I2C_Puts(ZLG7290,flash_c[0],0X02,&flash_c[1]);
            }
            else if(disp_type_flag==7)          /*起闹时间显示*/
            {
                if(disp_ad==1)                  /*时钟控制方式*/
                SendBuf(ad1,8);
                else if(disp_ad==2)             /*时间控制方式*/
                SendBuf(ad2,8);
            }
        }
        if(KEY_INT==0)                          /*有键按下*/
        {
            key=GetKey();                       /*取键值*/
            key_manage();
        }
        if(Alarm_INT==0)                        /*起闹时间到*/
        {
            buzz ();
        }
    }
}
```

5.4.5 经验总结

在程序设计过程中，时间读取、时间显示都不难，只要读者掌握了 I²C 总线的传输时序，正确进行 I²C 总线的控制，就能实现。本程序的难点在于键盘处理部分。由于具有时间设置、闹铃设置等功能，使得键盘处理逻辑比较复杂。为此程序引入了多个标志位，记录系统当前状态。对键盘的响应，就是通过判断各个标志位的状态来决定响应策略的。

集成数字时钟芯片和键盘 LED 显示驱动芯片的引入，使得该数字钟具有走时准确、显示效果丰富等特点。加入了时间设定和闹铃设定功能，使得本时钟具有良好的可用性。另外读者可以继续扩展其他外设，比如温度传感器，用以采集环境温度，并在数字钟上进行显示，进一步体现该系统多功能的特点。

5.5 【实例 47】LCD 时钟的制作

5.5.1 实例功能

与数码管显示器件相比，LCD 具有低功耗、信息量大、美观等特点，因此基于 LCD 的电子钟也应用广泛。本例介绍一款基于 LCD 的数字时钟。

5.5.2 典型器件介绍

本时钟显示部分采用 OCM12864 液晶模块。OCM4 × 8C 液晶显示模块是 128 × 64 点阵的汉字图形型液晶显示模块,可显示汉字及图形,内置国标 GB2312 码简体中文字库(16×16 点阵)、128 个字符(8×16 点阵)及 64×256 点阵显示 RAM(GDRAM)。该 LCD 模块可与 CPU 直接接口,并提供两种方式来连接 CPU:8 位并行总线方式和 SPI 串行总线方式。该显示模块具有多种功能:光标显示、画面移位、睡眠模式等。

(1)OCM 12864 的特点。

● 电源:+2.7V～+5V。模块内自带−10V 电源,用于 LCD 的驱动电压。
● 显示内容:128(列) ×64(行)点。
● 与 CPU 接口采用并行口方式,有 8 位数据线和 8 条控制线。
● 占空比 1/64。
● 工作温度:−10℃～+60℃,储存温度:−20℃～+70℃。

该模块的典型供电电压值为 5V,工作电流的为 7mA,自带 LCD 驱动负电源输出。其可显示范围为 128×64 点阵,分为左右两个半屏,每个半屏分为 8 页,每页有 64 列,每列有 8 个显示点。每一列的 8 个点对应着显示区 RAM 中的一个字节内容,且每列最下面一位为 MSB,最上面一位为 LSB,即该 RAM 单元字节数据由低位到高位的各个数据位对应于显示屏上某一列的由高到低的 8 个点。若要显示某点,只要将该点对应的映射字节的相应位置置"1"即可。

(2)OCM 12864 引脚及功能。

OCM 12864 共有 20 条引脚,引脚及其功能如表 5-6 所示。

表 5-6　　　　　　　　　　　　　　引脚功能表

管　脚　号	管　脚　名　称	管脚功能描述
1	VSS	电源地
2	VDD	电源电压+5.0V
3	NC	悬空引脚
4	RS	H:DB7～DB0 为数据;L:DB7～DB0 为指令
5	R/W	H:读数据;L:写指令或数据
6	E	芯片使能信号,H 有效
7～14	DB0～DB7	数据位 0～7
15	PSB	通信模式选择引脚
16	NC	悬空引脚
17	RET	复位信号,低电平复位
18	NC	悬空引脚
19	EL+	背光电源正极
20	EL−	背光电源负极

(3)操作指令。

通过指令可以控制 OCM 12864 在指定位置上显示数据或图像,指令如表 5-7 所示。

表 5-7   **OCM12864 指令表**

指令名称	控制信号		控制代码							
	RS	R/W	D7	D6	D5	D4	D3	D2	D1	D0
设置显示开/关	0	0	0	0	1	1	1	1	1	D
设置显示起始行	0	0	1	1	L5	L4	L3	L2	L1	L0
设置页面地址	0	0	1	0	1	1	1	P2	P1	P0
设置列地址	0	0	0	1	C5	C4	C3	C2	C1	C0
读取状态字	0	1	BUSY	0	ON/OFF	RESET	0	0	0	0
写显示数据	1	0	数据							
读显示数据	1	1	数据							

5.5.3   硬件设计

整个电路主要由时钟电路和显示电路构成。图 5-12 所示为 PCF8563 应用电路原理图。电解电容 C12 用于系统断电时为时钟芯片供电，保证时钟芯片正常计时。采用 51 单片机的普通 I/O 口（P1.4/P1.5，P1.5 口为数据线，P1.4 口为时钟线）模拟实现 PCF8563 的 I^2C 总线时序。

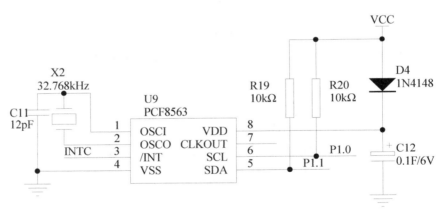

图 5-12   PCF8563 应用电路原理图

> 🔖 **说明** 电容 C3 的取值范围为 1pF～20pF。

本系统中，液晶模块采用串行连接方式与 CPU 通信，引脚 PSB 接地使其处于串行通信模式。其通信端口分别为 SCLK（P1.2）、SID（P1.1）、CS（P1.0）。如图 5-13 所示，复位引脚/RST 接高电平，处于无效状态；背光供电线 BL+通过跳线连至电源正端，可根据环境控制背光亮灭。

> 🔖 **说明** 该图只画出了单片机与 LCD 的接口，单片机晶振、复位电路等均未画出，读者可参考图 5-1，时钟芯片 PCF8563 连接到本图单片机的 P1.4 和 P1.5 引脚即可。

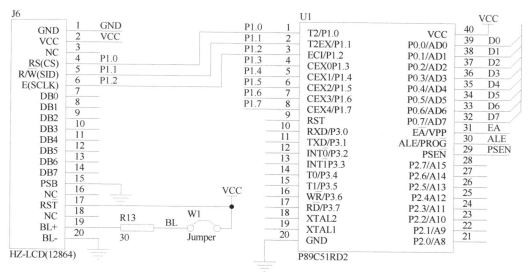

图 5-13　电路原理图

5.5.4　程序设计

LCD 电子时钟功能较为简单，主要是实时显示日期、时间。整个程序由时钟子程序、显示子程序及主程序构成。主程序通过时钟子程序读取 PCF8563 的时间，通过显示子程序在 LCD 上显示。各部分程序实现如下。

1. PCF8563 时钟子程序

PCF8563 采用了 I^2C 通信协议，该协议的相关函数前面都已介绍，此处只列出函数名称及其功能，如表 5-8 所示。

表 5-8　　　　　　　　　　　　　　I^2C 总线函数表

函　　　数	功　　　能
void I2C_Init()	I^2C 总线初始化函数
void DD()	模拟 I^2C 总线延时
void Start()	产生 I^2C 总线的起始条件
void Stop()	产生 I^2C 总线的停止条件
void WriteACK(int ack)	主机产生应答位（应答或非应答）
bit WaitACK()	读取从机应答位（应答或非应答）
unsigned char Readbyte()	从从机读取 1 字节的数据
void writebyte(int wdata)	向 I^2C 总线写 1 字节的数据
void writeData()	主机通过 I^2C 总线向从机发送多个字节的数据
uchar ReadData()	主机通过 I^2C 总线从从机接收多个字节的数据

P8563_Read()函数从 PCF8563 中读取时间，并存储到 g8563_Store[]缓冲区中。函数代码如下。

```
void P8563_Read()
{
    int time[7];
    time[0]=ReadData(0x02);
    time[1]=ReadData(0x03);
    time[2]=ReadData(0x04);
    time[3]=ReadData(0x05);
    time[4]=ReadData(0x06);
    time[5]=ReadData(0x07);
    time[6]=ReadData(0x08);
    g8563_Store[0]=time[0]&0x7f;  //秒
    g8563_Store[1]=time[1]&0x7f;  //分
    g8563_Store[2]=time[2]&0x3f;  //小时

    g8563_Store[3]=time[3]&0x3f;  //日
    g8563_Store[4]=time[4]&0x07;  //星期
    g8563_Store[5]=time[5]&0x1f;   //月
    g8563_Store[6]=time[6]&0xff;  //年
}
// 读入时间到内部缓冲区,外部调用

void P8563_gettime()
{
    P8563_Read();
    if(g8563_Store[0]==0)
    P8563_Read();
    /*如果为秒=0,为防止时间变化,再读一次*/
}
```

P8563_settime()用于设置 PCF8563 的日期、时间，函数代码如下。

```
// 写时间修改值
void P8563_settime()
{
    int i;
    for(i=2;i<=8;i++)
    {
        writeData(i,g8563_Store[i-2]);
    }
}
//  P8563 的初始化
void P8563_init()
{
    int i;
    if((ReadData(0xa)&0x3f)!=0x8)  //检查是否第一次启动,是则初始化时间
    {
        for(i=0;i<=6;i++) g8563_Store[i]=c8563_Store[i];
        //初始化时间
```

```
        P8563_settime();
        writeData(0x0,0x00);
        writeData(0xa,0x8);
        //8:00 报警
        writeData(0xd,0x00);
        //输出脉冲无效
    }
}
```

2. OCM12864 显示子程序

显示子程序主要完成时间的显示。由于本设计中，采用了串行连接方式，因此数据发送程序遵循 LCD 的串行数据发送协议。

```
/***********************************
名称: Delay
功能: 软件延时函数。用于 LCM 显示输出时序控制
输入参数: Cn
输出参数: 无
***********************************/
void Delay(uchar Cn)
{
    uchar i;
    for(i=Cn;i>0;i--);
}
```

子函数 LCD_SendByte 的功能是向 LCD 串行发送 8 位数据，该函数是 LCD 操作的最底层函数。输入参数：uchar Data；输出参数：无。具体函数代码如下。

```
void LCD_SendByte(uchar Data)
{
    uchar i;
    for(i=0;i<8;i++)
    {
        LCD_SCLK=0;
        if((Data<<i)&0x80)
        {
            LCD_SID=1;
        }
        else
        {
            LCD_SID=0;
        }
        Delay(20);
        LCD_SCLK=1;
        Delay(20);
    }
}
```

子函数 SPIWR 根据 LCD 串行通信的协议，向 LCD 发送一组由具体意义的数据。在 LCD 串行通信时，一字节命令或数据的写入需要发送三字节数据，第一字节为同步字段，并表明操作类型是读还是写，后续数据是命令还是数值；第二字节取数据的高四位加上同步字段送出，第三字节是取数据的底四位加上同步字段送出。输入参数：uchar RW,uchar RS,uchar Wdata。输出参数：无。具体代码如下。

```
void SPIWR(uchar RW,uchar RS,uchar Wdata)
{
    LCD_CS=1;
    Delay(20);
    LCD_SendByte(0xF8|(RW<<2)|(RS<<1));
    LCD_SendByte(Wdata&0xF0);
    LCD_SendByte((Wdata<<4)&0xF0);
    LCD_CS=0;
    Delay(20);
}
```

以下是运用 SPIWR 子函数完成写指令、写数据的子函数。

```
/**********************************
名称: LCM_WrCommand
功能: 写命令子程
输入参数: command, 要写入 LCM 的命令字
输出参数: 无
**********************************/
void LCM_WrCommand(uchar command)
{
    SPIWR(0,0,command);
}
/**********************************
名称: LCM_WrData
功能: 写数据子程序
输入参数: wrdata,        要写入 LCM 的数据
输出参数: 无
**********************************/
void LCM_WrData(uchar wrdata)
{
    SPIWR(0,1,wrdata);
}
```

子函数 LCD_Displayp 的功能是显示字符串并能自动换行。其输入参数：uchar CharLocation,uchar const *p。输出参数：无。具体函数代码如下。

```
void LCD_Displayp (uchar CharLocation,uchar p[])
{
    uchar i,lie=0,hang,j;
    if( CharLocation<0x88)
    {
```

```
        hang=0;
    }
    //定位行地址:第一行
    else if( CharLocation<0x90)
    {
        hang=2;
    }
    //定位行地址:第三行
    else if( CharLocation<0x98)
    {
        hang=1;
    }
    //定位行地址:第二行
    else
    {
        hang=3;
    }
    //定位行地址:第四行
    lie=0x0f&CharLocation;
    //定位列地址
    if(lie>0x07)
    {
        lie=lie-0x08;
    }
    i=lie*2;
    //----------------------
    LCM_WrCommand(CharLocation);
    // ------定位显示起始地址
    while(*p!='\n')
    {
        j=*p;
        LCM_WrData(j);
        p++;
        i++;
        if(i==0x10)
        {
            i=0;
            hang++;

            switch (hang)
            {
                case 0:LCM_WrCommand(0x80);
                break;
                case 1:LCM_WrCommand(0x90);
                break;
                case 2:LCM_WrCommand(0x88);
                break;
```

```
                case 3:LCM_WrCommand(0x98);
                break;
                default:break;
            }

            if (hang>3)
            {
                LCM_WrCommand(0x80);
                hang=0;
            }
        }
        //if   end
    }
    //while end
}
```

3. 主程序及其他相关子程序

主程序调用相关子程序完成 LCD 显示器、PCF8563 等芯片的初始化；然后不断调用 P8563_gettime() 读取时间、日期，调用 LCD_Displayp() 子程序加以显示。函数代码如下。

```
# include <reg51.h>          //文件包含，将头文件 reg51.h 包括进来
#include <iic.h>
#define LCD_CS      p1^0     // RS(CS)        --
#define LCD_SID     p1^1     // R/W(SID)      --
#define LCD_SCLK    p1^2     // E(SCLK)       --
#define SDA         p1^5     // 以 P1.5 口为数据位  P1.4 口为时钟位
#define SCL         p1^4
unsigned int data_out;
int g8563_Store[7];
//时间交换区,全局变量声明/
int c8563_Store[7]=
{
    0x00,0x54,0x19,0x24,0x04,0x08,0x06
}
;
//要写入时间初值
char r1[16]=
{
    "   年  月  日 "
}
;
//各行显示内容
char r2[16]=
{
    "     星期    "
}
;
```

```
char r3[16]=
{
    "   时 分 秒 "
}
;
char week[7][2]=
{
    "日","一","二","三","四","五","六"
}
//***********************************************
void main()
{
    LCM_WrCommand (0x0030); //OCM12864 初始化
    LCM_WrCommand (0x0001); //基本指令集
    //清除显示屏幕, 把 DDRAM 位址计数器调整为"00H"
    LCM_WrCommand (0x0003);
    //把 DDRAM 位址计数器调整为"00H", 游标回原点, 该功能不影响显示 DDRAM
    LCM_WrCommand (0x000c);
    P8563_init();
    while(1)
    {
        LCD_Displayp (0x80,r1);
        LCD_Displayp (0x88,r2);
        LCD_Displayp (0x90,r3);
        P8563_gettime();
        transform();
    }
}
```

> ✒ **说明** 定义上述字符串时, 空格应考虑在内, 每行显示信息最多为 16 个字符或 8 个汉字。

子程序 transform()用于数据换算处理, 将从 PCF8563 中读取的时间、日期值转成 LCD 显示值, 并存储在 r1[]、r2[]、r3[]数组中。代码如下。

```
//*******************换算*********************
int transform()
{
    int w;
    r3[11]=(g8563_Store[0]&0x000f)+'0';
    r3[10]=((g8563_Store[0]&0x0070)>>4)+'0';
    r3[7]=(g8563_Store[1]&0x000f)+'0';
    r3[6]=((g8563_Store[1]&0x0070)>>4)+'0';
    r3[3]=(g8563_Store[2]&0x000f)+'0';
    r3[2]=((g8563_Store[2]&0x0030)>>4)+'0';
    w=g8563_Store[4]&0x0007;
    r2[10]=week[w][0];
    r2[11]=week[w][1];
    r1[11]=(g8563_Store[3]&0x000f)+'0';
```

```
        r1[10]=((g8563_Store[3]&0x0030)>>4)+'0';
        r1[7]=(g8563_Store[5]&0x000f)+'0';
        r1[6]=((g8563_Store[5]&0x0010)>>4)+'0';
        r1[3]=(g8563_Store[6]&0x000f)+'0';
        r1[2]=((g8563_Store[6]&0x00f0)>>4)+'0';
    }
```

5.5.5 经验总结

本设计硬件电路主要由 PCF8563 时钟电路及 OCM12864 显示电路构成。整个程序主要包括时钟子程序、显示子程序及主程序构成。主程序通过时钟子程序读取 PCF8563 的时间，通过显示子程序在 LCD 上显示。

由于硬件设计中未加入键盘控制部分，因此不具有时钟设定、闹钟设定等功能，读者可以仿照前面章节介绍的多功能数字钟添加键盘、语音、通信等功能使制作更加完善、丰富。

5.6 【实例 48】数字化语音存储与回放

5.6.1 实例功能

本例设计的是一个语音录放系统，该系统能够接收上位机从串口发送来的的控制指令，根据命令执行录音、放音等操作。

5.6.2 典型器件介绍

ISD4004 系列工作电压 3V，芯片采用 CMOS 技术，内含振荡器、防混淆滤波器、平滑滤波器、音频放大器、自动静噪及高密度多电平闪烁存储阵列。芯片设计是基于所有操作的必须由微控制器控制，操作命令可通过串行通信接口（SPI 或 Microwire）送入。芯片采用多电平直接模拟量存储技术，每个采样值直接存储在片内闪烁存储器中，因此能够非常真实、自然地再现语音、音乐、音调和效果声。采样频率可为 4.0kHz、5.3kHz、6.4kHz 或 8.0kHz，频率越低，录放时间越长，而音质则有所下降。片内信息存于闪烁存储器中，可在断电情况下保存 100 年（典型值），反复录音 10 万次。

ISD4004 语音芯片的所有操作必须由微控制器控制，操作命令可通过串行通信接口（SPI 或 Microwire）送入。存储空间可以"最小段长"为单位任意组合分段或不分段，由于多段信息在处理再加上内在的存储管理机制，便可实现灵活的组合录放功能。

本设计中，ISD4004 工作于 SPI 串行接口。SPI 协议是一个同步串行数据传输协议，协议规定微控制器的 SPI 移位寄存器在 SCLK 的下降沿动作，因此对 ISD4004 而言，在时钟止升沿锁存 MOSI 引脚的数据，在下降沿将数据送至 MISO 引脚。协议的内容介绍如下。

- 所有串行数据传输开始于 SS 下降沿。
- SS 在传输期间必须保持为低电平，在两条指令之间则保持为高电平。
- 数据在时钟上升沿移入，在下降沿移出。
- SS 变低，输入指令和地址后，ISD 才能开始录放操作。

- 指令格式是（8 位控制码）加（16 位地址码）。
- ISD 的任何操作（含快进）如果遇到 EOM 或 OVF，则产生一个中断，该中断状态在下一个 SPI 周期开始时被清除。
- 使用"读"指令使中断状态位移出 ISD 的 MISO 引脚时，控制及地址数据也应同步从 MOSI 端移入。因此要注意移入的数据是否与器件当前进行的操作兼容。当然，也允许在一个 SPI 周期里，同时执行读状态和开始新的操作（即新移入的数据与器件当前的操作可以不兼容）。
- 所有操作在运行位（RUN）置 1 时开始，置 0 时结束。
- 所有指令都在 SS 端上升沿开始执行。

表 5-9 列出了 ISD4004 的操作命令。

表 5-9　　　　　　　　　　　　**ISD4004 操作指令表**

指　　令	8 位控制码<16 位地址>	操 作 摘 要
POWERUP	00100XXX	上电：等待 T_{PUD} 后器件可以工作
SET PLAY	11100XXX< A15-A0>	从指定地址开始放音。必须后跟 PLAY 指令使放音继续
PLAY	11110 XXX	从当前地址开始放音（直至 EOM 或 OVF）
SET REC	10100XXX<A15 -A0>	从指定地址开始录音。必须后跟 REC 指令录音继续
REC	10110XXX	从当前地址开始录音（直至 OVF 或停止）
SET MC	11101XXX<A15 -A0>	从指定地址开始快进。必须后跟 MC 指令快进继续
MC	11111XXX	执行快进，直到 EOM.若再无信息，则进入 OVF 状态
STOP	0X110XXX	停止当前操作
STOPPWRDN	0X01XXXX	停止当前操作并掉电
RINT	0X110XXX	读状态：OVF 和 EOM

本设计中，语音录放过程通过单片机程序与语音芯片 ISD4004 配合来实现，所以对语音芯片 ISD4004 的应用是重点。使用 ISD4004 时，需注意上电后器件延时 T_{PUD}（8kHz 采样时，约为 25ms）后才能开始操作。因此，用户发完上电指令后，必须等待 T_{PUD} 时间后，才能发出一条操作指令。

5.6.3　硬件设计

硬件电路以 AT89S52 单片机为核心，通过 ISD4004 芯片进行语音的录制，通过 LM386 芯片放大与播放，通过 ILC232 芯片与上位机进行通信。系统硬件原理图如图 5-14 示。

录音录制电路主要由 ISD4004、麦克 X1 及相关外围电路等构成。声音信号由 X1 转换成电信号，经电容 C31 耦合，三极管 Q4 放大后由 IN-引脚进入 ISD4004，由 ISD4004 采样和保存。录音播放电路主要由 ISD4004、LM386 等构成。声音信号由 ISD4004 的 AUDOUT 引脚输出，经电容耦合送入 LM386 芯片，放大后由 VOUT 引脚输出并驱动扬声器发声。

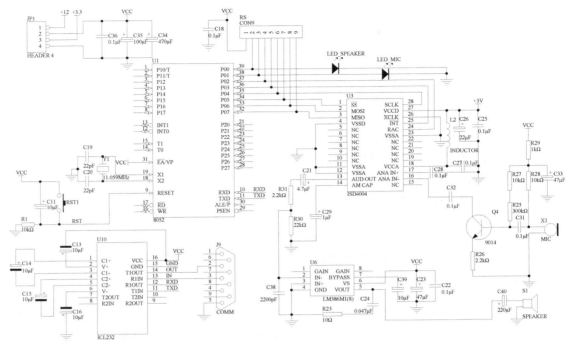

图 5-14　语音录放模块原理图

5.6.4　程序设计

根据系统要求，软件主要实现接收上位机发送的指令，并按照要求进行录放音操作。因此，软件主要包括 ISD4004 控制子程序及串口通信子程序和主程序。主程序操作流程如图 5-15 所示。

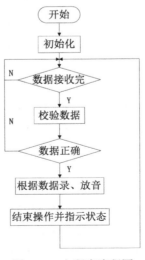

图 5-15　主程序流程图

> 💡 **注意**　本机与上位机间的通信由串口完成，数据通信指令协议为设计者根据需要定义，读者可作为参考，亦可自行定义指令代码及通信协议。

　　主程序首先初始化系统，然后调用串口通信子程序获得上位机命令，根据命令调用 ISD 操作子程序实现声音录制和回放等功能。主程序代码如下。

```
#include "reg52.h"
typedef unsigned char uchar;
typedef unsigned int uint;
/*语音芯片的指令*/
#define POWERUP          0x20        //上电指令
#define SETPLAY          0xE0        //从指定地址开始放音指令
#define SETREC           0xA0        //从指定地址开始录音指令
#define PLAY             0xF0        //从当前地址开始放音指令
#define REC              0xB0        //从当前地址开始录音指令
#define STOPPLAY         0x70        //停止放音指令
#define STOPREC          0x30        //停止录音指令
/*定时器的时间常数及相关定义*/
#define BAUDH            0xFD        //用于产生波特率的定时器的计数初值高 8 位
#define BAUDL            0xFD        //用于产生波特率的定时器的计数初值低 8 位
#define TIMEMS50H        0x4C        //16 位定时器:高 8 位:50ms
#define TIMEMS50L        0x00        //16 位定时器:低 8 位:50ms
#define TIMEMS5H         0xEE        //16 位定时器:高 8 位:5ms
#define TIMEMS5L         0x00        //16 位定时器:低 8 位:5ms
#define TIMER0NULL       0           //定时器 0 分时复用:闲置模式
#define TIMER0SER        1           //定时器 0 分时复用:串口超时
#define TIMEROTHERS      2           //定时器 0 分时复用:其他类型超时
/*时间延时常数*/
#define DELAYPLAY        6           //播放语音前的延时
#define DELAYPLAY1       8           //摘机后,播放语音前的延时
#define TIMEDELAY1MS     115         //延时 1ms
#define TIMEDELAY50MS    9200        //延时 50ms
#define TIMEDELAY50US    30          //延时 50us
#define MAX_BELLCALL     120         //等待下一个振铃的最大时间间隔 20*6
#define SPEAKER_ON       1
#define MIC_ON           1
#define SPEAKER_OFF      0
#define MIC_OFF          0
/*语音地址和时间间隔*/
#define ADDR3            0           //长度为 3 分钟的语音的首地址
#define ADDR4            500         //长度为 4 分钟的语音的首地址
#define ADDR5            550         //长度为 5 分钟的语音的首地址
#define ADDR8            650         //长度为 8 分钟的语音的首地址
#define ADDR10           750         //长度为 10 分钟的语音的首地址
#define ADDR20           1050        //长度为 20 分钟的语音的首地址
#define ADDREX           2150        //扩展区的语音的首地址
#define SECONDS3         18          //两条 3 分钟语音的地址间隔
#define SECONDS4         25          //两条 4 分钟语音的地址间隔
#define SECONDS5         33          //两条 5 分钟语音的地址间隔
#define SECONDS8         50          //两条 8 分钟语音的地址间隔
```

```c
#define  SECONDS10            60        //两条10分钟语音的地址间隔
#define  SECONDS20           110        //两条20分钟语音的地址间隔
#define  SECONDSEX            15        //两条扩展区的语音的地址间隔
/*其他*/
#define  LOW                  0         //低电平
#define  HIGH                 1         //高电平
#define  MAXWORDS             10        //录音的最大条数
sbit ISD_CS=P0^5;                       //ISD芯片的片选
sbit ISD_SCK=P0^4;                      //ISD芯片的时钟信号管脚
sbit ISD_SI=P0^6;                       //ISD芯片的输入
sbit ISD_SO=P0^7;                       //ISD芯片的输出
sbit ISD_INT=P0^3;                      //ISD芯片的中断
/*其他IO*/
sbit LINE_INT0=P3^2;                    //外部中断0的输入
sbit LED_Mic=P0^1;                      //指示录音的发光二极管
sbit LED_Speaker=P0^0;                  //指示放音的发光二极管
bit Finish_Recv;                        //串口接收完毕标志
uchar Rec_Ser[18];                      //串口接收数据缓存区
uchar Tra_Ser[10];                      //串口发送数据缓存区
uchar Flag_Test;                        //串口接收数据校验标志位
uchar Num_RecSer,Num_TraSer;
uchar Len_RecSer,Len_TraSer;
uchar Count_Bellin,Count_Bell;
uchar Type_Timer0;
uchar idata New_Words,Now_RecWords;
uchar idata Number_Device;
uint  Addr_Rec,Addr_Play;
uint  Count_Timer0;
uint  Numi;
void Service_Timer0(void);
void Service_Serial(void);
void Service_Rec(void);
void Ini_ISD(void);
void Delay50ms(void);                   //延时50ms
void Delay1ms(void);                    //延时1ms
void Delay50us(void);                   //延时50μs
void Play_Voice(uint);                  //放语音的函数
void Record_Voice(uint);                //录语音的函数
void ISD_WriteSpi(uchar);               //ISD语音芯片的SPI口写函数
void ISD_OneCode(uchar);                //ISD语音芯片写一个字节指令的函数
void ISD_MultiCode(uint,uchar);//ISD语音芯片写多个字节指令的函数
/*--------------------------------------*/
void main()
{
    bit  Flag_Play=0;
    uchar Delayi;
    uint Time;
    Delay50ms();
    Ini_ISD();//初始化ISD
```

```
            TMOD=0x21;                          //定时器 1 方式 2,定时器 0 方式 1
            SCON=0x50;                          //方式 1，串口接收允许
            PCON=0x00;
            IT0=1;
            IE=0x93;
            IP=0x12;
            TH1=0xFD;
            TL1=0xFD;
            TR1=1;
            LED_Speaker=SPEAKER_OFF; //使 speaker 指示灯熄灭
            LED_Mic=MIC_OFF; //熄灭 MIC 指示灯
            Now_RecWords=MAXWORDS-1;
            while(1)
            {
                if(Finish_Recv==1)                 //串口数据接收完成
                Service_Rec();                      //校验串口接收的数据
                if(Flag_Test==1)                    //串口信息校验正确，数据有效
                {
                    //执行语音的录制和播放
                    Flag_Play=0;
                    Flag_Test=0;
                    LED_Mic=MIC_OFF;
                    LED_Speaker=SPEAKER_OFF; //根据协议发送串口信息
                    Tra_Ser[0]=0x04;
                    Tra_Ser[1]=0x01;
                    Len_TraSer=Tra_Ser[2]=0x04;
                    Tra_Ser[3]=0x09;
                    SBUF=Tra_Ser[0];
                    Delay50ms();
                    if (Rec_Ser[2]==CMDRECORD)
                        mrecordvoice();
                    else
                        mplayvoice();
                }
            }
        }
```

　　程序 mrecordvoice()为录音子程序。上位机通过串口发来的信息，第一个字节是录音时间，可以是 3s、5s、8s、10s 及 20s；第二个字节是录音命令码；第三个字节是序号。录音子程序根据录音时间及序号计算本次录音的存储位置，根据录音时间设置定时时间，向 ISD4004 发送录音命令启动录音，定时时间到，停止录音。程序代码如下。

```
void mrecordvoice()
{
        switch(Rec_Ser[1])
        {
            case 1:
```

```
                    Addr_Rec=Rec_Ser[3]*SECONDS3+ADDR3;        //录音 3s，获得起始地址
                    Time=3000;
                    break;
                    case 2:                                    //录音 5s
                    Addr_Rec=Rec_Ser[3]*SECONDS5+ADDR5;
                    Time=5000;
                    break;
                    case 3:                                    //录音 8s
                    Addr_Rec=Rec_Ser[3]*SECONDS8+ADDR8;
                    Time=8000;
                    break;
                    case 4:                                    //录音 10s
                    Addr_Rec=Rec_Ser[3]*SECONDS10+ADDR10;
                    Time=10000;
                    break;
                    case 5:
                    Addr_Rec=Rec_Ser[3]*SECONDS20+ADDR20;
                    Time=20000;
                    break;
                }
                LED_Mic=MIC_ON;                                //录音指示灯亮
                LED_Speaker=SPEAKER_OFF;                       //放音指示灯灭
                Record_Voice(Addr_Rec);                        //开始录音
                for(Numi=0;Numi<Time;Numi++)
                Delay1ms();
                ISD_OneCode(STOPREC);                          //结束录音
                LED_Mic=MIC_OFF;                               //录音指示灯亮
                for(Numi=0;Numi<6;Numi++)
                    Delay50ms();
                LED_Mic=MIC_OFF;
                LED_Speaker=SPEAKER_OFF;
    }
```

程序 mplayvoice()为放音子程序。同程序 mrecordvoice()一样，上位机通过串口发来信息，第一个字节是录音时间，第二个字节是录音命令码，第三个字节是序号。程序 mplayvoice()根据录音时间及序号计算放音数据在存储器中的位置，向 ISD4004 发送放音命令启动录音，放音结束后，发送停止命令。程序代码如下。

```
void mplayvoice()
{
    switch(Rec_Ser[1])
        {
                case 6:
                Addr_Play=Rec_Ser[3]*SECONDS3+ADDR3;
                //放音 3 秒，获取放音起始地址
                Flag_Play=1;
                //设置放音标志位
                break;
                case 7:
```

```
                    Addr_Play=Rec_Ser[3]*SECONDS5+ADDR5;
                    //放音 5s
                    Flag_Play=1;
                    break;
                    case 8:
                    Addr_Play=Rec_Ser[3]*SECONDS8+ADDR8;
                    //放音 8s
                    Flag_Play=1;
                    break;
                    case 9:
                    Addr_Play=Rec_Ser[3]*SECONDS10+ADDR10;
                    //放音 10s
                    Flag_Play=1;
                    break;
                    case 0:
                    Addr_Play=Rec_Ser[3]*SECONDS20+ADDR20;
                    //放音 20s
                    Flag_Play=1;
                    break;
                    default:break;
                }
                if(Flag_Play==1)                    //放音
                {
                    LED_Speaker=SPEAKER_ON;
                    Play_Voice(Addr_Play);
                    while(ISD_INT==1);
                    //播放完毕
                    Delay50ms();
                    ISD_OneCode(STOPPLAY);
                    //停止放音
                    Delay50ms();
                    LED_Speaker=SPEAKER_OFF;
                }
                for(Numi=0;Numi<6;Numi++)
                Delay50ms();
                LED_Mic=MIC_OFF;
                LED_Speaker=SPEAKER_OFF;
        }
```

　　在通信过程中，为了保证数据传输的准确性，通常需要遵循一定的协议。子函数 Service_Rec 对串口接收到的数据进行校验并处理。代码如下。

```
    void Service_Rec(void)
    {
        uchar i;
        uint Datasum=0;
        Finish_Recv=0;
        Flag_Test=0;
        Len_RecSer= Len_RecSer;
```

```
    for(i=0;i<Len_RecSer-1;i++)
    Datasum=Datasum+Rec_Ser[i];
    Datasum=Datasum%256;
    if(Datasum==Rec_Ser[Len_RecSer-1])          //IF:串口信息接收校验
    {
        if(Rec_Ser[0]==4)
        {
            Flag_Test=1;
        }
    }
}
```

上位机每发送一个命令需要通过串口发送多个字节数据，这些数据不一定是连续发送的，因此下位机的串口程序需要具有超时控制功能。下位机接收到第一个字节数据时，启动定时。若定时时间到，下位机未收到指定个数的数据，那么这次传输就超时。此时下位机应该重新等待接收第一个字节数据。子函数 Service_Timer0 的功能是串口数据传输的超时控制，具体函数代码如下。

```
void Service_Timer0()  interrupt 1 using 1
{
    if(Type_Timer0==TIMER0SER)                    //串口传输超时
    {
    Type_Timer0=0;
    Num_RecSer=0;
    }
    else                                          //不是串口任务
    {
        if(Type_Timer0==TIMEROTHERS)              //其他超时控制，读者可自定义
        {
            if(Count_Timer0<MAX_BELLCALL)
            {
                Count_Timer0++;
                TH0=TIMEMS50H;
                TL0=TIMEMS50L;
            }
            else
            {
                Count_Bellin=0;
                Type_Timer0=0;
            }
        }
        //end if
    }
    //end else
}
```

子函数 Service_Serial()的功能是串口收发中断的处理。系统中，发送和接收数据都采用中断方式。由于 MCS-51 系列单片机的发送和接收共用一个中断，因此中断服务程序中要加以区分。具体函数代码如下。

```
void Service_Serial() interrupt 4 using 2
{
    if(RI==1)                              //接收中断
    {
        RI=0;
        Rec_Ser[Num_RecSer]=SBUF;
        //存储接收数据
        Num_RecSer++;
        if(Num_RecSer== Len_RecSer)        //接收完成  Rec_Ser[2]为本次串口接收字节数
        {
            Finish_Recv=1;
            Num_RecSer=0;
        }
        else
        {
            Type_Timer0=TIMER0SER;
            //启动定时器，串口传输超时控制
            TH0=TIMEMS5H;
            //5MS
            TL0=TIMEMS5L;
            TR0=1;
        }
    }
    else
    {
        if(TI==1)                          //发送中断
        {
            TI=0;
            Num_TraSer++;
            if(Num_TraSer==Len_TraSer)
            {
                Num_TraSer=0;
            }
            else
            {
                SBUF=Tra_Ser[Num_TraSer];
            }
        }
        //end if(TI==1)
    }
    //end else
}
/*---------------------------------------*/
```

程序设计中使用了很多延时程序，以下为不同长度的延时子函数，便于在程序中调用。具体代码如下。

```
void Delay50ms(void)
{
    uint num;
    for(num=0;num<TIMEDELAY50MS;num++);
```

```
}
void Delay1ms(void)
{
    uint num;
    for(num=0;num<TIMEDELAY1MS;num++);
}
void Delay50us(void)
{
    uchar num;
    for(num=0;num<TIMEDELAY50US;num++);
}
```

　　程序设计的关键是对 ISD4004 的操作。ISD4004 有许多操作命令，这些命令通过 SPI 接口传给 ISD4004。MCS-51 单片机没有 SPI 接口，因此需要程序模拟 SPI 接口。子函数 ISD_WriteSpi 的功能是程序模拟 SPI 接口向 ISD4004 发送一字节数据。具体代码如下。

```
void ISD_WriteSpi(uchar WData)
{
    uchar num;
    ISD_SCK=1;
    for(num=0;num<8;num++)
    {
        if((WData&0x01)==1)
        ISD_SI=1;
        else ISD_SI=0;
        ISD_SCK=0;
        WData=WData>>1;
        ISD_SCK=1;
    }
}
/*------------------------------------*/
```

　　子函数 ISD_OneCode 的功能是向 ISD4004 发送单字节指令。代码如下：

```
void ISD_OneCode(uchar CCode)
{
    ISD_CS=0;
    //单字节指令
    ISD_WriteSpi(CCode);
    //适用于:POWERUP,STOPPLAY,STOPREC,PLAY,REC
    ISD_CS=1;
}
/*------------------------------------*/
```

　　子函数 ISD_MultiCode 的功能是向 ISD4004 发送多字节指令。代码如下。

```
void ISD_MultiCode(uint Addr,uchar CCode)
{
    uchar Addrl,Addrh;
    Addrl=(uchar)(Addr&0x00ff);
    Addrh=(uchar)((Addr&0xff00)>>8);
    ISD_CS=0;
```

```
        //三字节指令, 适用于:SETPLAY,SETREC
        ISD_WriteSpi(Addrl);
        ISD_WriteSpi(Addrh);
        ISD_WriteSpi(CCode);
        ISD_CS=1;
}
```

子函数 Ini_ISD 的功能是初始化 ISD4004 芯片。具体代码如下。

```
void Ini_ISD(void)
{
        ISD_OneCode(POWERUP);
        Delay50ms();
        ISD_OneCode(POWERUP);
        Delay50ms();
        Delay50ms();
}
/*------------------------------------------*/
```

子函数 Play_Voice 的功能是 ISD4004 的放音控制，播放 Addrp 指定地址的语音。函数调用 ISD_MultiCode 向 ISD4004 发送设置播放地址命令，再发送播放命令。在 mplayvoice()函数中，通过判断 ISD4004 的状态决定是否发送停止播放命令。具体代码如下。

```
void Play_Voice(uint Addrp)
{
        ISD_OneCode(STOPPLAY);
        Delay50ms();
        ISD_MultiCode(Addrp,SETPLAY);
        Delay50ms();
        Delay50ms();
        ISD_OneCode(PLAY);
}
```

子函数 Record_Voice 的功能是 ISD4004 的录音控制，向指定地址存储语音，函数实现同 Play_Voice。具体代码如下。

```
void Record_Voice(uint Addrr)
{
        ISD_MultiCode(Addrr,SETREC);
        Delay50ms();
        ISD_OneCode(REC);
}
```

5.6.5　经验总结

该模块根据上位机发送的命令，执行录音和放音操作。上位机发送的指令代码代表了不同的录音放音操作。本地单片机接收指令后，首先进行指令译码，明确要执行的操作，而后执行响应的操作。

串口数据接收过程中，引入了一种简单的数据校验机制，保证通信的正确性。校验方法为：假设本轮串口接收 N 字节数据，则将前 N-1 个字节的数据相加，将得到的累加值除以 256，和最后一个自己的数据相比较，如果相同，则数据传输正确，不同，则传输错误，抛弃本轮传输数据不做处理。这是本地机和上位机之间自行约定的一种数据传输校验机制。

串口接收数据的第二字节即 Rec_Ser[1]为指令字节，指出了本次命令要求录音还是放音，及其时间长短。本系统使用 ISD4004 芯片时，划分了三秒区，五秒区串口接收数据的第四字节即 Rec_Ser[3]。ISD4004 与单片机间通信依照 SPI 总线协议，按照指令表中的指令格式，编写了单字节指令和多字节指令的发送函数。主程序根据串口接收到的指令进行录/放音操作。

该模块是作为智能家庭安防系统中的一个组件使用的，因此控制命令从串口接收获得。读者可以扩展键盘，改为键盘发送命令，设计一个语音录放模块。

5.7 【实例 49】电子标签设计

5.7.1 实例功能

电子标签辅助拣货系统是目前在仓储中心广泛推广应用的产品，它是一种提升传统物流作业质量和提高传统物流作业效率的有效方式。该产品用在储物货架作为检货人员的信息提示手段，有助于提高物流管理自动化和准确度。各个标签与主控制器和上位机间采用特定网络技术通信，实现无纸化办公和自动货物管理。

系统实现的功能为：主控 PC 负责数据库管理和订单发送。当有订单需要处理时，主控 PC 向电子标签主控制器发送订单信息。主控制器通过 RS485 网络将信息发送到各个标签，各标签根据自己的 ID 地址进行响应。如果 ID 吻合，表明此次数据传送是发给本标签的，则该标签解读指令，显示货物信息。取货人员按指示数量取货后，按确认键即可。标签内设 E^{2}PROM，可保存货物信息。若货物库存不足，则操作人员按键进行缺货报告。整个过程由计算机进行实时监控，电子标签系统由主控 PC、控制器和数据传输网络与电子标签几部分组成。本例只介绍工作在各个货架上的电子标签终端的实现方法。

5.7.2 典型器件介绍

本系统控制器与标签间的通信依靠 RS485 网络实现。RS-485 标准兼容了 RS-422 且技术性能更加先进。它采用平衡差分传输技术，即每路信号都使用双端以地为参考的正负信号线，即 D+，D-，两线多点半双工通信。硬件设计中使用了 MAX1487 芯片。

MAX1487 是 MAXIM 公司推出的一款 RS485 驱动芯片。它采用+5V 电源供电，当供电电流为 500μA 时，传输速率达到 2.5Mbit/S。其内部的差分系统抗干扰能力强，可检测低达 200mV 的信号，是一种高速、低功耗、控制方便的异步通信接口芯片。它适用于半双工通信，通信线上最多可挂 128 个收发器。MAX1487 的管脚及内部结构框图如图 5-16 所示。

MAX1487 引脚功能如表 5-10 所示。

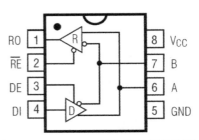

图 5-16　MAX1487 管脚及内部结构图

表 5-10 MAX1487 引脚功能表

引脚编号	引脚名称	功　　能
1	RO	接收器输出引脚
2	RE	接收器输出使能
3	DE	驱动器输出使能
4	DI	驱动器输入引脚
5	GND	电源地
6	A	接收器同相输入端和驱动器同相输出端
7	B	接收器反相输入端和驱动器反相输出端
8	VCC	电源正

5.7.3　硬件设计

电子标签由单片机、按键与显示、存储器和 RS485 通信接口几部分组成。硬件电路设计如图 5-17 所示。

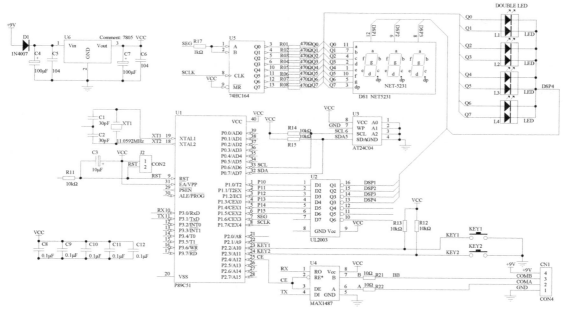

图 5-17　电子标签原理图

通信芯片采用 MAX1487，实现 RS485 总线信号传输。为了保存货物数量、本机地址等数据信息，扩展了基于 I^2C 总线的 E^2PROM 芯片 AT24C04。数码管显示采用动态扫描法，驱动器采用 ULN2003，段码输送依靠串入并出的数据锁存器 74HC164 实现。系统由外部 9V 电源供电，使用 LM7805 稳压芯片产生+5V 电源。

5.7.4 程序设计

电子标签上电后，首先执行自检程序，显示本机 ID，该 ID 在整个系统中是惟一的。上位机发送指令信息也以此 ID 为目标。上位机群发命令，各标签根据 ID 地址，一致则响应，不同则放弃该指令。接收到指令信息后，标签根据通信协议确定要显示的信息，若为取货信息，则操作人员将显示的货物量取走，并按下确认按钮，标签报告给上位机，并停止显示。若为其他指令，如信息更新或库存查询，则电子标签对 E^2PROM 中的信息进行读取更新等操作即可。因此系统程序分为显示程序、按键程序、通信程序、存储程序及主程序等几部分。

存储程序用于操作 E^2PROM 芯片 AT24C02。AT24C02 采用 I^2C 总线，其相关函数前面章节有详细介绍，此处只列出函数原型及功能，如表 5-11 所示。

表 5-11 I^2C 总线函数表

函　　数	功　　能
void I2C_Init()	I^2C 总线初始化函数
void Start_I2c();	产生 I^2C 总线的起始条件
void Stop_I2c();	产生 I^2C 总线的停止条件
void WriteACK(int ack)	主机产生应答位（应答或非应答）
bit WaitACK()	读取从机应答位（应答或非应答）
uchar RcvByte();	从从机读取 1 字节的数据
void SendByte(uchar c);	向 I^2C 总线写 1 字节的数据
bit ISendStr ()	主机通过 I^2C 总线向从机发送多个字节的数据
uchar IRcvStr()	主机通过 I^2C 总线从从机接收多个字节的数

显示程序用于控制 LED 显示相关信息。LED 显示采用动态显示方法，单片机通过 74HC164 输出段码，通过 ULN2003 输出位码。子程序 shift164()用于向 74HC164 输入段码，代码如下：

```
void shift164(uchar num)  {
        uchar i;
        for(i=0;i<8;i++)  //
        {
                pin_clk=0;
                pin_sin=num&0x80;
                pin_clk=1;
                num <<=1;
        }
}
```

LED 显示采用动态显示，子程序 displed()用于刷新 LED 数码管显示器。程序通过调用 shift164()对 4 位数码管逐位显示。代码如下。

```
void displed(uchar *temp_data)
{
    uchar jjj;
```

```
        for(jjj=0x00;jjj<0x04;jjj++)
          {              dp_num =0x00;
                      dp_num = led_lable[temp_data[jjj]];  //    送显示码
                    pin_dsp4=0;
                    pin_dsp3=0;
                    pin_dsp2=0;
                    pin_dsp1=0;
                 if((point_flash_timer>=120)&&(jjj==0))
                    dp_num = dp_num|0x80;   //  显示小数点,此时显示小数点
                       shift164(dp_num);
                    switch(jjj)              //          选通要显示的 LED 数码管
                    {
                    case 0:               //    个位码
                         if(!point_flash_timer) point_flash_timer=1;
                          pin_dsp3=1;
                          break;
                    case 1:             //    十位码
                          pin_dsp2=1;
                          break;
                    case 2:             //    百位码
                           pin_dsp1=1;
                          break;
                    case 3:              //
                           pin_dsp4=1;
                          break;
                    }
                  delay_ms(2);
          }
}
```

子函数 led_show_num()的功能是显示本机 ID 或显示数据。具体代码如下。

```
void led_show_num (uchar id_num)
{    uchar ds_i=0,jjj=0,temp_data[4];
    temp_data[0]=0x0a;
    temp_data[1]=0x0a;
    temp_data[2]=0x0a;
    temp_data[3]=0x0a;
    switch (id_num)              //          命令任务分类
    {
      case 0x00:    // 0    开机时且已设置地址或接到显示命令时调用
            temp_data[2]= 0x0b;    //     减号,表示当前显示为 ID 号码
            temp_data[1] =my_id[0];//     十进制高位
            temp_data[0]=my_id[1]; //     十进制低位
          break;
      case 0x01:                       // 1    接到捡货数据后调用
          if((data_pick[3]!=0x00)||(data_pick[4]!=0x00)||(data_pick[5]!=0x00))
          { temp_data[3]=0x0d;   //       灯的数据
```

```
            temp_data[0]=data_pick[5];          // 低位
        }
        if(data_pick[3]!=0x00)
            temp_data[2]=data_pick[3];      // 高位
        if (data_pick[4]!=0x00)
            temp_data[1]=data_pick[4];      // *中位
        break;
    }
    Displed(temp_data);
}
```

子函数 led_show 为显示处理函数。该函数周期性地被调用，用于维持 LED 的正常显示。
该函数根据系统所处状态调用子函数 led_show_num()显示不同信息，函数代码如下。

```
void Led_show(void)
{
    if(data_p_flag)    //               1) 显示状态
      {
          if(data_p_ok)  //           *1)  若完成
       { led_show_num(0x04); // * 关闭数码管和灯
          data_p_flag=0;      // * 状态清零
          data_p_ok=0;        // * 状态清零
       }
    }
    else                     //data_p_flag!=1 时    2) 标签空闲
    {
      if(show_id_bit)        //*1) 若有显示 id 命令
      {
        led_show_num(0x00); // *  显示 id
        if(!delay_timer)    //    * 若时间到
        {
            led_show_num(0x03); // 关闭数码管
            show_id_bit=0;      //     命令清零
        }
      }
      else if(show_s_flag==1)    //         *2) 若有显示库存命令
        {
        led_show_num(0x02); //   * 显示库存零散数据，低位
        if(!delay_timer)    //   * 若显示时间到
          {
            led_show_num(0x03); //      关闭数码管
            show_s_flag=0;     //     命令清零
          }
        }
      }
    }
}
```

程序设置时多处需要延时，延时函数 delay_ms()根据传递进入的参数，延时相应时间。

具体代码如下。

```
void delay_ms (unsigned char delay_num)
{ uchar delay_i,delay_j;
    if (delay_num>0xff)
        delay_num=0xff;
    for (delay_j=0;delay_j<=delay_num;delay_j++)
    { if((!reset_bit)&&((delay_j%20)==0))
        feeding_dog();
 for (delay_i=0;delay_i<=100 ; delay_i++);
  }
}
```

子函数 key_operating 负责处理键盘操作。根据 data_p_flag 标志产生处理决策。具体代码如下。

```
void key_operating(void)  //
{ // uint temp1,temp2;
    key_loop_timer=0;
    if(data_p_flag)        //      若正在显示数据状态
      if(pin_key2==0)           //    功能键被按下,有两种情况
        {
        delay_ms(2);         //       延时
          if(pin_key2==0)       //      功能键确被按下
      {
        key_loop_timer=0;
            while((pin_key2==0)&&(key_loop_timer<1000))
              {
              if((key_loop_timer% 200)==0)
                    feeding_dog();
          }                   //       * 抬起
          if((pin_key1)&&(pin_key2))  //两键均抬起
            {
            if(!data_m_flag)  //   *1)若第一次按功能键
            data_m_flag=1;       // 置缺货状态,此时定时器接到此信号后,发送指令
              else
              if(data_m_flag==1)//   *2)若是第 2 次按键
              data_m_flag=0;    //
            }
        }
      }  //显示状态完毕
}
```

本设计的关键在于通信程序的设计。通信程序负责接收 PC 机的指令,根据指令完成相应操作。子函数 in_out_put()的功能是处理串口收发中断,代码如下。

```
void in_out_put(void) interrupt 4 using 3
{    uchar receive_tmp;
     if(RI)
     {
```

```
            RI=0;
            io_busy=1;
            receive_tmp=SBUF;
            if(!receive_head_bit)
            {
               if(receive_tmp==0xbb)
               {
               receive_head_bit=1;
               xor_byte=receive_tmp;
               }
            }
            io_busy=0;
         }else
         {  TI=0;
            feeding_dog();
            while(send_bytes>0)
              {  TI=0;
                SBUF =send_buf[--send_bytes];
                 while(TI==0)  ;
                  TI=0;
               }
            pin_1487=0;
            send_buf[0]=0x00;
            send_buf[1]=0x00;
            send_buf[2]=0x00;
         }
}
```

子函数 rec_msg 是接收数据处理函数。该函数对从串口接受的数据进行检验并处理。首先判断 ID 值是否与本机地址吻合，若吻合则进行后续处理，否则放弃本包数据。接收函数代码如下。

```
void rec_msg(void)
{       uchar i;
        if(receive_buf[1]==(my_id[0]*10+my_id[1])) //检查地址,与本标签地址吻合则操作
        {  feeding_dog();
                   if(data_p_flag==0)
                   data_p_flag=1;
                   pin_1487=1;
                   TI=1;
        }
                for(i=0;i<6;i++)
                receive_buf[i]=0;// 接收缓存清零
                rec_style=0;
}
```

子函数 feeding_dog()负责重置看门狗定时器处置，避免溢出。代码如下。

```
void feeding_dog(void)
{
```

```
WDTRST=0x01E;
WDTRST=0x0E1;
}
```

子函数 timer2()是定时器 2 中断处理函数，用于定时刷新 LED 显示。代码如下。

```
void timer2(void)  interrupt 5  using 1
{                TF2=0;
                 TR2 = 0;
               Led_show();   //数码显示
               TR2 = 1;
}
/*****************定时器 0 ,设置键盘扫描延时数****************/
void timer0(void)  interrupt 1  using 2
{    //2ms 定时
     TH0 = 0xf8;
     TL0 = 0xcd;
     TR0 = 0;          //停止计数
     loop_timer++;
     key_loop_timer++;
     if((!reset_bit)&&((loop_timer %2)==0))
        feeding_dog();
     if(point_flash_timer)//          小数点延时计数一周期时长
        if(point_flash_timer++>200)
        point_flash_timer=0;
        TR0 = 1;          //开始计数
}
```

电子标签终端部分主程序流程如图 5-18 所示。

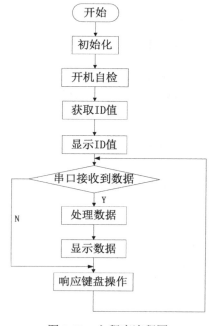

图 5-18 主程序流程图

主程序代码如下。

```
//电子标签源程序    AT89S52   11.0592MHz    MAX1487 9600bps
// by WJH,ZYH,ZP
#include <reg52.h>
#include <intrins.h>
#include <stdio.h>
#include <VI2C.C>
#define _Nop() _nop_()
#define uchar unsigned char
#define uint  unsigned int
#define i2_addr   0xa0//芯片地址
//#define id_addr  0x00  //id 存放子地址
//#define st_addr  0x02  //库存存放子地址
```

硬件引脚定义如下。

```
sfr  WDTRST=0x0a6;
sfr  T2MOD=0xc9;
sbit pin_1487 = P2^4;
sbit pin_key1 = P2^2;
sbit pin_key2 = P2^3;
sbit pin_dsp1 = P1^0;
sbit pin_dsp2 = P1^1;
sbit pin_dsp3 = P1^2;
sbit pin_dsp4 = P1^3;
sbit pin_clk = P1^7;
sbit pin_sin = P1^6;
```

键盘及 LED 灯相关变量定义如下。

```
unsigned char code led_lable[]=        //数码管段码表
{
    0x3f,0x06,0x5b,0x4f,0x66, //(LED=0～4) 数字 0～4
    0x6d,0x7d,0x07,0x7f,0x6f, //(LED=5～9) 数字 5～9
    0x00,  //( LED=0AH ) 空=LED 不显示;
    0x40,  //( LED=0BH ) 负号
    0x08,  //( LED=0CH ) 下划线
    0xff   //( LED=0dH ) id 的 d
    //0x73   //( LED=0eH ) 上货时显示的 p
};
uchar Led_data[4];//显示缓存 0 十位, 1 个位, 2 百位
uchar led_turn;//当前数码管
uchar bdata dp_num;//送显临时位变量
sbit  dp7=dp_num^7;//送显临时变量最高位
bit ack;              /*应答标志位*/
bit show_id_bit=0;//显示本机 ID 标志.
uchar bit_55=0;//show 55 77 88
uint delay_timer=0;//显示延时
```

货物信息缓冲区如下。

```
bit  data_p_flag=0;  //拣货数据显示标志; 1为拣货数据到达
bit  data_p_ok=0;  //拣货数据完成标志; 1为完成
uchar show_s_flag=0;  //库存数据显示标志, 0为无显示, 1为显示库存
uchar data_m_flag=0; //缺货状态 0 无缺货, 1 置缺货状态, 等待确认   2 缺货
uchar idata data_pick[6];   //货物数据 012 hi  345 low
uchar  idata data_store[6];    //库存数据,前二位表示箱数,后三位表示零散数量。右为低位。
```

串口变量及相关设置如下。

```
uchar  idata receive_buf[6];      //串口接收缓存区
uchar rec_buf_i;    //接收变量
uchar idata send_buf[3];
bit receive_flag=0;  // 接收了新数据, 需要处理
bit io_busy=0;//    串口忙闲, 1忙, 0闲
uchar send_bytes=0;//发送字节数
uchar com_in_last,com_in;//串口变量
uchar receive_bytes;//应收字节数
uchar rec_style=0;//接收任务号码
uchar xor_byte; //   校验
bit receive_pass_bit=0;//接收通过位
bit receive_head_bit=0;//接收数据头
```

其他变量如下。

```
uchar my_id[2];      //本机编号
bit id_set_bit=0;//设置本机编号标志
bit id_set_ok=0;//设置完成标志
uint id_flash_timer=0;//闪烁时长
uint point_flash_timer=0;//小数点闪烁时长
uint loop_timer=0;     //循环计数
uint key_loop_timer=0;//按键延时
bit reset_bit=0;    //上电复位货物状态标志
/************************************************************/
uchar  my_sdt;
```

主程序中对各个部分初始化后,即进入按键处理和数据接受处理的相应程序。代码如下。

```
void main ()
{
    //初始化
     EA = 0;
    P1=0xff;
    P2=0xff;
    delay_ms2(1);
    P1=0x00;
    P2=0xec;
    //==================== 1   初始化串口, 定时器
    SCON  = 0x50;   // SCON: mode 1, //start bit 1/ 8-bit UART low is at first/
```

```
stop bit 1/enable rcvr
        TMOD  = 0x21;    //
        PCON  = 0x00;    // serial is low_speed mode
        TI    = 0;
        RI    = 0;
        TH1   = 0xfd;    // TH1: reload value for 9600bps @ 11.0592MHz.
        TL1   = 0xfd;
        TH0   = 0xf8;
        TL0   = 0xcd;
    //                    定时器2
        T2CON=0x00;                  //定时器自动重装模式
        T2MOD=0x00;
        RCAP2H=0xed;
        RCAP2L=0xe0;                 //定时时间为10ms
    //启动看门狗
        WDTRST=0x01E;
        WDTRST=0x0E1;
    //喂狗
        delay_ms2(10);
        feeding_dog();//
        TR2   = 1;//启动
        ET2   = 1;////开中断2
        //  2  INT control     // 开各中断
        TR1   = 1;//启动
        TR0   = 1;//启动
        IP=IP|0x12;//10
        ET0   = 1;//开中断0,不开中断1
        EA    = 1;
        //               3   开机自检
        P1=0x00;
        pin_dsp4=0;
        pin_dsp3=0;
        pin_dsp2=0;
        pin_dsp1=0;
        led_turn=0;
        my_id[0]=0x0;
        my_id[1]=0x0;
        RcvStr(i2_addr,st_addr,data_store,6);//从e2p rom取ID数,十进制数
        delay_ms2(2);
        RcvStr(i2_addr,id_addr,my_id,2);//从e2p rom取id数,十进制数
          if((my_id[0]==0)&&(my_id[1]==0)||((my_id[0]==0xff)&&(my_id[1]==0xff)))
             id_set_bit=1;     //ID尚未设置,设置设置ID标志位, 本例未包括ID设置函数
          else
          {
             show_id_bit=1;
             delay_timer=1;
          }
```

```
            while(show_id_bit);
            pin_dsp4=0;
            pin_dsp3=0;
            pin_dsp2=0;
            pin_dsp1=0;
            reset_bit=0;
            my_sdt=0xd0;//上电后所有货物为初始状态
            ES = 1;
        while(1)
        {
                if(receive_flag)//                      若有数据接收
                {   receive_flag=0;
                    rec_msg();    //                  *处理接收数据
                }
                delay_ms2(1);
                if(reset_bit==1)
                {    data_p_flag=0;
                    my_sdt=0xd0;//上电后所有货物为初始状态
                    delay_ms2(5000);
                }
                key_operating();
            }
    }
```

5.7.5　经验总结

　　该电子标签系统的显示部分依靠 led_show ()函数实现。该函数根据传递进来的参数和不同的标志位决定当前的显示类型，例如显示 ID 号、显示取货量、显示库存、显示缺货信息等。它调用了 led_show_num()作为底层函数，实现具体的数据显示。

　　该实例具有较好的系统设计示范性。当系统功能较多时，虽然硬件设计简单容易实现，但软件编写，要做到层次分明却不容易。好的软件，能够弥补硬件上的缺欠或不足，使系统应用更加人性化。该设计还可以扩展蜂鸣器作为信息提示，或者可以扩展语音芯片，进行语音提示。感兴趣的读者可自行扩展。

第 6 章　传感控制技术

对于监控系统而言，传感器模块和控制模块都是必不可少的。传感器主要采集被监控对象的待测量信号，并由微处理器进行分析、处理并做出决断，然后再由微处理器通过控制模块实现对监控的对象控制操作。本章将结合几种典型传感控制模块的具体使用来介绍传感控制技术，主要包括以下内容：

- 指纹识别模块；
- 数字温度传感器；
- 宽带数控放大器。

6.1 【实例 50】指纹识别模块

随着电子技术的发展和信息时代的到来，指纹识别技术已经被广泛地应用在社会生活的各个方面。指纹信息的采集方式也已经从数百年前的签字画押的原始方式，发展到如今利用先进的指纹传感器件将指纹图像以数字方式采集并存储。现阶段大多数自动指纹识别应用系统都是基于活体指纹的，本部分内容将着重介绍指纹识别系统中图像获取模块、条形码处理模块和指纹算法模块的设计。

6.1.1　指纹识别传感器原理

指纹识别传感器的产品种类有很多，在这里就两种比较常见的指纹识别传感器模块做一下简单的介绍。

1. 电容式指纹传感器 FPS200

FPS200 指纹传感器由 256×300 个电容传感阵列组成，其分辨率高达 500dpi，工作电压范围为 +3.3V～5V，传感器内部有 8 位 ADC，并且具有两组采样保持电路。FPS200 的结构框图如图 6-1 所示。

FPS200 是一种基于电容充放电原理的触摸式 CMOS 传感器，其外面是绝缘表面，传感器阵列的每一点都是一个金属电极，手指则充当电容器的另一极，而两者之间的传感面形成电容两极之间的介电层。由于指纹的脊和谷相对于另一极之间的距离不同，导致硅表面电容阵列的各个电容值不同，这样，电容阵列值实际上就描述了一幅指纹图像。

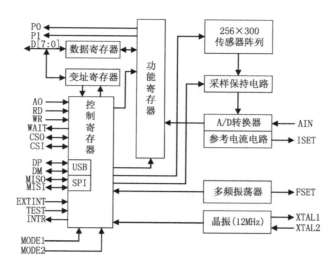

图 6-1　FPS200 的结构框图

FPS200 的每一列都有两组采样保持电路。指纹采集按行实现：先选定一行，对该行所有电容充电，并用采样保持电路保存电压值；然后放电，再用另一组采样保持电路保存剩余电压值。两组电压值通过内置的 8 位 ADC，便可以获得具有灰度等级的指纹图像。

2．SM-2 系列电感式指纹识别模块

SM-2 系列电感式指纹识别模块由高速 DSP 处理器、SRAM 和 FLASH 等部分构成。它通过与之相配套的指纹传感器板，可构成一个独立的指纹识别系统，或者可作为一个完整的外部设备。SM-2 系列独立式指纹识别模块现已推出 SM-2A、SM-2B、SM-20、SM-21、SM-201等系列产品，下面将简单介绍其中一种。

SM-2B 指纹识别模块以 DSP 处理器为处理中心，基本集成了指纹处理方面的所有过程。SM-2B指纹识别模块在无上位机（PC 机或单片机）的情况下，可独立完成指纹的录入、图像处理、特征提取、模板生成、模板存储、指纹比对（1∶1）或指纹搜索（1∶N）等功能。它具有以下优点：

● 开发者无需了解指纹处理的具体原理；
● 硬件方面基本相当于指纹傻瓜模块；
● 软件方面命令集丰富，相当于一个（指纹）函数库。

另外，该模块还提供了命令/独立两种工作模式，且独立模式与命令模式的指纹模板存储区物理/逻辑上完全分开。具体情况如下。

● 独立模式下使用超级指纹保护。独立模式下可存储 64 枚指纹。
● 命令模式下使用验证设备口令保护。命令模式下可存储 512 枚指纹。

基于以上两种指纹识别模块的简单介绍，本文介绍一种基于 LPC932 单片机的新型指纹锁的设计，它是在指纹传感器模块 SM-2B 的基础上开发的一种新型的电子指纹锁。它最多可以容纳 512 枚指纹，远超过其他指纹锁的指纹容量，并且它还可以将用户的特定信息存储在 E^2PROM 中，使其应用起来更加方便。

6.1.2　硬件设计

电子指纹锁的组成原理框图如图 6-2 所示，其控制核心是单片机 LPC932，主要选取原则包括：该单片机体积小、功耗低，本身具有 512 字节的 E²PROM 存储空间，能满足设计要求。系统的工作过程是：单片机通过串口向指纹模块 SM-2B 发送命令或接收相应的操作信息。当用户的指纹被确认后，它将接收到指纹模块 SM-2B 发来的身份确认消息以及相应的用户 ID 码，随后，LPC932 单片机根据程序运行结果，控制执行机构动作，指纹锁打开或报警。

本系统硬件设计包括 I/O 口扩展、指纹模块、数据存储、电源、看门狗电路和执行机构等 6 部分，其硬件结构如图 6-3 所示。其中指纹模块是它的核心组成部分，它里面集成了指纹图像处理和识别算法，在无上位机管理的情况下，可以通过与之配套的指纹传感器可构成一个独立的指纹识别系统。在本系统设计中 LPC932 单片机通过串口与模块发送命令，使其按照工作流程工作。

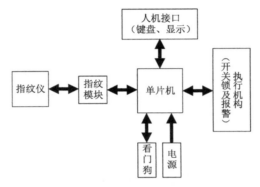

图 6-2　电子指纹锁的系统原理图

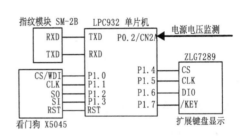

图 6-3　电子指纹锁硬件连接图

（1）I/O 口扩展。

本设计中涉及键盘、指示灯以及蜂鸣器等人机接口，如果直接用 LPC932 单片机中的 I/O 口连接，显然不够用。所以，需要对其进行 I/O 口扩展，这里采用 ZLG7289 芯片。ZLG7289 是具有 SPI 串行接口功能的，可同时驱动 8 位共阴式数码管或 64 只独立 LED 的智能显示驱动芯片。该芯片同时还可连接多达 64 键的键盘矩阵。单片即可完成 LED 显示、键盘接口的全部功能。这样在该系统中仅占用单片机的 4 个 I/O 端口便可完成人机接口。

（2）数据存储部分。

对于关键数据的存储，使用的是 LPC932 单片机内部自带的 512 字节的 E²PROM。当然也可以存到看门狗芯片 X5045 中的 E²PROM 当中。

（3）看门狗电路。

X5045 是带有串行 E²PROM 的 CPU 监控器，也叫看门狗。单片机通过 SPI 总线与它进行通信。看门狗定时器电路检测 WDI 的输入来判断单片机是否正常工作。在设定的定时时间内，单片机必须在 WDI 引脚上产生一个由高到低的电平变化，否则 X5045 将产生一个复位信号。在 X5045 内部的一个控制器中有两位可编程位决定了定时周期的长短。单片机可通过指令来改变两位，从而改变看门狗的定时时间长短。

因为 X5045 对电压的要求比较严格，当电压较低时，单片机就无法将数据写进或读出。这里对系统的电源电压进行检测，采用 LPC932 单片机的电压比较中断功能进行监测。一旦系统工作时的电平过低，LPC932 单片机将发生中断，并报警提示，从而保证了系统的正常工作。

（4）执行机构驱动电路。

机械驱动部分用小型的直流电动机来进行驱动。由于单片机的驱动能力极其有限，所以需要对单片机的输出进行驱动放大。这里采用 L298 芯片，它是一种双全桥驱动器，可以接受 TTL 逻辑电平，用于驱动感性负载。

6.1.3 程序设计

软件程序设计分可为两个部分，指纹管理部分和密码管理部分。在系统上电后，首先进行系统初始化，包括单片机自身的初始化，键盘扩展芯片、看门狗电路以及指纹模块进的始化。然后系统开始正常工作：检测用户的指纹或密码输入，同时还要满足用户对于指纹密码的管理。软件设计采用 C 语言编程，具体程序流程如图 6-4 所示。

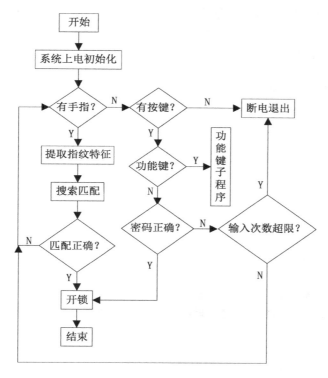

图 6-4 指纹密码锁软件流程图

系统中的工作核心是指纹模块 SM-2B，它几乎包含了对指纹处理所有操作。单片机与指纹模块的通信为半双工异步通信。默认波特为 57 600bit/s，可通过命令设置为 115 200bit/s 或者 38 400bit/s。数据传送格式为 10 位，一位为 0 电平作为起始位，接着是 8 位数据（低位在前）和一位停止位，无校验位。

设置单片机的传输速率子程序如下。

```
void clk_init () reent rant using 0
{
```

```
    PCON =0x80;
    EA = 1;
    ET0 = 1;
    TMOD = 0x21;
    //采用定时器 1 用于串口波特率的设置，定时器 0 用于超时设置
    TH0 = 0x00;
    TL0 = 0x00;
    //此时可以至多为 65.536ms 的时间段，对于模块的时间高限设为 5s
    TR0 = 1;
}
```

单片机与指纹模块的通信，对命令、数据、结果的接收和发送，都采用帧的形式进行，
通信格式为：包标识 + 地址码保留字 + 包长度 +
包内容 + 校验和，如图 6-5 所示。

包标识	地址码保留字	包长度	包内容	校验和

图 6-5　通信数据帧格式

在规定时间内如果没有接收到数据则强行退
出接收程序，而后重新接收数据。指纹模块与单片机的工作频率非常快，根本不会影响整个
系统的工作。接收数据程序子程序如下。

```
void Rev_data (unsigned char j)
{
    unsigned char i = 1;
    j + +;

    while (i<j)
    {
        max_t = 0;

        while (RI == 0)
        {
            if (max_t > 6) break ;
            //max_t 是通过定时器计时，防止程序在接收数据时陷入死循环
        }
        RI = 0;
        Comd[i] = SBUF;
        // Comd[i]数据接收暂存区
        i + +;
    }
}
```

发送数据程序与接收子程序相似，这里不再赘述。

同样由于单片机和模块通过一串消息帧来传递命令的，因此在程序编写的时候利用数组
来存储从模块接收到的数据，如用数组 Rev [max]来保存接收的数据，如图 6-6 所示。

单片机通过串口向模块发送命令而后又等待接收命令时，经常丢失一两个字节或者第一

个字节有误，这样导致数组 Rev [max]中数据为（图 6-7 为丢失一个字节的情况）：

图 6-6　保存接收数据帧格式　　　　　　　图 6-7　丢失数据格式

　　这样接收到的数据不完全，如果还是将数组中接收的数据与帧中数据一一比较的话，那就无法正确判断此刻模块的动作。此刻如何根据这些不完整的数据来判断模块的动作呢，参考指纹模块的通信协议可知，消息帧中的大部分数据都相同，只有一两个不同的关键字且在数据帧的中间部分，所以先根据模块动作的几种可能情况并在接收数据的数组 Rev[max]中搜索对应的一两个关键字，这样就可以正确判断模块的动作了。

6.1.4　实例实现过程

　　系统具体工作流程如下。
　　开启电源，整个系统开始上电并完成初始化。单片机时时检测电源电压是否正常，如果电压过低，则向用户报警更换电池。若正常，提示用户将手指放在取指仪上，对采集的指纹图像进行搜索匹配。若匹配成功，则给执行机构供电，电机正转，将锁打开，并延迟一段时间，以保证用户有充裕的时间开门后又将门关上。最后电机反转，将门重新上锁。
　　通过功能设置可以采取指纹认证 + 密码的工作方式，其中用户设置的密码经加密后存在单片机的 E^2PROM 中。另外在规定时间内，如果没有接收到用户的命令，则系统强制断电退出；如果在命令期间没有让指纹模块工作，则可以让其强制进入掉电状态。通过这些措施使得电池使用时间大大延长。

6.1.5　经验总结

　　该指纹模块识别系统在使用中需要注意以下问题。
　　（1）在读写看门狗或者是操作其中的 E^2PROM 时有时会失败。
　　因为电擦写 E^2PROM 时，器件对于电压的要求比较高，一旦电压过低就会引起数据写入失败。这样有些重要信息的写入或擦除失败，会引起整个工作过程紊乱，出现逻辑错误。解决的方法是采用 LPC932 单片机的比较中断，对输入电压时时监测，一旦当电压过低，单片就可发生中断，指纹锁停止工作，并报警通知用户更换电池。
　　（2）耗电量过大。
　　指纹锁使用场所条件限制，使得它对电池的使用特别苛刻。为了延长电池的使用时间，应增加对电池的使用管理。这里采用的方法是中断计时法，即在一段时间内用户如果没有按键或按上指纹，则使指纹锁断电退出，单片机进入掉电状态，或者强制使指纹模块进入休眠状态。它的好处是可以在软件中根据需求调节时间。另外在驱动电机的选择上，应按照功耗低、电压要求不高的原则进行选取，这样也可以大大降低整个系统的功耗，延长电池的使用寿命。
　　（3）单片机和指纹模块有时不能协调工作。
　　前面讲过，指纹模块内部包含 DSP，固化了指纹模板数据及指纹算法程序。单片机与指纹模块通过串行通信来协同工作。由于指纹模块本身就带有许多的外设，在指纹锁上电启动时，单片机向模块发送命令，如果此刻指纹模块未准备好工作，则指纹锁往往陷于死机状态。这里采用的方法是重复发送指令等待延时，这样在模块初始化完成后即可与单片机协同工作，避免死机。

另外，单片机是通过向模块发送命令字对模块进行控制，同时也是接收模块发回的信息从而知道模块的工作状态，由于串口通信是高速传输的，所以单片机有时不能完整地接收到模块返回的信息，也就是说单片机在接收模块返回信息时会丢失开始或最后的一两个字。这样就不容易确认模块的工作状态，这里解决的方法是对单片机接收一连串数据进行关键字搜索，这样即使丢失一两个字也不会影响对模块工作状态的判断。

本实例中采用 LPC932 单片机，该单片机功耗低、体积较小，并且内部集成了 E^2PROM 和电源监控电路等重要功能模块，有利于实现系统小型化，而且安装简便、使用方便。不足之处是它的工作性能还是依赖于所采用的指纹模块。

6.2 【实例 51】数字温度传感器

温度是工农业生产和人们日常生活中经常要测量的一个物理量，但多数温度传感器的输出都是一个变化的模拟电压量，不能与计算机采集系统直接接口，需要先进行转换，才能输入计算机，比较麻烦。数字温度传感器的产生解决了这个问题。

本节首先介绍温度测量的有关知识，接着介绍实现温度检测所必须的器件，并且给出硬件的原理图，然后逐步分析程序的各个主要模块以及程序的全貌，最后将总结一下本实例的技巧与注意要点。

6.2.1　基础知识

温度测量的基础知识主要包括：温度测量的基本概念和温度器件的简介。下面将就这两个方面进行介绍。

1．温度测量基本概念

温度是表征物体冷热程度的物理量。温度只能通过物体随温度变化的某些特性来间接测量，而用来量度物体温度数值的标尺叫温标。它规定了温度的读数起点（零点）和测量温度的基本单位。目前国际上用得较多的温标有华氏温标、摄氏温标、热力学温标和国际实用温标。

华氏温标（℉）规定：在标准大气压下，冰的熔点为 32 度，水的沸点为 212 度，中间划分 180 等份，每一等份为华氏 1 度，符号为℉。

摄氏温度（℃）规定：在标准大气压下，冰的熔点为 0 度，水的沸点为 100 度，中间划分 100 等份，每一等份为摄氏 1 度，符号为℃。

热力学温标又称开尔文温标，或称绝对温标，它规定分子运动停止时的温度为绝对零度，记符号为 K。

2．温度传感器的简单介绍

测量温度的时候，通常使用线性（NTC）温度传感器，下面对线性温度传感器做一简单介绍。

线性温度传感器就是线性化输出的负温度系数（简称 NTC）热敏元件，它实际上是一种线性温度-电压转换元件，就是说在通以工作电流（100μA）的条件下，元件的电压值随温度呈线性变化，从而实现了非电量到电量的线性转换。

这种温度传感器其主要特点就是在工作温度范围内温度-电压关系为一直线，这对于二次开发测温、控温电路的设计，将无须线性化处理，就可以完成测温或控温电路的设计，从而简化仪表的设计和调试。

温度传感器的重要参数如下。

● 测温范围：可在−200～+200℃之间，但考虑实际的需要，一般无须如此宽的温度范围，因而规定三个不同的区段，以适应不同封装设计，同时在延长线的选用上亦有所不同。而对于温度补偿专用的线性热敏元件，则只设定工作温度范围为−40℃～+80℃。完全可以满足一般电路的温度补偿之用。

● 基准电压：指传感器置于 0℃的温场（冰水混合物），在通以工作电流（100μA）的条件下，传感器上的电压值。实际上就是 0 点电压。其表示符号为 V（0），该值出厂时标定，由于传感器的温度系数 S 相同，则只要知道基准电压值 V（0），即可求知任何温度点上的传感器电压值，而不必对传感器进行分度。

● 温度系数 S：指在规定的工作条件下，传感器的输出电压值的变化与温度变化的比值，即温度每变化 1℃传感器的输出电压变化之值：S=△V/△T（mV/℃）。温度系数是线性温度传感器做为温度测量元件的物理基础，其作用与热敏电阻的 B 值相似，这个参数在整个工作温度范围内是同一值，即−2mV/℃，而且各种型号的传感器也是同一值，这一点传统的热敏电阻温度传感器是无可比拟的。

● 互换精度：指在同一工作条件下（同一工作电流、同一温度）对于同一个确定的理想拟合直线，每一只传感器的电压 V（T）—温度 T 曲线与该直线的最大偏差，这个偏差通常按传感器的温度—电压转换系数 S 折合成温度来表示。由于传感器的输出线性化及温度—电压转换系数相同，即在测温范围内全程互换，所以互换精度表示了基准电压值的离散程度，即用基准电压值的离散值折合成温度值的大小来描述整批传感器之间的互换程度。

● 线性度：是描述传感器的输出电压值随温度变化的线性程度，实际上也就是传感器输出电压在工作温度范围内相对于理想拟合直线的最大偏差。一般情况下，其线性度的典型值为±0.5%，很显然传感器的线性度越高（其值越小），对于仪表的设计就越简单，在仪表的输入级完全不必采用线性化处理。

6.2.2 使用器件

本实例中除了 8051 之外，在单片机开发板中还需要温度传感器。

1．温度传感器 18B20 介绍

在本实例中，我们使用了温度传感器 18B20，下面对 18B20 做简单的介绍。

Dallas 半导体公司的数字化温度传感器 DS18B20 支持"一线总线"接口，测量温度范围为 −55℃～+125℃，在 −10～+85℃范围内，精度为 ±0.5℃，现场温度直接以"一线总线"的数字方式传输，大大提高了系统的抗干扰性。适合于恶劣环境的现场温度测量，如：环境控制、设备或过程控制、测温类消费电子产品等。DS18B20 可以程序设定 9～12 位的分辨率，精度为 ±0.5℃。可选更小的封装方式，更宽的电压适用范围。分辨率设定，及用户设定的报警温度存储在 EEPROM 中，掉电后依然保存。

图 6-8 为 18B20 的外观图。

DS18B20 内部结构主要由四部分组成：64 位光刻 ROM、温度传感器、非挥发的温度报警触发器 TH 和 TL、配置寄存器。

DQ 为数字信号输入/输出端；GND 为电源地；VDD 为外接供电电源输入端（在寄生电源接线方式时接地）。光刻 ROM 中的 64 位序列号是出厂前被光刻好的，它可以看作是该 DS18B20 的地址序列码。64 位光刻 ROM 的排列是：开始 8 位（28H）是产品类型标号，接着的 48 位是该 DS18B20 自身的序列号，最后 8 位是前面 56 位的循环冗余校验码（CRC=X8+X5+X4+1）。光刻 ROM 的作用是使每一个 DS18B20 都各不相同，这样就可以实现一根总线上挂接多个 DS18B20 的目的。DS18B20 中的温度传感器可完成对温度的测量，以 12 位转

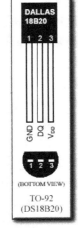

图 6-8　18B20 外观图

化为例：用 16 位符号扩展的二进制补码读数形式提供，以 0.0625℃/LSB 形式表达，其中 S 为符号位。这是 12 位转化后得到的 12 位数据，存储在 18B20 的两个 8 比特的 RAM 中，二进制中的前面 5 位是符号位，如果测得的温度大于 0，这 5 位为 0，只要将测到的数值乘于 0.0625 即可得到实际温度；如果温度小于 0，这 5 位为 1，测到的数值需要取反加 1 再乘于 0.0625 即可得到实际温度。DS18B20 温度传感器的内部存储器包括一个高速暂存 RAM 和一个非易失性的可电擦除的 E2RAM，后者存放高温度和低温度触发器 TH、TL 和结构寄存器。

暂存存储器包含了 8 个连续字节，前两个字节是测得的温度信息，第一个字节的内容是温度的低八位，第 2 个字节是温度的高八位。第 3 个和第 4 个字节是 TH、TL 的易失性拷贝，第 5 个字节是结构寄存器的易失性拷贝，这 3 个字节的内容在每一次上电复位时被刷新。第 6、7、8 个字节用于内部计算。第 9 个字节是冗余检验字节。在进行 18B20 的读写前，需要对 18B20 进行设置，设置位一个字节，该字节各位的意义如下：TMR1R011111。

低五位一直都是 1，TM 是测试模式位，用于设置 DS18B20 在工作模式还是在测试模式。在 DS18B20 出厂时该位被设置为 0，用户不要去改动。R1 和 R0 用来设置分辨率，见表 6-1（DS18B20 出厂时被设置为 12 位）。

表 6-1　　　　　　　　　　　　　分辨率设置表

R0	R1	分　辨　率	最大温度转换时间
0	0	9 位	96.75ms
0	1	10 位	187.5ms
1	0	11 位	375ms
1	1	12 位	750ms

根据 DS18B20 的通信协议,主机控制 DS18B20 完成温度转换必须经过三个步骤:每一次读写之前都要对 DS18B20 进行复位,复位成功后发送一条 ROM 指令(ROM 指令见表 6-2),最后发送 RAM 指令(RAM 指令见表 6-3),这样才能对 DS18B20 进行预定的操作。复位要求主 CPU 将数据线下拉 500 微秒,然后释放,DS18B20 收到信号后等待 16~60 微秒左右,后发出 60~240 微秒的存在低脉冲,主 CPU 收到此信号表示复位成功。

表 6-2   ROM 指令集

指 令	约定代码	功 能
读 ROM	33H	读 18B20 中的编码(即 64 位地址)。
符合 ROM	55H	发出此命令后,接着发出 64 位 ROM 编码,访问单线总线上与该编辑相对应的 18B20 使之做出响应,为下一步对该 18B20 的读写作准备。
搜索 ROM	0F0H	用于确定挂接在同一总线上的 18B20 个数和识别 64 位 ROM 地址,为操作各器件做好准备。
跳过 ROM	0CCH	忽略 64 位 ROM 地址,直接向 18B20 发送温度变换命令,适合单片机。
告警搜索命令	0ECH	执行后,只有温度超过设定值上限或下限的片子才能做出反应。

表 6-3   RAM 指令集

指 令	约定代码	功 能
温度变换	44H	启动 18B20 进行温度转换,转换时间最长为 500ms,结果存入内部 9 字节 RAM 中。
读暂存器	0BEH	读内部 RAM 中 9 字节的内容。
写暂存器	4EH	向内部 RAM 的第 3,第 4 字节写上,下限数据命令,紧跟该命令后的是传送 2 字节数据。
复制暂存器	48H	将 RAM 中的第 3,4 字节内容复制到 E^2PRAM 中。
重调 E^2PRAM	0B8H	将 E^2PRAM 中内容复制到 RAM 中的第 3,4 字节。
读供电方式	0B4H	读 18B20 的供电模式,寄生供电时 18B20 发送 0,外接供电发送 1。

DS1820 虽然具有测温系统简单、测温精度高、连接方便、占用口线少等优点,但在实际应用中也应注意以下几方面。

- 较小的硬件开销需要相对复杂的软件进行补偿,由于 DS1820 与微处理器间采用串行数据传送,因此,在对 DS1820 进行读写编程时,必须严格的保证读写时序,否则将无法读取测温结果。在使用 PL/M、C 等高级语言进行系统程序设计时,对 DS1820 操作部分最好采用汇编语言实现。
- 在 DS1820 的有关资料中均未提及单总线上所挂 DS1820 数量问题,容易使人误认为可以挂任意多个 DS1820,在实际应用中并非如此。当单总线上所挂 DS1820 超过 8 个时,就需要解决微处理器的总线驱动问题,这一点在进行多点测温系统设计时要加以注意。

● 连接 DS1820 的总线电缆是有长度限制的。试验中，当采用普通信号电缆传输长度超过 50m 时，读取的测温数据将发生错误。当将总线电缆改为双绞线带屏蔽电缆时，正常通讯距离可达 150m，当采用每米绞合次数更多的双绞线带屏蔽电缆时，正常通讯距离进一步加长。这种情况主要是由总线分布电容使信号波形产生畸变造成的。因此，在用 DS1820 进行长距离测温系统设计时要充分考虑总线分布电容和阻抗匹配问题。

● 在 DS1820 测温程序设计中，向 DS1820 发出温度转换命令后，程序总要等待 DS1820 的返回信号，一旦某个 DS1820 接触不好或断线，当程序读该 DS1820 时，将没有返回信号，程序进入死循环。这一点在进行 DS1820 硬件连接和软件设计时也要给予一定的重视。

6.2.3　硬件电路图

如图 6-9 所示，本例中主要用到的硬件有 8051 单片机，温度测试器 18B20 和 2 字节数码管三种，其中，18B20 与单片机通过一线总线相连接，8051 通过通用 I/O 口 P2.2 对 18B20 进行控制，读取 18B20 所测得的温度；2 字节数码管也是通过通用 I/O 口与 8051 相连接，数码管 DS1 显示采集温度的个位，数码管 DS2 显示采集温度的十位。

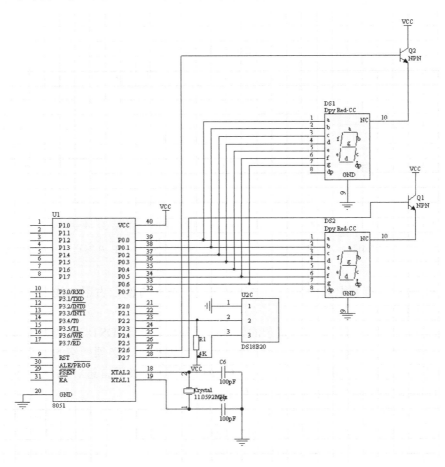

图 6-9　温度检测仪原理电路图

6.2.4　软件程序设计

本实例采用单片机与 18B20 之间进行应答来采集温度参数,单片机先将与 18B20 的连线电平拉低 500ms 以上,将 18B20 复位,再进行操作。先向 18B20 发送指令,跳过 ROM 后发出转换温度的指令,然后初始化后读取温度,将读到的温度在 2 字节的数字管上显示出来。

本节中讲介绍一下温度采集的经过。下面将首先对程序的主要模块进行介绍,然后给出整个程序。

1. 初始化

在这一部分程序中,需要将 18B20 的一线总线拉低 500ms 以上,将 18B20 复位,然后将总线置高,等待 18B20 的回应,有应答就置标志位,没有应答就清空标志位。

本例中,选择总线上只有一个 18B20,所以跳过 ROM,电路中采用的晶振频率 fosc＝11.0592MHz,通过计算公式,可以算出空跑的语句行数。

```
;--------------------------------------------
; 这是 DS18B20 复位初始化子程序
;--------------------------------------------
INIT_1820:
    SETB P2.2                    ; 拉高 2.2 管脚的电平
    NOP
    CLR P2.2                     ; 拉低 2.2 管脚的电平
; 主机发出延时 537 微秒的复位低脉冲
    MOV R1,#3
TSR1:
    MOV R0,#107
    DJNZ R0,$                    ; 当 R0 不等于 0 时,原地等待
    DJNZ R1,TSR1                 ; 当 R1 不等于 0 时,返回 TSR1,用于延时
    SETB P2.2                    ; 然后拉高数据线,将 18B20 中的数据清零
    NOP
    NOP
    NOP
    MOV R0,#25H
TSR2:
    JNB P2.2,TSR3                ; 等待 DS18B20 回应,有回应则跳到 TSR3
    DJNZ R0,TSR2                 ; 如果等没到 37 次,则继续等待回应
    LJMP TSR4                    ; 跳转到 TSR4
TSR3:
    SETB FLAG1                   ; 置标志位,表示 DS1820 存在
    LJMP TSR5                    ; 跳转到 TSR5
TSR4:
    CLR FLAG1                    ; 清标志位,表示 DS1820 不存在
    LJMP TSR7                    ; 跳转到 TSR5
TSR5:
    MOV R0,#117
```

```
TSR6:
    DJNZ R0,TSR6                    ; 时序要求延时一段时间
TSR7:
    SETB P2.2                      ; 拉高数据线
    RET
```

2. 查询时间

本例程中，通过向 18B20 发送指令来查询时间。在每次操作前，都需要将 18B20 置位，先向 18B20 发送温度转化的指令，需要 750ms 的等待时间，在这段时间中，通过调用显示子程序来做到延迟。然后，向 18B20 发送读取温度的命令，将温度读取出来，放到缓存中去。

```
;- - - - - - - - - - - - - - - - - - - - - - - - - - - -
; 读出转换后的温度值
;- - - - - - - - - - - - - - - - - - - - - - - - - - - -
GET_TEMPER:
    SETB P2.2
    LCALL INIT_1820        ; 先复位 DS18B20
    JB FLAG1,TSS2
    CLR P1.2
    RET                    ; 判断 DS1820 是否存在?若 DS18B20 不存在则返回
TSS2:
    CLR P1.3               ; DS18B20 已经被检测到
    MOV A,#0CCH            ; 跳过 ROM 匹配
    LCALL WRITE_1820
    MOV A,#44H             ; 发出温度转换命令
    LCALL WRITE_1820
; 这里通过调用显示子程序实现延时一段时间,等待 AD 转换结束,12 位的话 750 微秒
    LCALL DISPLAY
    LCALL INIT_1820        ; 准备读温度前先复位
    MOV A,#0CCH            ; 跳过 ROM 匹配
    LCALL WRITE_1820
    MOV A,#0BEH            ; 发出读温度命令
    LCALL WRITE_1820
    LCALL READ_18200       ; 将读出的温度数据保存到 35H/36H
    CLR P1.4
    RET
```

3. 发送指令

使用通用 IO 口向 18B20 写数据。本例程中，通过单总线采取移位的方式来向 18B20 写入数据，按照 8 位的方式写进去。在写的过程中，需要严格按照 18B20 的产品说明书的时序进行写操作：每次将 1bit 数据写入前，都需要对 10B20 进行写的初始化，将数据线拉低 60 微秒以上，完成写初始化后，将 1bit 数据写进 18B20，然后等待 15 微秒以上，写操作完成，继续初始化，写下一 bit，直到写完一字节。具体程序如下。

```
;- - - - - - - - - - - - - - - - - - - - - - - - - - -
;写 DS18B20 的子程序(有具体的时序要求)
;- - - - - - - - - - - - - - - - - - - - - - - - - - -
WRITE_1820:
    MOV R2,#8                    ;  一共 8 位数据
    CLR C                        ;  清除进位标志位
WR1:
    CLR P2.2                     ;  拉低数据线 60 微秒以上后,将数据移位写入 18B20
    MOV R3,#5
    DJNZ R3,$                    ;  等待 60 微秒以上,完成写初始化,然后写入数据,
    RRC A                        ;  将累加器中的数据带进位右移
    MOV P2.2,C                   ;  将进位位写进 18B20 后,等待 15 微秒以上
    MOV R3,#21
    DJNZ R3,$                    ;  等待 15 微秒以上,完成一比特的写操作
    SETB P2.2                    ;  拉高数据线,初始化写
    NOP
    DJNZ R2,WR1                  ;  如果一个字节没写完,继续写
    SETB P2.2                    ;  拉高数据线
    RET
```

4. 读取数据

使用通用 IO 口从 18B20 读取数据。本例程中,也使用移位的方式从 18B20 中读取数据,需要严格按照 18B20 的产品说明书的时序进行读操作:每次将 1bit 数据读入前,都需要对 10B20 进行读的初始化,将数据线拉高 1 微秒以上,等待读的初始化,然后拉低数据线 1 微秒以上,使读初始化有效。完成读初始化后,从 18B20 将 1bit 数据读入,然后等待 15 微秒以上,读操作完成,等待 60 微秒后,继续初始化,读下一 bit,直到读完一字节。这里,直接完成了温度的计算功能,因为 12 位转化时每一位的精度为 0.0625 度,不要求显示小数所以可以抛弃 29H 的低 4 位,将 28H 中的低 4 位移入 29H 中的高 4 位,这样获得一个新字节,这个字节就是实际测量获得的温度,这个转化温度的方法非常简洁无需乘于 0.0625 系数。

```
;- - - - - - - - - - - - - - - - - - - - - - - - - - -
;读 DS18B20 的子程序(有具体的时序要求)
;- - - - - - - - - - - - - - - - - - - - - - - - - - -
READ_18200:
;  读 DS18B20 的程序,从 DS18B20 中读出两个字节的温度数据
    MOV R4,#2                    ;  将温度高位和低位从 DS18B20 中读出
    MOV R1,#29H                  ;  低位存入 29H(TEMPER_L),高位存入 28H(TEMPER_H)
RE00:
    MOV R2,#8                    ;  数据一共有 8 位
RE01:
    CLR C                        ;  清除进位标志位
    SETB P2.2                    ;  拉高数据线后,等待 1 微秒初始化读
    NOP
    NOP
    CLR P2.2                     ;  拉低数据线后,保持 1 微秒以上使读初始化有效
```

```
        NOP
        NOP
        NOP
        SETB P2.2                  ; 拉高数据线后，开始读操作
        MOV R3,#8
RE10:
        DJNZ R3,RE10               ; 等待15微秒后，写入数据正确
        MOV C,P2.2                 ; 将数据读入累加器
        MOV R3,#21
RE20:
        DJNZ R3,RE20               ; 等待60微秒以上后，进行下一次读操作
        RRC A                      ; 将累加器带进位右移
        DJNZ R2,RE01               ; 如果没读满一个字节，继续读取数据
        MOV @R1,A                  ; 将累加器中的数据存储进地址29H中
        DEC R1
        DJNZ R4,RE00               ; 继续读取高位
        RET
```

5. 显示温度

使用通用2字节数码管来显示采集的温度数据。将缓存中的数据转换成十进制数，然后分别显示十位和个位的数。

```
;- - - - - - - - - - - - - - - - - - - - - - - - - - - - - - -
;显示子程序
;- - - - - - - - - - - - - - - - - - - - - - - - - - - - - - -
DISPLAY:
        MOV A,29H         ;  将29H中的十六进制数转换成10进制
        MOV B,#10         ;  10进制/10=10进制
        DIV AB
        MOV B_BIT,A       ; 十位在A
        MOV A_BIT,B       ; 个位在B
        MOV DPTR,#NUMTAB; 指定查表启始地址
        MOV R0,#4
DPL1:
        MOV R1,#250       ;显示1000次
DPLOP:
        MOV A,A_BIT       ; 取个位数
        MOVC A,@A+DPTR    ; 查个位数的7段代码
        MOV P0,A          ; 送出个位的7段代码
        CLR P2.7          ; 开个位显示
        ACALL D1MS        ; 显示1ms
        SETB P2.7
        MOV A,B_BIT       ; 取十位数
        MOVC A,@A+DPTR    ; 查十位数的7段代码
        MOV P0,A          ; 送出十位的7段代码
        CLR P2.6          ; 开十位显示
```

```
        ACALL D1MS         ;  显示 1ms
        SETB P2.6
        DJNZ R1,DPLOP      ;  100 次没完循环
        DJNZ R0,DPL1       ;  4 个 100 次没完循环
        RET
;1MS 延时
D1MS:
        MOV R7,#80
        DJNZ R7,$
        RET
;实验板上的 7 段数码管 0~9 数字的共阴显示代码
NUMTAB: DB 03FH,06H,5BH,4FH,66H,06DH,07DH,07H,07FH,06FH
```

6. 程序全貌

本实例中，使用温度传感器 DS18B20 来进行温度的采集，将先将温度从 18B20 上采集下来，然后显示在数码管上。

```
;- - - - - - - - - - - - - - - - - - - - - - - - -
;                  温度检测实例
;功能: 从温度传感器 DS18B20 读写，然后将接收到的数据
;        直接显示到两个数码管上
;- - - - - - - - - - - - - - - - - - - - - - - - -

; 这是关于 DS18B20 的读写程序,数据脚 P2.2,晶振 11.0592mhz
; 温度传感器 18B20 汇编程序,采用器件默认的 12 位转化,最大转化时间 750 微秒
; 可以将检测到的温度直接显示到两个数码管上
; 显示温度 00 到 99 度
    ORG 0000H
;- - - - - - - - - - - - - - - - - - - - - - - - -
;单片机内存分配申明
;- - - - - - - - - - - - - - - - - - - - - - - - -
    TEMPER_L EQU 29H      ;  用于保存读出温度的低 8 位
    TEMPER_H EQU 28H      ;  用于保存读出温度的高 8 位
    FLAG1 EQU 38H         ;  是否检测到 DS18B20 标志位
    A_BIT EQU 20h         ;  数码管个位数存放内存位置
    B_BIT EQU 21h         ;   数码管十位数存放内存位置
;- - - - - - - - - - - - - - - - - - - - - - - - -
;主循环，用来反复读温度和显示温度
;- - - - - - - - - - - - - - - - - - - - - - - - -
MAIN:
    LCALL GET_TEMPER      ;  调用读温度子程序
; 进行温度显示,这里考虑用两位数码管来显示温度
; 显示范围 00 到 99 度,显示精度为 1 度
; 因为 12 位转化时每一位的精度为 0.0625 度,不要求显示小数所以可以抛弃 29H 的低 4 位
; 将 28H 中的低 4 位移入 29H 中的高 4 位,这样获得一个新字节,这个字节就是实际测量获得的温度
```

```
        MOV A,29H
        MOV C,40H                  ; 将 28H 中的最低位移入 C
        RRC A
        MOV C,41H
        RRC A
        MOV C,42H
        RRC A
        MOV C,43H
        RRC A
        MOV 29H,A
        LCALL DISPLAY              ; 调用数码管显示子程序
        CPL P1.0
        AJMP MAIN
;-------------------------------------------
; 这是 DS18B20 复位初始化子程序
;-------------------------------------------
INIT_1820:
        SETB P2.2                  ; 拉高 2.2 管脚的电平
        NOP
        CLR P2.2                   ; 拉低 2.2 管脚的电平
; 主机发出延时 537 微秒的复位低脉冲
        MOV R1,#3
TSR1:
        MOV R0,#107
        DJNZ R0,$                  ; 当 R0 不等于 0 时，原地等待
        DJNZ R1,TSR1               ; 当 R1 不等于 0 时，返回 TSR1，用于延时
        SETB P2.2                  ; 然后拉高数据线，将 18B20 中的数据清零
        NOP
        NOP
        NOP
        MOV R0,#25H
TSR2:
        JNB P2.2,TSR3              ; 等待 DS18B20 回应，有回应则跳到 TSR3
        DJNZ R0,TSR2              ; 如果等没到 37 次，则继续等待回应
        LJMP TSR4                 ; 跳转到 TSR4
TSR3:
        SETB FLAG1                ; 置标志位，表示 DS1820 存在
        LJMP TSR5                 ; 跳转到 TSR5
TSR4:
        CLR FLAG1                 ; 清标志位，表示 DS1820 不存在
        LJMP TSR7                 ; 跳转到 TSR5
TSR5:
        MOV R0,#117
TSR6:
        DJNZ R0,TSR6              ; 时序要求延时一段时间
TSR7:
```

```
    SETB P2.2                        ; 拉高数据线
    RET
;- - - - - - - - - - - - - - - - - - - - - - - - - - - - -
; 读出转换后的温度值
;- - - - - - - - - - - - - - - - - - - - - - - - - - - - -
GET_TEMPER:
    SETB P2.2                        ; 拉高数据线
    LCALL INIT_1820                  ; 先复位 DS18B20
    JB FLAG1,TSS2                    ; 如果检测到 18B20,则跳转到 TSS2
    CLR P2.2
    RET                              ; 判断 DS1820 是否存在?若 DS18B20 不存在则返回
TSS2:
    MOV A,#0CCH                      ; 跳过 ROM 匹配
    LCALL WRITE_1820                 ; 调用写 18B20 指令,将累加器中的命令写进 18B20 中
    MOV A,#44H                       ; 发出温度转换命令
    LCALL WRITE_1820                 ; 调用写 18B20 指令,将累加器中的命令写进 18B20 中
; 这里通过调用显示子程序实现延时一段时间,等待 AD 转换结束,12 位的话 750 微秒
    LCALL DISPLAY
    LCALL INIT_1820                  ; 准备读温度前先复位
    MOV A,#0CCH                      ; 跳过 ROM 匹配
    LCALL WRITE_1820
    MOV A,#0BEH                      ; 发出读温度命令
    LCALL WRITE_1820
    LCALL READ_18200                 ; 将读出的温度数据保存到 35H/36H
    CLR P1.4
    RET
;- - - - - - - - - - - - - - - - - - - - - - - - - - - - -
;写 DS18B20 的子程序(有具体的时序要求)
;- - - - - - - - - - - - - - - - - - - - - - - - - - - - -
WRITE_1820:
    MOV R2,#8                        ; 一共 8 位数据
    CLR C                            ; 清除进位标志位
WR1:
    CLR P2.2                         ; 拉低数据线 60 微秒以上后,将数据移位写入 18B20
    MOV R3,#5
    DJNZ R3,$                        ; 等待 60 微秒以上,完成写初始化,然后写入数据,
    RRC A                            ; 将累加器中的数据带进位右移
    MOV P2.2,C                       ; 将进位位写进 18B20 后,等待 15 微秒以上
    MOV R3,#21
    DJNZ R3,$                        ; 等待 15 微秒以上,完成一比特的写操作
    SETB P2.2                        ; 拉高数据线,初始化写
    NOP
    DJNZ R2,WR1                      ; 如果一个字节没写完,继续写
    SETB P2.2                        ; 拉高数据线
    RET
;- - - - - - - - - - - - - - - - - - - - - - - - - - - - -
```

```
;读 DS18B20 的子程序(有具体的时序要求)
;- - - - - - - - - - - - - - - - - - - - - - - - - - - - - -
READ_18200:
; 读 DS18B20 的程序,从 DS18B20 中读出两个字节的温度数据
    MOV R4,#2                    ; 将温度高位和低位从 DS18B20 中读出
    MOV R1,#29H                  ; 低位存入 29H(TEMPER_L),高位存入 28H(TEMPER_H)
RE00:
    MOV R2,#8                    ; 数据一共有 8 位
RE01:
    CLR C                        ; 清除进位标志位
    SETB P2.2                    ; 拉高数据线后，等待 1 微秒初始化读
    NOP
    NOP
    CLR P2.2                     ; 拉低数据线后，保持 1 微秒以上使读初始化有效
    NOP
    NOP
    NOP
    SETB P2.2                    ; 拉高数据线后，开始读操作
    MOV R3,#8
RE10:
    DJNZ R3,RE10                 ; 等待 15 微秒后，写入数据正确
    MOV C,P2.2                   ; 将数据读入累加器
    MOV R3,#21
RE20:
    DJNZ R3,RE20                 ; 等待 60 微秒以上后，进行下一次读操作
    RRC A                        ; 将累加器带进位右移
    DJNZ R2,RE01                 ; 如果没读满一个字节，继续读取数据
    MOV @R1,A                    ; 将累加器中的数据存储进地址 29H 中
    DEC R1
    DJNZ R4,RE00                 ; 继续读取高位
    RET
;- - - - - - - - - - - - - - - - - - - - - - - - - - - - - -
;显示子程序
;- - - - - - - - - - - - - - - - - - - - - - - - - - - - - -
DISPLAY:
    MOV A,29H                    ; 将 29H 中的十六进制数转换成 10 进制
    MOV B,#10                    ; 10 进制/10=10 进制
    DIV AB
    MOV B_BIT,A                  ; 十位在 A
    MOV A_BIT,B                  ; 个位在 B
    MOV DPTR,#NUMTAB             ; 指定查表启始地址
    MOV R0,#4
DPL1:
    MOV R1,#250                  ; 显示 1000 次
DPLOP:
    MOV A,A_BIT                  ; 取个位数
```

```
        MOVC A,@A+DPTR          ; 查个位数的 7 段代码
        MOV P0,A                ; 送出个位的 7 段代码
        CLR P2.7                ; 开个位显示
        ACALL D1MS              ; 显示 1ms
        SETB P2.7
        MOV A,B_BIT            ; 取十位数
        MOVC A,@A+DPTR          ; 查十位数的 7 段代码
        MOV P0,A                ; 送出十位的 7 段代码
        CLR P2.6                ; 开十位显示
        ACALL D1MS              ; 显示 1ms
        SETB P2.6
        DJNZ R1,DPLOP           ; 未到 100 次循环，则继续
        DJNZ R0,DPL1            ; 未到 4 个 100 次循环，则继续
        RET
; 1MS 延时
D1MS:
        MOV R7,#80
        DJNZ R7,$
        RET
; 实验板上的 7 段数码管 0～9 数字的共阴显示代码
NUMTAB: DB 03FH,06H,5BH,4FH,66H,06DH,07DH,07H,07FH,06FH
        END
```

6.2.5　经验总结

本实例是单片机与进行温度检测的实例，也是单片机与 18B20 通信的实例，以下的技巧应该注意。

● 很多简单设备使用一线通信，数据采用移位的方式进行读写，以 Bit 为单位读入和写出。

● 使用一线通信的设备的时候需要注意时序问题，置位，复位，读出数据，写入数据需要注意延迟。

● 使用数码管来显示结果的时候要把十六进制数转化成十进制的数，然后查表显示出来。注意对数码管操作时，数码管不宜闪烁过快，否则容易损坏。

6.3　【实例 52】宽带数控放大器

宽带放大器是指工作频率的上限与下限之比远大于 1 的放大电路。通常上也把相对频带宽度大于20%～30%的放大器列入此类。这类电路主要用于对视频信号、脉冲信号或射频信号的放大。

在自动测控系统和智能仪器中，如果测控信号的范围比较宽，为了保证必要的测量精度，常会采用改变量程的办法。改变量程时，测量放大器的增益也应相应地加以改变；另外，在数据采集系统中，对于输入的模拟信号一般都需要加前置放大器，以使放大器输出的模拟电压适合于模数转换器的电压范围，但被测信号变化的幅度在不同的场合表现不同动态范围，

信号电平可以从微伏级到伏级，模数转换器不可能在各种情况下都与之相匹配。

如果采用单一的增益放大，往往使 A/D 转换器的精度不能最大限度地利用，或致使被测信号削顶饱和，造成很大的测量误差，甚至使 A/D 转换器损坏。使用程控增益放大器就能很好地解决这些问题，实现量程的自动切换，或实现全量程的均一化，从而提高 A/D 转换的有效精度。

实际应用中，常根据不同的要求控制宽带放大器的频率上下限之比，使其在不同带宽时增益在一定的范围内变化，而有时又需要对最小增益、最大增益、增益步进、预置增益与实际增益误差等作出不同的要求。因此，在宽带放大器上增加控制单元，构成宽带数控放大器以适用不同的增益调节需求。数控增益放大器使用方便，操作简单，带宽增益连续可调，适用范围更广，在数据采集系统、自动测控系统和各种智能仪器仪表中得到越来越多的应用。

6.3.1 宽带数控放大器设计原理

1．宽带数控放大器的组成

宽带数控放大器主要由宽带放大部分、控制单元和供电电源三大部分组成。

- 控制单元。

  即根据不同的要求对增益的预制、控制。如 AT89S52 单片机等作为控制单元调控，并作为整个放大器控制的核心，接受用户按键信息以控制增益，实现增益步进调节的间隔，即对可变增益宽带放大器的增益控制电压进行控制；使用 LED（或其他）显示与键盘输入预置的方案。

- 宽带放大部分。

  常采用可变增益宽带放大器 AD603 来提高增益，利用高速宽带视频放大器 AD818 扩大 AGC（自动增益控制）控制范围。

  AD603 能提供由直流到 30MHz 以上的工作带宽，单级实际工作时可提供超过 20dB 的增益，两级级联后即可得到 40dB 以上的增益，通过后级放大器放大输出，在高频时也可提供超过 60dB 的增益。其优点是电路集成度高、条理较清晰、控制方便、易于数字化用单片机处理。

- 供电电源。

  供电电源的质量直接决定了整个数控放大器的性能，所以必须选择高质量的供电电源。

2．AD603 介绍

AD603 是美国模拟器件（Analog Device）公司的高性能、低噪声、90MHz、增益变化范围线性连续可调的集成运放，常用于 RF/IF 的 AGC 控制、视频增益控制、A/D 输入调整、信号测量等领域。其引脚如图 6-10 所示，以下是它的一些具体参数。

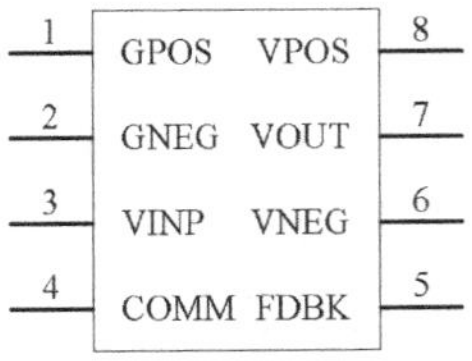

- 电源电压 VPOS：±7.5V。
- 输入信号幅度 VINP：+2V。
- 增益控制端电压 GNEG 和 GPOS：±Vs。

图 6-10 AD603 引脚图

- 功耗：400mW。
- 工作温度范围；AD603A：−40℃～85℃；AD603S：−55℃～＋125℃。
- 存储温度：−65℃～150℃。

各引脚功能如表 6-4 所示。

表 6-4　　　　　　　　　　　　　　　　**AD603 引脚端功能**

引脚	符号	功　　能	引脚	符号	功　　能
1	GPOS	增益控制输入（正电压增加增益）	5	FDBK	连接到反馈网络
2	GNEG	增益控制输入（正电压增加增益）	6	VNEG	负电源电压输入
3	VINP	放大器输入	7	VOUT	放大器输出
4	COMM	放大器地	8	VPOS	正点源电压输入

当引脚 5 和引脚 7 短接时，AD603 的增益可由（1）式来计算：

增益（dB）＝ 40Vg + 10　　　　　　　　　　　　　　（1）

式（1）中，增益的范围在− 10dB～ ＋30dB，Vg 的单位为伏。

当引脚 5 和引脚 7 断开时，增益公式为：

增益（dB）＝ 40Vg + 30　　　　　　　　　　　　　　（2）

式（2）中，增益的范围在 ＋10dB～ ＋50dB。

如果引脚 5 和引脚 7 接电阻，增益范围在两者间。增益控制接口的输入阻抗很高，在多通道或级联应用中，一个控制电压可以驱动多个运放；增益控制接口具有差分输入能力；可根据信号电平和极性选择合适的控制方案。

AD603 的内部结构分为 3 部分，分别为无源输入衰减器、增益控制界面和固定增益放大器。其内部由 R-2R 梯形电阻网络和固定增益放大器构成。加在其梯型网络输入端的信号经衰减后，由固定增益放大器输出，衰减量是由加在增益控制接口的参考电压决定；而这个参考电压可通过单片机进行运算并控制 D/A 转换芯片输出控制电压得来，从而实现较精确的数控。

由图 6-11 可知衰减网络的衰减范围，即增益可调范围为 0dB～42.14dB，输入信号并不直接加到放大器输入端，而是加到梯形衰减网络的输入端，这样就保证了：

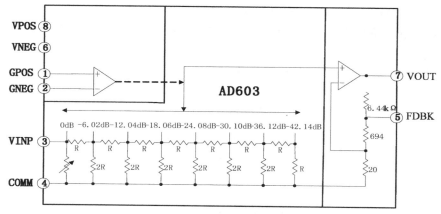

图 6-11　AD603 功能框图

- 固定增益放大器的输入为一弱信号，使信号的失真将很小；
- 带宽的设置与增益的调节相对独立。

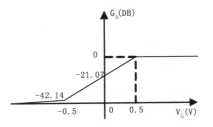

图 6-12　增益控制转换曲线

增益控制接口通过控制电压 $V_G = GPOS - GNEG$ 来控制片内的精确调节器来控制输入信号的衰减量 G_A，增益控制接口的电压——增益转换率为 42.14dB/V，即 23.73mV/dB，其线性转换曲线如图 6-12 所示。其中对 GPOS 与 GNEG 只要求不超过电源电压，增益的调整与其自身电压值无关，而仅与其差值 V_G 有关，并且控制电压 GPOS/GNEG 端的输入电阻高达 50MΩ，即输入电流很小，则片内控制电路对提供增益控制电压的外电路影响很小。以上特点适合构成程控增益放大器。

固定增益放大器通过在图 6-11 中⑤FDBK 与⑦VOUT 之间外加电阻实现运放的增益与带宽设置，当减小外部电阻时加大负反馈时，使增益减小而扩展带宽，反之则增大增益而减小带宽。其增益可由下式决定：

$$G_F = 20\log\left(1 + \frac{694 + 6440 /\!/ R}{20}\right) \tag{3}$$

式中　R——外加电阻；

　　　　G_F——固定增益放大器的增益。

当 R 为短路时，固定增益放大器的增益/带宽值为 31.07dB/90MHz，当 R 为开路时，则为 51.07dB/9MHz，考虑到梯形网络的衰减量，则 AD603 的整体增益可计算为：

$$G = G_A + G_F = 42.14\left[R(V_G) - 0.5\right] + G_F$$

$$R(V_G) = \begin{cases} V_G & (-0.5 \leqslant V_G \leqslant 0.5) \\ -0.5 & (V_G < -0.5) \\ 0.5 & (V_G > 0.5) \end{cases} \tag{4}$$

可见单级 AD603 可提供高达 42.14dB 的动态范围，且增益可调易于调控。

AD603 给出了 3 种典型的应用方法。

- AD603 在带宽 90MHz 时，其增益变化范围为 -10dB～ +30dB。
- 带宽为 30MHz 时，其增益变化范围为 0dB～ +40dB。
- 带宽为 9MHz 时，其增益变化范围为 10dB～ +50dB。

其典型应用电路有 3 种：-10dB～ +30dB，90MHz 带宽应用电路、0dB～ +40dB，30MHz 带宽。

应用电路和单级 +10dB～ +50dB，9MHz 带宽应用电路，分别如图 6-13（a）～（c）所示。

（a）-10 dB～ +30dB，90MHz 带宽应用电路　（b）0dB～ +40dB，30MHz 带宽应用电路（c）单级 +10dB ～ +50dB，9MHz 带宽应用电路

图 6-13　AD603 应用

6.3.2 硬件设计

宽带数控放大器的硬件主要由 AT89S52 单片机、DA 转换芯片 DAC0832、2 片 LM358 运放、增益连续可调的集成运放 AD603、键盘模块、供电电源以及多片串并转换芯片 74LS164 和同样片数的 7 段数码管等部分组成，具体原理框图如图 6-14 所示。

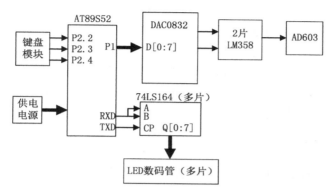

图 6-14 宽带数控放大器硬件设计原理图

6.3.3 程序设计

宽带数控放大器的软件流程图如图 6-15 所示。

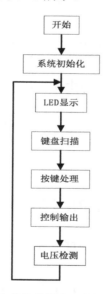

图 6-15 宽带数控放大器的软件流程图

参考宽带数控放大器软件流程图，就可以很容易地写出该宽带数控放大器的 C 语言程序，这里不再赘述。

6.3.4 实例实现过程

AT89S52 单片机作为整个放大器控制的核心，接受用户按键信息以控制增益，实现增益步进调节的间隔，即对 AD603 的增益控制电压进行控制，使用 LED 显示与键盘输入预置。由键盘输入控制数据，控制数据进入单片机，依据实际要求经过运算，单片机做出相应的反应。单片机外围与 DAC0832 相连，D/A 转化部分由 DAC0832 和两片 LM358 运放组成。

D/A 转化部分由 DAC0832 和两片 LM358 运放组成。增益预置值通过键盘输入之后，经过单片机运算后送至 D/A 转换器转换成 0V～ +1V 的控制电压。DAC8032 是 8 位的 D/A 转换器，8 位数据可以表示 256 种状态，只取前 200 种。对应 40dB 的增益，步进精度为 40/200 = 0.2dB。具体的实现过程是：首先，由键盘输入控制数据；然后，控制数据进入单片机，依据实际要求经过运算，单片机做出相应的反应；单片机外围与 DAC0832 等相连，实现将 CPU 输送的预置数字大小转换成对应的控制电压然后经过 LM358 运放进行调整；使其能够达到的需求。增益控制电压输出到放大电路并且调节放大电路，使放大电路产生相应的变化，改变放大增益，从而达到步进增益的控制。

6.3.5　经验总结

在宽带数控放大器的设计过程中，需要注意以下问题。

1．AD603 的使用

AD603 应用中要注意以下几点。
- 供电电压一般选为±5V，最大不得超过±7.5V。
- ±5V 供电情况下，加在输入端 VINP 的信号额定电压有效值为 1V，峰值为±1.4V，最大不超过±2V，因此要扩大测量范围，AD603 的前面必须加一级衰减；输出电压峰值的典型值可达±3.0V，因此 AD603 后面通常要加一级放大才能接 AD 转换器。
- 电压控制端所加的电压必须非常干净，否则将使增益不稳定，从而增加放大信号的噪声。
- 信号地必须直接连在放大器的第 4 引脚，否则由于大的阻抗将引起放大器精度的降低。

2．系统的抗干扰设计

做好系统的抗干扰设计是保证宽带数控放大器可靠、稳定工作的前提，具体涉及以下方面工作。
- 将输入部分和增益控制部分装在屏蔽盒中或其他具有良好屏蔽功能的器皿当中，避免级间干扰和高频自激。
- 电源输入级电源靠近屏蔽盒就近接上 1 000μF 左右的电解电容，盒内接高频瓷片电容，这样可以有效的避免低频自激。
- 将所有信号耦合用电解电容两端并接高频瓷片电容，以防止高频增益下降。
- 构建闭路环：在输入级，将整个运放用较粗的地线或接地敷铜包围，可吸收高频干扰信号，减少噪声。在增益控制部分也采用了此方法。
- 数模隔离：数字部分和模拟部分之间尽量分开，尤其是各控制信号最好采用电感进行隔离。

第 7 章　智能仪表与测试技术

7.1　【实例 53】超声波测距

7.1.1　实例功能

超声波测距是一种利用超声波的可定向发射、指向性好等特性、结合电子计数等微电子技术来实现的非接触式检测方式。在使用中不受光线、电磁波、粉尘等因素影响，加之信息处理简单、成本低、速度快，在避障、车辆的定位与导航、液位测量等领域应用更为广泛。

本实例利用超声波的反射特性，结合单片机的定时器和中断功能，检测障碍物的距离，并将其显示在数码管上。从而实现了一个简单的超声波测距装置。

7.1.2　典型器件介绍

超声波传感器有多种结构形式，可分成直探头接收纵波、斜探头接收横波、表面波探头接收表面波、收发一体式探头、收发分体式双探头等。超声波传感器分通用型、宽频带型、耐高温型、密封放水型等多种产品。一般电子市场上出售的超声波传感器常见的有收发一体式和收发分体式两种。其中收发一体式就是发送器和接受器为一体的传感器，既可发送超声波，又可接受超声波。收发分体式则是发送器用作发送超声波，接受器用作接受超声波。

在超声波测量系统中，频率取得太低，外界的杂音干扰较多，频率取得太高，在传播的过程中衰减较大，检测距离越短，分辨力也变高。可根据实际情况进行选用。本实例采用 40KHz 收发分体式超声波传感器，由一支发射传感器 UCMT40K1 和一支接受传感器 UCMR40K1 组成。

7.1.3　硬件设计

系统硬件电路主要包括 3 个部分：发射电路、检测电路、显示电路。系统整体框图如图 7-1 所示。发射电路采用单片机端口编程输出 40kHz 左右的方波脉冲信号，同时开启内部定时器 T0。单片机的输出端口一般驱动能力较弱，为增大测量距离可在发射电路上增加功率放大电路。从接收传感器探头传来的超声回波很微弱（几十个 mV 级），又存在较强的噪声，所以必须增加放大电路和抑制噪声电路。

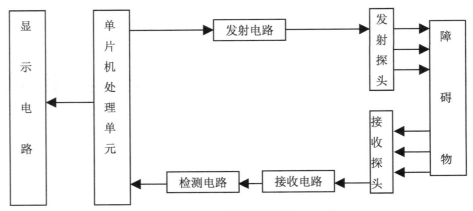

图 7-1 系统结构框图

放大电路输出的信号是连续的正弦波叠加信号，而单片机所能接受的中断响应信号常为下降沿脉冲信号，故需要在放大电路后增加比较电路，将正弦信号转换成方波信号，用方波的负跳变作单片机的中断输入，使得单片机知道已接收到超声信号，内部计数器停止计时。

显示电路可采用多种方式，液晶、数码管等都可以，本例中采用 3 位动态显示。数据 XXX 表示 XXXCM。

1. 发射电路的设计

发射电路设计的主要目的是抬高输入到发射探头的电压及其功率。本例用单片机 P1.0 发射一组方波脉冲信号，其输出波形稳定可靠，但输出电流和输出功率却很低，不能够推动发射传感器发出足够强度的超声信号，所以在此间加入一单电源乙类互补对称功率放大电路。如图 7-2 所示。

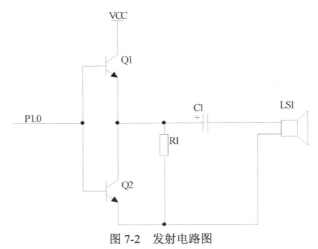

图 7-2 发射电路图

本例中 VCC 采用 12V。选用 100μF/50F 的电解电容，负载电阻为 45Ω。功率管选用

2SC1815，2SA1015 两匹配三极管，其耐压 BVCEO 为 50V。

2. 接收电路的设计

接收电路主要包括两部分：前置放大电路和带通滤波电路。

前置放大电路单元的作用是对有用的信号进行放大，并抑制其他的噪声和干扰，从而达到最大信噪比。如图 7-3 所示。

本例中取 R2 = 1kΩ，R3 = 200kΩ，R4 = 1kΩ，即放大电路将信号放大 200 倍。

在传感器接收的信号中，除了障碍物反射的回波外，总混有杂波和干扰脉冲等环境噪声，而前端放大电路在放大有用信号的同时，会将一部分的噪声信号同时放大，并没有提高输入信号的信噪比。总噪声主要包括 50Hz 的工频干扰，以及在高频率段的接收机内部噪声。可用运算放大器构成一带通滤波器，保留 40kHz 有用信号，滤除干扰，如图 7-4 所示。

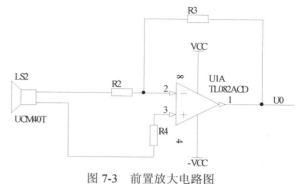

图 7-3　前置放大电路图

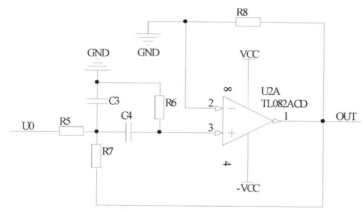

图 7-4　带通滤波电路图

从工程实践考虑，与运放两个输入端相连的外接电阻必须满足平衡条件，即：R6=R8//R7=2R = 8kΩ。由此可得 R7 = 12.8kΩ，R8 = 21.3kΩ。

3. 检测电路的设计

检测电路要求保证每次接收信号都能被准确地鉴别出来，通常利用比较器将输入信号与某一固定电平进行比较，输出不同的电平来产生上升或下降沿触发，转换成数字脉冲去触发单片机的外中断引脚。该电路如图 7-5 所示。由于 LM393 是开漏输出，所以在输出端加上拉电阻 R11。电容 R5 起简单滤波作用。R9、R10 分压得到参考电压。前级放大滤波电路输出是 5V 左右连续信号连续叠加，所以分别取 R9 = 20kΩ，R10 = 1kΩ，参考电压为 238mV。

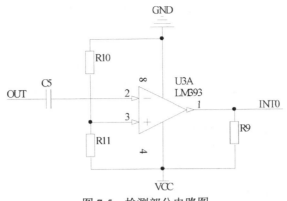

图 7-5   检测部分电路图

7.1.4   程序设计

系统软件主要实现以下 3 个功能：信号的发射控制、数据存储处理和显示输出。为了得到发射信号与接收回波间的时间差，要读出此时计数器的计数值，但此值不能作为距离值直接显示输出，计数值与实际的距离值之间转换公式为：$S = 0.5 \times V \times T = 0.5 \times 344 \times T = 172 \times T$，其中，T 为发射信号到接收之间经历的时间。由于单片机是按照十六进制进行运算，所以得出的并不能直接显示，需要进行转换。在这个部分中，信号处理主要包括计数值与距离值换算，以及二进制与十进制转换。

整个系统的软件结构可以分为主程序、子程序和中断服务程序分别如图 7-6、图 7-7和图 7-8 所示。在初始化以及调用发射子程序后打开定时器开始计时，程序进入中断响应的等待。程序的初始化主要是定时器的初始化，程序如下。

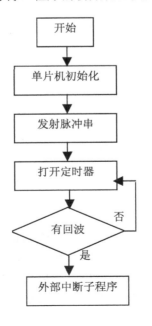

图 7-6   主程序流程图

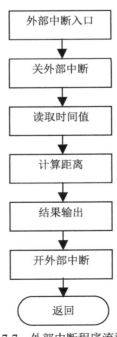

图 7-7   外部中断程序流程图

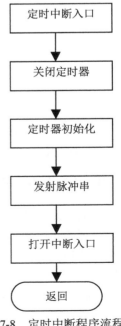

图 7-8   定时中断程序流程图

```
/*- - - - - - - - - - - - - - -
文件名称:Ultra_Sonic.C
功能：超声波测量障碍物距离，并在数码管显示
说明：障碍物要能反射超声波
- - - - - - - - - - - - - - - */
#include <reg51.h>
#define P1_0  P1^0
void  main()
{
  TMOD = 0X01;                          //定时器 0 初始化为方式 1
  TL0 = 0X00;
  TH0 = 0X00;
  ET0 = 1;                              //开定时器 0 中断
  IT0 = 1;                              //设置外部中断边沿触发
  EX0 = 1;                              //打开外部中断 0
  EA = 1;                               //打开总中断
  TR0 = 1;                              //打开定时器 0
  while(1);                             //等待外部中断
}
/*******************************
函数名称: void  INT0_SVC()
功能：中断服务程序，计算得到相应的距离值，同时转换为十进制，显示输出
说明：
入口参数：无
返回值：无
*******************************/
void  INT0_SVC()  interrupt 0
{
  unsigned char datl,dath;
  unsigned int dat;
  EX0 = 0;                              //关闭中断
  datl = TL0;
  dath = TH0;                           //读取时间值 T
  dat = dath*256 + datl;                //计算得到 16 进制数据
  dat = MULD(dat);                      //乘法子程序
  dat = ADJ(dat);                       //十进制调整
  DISP(DAT);                            //送显示
}
/*******************************
函数名称: void  TIM0_SVC()
功能：定时器中断服务程序，发送脉冲串
说明：由于 51 单片机定时器最多为 16 位，当测量的距离太远时，定时器就会发生溢出。必须对溢
      出中断进行相应的设置才能使得单片机正常工作。电路的测量距离有限最远为 5m
```

```
入口参数：无
返回值：无
********************************/
void TIM0_SVC() interrupt 1
{
 EX0 = 0;
 TR0 = 0;
 TL0 = 0;
 TH0 = 0;
 TR0 = 1;
 EX0 = 1;
 P1_0 = 1;                              //发射脉冲
 P1_0 = 0;
}
```

7.1.5 经验总结

超声波方法作为非接触测量，已经在很多领域得到应用。此系统在空气中测量范围为
0m～4m。测量时要求被测表面比较光滑平坦，超声波能够被反射回来。经试验此系统线性
度、稳定性和重复性都比较好。若需更进一步提高系统的精度，可通过扩展温度传感器，
测量环境温度，计算出当时声速速度，进而计算距离。

7.2 【实例 54】简易数字频率计

7.2.1 实例功能

频率是指周期性信号在单位时间（1s）内变化的次数，若在一定时间间隔 T 内测得这
个周期性信号的重复变化次数 N，则其频率 f 可表示为 f=N/T。

使用 51 单片机进行频率测量的方法有如下 2 种。

● 测频法：在限定的时间内（如 1s）检测频率信号的脉冲个数。
● 测周法：测试限定的脉冲个数之间的时间。

这两种方法的测量原理是相同的，但在实际中需要根据待测频率的范围、51 单片机的
工作频率以及所要求的测量精度等因素进行选择，在简易数字频率计中，使用的是测频法，
其使用定时计数器来确定了在固定时间 T 内的脉冲个数 N，然后根据这个 N 值来计算对应
的频率。

7.2.2 简易频率计的电路结构

简易频率计的电路如图 7-9 所示，它使用 51 单片机的内部定时计数器来进行输入频率的
测量，所以将输入的频率信号直接连接到 51 单片机的 P3.4（T0）引脚上。综合考虑到驱动

方便的因素，频率计使用一个 6 位的 8 段共阳极数码管来显示频率值，使用 51 单片机的 P0 端口作为数码管的数据交互端口，使用 P2 端口作为数码管的位选择端口。

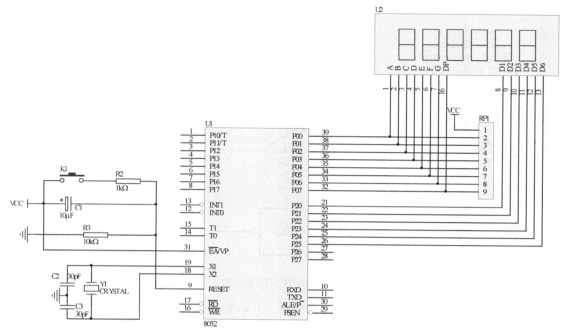

图 7-9 简易频率计的应用电路

简易频率计电路涉及的典型器件如表 7-1 所示。

表 7-1 简易频率计电路涉及的典型器件说明

器 件 名 称	说 明
晶体	51 单片机的振荡源
51 单片机	51 单片机，系统的核心控制器件
电容	滤波，储能器件
电阻	限流，上拉
电阻排	上拉
8 位数码管	显示器件

7.2.3 简易频率计的应用代码

简易频率计的软件可以划分为频率测量和计算以及显示驱动两个模块，其流程如图 7-10 所示。

- 频率测量和计算模块：测量当前的频率值，并且将其规格化为可以送出给数码管显示的数据。
- 显示驱动模块：将测量得到的当前频率值送数码管显示。

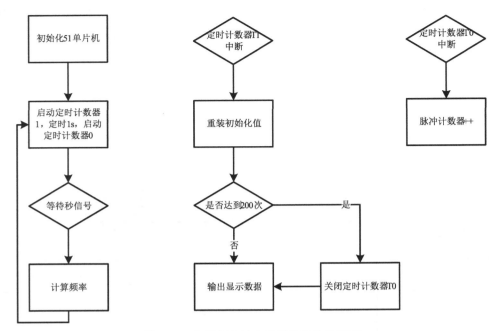

图 7-10　简易频率计应用系统的软件流程

下面是简易频率计的 C51 语言的应用代码，其中的 HzCal 函数用于拼接 T0 的数据寄存器 TH0 和 TL0 以及拆分显示数据，而 t0 函数则用于将当前的脉冲计数器加 1；在定时计数器 T1 的中断服务子函数中控制 P2 引脚对数码管进行扫描，并且将对应的显示数据输出：

```c
#include <AT89X52.H>
unsigned char code dispbit[]={0xfe,0xfd,0xfb,0xf7,0xef,0xdf,0xbf,0x7f};
                                                    //P2 的扫描位
unsigned char code dispcode[]={0x3f,0x06,0x5b,0x4f,0x66,
                0x6d,0x7d,0x07,0x7f,0x6f,0x00,0x40}; //数码管的字形编码
unsigned char dispbuf[8]={0,0,0,0,0,0,10,10};       //初始化显示值
unsigned char temp[8];                              //存放显示的数据
unsigned char dispcount;                            //显示计数器值
unsigned char T0count;                              //T0 的计数器值
unsigned char timecount;                            //计时计数器值
bit flag;                                           //标志位
unsigned long x;                                    //频率值
//频率计算函数
void HzCal(void)
{
  unsigned char i;
  x=T0count*65536+TH0*256+TL0; //得到 T0 的 16 位计数器值
  for(i=0;i<8;i++)
  {
    temp[i]=0;
  }
        i=0;
```

```
           while(x/10)                              //拆分
             {
               temp[i]=x%10;
               x=x/10;
               i++;
             }
           temp[i]=x;
           for(i=0;i<6;i++)                         //换算为显示数据
             {
               dispbuf[i]=temp[i];
             }
           timecount=0;
           T0count=0;
    }

void main(void)
{

    TMOD=0x15;                                      //设置定时器工作方式
    TH0=0;
    TL0=0;
    TH1=(65536-5000)/256;
    TL1=(65536-5000)%256;                           //初始化 T1
    TR1=1;
    TR0=1;
    ET0=1;
    ET1=1;
    EA=1;                                           //开中断

    while(1)
      {
        if(flag==1)
          {
            flag=0;
            HzCal();                                //频率计算函数
            TH0=0;
            TL0=0;
            TR0=1;
          }
      }
}
//定时器 T0 中断服务子函数
void t0(void) interrupt 1 using 0
{
  T0count++;
}
```

```
//定时器 T1 中断服务子函数
void t1(void) interrupt 3 using 0
{
  TH1=(65536-5000)/256;
  TL1=(65536-5000)%256;               //初始化 T1 预装值，1ms 定时
  timecount++;                         //扫描
  if(timecount==200)                   //秒定时
    {
      TR0=0;                           //启动 T0
      timecount=0;
      flag=1;
    }
  P2=0xff;                             //初始化选择引脚
  P0=dispcode[dispbuf[dispcount]];     //输出待显示数据
  P2=dispbit[dispcount];
  dispcount++;                         //切换到下一个选择引脚
  if(dispcount==8)                     //如果已经扫描完成切换
    {
      dispcount=0;
    }
}
```

7.2.4　经验总结

本方案采用的是用频率测量和计算模块来测量频率值，将测量到的数值规格化之后，发送到数码管，这时显示驱动模块，就会根据测量值显示相应的数据了。

7.3　【实例 55】基于单片机的电压表设计

7.3.1　实例功能

数字万用表（DVM）是一个具有数字显示功能的多量程仪表，它是测量仪表中最常用的工具，本节将介绍一种基于单片机的量程为 0V～20V 的数字电压表的设计方案。

7.3.2　电压表设计原理

简易的数字电压表的设计方案如图 7-11 所示。通过电路将需要采集的电压信号分为 0V～5V 和 5V～20V 两个挡，0V～5V 信号将直接进入 A/D 转换进行测量，5V～20V 信号通过分压网络进行分压，使其范围落在 0V～5V，然后进入 A/D 转换进行测量，单片机采集 A/D 转换的结果，通过算法计算得到所测得的实际电压值，然后将此值往显示电路显示。

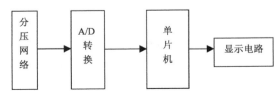

图 7-11　数字电压表系统原理图

7.3.3 硬件设计

系统硬件电路由 3 部分组成：电压信号采集电路、A/D 转换电路、显示电路。

1. 电压信号采集电路

如图 7-12 电压信号经 SIGNAL 端对地输入。R3、R4 对输入信号进行分压；TL431 和电阻 R7、R8 产生 1.25V 的基准源；LM393 构成比较器，当正端输入大于负端输入时将输出高电平（＋5V），当正端输入小于负端输入时将输出低电平（0V）；K1 为常闭继电器；8550 组成开关电路，当 LM393 输出高电平时，8550 导通，电流经 R2 和 8550 集电极流向继电器 K1 源绕组从而关断继电器。

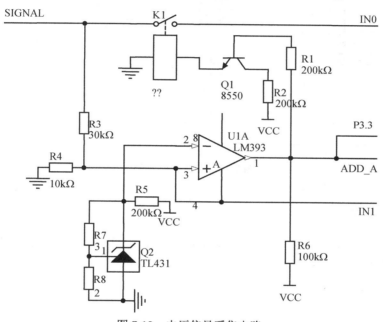

图 7-12 电压信号采集电路

通过上述分析我们不难得出：当输入信号小于 5V 时，电阻 R4 端电压小于 1.25V，LM393 输出低电平，8550 截止，继电器导通，信号直接传递至 AD 转换的通道 0；当输入信号大于 5V 而小于 20V 时，电阻 R4 端电压大于 1.25V，LM393 输出高电平，8550 导通，继电器截至，信号经 R3、R4 分压后，转变为 0V～5V 信号传递至 AD 转换的通道 1。同时单片机引脚 P3.3 和 A/D 转换芯片 0809 引脚 ADD-A 变为高电平。

2. A/D 转换电路

A/D 转换电路采用 ADC0809 完成。ADC0809 是一款 8 位逐次逼近型 A/D 转换器。带 8 个模拟量输入通道，内带地址译码锁存器，内带输出三态锁存器，脉冲启动，转换时间 100μs。其电路原理图如图 7-13 所示。ADC0809 数据接口与单片机 P1 口连接，时钟端通过单片机 ALE 引脚产生，参考电压为 ＋5V，0V（图中单片机部分其他电路未画出）。

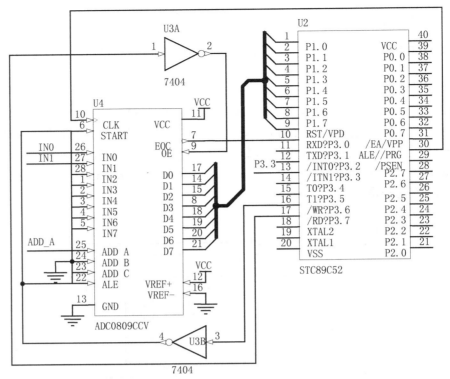

图 7-13   A/D 转换原理图

3．显示部分电路

显示部分采用 4 位动态显示。数据端口与单片机 P0 口相连，地址选通端为 P2.0、P2.1、P2.2、P2.3（参见第 4 章 4.6 节）。

7.3.4   程序设计

程序员代码如下。

```
/*-----------------
文件名称：DVM.C
功能：数字电压测量仪
说明：测量范围 0～20V，两挡：0V～5V;5V-20V,自动切换
-----------------*/
#include <AT89X52.H>
unsigned char code dispbitcode[ ] = {0x77,0xbb,0xdd,0xee};
unsignedcharcodedispcode[            ]          =
{0x3f,0x06,0x5b,0x4f,0x66,0x6d,0x7d,0x07,0x7f,0x6f,0x00};
unsigned char dispbuf[8] = {0,0,0,0,0,0,0,0};
unsigned char dispcount = 0,flag;
unsigned char getdata;
unsigned int temp;
```

```
sbit ST = P3^6;
sbit OE = P3^7;
sbit EOC = P3^0;
sbit DA = P3^5;

void main(void)
{
  unsigned char i,j,k;
  while(1)
  {
   ST = 1;
   ST = 0;
   ST = 1;
   if(EOC = =1)
    {
     OE = 0;
    getdata = P1;
    OE = 1;
    temp = getdata;
    temp = temp*100;
    if(DA = =1)
      {
        temp = temp/51;
         temp = temp*4;
       }
    }
    Else
      {
        temp = temp/51;
       }
    for(i = 0;i<8;i + +)
     {
      dispbuf[i] = 0;
     }
     i = 0;
     while(temp/10)
     {
       dispbuf[i] = temp%10;
       temp = temp/10;
       i + +;
     }
     dispbuf[i] = temp;
     for(k = 0;k< = 3;k + +)
     {
      P0 = dispcode[dispbuf[k]];
       P2 = dispbitcode[k];
```

```
if(k = =2)
P0 = P0 | 0x80;
for(j = 0;j< = 110;j + +) {}
}
}
}
```

7.3.5　经验总结

此方案可用于简单的电压测量，成本低，实现容易，精度可以达到 0.1%，即 20mV。ADC0809 为 8 通道 A/D 转换器，进行简单的外围电路设计就可增加电阻、电流的测量功能。单片机尚有 I/O 口的剩余，可方便地扩展其他功能，比如语音报值功能。

7.4 【实例 56】基于单片机的称重显示仪表设计

7.4.1　实例功能

称重显示仪表广泛应用于建筑、化工、超市、道路等行业，其主要的技术指标便是精度问题。采用普通的 8 位 A/D 转换器，其转换精度只能达到 1/256，若测量 1 000 公斤的物体，其误差最小为 4 公斤，这是不能满足我们进行大重量的测量的要求，本节介绍一种基于 24 位 A/D 转换芯片 AD7730 的高精度称重显示仪表的设计方案，其精度在 1 000 公斤量程时可以达到 0.1 公斤。

7.4.2　典型器件介绍

传感器部分采用 JLBS-S 型拉力传感器，采用了箔式应变片贴在合金钢弹性体上，具有测量精度高、稳定性能好、温度漂移小、输出对称性好、结构紧凑的特点。其内部组成惠斯等电桥结构，输出为 2mV。即传感器供电电压每增加 1V，传感器信号输出端满量程输出则增加 2mV。在本节的设计中我们提供 10V 供桥电压。其差分信号输出范围为 0mV～20mV。

A/D 转换器采用 ADI 公司推出的一款高分辨率的 A/D 转换器 AD7730。其具有双通道差分模拟输入、24 位无失码、21 位有效分辨率、± 0.0018%线性误差等特点。由于采用∑-Δ 转换技术，量化噪声被移至 A/D 转换的频带以外，因此 AD7730 特别适合用于宽动态范围内的低频信号 A/D 转换，具有优良的抗噪声性能。输入信号分为有极性与无极性两种选择。无极性输入时，输入信号 0mV～20mV、0mV～40mV、0mV～60mV、0mV～80mV 可选；有极性输入时，输入信号 0mV～± 10mV、0mV～± 20mV、0mV～± 30mV、0mV～± 40mV 可选。本例中选择输入信号范围为无极性，0mV～20mV。

7.4.3　硬件设计

硬件电路设计主要包括 A/D 转换部分、键盘显示电路、存储电路，如图 7-14 所示。

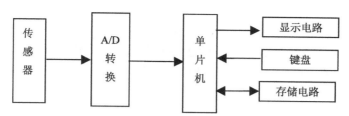

图 7-14 称重显示仪表的系统框图

1. A/D 转换电路

传感器输出 0mV～20mV 差分信号通过 S +和 S-端输入到 AD7730，待转换结束后 RDY 端将输出持续低电平信号，此端与单片机 I/O 口 P1.6 相连，以便检测其状态。R1、R3 与 C7 组成低通滤波电路对差分信号进行滤波。

DIN、DOUT、SCK 为串行通信接口，与单片机 I/O 口 P1.3、P1.4、P1.5 连接，通过编程完成与单片机的数据传递。CS 为片选端，当 CS 端出现一高低电平的跳变将启动转换，此引脚也与单片机 I/O 口 P2.0 连接。TL431 产生 2.5V 基准电压。RESET 端与单片机 I/O 口 P1.7 相连，如图 7-15 所示。

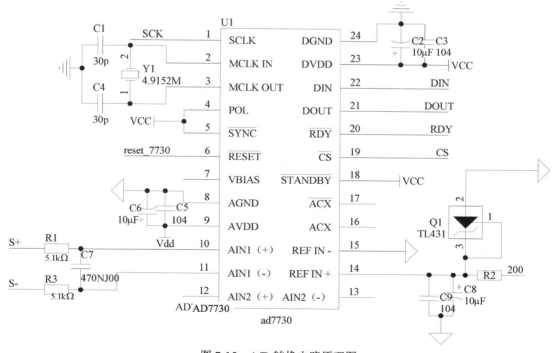

图 7-15 A/D 转换电路原理图

2. 键盘显示电路

键盘显示部分采用 ZLG7289 完成详细设计，其占用单片机 INT0、P1.0、P1.1、P1.2 口。

3. 存储电路

存储电路采用 I^2C 总线 EEPROM24C02 完成详细设计。其中 SCK、SDA 分别与单片机 I/O 口 P2.1、P2.2 相连，主要完成对系统通信波特率、皮重、校称值等信息的储存。

7.4.4 程序设计

程序设计主要包括主程序、按键中断子程序、通信中断子程序，其流程如图 7-16 所示。

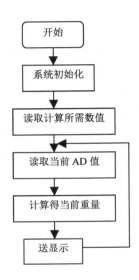

图 7-16 主程序流程图

系统上电后，首先进行初始化各项参数，然后读取皮重 AD 值（即没有任何物体放入时所读取的 A/D 转换的值）和校称 AD 值（校称时所读取得 AD 转换的值）和校称值（校称时输入的实际物体的重量），读取当前 A/D 转换值后，通过公式计算得到当前重量。然后送往数码管显示。

$$当前重量 = \frac{(当前AD值 - 皮重AD值) \times 校称值}{(校称AD值 - 皮重AD值)}$$

其中 AD7730 操作程序如下。

```
/*- - - - - - - - - - - - - - -
文件名称: weight.C
功能: 高精度重量测量、显示
- - - - - - - - - - - - - - - - - -*/
#include <reg52.h>
sbit AD7730_CS = P2^0;
sbit AD7730_SCLK = P1^3;
sbit AD7730_DIN = P1^4;
sbit AD7730_DOUT = P1^5;
sbit AD7730_RDY = P1^6;
sbit AD7730_RST = P1^7;
```

```
void WriteByteToAd7730(unsigned char WriteData);
unsigned char ReadByteFromAd7730(void);
void Ad7730_Ini(void);
long ReadAd7730ConversionData(void);
/*******************************
```
函数名称: void WriteByteToAd7730(unsigned char WriteData)
功能: AD7730 写寄存器函数
入口参数: WriteData: 要写的数据
返回值: 无
```
*******************************/
void WriteByteToAd7730(unsigned char WriteData)
{
    unsigned char i;
    AD7730_CS = 0;
    for(i = 0;i<8;i + +)
    {
        AD7730_SCLK = 0;
        if(WriteData&0x80)AD7730_DIN = 1;
        else AD7730_DIN = 0;
        WriteData = WriteData<<1;
        AD7730_SCLK = 1;
    }
    AD7730_DIN = 0;
    AD7730_CS = 1;
}


/*******************************
```
函数名称: unsigned char ReadByteFromAd7730(void)
功能: AD7730 读寄存器函数
入口参数: 无
返回值: 从 AD7730 读出的数据
```
*******************************/
unsigned char ReadByteFromAd7730(void)
{
    unsigned char i;
    unsigned char ReadData;
    AD7730_CS = 0;
    AD7730_DIN = 0;
    ReadData = 0;
    for(i = 0;i<8;i + +)
    {
        AD7730_SCLK = 0;
        ReadData = ReadData<<1;
        if(AD7730_DOUT)ReadData+ = 1;
        AD7730_SCLK = 1;
    }
```

```
    AD7730_CS = 1;
    return(ReadData);
}
/*AD7730 初始化函数*/
/*******************************
函数名称: void Ad7730_Ini(void)
功能: AD7730 初始化程序
入口参数: 无
返回值: 无
*******************************/
void Ad7730_Ini(void)
{
    unsigned char i;
    WriteByteToAd7730(0x03);   /* 写通信寄存器, 下一次对滤波寄存器进行操作*/
    WriteByteToAd7730(0x80);
    WriteByteToAd7730(0x00);
    WriteByteToAd7730(0x10);   /* 50Hz 频率输出转换值, CHOP 模式*/
    WriteByteToAd7730(0x04);   /* 写通信寄存器, 下一次对 DAC 寄存器进行操作*/
    WriteByteToAd7730(0x20);   /*2.5V 基准输入*/
    WriteByteToAd7730(0x14);
    i = ReadByteFromAd7730();    /*读 DAC 寄存器判断数据是否正确*/
    WriteByteToAd7730(0x02);   /* 写通信寄存器, 下一次对模式寄存器进行操作*/
    WriteByteToAd7730(0xb1);
    WriteByteToAd7730(0x10);   /* 写模式寄存器 0-20mv 输入 2.5v 基准*/
    while(AD7730_RDY)RstWDT();/* 等待 RDY 信号*/
    WriteByteToAd7730(0x02);   /* 写通信寄存器, 下一次对模式寄存器进行操作*/
    WriteByteToAd7730(0x91);
    WriteByteToAd7730(0x10);   /* 进行零刻度校准*/
    while(AD7730_RDY)RstWDT();/* 等待 RDY 信号*/
    WriteByteToAd7730(0x02);   /* 写通信寄存器, 下一次对模式寄存器进行操作*/
    WriteByteToAd7730(0x31);
    WriteByteToAd7730(0x10);
    while(AD7730_RDY)RstWDT();
}
/*******************************
函数名称: long ReadAd7730ConversionData(void)
功能: 读 AD 转换结果
入口参数: 无
返回值: 转换后的结果
*******************************/
long ReadAd7730ConversionData(void)
{
    long ConverData;
    WriteByteToAd7730(0x21);    /*写通信寄存器, 下一次对数据寄存器进行操作*/
    AD7730_DIN = 0;
    while(AD7730_RDY)RstWDT();/* 等待 RDY 信号*/
```

```
    if(!AD7730_RDY)
    {
        ConverData = 0;
        ConverData = ReadByteFromAd7730();
        ConverData = ConverData<<8;
        ConverData = ReadByteFromAd7730() + ConverData;
        ConverData = ConverData<<8;
        ConverData = ReadByteFromAd7730() + ConverData;
    }
    /* 读取转换结果*/
    WriteByteToAd7730(0x30);/*结束读操作*/
    return(ConverData);
}
//主函数
main()
{
  long dat;
  AD7730_RST = 0;
  AD7730_RST = 1;
  Ad7730_Ini();
  while(1)
  dat = ReadAd7730ConversionData();
}
```

7.4.5　经验总结

此方案经实际验证，精度高，系统稳定，能很好地满足大量程称重系统的设计。缺点在于 AD7730 价格偏高。

7.5　【实例 57】基于单片机的车轮测速系统

7.5.1　实例功能

本设计中采用红外传感器将转速转变为脉冲，然后将脉冲数据交单片机处理，单片机计算一定时间内脉冲的个数，由计数值转变为速度值并送数码管显示速度。

7.5.2　典型器件介绍

传感器采用一对红外发射接收管，当红外发射、接收管都正常工作时，LM339 的负输入端 4 为低电平，输出端 2 为高电平；当红外接收管被外物挡住时，红外接收管不工作，LM339 的负输入端 4 为高电平，输出端 2 为低电平，单片机程序设置为外部中断下降沿触发有效，实现了中断触发功能。

7.5.3　硬件设计

系统原理图如图 7-17 所示。

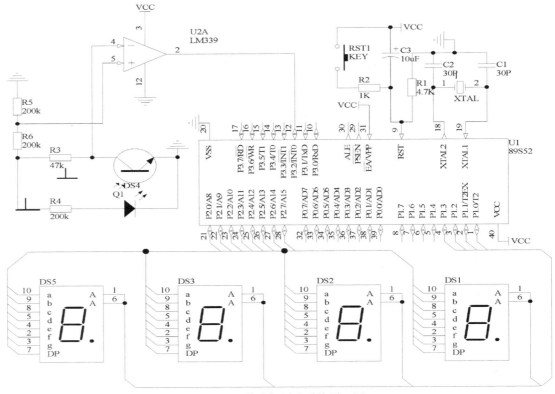

图 7-17　单片机测速系统原理图

7.5.4　程序设计

本实例测速原理为相邻两个红外探测器的圆弧距离和通过这段圆弧所需的时间相除来计算速度。通过圆弧所需的时间则正好是连续两个脉冲的时间间隔，也就是连续两次中断的时间间隔。具体程序如下。

```
/*- - - - - - - - - - - - - - -
文件名称：speed.C
功能：脉冲方式车轮测速
说明：系统主时钟为 6MHz，定时间隔为 512μs
- - - - - - - - - - - - - - - - -*/
#include <reg51.h>
    unsigned char  K = 100;    //相邻两个红外线探测器之间的圆弧长度，这里预设为100mm
    unsigned int  t0_num = 0;//t0定时器中断次数计数
    unsigned int  speed;              //用来存储计算出的速度，单位为 km/h
    unsigned char  int0_flag = 0;    //int0的中断标志位
    unsigned char  t0_max = 65000;  //定时器 0 的最大中断次数，防止当车轮不转时，数据溢出
```

```
//主函数
void  main()
  {
      //初始化中断,下降沿有效
      EA = 0;
      IT0 = 1;
      EX0 = 1;
      //初始化定时器 T0，方式 2，8 位自动重载方式。在 6MHz 主频时，定时间隔为 512μs
      TMOD = 0x02;
      TL0 = 0xff;
      TH0 = 0xff;
      //开启中断
      EA = 1;
      while(1)
      {
          if(int0_flag = =2)              //连续中断两次，则进行速度计算
              {
                  speed = (K*3600)/(t0_num*512);//计算速度
                  disp(speed,0);          //显示速度，详见第 4 章 4.6 七段数码管显示实例
                  t0_num = 0;
                  int0_flag = 0;
                  EA = 1;
              }
      }
  }


/********************************
函数名称: void int0_fun() interrupt 0
功能: int0 中断处理函数
说明: 设置 int0_flag 的值，并根据 int0_flag 启动或关闭定时器 T0
入口参数: 无
返回值: 无
*******************************/
 void int0_fun()  interrupt 0
 {
     if(int0_flag = =0)
         {
             TR0 = 1;
         }
         int0_flag + +;
         if(int0_flag = =2)
             {
                 TR0 = 0;
                 EA = 0;
         }
 }
```

```
/*******************************
函数名称：void t0_fun()  interrupt 1
功能：定时器/计数器 0 溢出中断的中断服务程序
说明：对 t0_num 进行递增，并判断是否到达最大值
入口参数：无
返回值：无
*******************************/
void t0_fun()  interrupt 1
{
    t0_num + +;
    if(T0 = =t0_max)
        {
            int0_flag = 2;
            TR0 = 0;
            EA = 0;
        }
}
```

7.5.5 经验总结

本系统可方便地用于转速的测量，也可用于线性速度测量、频率测量、计数等功能。稍加程序的改变也可进行位移的测量。系统结构简单、实现容易、成本低、易于实现。

第8章 电气传动及控制技术

电气传动及控制系统领域是机械领域的一个重要部分，人们希望它具有高速、准确和柔性等优点。单片机包含传统微型计算机的各组成部分，同时越来越多地将完成测控所需的其他组成部分也集成到芯片中。单片机化的电气传动及控制系统中，单片机相当于系统中的一个零部件，系统不需要额外增加体积、质量及能耗，为系统向小型化、智能化、节能化方向发展打下基础。本章主要介绍以 AT89C51 单片机设计的典型的电气控制系统，主要包括以下内容：

- 电源切换控制；
- 步进电机控制；
- 单片机控制自动门系统；
- 控制微型打印机；
- 单片机控制的 EPSON 微型打印头；
- 简易智能电动车；
- 洗衣机控制器。

8.1 【实例 58】电源切换控制

8.1.1 实例功能

对于医院、银行、化工、消防、军事设施等不允许断电的重要场合都要求配备两路电源来保证供电的可靠性，这就需要一种能在两路电源之间进行可靠转换的电源切换装置，以保证某路正在使用的电源在出现故障时能自动切换到另外的正常电源上，保证连续供电或者间断时间在允许的范围内。

本设计实现两路交流电源自动切换功能。正常情况下，系统由主电源供电。当主电源发生故障时，由电源切换控制系统将系统电源切换至备用电源上。当主电源恢复正常时，再自动将系统电源切换到主电源上。

8.1.2　典型器件介绍

继电器是一种根据电气量（如电压、电流等）或非电气量（如热、时间、压力、转速等）的变化接通或断开电路以实现自动控制和保护电力拖动装置的电器。继电器一般由感测机构、中间机构和执行机构 3 个基本部分组成。感测机构把感测到的电气量传递给中间机构，将它与额定的整定值（过量或欠量）进行比较，当达到整定值时，中间机构便使执行机构动作，从而接通或断开被控电路。

继电器的种类很多，按用途可分为控制继电器和保护继电器；按输入信号的性质可分为电压继电器、电流继电器、时间继电器、速度继电器、压力继电器和温度继电器等；按工作原理可分为电磁式继电器、感应式继电器、热继电器和电子式继电器等；按动作时间可分为瞬时继电器和延时继电器等。

在继电器实现动作控制过程中，为了安全地使用继电器，需要注意继电器主要技术参数。继电器 SSR-50AD 是 FOTEK 公司推出的一款固态继电器。它采用阻燃工程塑料外壳，环氧树脂灌封，螺纹引出端接线，具有结构强度高、耐冲击、抗震动性强、输入端驱动电流小等特点。SSR-50AD 外观图如图 8-1 所示。内部结构如图 8-2 所示。

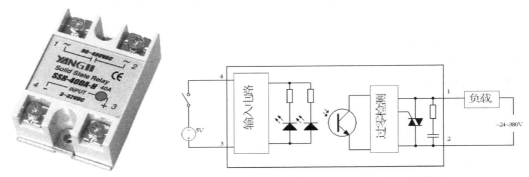

图 8-1　SSR-50AD 外观图　　　　　　　　图 8-2　SSR-50AD 内部结构图

SSR-50AD 参数如表 8-1 所示。

表 8-1　　　　　　　　　　　　　**SSR-50AD 技术参数**

产品型号分类	SSR-50AD
控制方式	直流控交流(DC-AC)
负载电流	10A、25A、40A、50A、60A、75A、90A
负载电压	24VAC～380VAC、H:90VAC～480VAC
控制电压	3VAC～32VDC
控制电流	DC:3mA～25mA
通态漏电流	≤2mA
通态降压	≤1.5VAC
断态时间	≤10ms
介质耐压	2500VAC

续表

产品型号分类	SSR-50AD
绝缘电阻	500MΩ/500VDC
环境温度	$-30℃\sim +75℃$
安装方式	螺栓固定
工作指示	LED

8.1.3 硬件设计

本节以 AT89C51 单片机和继电器为主要控制部件设计电源切换电路来实现上述的电源切换装置的要求。该设计的硬件电路主要包括 3 个部分：输入电路、单片机及外围电路、继电器控制电路。系统整体框图如图 8-3 所示。

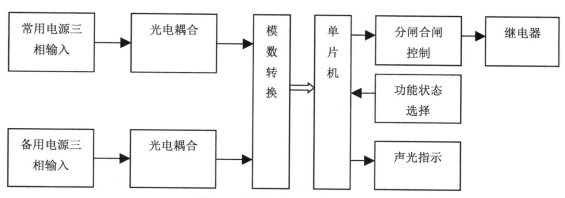

图 8-3 硬件电路的原理方框图

将常用电源三相电压和备用电源三相电压送入控制器，经过光电耦合器送入模/数转换器，转换后的结果送至单片机。系统根据用户键入的功能命令与标准设定值进行智能判断，然后将相应的分闸、合闸以及声光报警等信号送入接口电路进而驱动继电器，完成相应的电源切换操作。单片机还对切换后的开关进行检测，判断是否正常分闸或正常合闸，形成闭环控制回路，以免开关本身的故障造成系统不正常工作。

1. 输入电路的设计

在图 8-4 中，CC1 端接常用电源的某一相，CN 端接常用电源的中线；BB1 端接备用电源的某一相，BN 端接备用电源的中线。用光电耦合器 IS604 作为强电与弱电的隔离（实际电路中应有 6 个 IS604，为缩小电路图的篇幅，仅画出常用电源的某一相），IS604 内采用双向发光管，转换效率高，外界电压轻微变化，IS604 就有相应的输出。R1 为统调电阻，使每个光电耦合器在相同输入时有相同直流输出，以克服光电耦合器之间的误差，避免单片机误判。模数转换器 ADC0809 性价比较高，其 IN0～IN2 接入常用电源三相电压的取样端，IN3～IN5 接入备用电源三相电压的取样端，在地址线 A2、A1、A0 的控制下，单片机轮流读入每相取样值的模/数转换结果，程序根据这些取样值与内设的标准值相比较，做出相应的判断，并通过 P1 口，P2 口，P3 口进行输出控制并指示。继电器 K5 的作用是将常用电源或备用电源的某相电压输入变压器 T1，经过降压、整流、稳压后作为控制器的工作电源。

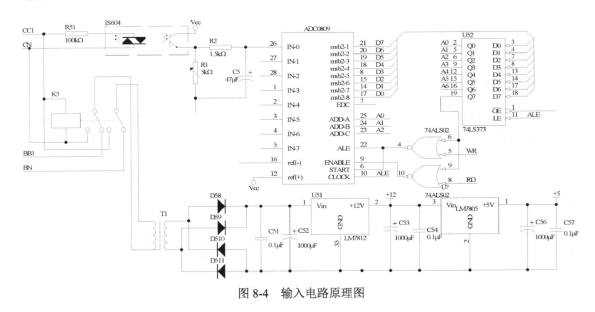

图 8-4　输入电路原理图

2．单片机及外围电路

单片机的管脚有限，为了扩展单片机的功能脚，系统采用 8255 并行扩展芯片，如图 8-5 所示。将 8255 的 PA0～PA5 用作工作模式指示（图中没画出发光二极管，8255 可通过限流电阻直接驱动发光二极管），PC0～PC5 作备用电源某相过压或欠压指示。考虑到电源切换控制器的工作环境恶劣，因干扰或其他原因可能使单片机程序进入死循环或死机，加入看门狗电路 MAX813L。AT89C51 的 P2.0～P2.5 为常用电源某相电压的过压或欠压指示。P2.6～P2.7 可以用做电网发电的发电指令和卸载指令输出。P1.0～P1.7 及 P3.0～P3.5 用作基本的 I/O 口，可以通过按键扫描的方式接受新的工作模式指令以及某路电源分闸、合闸指令输出、报警发音输出。

3．继电器控制电路

在图 8-6 中，只画出常用电源合闸控制及备用电源合闸控制电路。常用电源合闸控制继电器的线圈 K1A 与备用电源合闸控制继电器的常闭触点 K2D 串接在一起，这样当 P1.1 出现高电平、P1.3 出现低电平时，继电器线圈 K1A 通电，其常开触点 K1C 闭合，常闭触点 K1D 断开，接通交流 220V 的常用电源闸刀控制线路，同时断开备用电源合闸控制继电器线圈 K2A 的电源，两个继电器接成互锁的形式，以保证任何时刻只有一路电源被合闸接通，确保供电系统安全运行。该控制器还有分闸控制电路，电路形式与图 8-6 类似，但不须接成互锁形式。

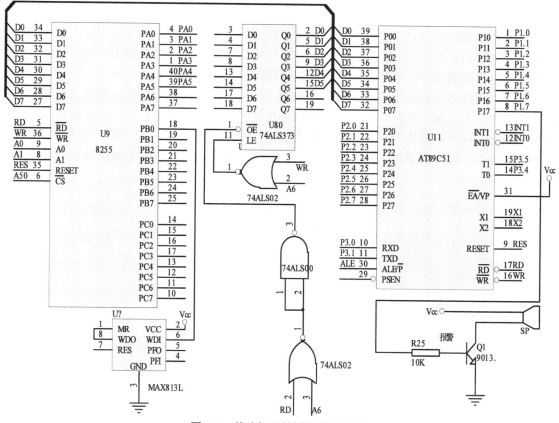

图 8-5　单片机及外围电路原理图

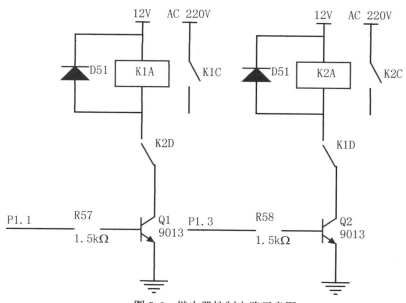

图 8-6　继电器控制电路示意图

8.1.4　程序设计

电源切换系统采用自动工作模式，系统不断监测主电源电压，当其低于设定值时，系统将电源自动切换到备用电源上；当主控电源恢复正常时，系统再将电源切换到主电源。整个程序分为电压检测程序、报警程序、电源切换程序及主程序。

电压检测程序主要对主电源电压进行检测。硬件设计时，采用光电隔离技术将强电与弱电隔离开。当主电源正常时，光电隔离器输出高电平；当主电源失效时，光电隔离器输出低电平。因此，程序不断检测 P1.X 引脚状态就可以判断主电源的状态。为了能够准确的检测主电源的状态，程序对 P1.X 引脚采样 3 次，取两次以上相同状态作为本次读取的状态。程序代码如下。

```c
uchar CheckVol()
{
    uchar i,k;
    i = 0;
    VOLPIN = 1;
    for(k = 0;k<3;k + +)
    {
        if(VOLPIN = =1)
            i + +;
        Delay1Ms();
        }
    if(i>1)
        i = 1;
    else
        i = 0;
    return i;
    }
```

报警程序主要控制蜂鸣器发声及 LED 灯指示。当主电源失效时，蜂鸣器要发声且 LED 灯点亮。程序代码如下。

```c
void Alarm(uchar m)
{
    if (m = =1)
    {
        ALARNPIN = 1;
        LEDPIN = 0;
        }
    else
    {
        ALARNPIN = 0;
        LEDPIN = 1;
        }
}
```

电源切换程序用于切换电源。当主电源失效时，该程序控制继电器将系统电源切换到备用电源。当主电源恢复时，控制继电器将系统电源切换到主电源。程序代码如下。

```
void ChangeVol(uchar m)
{
    if(m = =1)
    {
        SPOWERPIN = 0;
        MPOWERPIN = 1;
        }
    else
    {
        MPOWERPIN = 0;
        SPOWERPIN = 1;
        }
    }
```

主程序通过调用相关子程序，实现系统功能，代码如下。

```
void main()
{
    uchar i;
    SPOWERPIN = 0;
    MPOWERPIN = 1;
    ALARNPIN = 0;
    LEDPIN = 1;
    while(1)
    {
        i = CheckVol();
        if(i = =1)
        {
            Alarm(0);
            ChangeVol(1);
            }
        else
        {
            Alarm(1);
            ChangeVol(0);
            }
        }
}
```

8.1.5　经验总结

本设计实现了电源切换系统的基本功能。当主电源失效时，该程序控制继电器将系统电源切换到备用电源。当主电源恢复时，控制继电器将系统电源切换到主电源。硬件电路设计时要注意强电与弱电的隔离，外部干扰对系统的影响。在继电器的控制电路，尤其是大电流时，防止继电器触点火花对电路的干扰。软件设计时，为了能够准确地检测主电源的状态，采用了一定的滤波算法，程序对 P1.X 引脚采样 3 次，取两次以上相同状态作为本次读取的状态。

本设计只是简单实现了一个电源切换系统，读者可以根据需要增加其他功能，如能够进行电源切换之后的开关状态检测，避免由于开关本身出现的故障造成供电不正常。采用线性光电隔离器加 A/D 转换器实现在特定电源时的切换。增加按键及显示功能实现切换电压的设定及实时显示等功能。

8.2 【实例 59】步进电机的控制

8.2.1 步进电机的原理

步进电动机（Stepping Motor）又称为脉冲电动机，是将电脉冲信号转换为相应的角位移或直线位移的电磁机械装置，也是一种输出机械位移增量与输入数字脉冲对应的增量驱动器件。

步进电机，就是一步步走的电动机，所谓"步"指的是转动角度，一般每步为 1.8°，若转一圈 360°，需要 200 步才能完成。有的步进电机每步为 7.5°，还有的步进电机每步为 18°，转一圈只需 20 步。步进电机每走一步，就要加一个脉冲信号，也称激磁信号。无脉冲信号输入时，转子保持一定的位置，维持静止状态。步进电机的种类如图 8-7 所示。

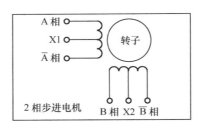

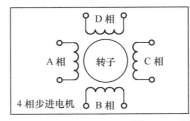
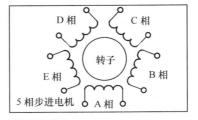

图 8-7 步进电机的种类

若加入适当的脉冲信号时，转子则会以一定的步数转动。如果加入连续的脉冲信号，步进电机就连续转动，转动的角度与脉冲频率成正比，正、反转可由脉冲的顺序来控制。

步进电机的激磁方式有 1 相激磁、2 相激磁和 1-2 相激磁。

● 1 相激磁法：在每一瞬间只有一个线圈导通，其他线圈在休息。其特点是激磁方法简单、消耗电力小、精度良好。但是转矩小、振动较大，每送一次激磁信号可走 1.8°。

● 2 相激磁法：在每一瞬间会有两个线圈同时导通，特点是转矩大、振动较小，每送一次激磁信号可走 1.8°。
● 1-2 相激磁法：1 相与 2 相轮流交替导通，精确度提高，且运转平滑。但每送一激磁信号只走 0.9°，又称为半步驱动。

1 相激磁、2 相激磁和 1-2 相激磁方式如表 8-2 所示。

表 8-2   **3 种激磁方式**

1 相激磁					2 相激磁					1-2 相激磁			
步	A	B	$\overline{A}$	$\overline{B}$	步	A	B	$\overline{A}$	$\overline{B}$	步	A	B	$\overline{A}$	$\overline{B}$
1	0	1	1	1	1	0	0	1	1	1	0	1	1	1
2	1	0	1	1	2	1	0	0	1	2	0	0	1	1
3	1	1	0	1	3	1	1	0	0	3	1	0	1	1
4	1	1	1	0	4	0	1	1	0	4	1	0	0	1
5	0	1	1	1	5	0	0	1	1	5	1	1	0	1
6	1	0	1	1	6	1	0	0	1	6	1	1	0	0
7	1	1	0	1	7	1	1	0	0	7	1	1	1	0
8	1	1	1	0	8	0	1	1	0	8	0	1	1	0

改变线圈激磁的顺序可以改变步进电机的转动方向。每送一次激磁信号后要经过一小段的时间延时，让步进电机有足够的时间建立激场及转动。

8.2.2 典型器件介绍

步进电机是数字控制电机，它将脉冲信号转变成角位移，即给一个脉冲信号，电机就转动一个角度。电机的总转动角度由输入脉冲数决定，而电机的转速由脉冲信号频率决定，因此非常适合于单片机控制。

步进电机的工作就是步进转动，其功用是将脉冲电信号变换为相应的角位移或是直线位移。步进电机的角位移量与脉冲数成正比，它的转速与脉冲频率（f）成正比，如两相步进电机设定为半步的情况下，电机转一圈 400 个脉冲，$n = 60f/200$（转/分）。给一个电脉冲信号，步进电机转子就转过相应的角度，这个角度就称作该步进电机的步距角。目前常用步进电机的步距角大多为一步 1.8° 或半步 0.9°。以步距角为 0.9° 的进步电机来说，当我们给步进电机一个电脉冲信号，步进电机就转过 0.9°；给两个脉冲信号，步进电机就转过 1.8°。以此类推，连续给定脉冲信号，步进电机就可以连续运转。

步进电机必须使用专用的步进电动机驱动器而不能直接接到工频交流或直流电源上工作。常见步进电机的驱动方式：全电压驱动和高低压驱动。全电压驱动是指在电机移步与锁步时都加载额定电压。为了防止电机过流及改善驱动特性，需加限流电阻。由于步进电机锁步时，限流电阻消耗掉大量的功率，故限流电阻要有较大的功率容量，并且开关管也要有较高的负载能力。

步进电机的另一种驱动方式是高低压驱动，即在电机移步时，加额定或超过额定值的电压，以便在较大的电流驱动下，使电机快速移步；而在锁步时，则加低于额定值的电压，只让电机绕组流过锁步所需的电流值。这样，既可以减少限流电阻的功率消耗，又可以提高电机的运行速度，但这种驱动方式的电路要复杂一些。驱动脉冲的分配可以使用硬件方法，即用脉冲分配器实现。现在，脉冲分配器已经标准化、芯片化，市场上可以买到。

图 8-8　86BYG350F 步进电机外形图

　　86BYG350F 系列步进电机是由杭州日升公司推出的三相步进电机，其外形图如图 8-8 所示。86BYG350F 步进电机技术参数如表 8-3 所示。

表 8-3　　　　　　　　　　　　　　**86BYG350F 技术参数表**

电机型号	相数	相电流	相电阻	相电感	步距角	保持转矩	转动惯量	重量
		A	Ω	mH	°	N.m	kg·cm^2	kg
86BYG350FA	3	3.35	4.25	12	0.6/1.2	2.0	1.32	2
86BYG350FB	3	3.35	5.4	23	0.6/1.2	4.0	2.40	3
86BYG350FC	3	3.35	9.00	41	0.6/1.2	6.0	3.48	4

8.2.3　硬件设计

　　步进电机是数字控制电机，步进电机是否转动是由控制绕组中输入脉冲的有无来控制的，每步转过的角度和方向是由三相控制绕组中的通电方式决定的，也就是说步进电机的控制是要求单片机软件产生按规律变化的时序脉冲，然后通过接口和驱动放大电路来驱动步进电机控制系统绕组工作，我们首先看一下步进电机控制系统的硬件电路设计。

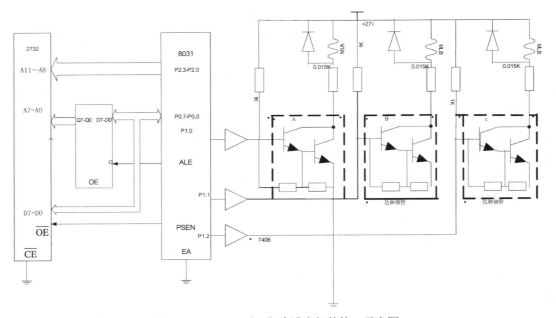

图 8-9　MCS-51 对三相步进电机的接口示意图

图 8-9 所示是 AT89C51 对三相步进电机的控制原理图。由于 8031 的 P1 口负载只能驱动 3 个标准的 LSTTL 输入门，因此需要通过 7406 驱动器去驱动达林顿复合功率放大器，使步进电机绕组的静态电流达到 2A。单片机的 P1.0 控制 A 相，P1.1 控制 B 相，P1.2 控制 C 相。当 P1.0 输出高电平时，达林顿复合管导通，A 相绕组有电流通过，A 相导通；当 P1.0 输出低电平时，达林顿复合管截止，A 相截止。因此 P1.0 用于控制 A 相是否导通，输出 1，A 相通，输出 0，A 相截止。同理 P1.1 用于控制 B 相，P1.2 用于控制 C 相。

8.2.4　程序设计

我们利用延时程序编写三相六拍步进电机的通电方式的控制程序。在三相六拍通电方式下，若按照 A 相→A 相 B 相→B 相→B 相 C 相→C 相→C 相 A 相顺序通电，则步进电机正转；若按照 A 相→A 相 C 相→C 相→C 相 B 相→B 相→B 相 A 相顺序通电，则步进电机反转。正、反控制模式如表 8-4 所示。

表 8-4　　　　　　　　　　　三相六拍控制模型表

节　拍		通 电 相	控 制 模 型	
正　转	反　转		二　进　制	十 六 进 制
1	6	A	00000001H	01H
2	5	AB	00000011H	03H
3	4	B	00000010H	02H
4	3	BC	00000110H	06H
5	2	C	00000100H	04H
6	1	CA	00000101H	05H

由图 8-8 知，P1.0 控制 A 相是否导通，输出 1，A 相通，输出 0，A 相截止。同理 P1.1 用于控制 B 相，P1.2 用于控制 C 相。从表 8.1 中看出，正转节拍 1 是 A 相导通，B、C 相截止，所以 P1.0 输出 1，P1.1、P1.2 输出 0，P1 口输出值为 01H（十六进制）。正转节拍 2 是 A、B 相导通，C 相截止，所以 P1.0、P1.1 输出 1，P1.2 输出 0，P1 口输出值为 03H。读者可自行分析得出正转及反转的其他节拍控制值。在程序设计时，只需将正转或反转节拍控制值存放于数据中，然后按顺序从数组中读取并通过 P1 口输出即可控制电机正转或反转。

由前面介绍知，步进电机的转速与节拍频率 f 成正比，与节拍周期 T 成反比。因此通过调节两节拍的间隔时间就能控制步进电机的转速。程序通过软件延时控制节拍的周期 T。下面介绍程序中用到的主要函数。

1. 延时函数 DelayMs ()

该函数用于控制节拍的周期 T，从而控制电机的转速。函数的基本延时时间约为 1ms，总的延时时间是 dcnt*1ms。代码如下。

```
void DelayMs(uchar dcnt)        //基本延时函数  延时 1ms*dcnt
{
    uint i;
    while(dcnt>0)
```

```
        {
                i = 123;
                while(i>0)
                        i--;
                dcnt--;
        }
}
```

2. 正转控制函数 RotateWise ()

该函数用于控制步进电机正转，参数 speed 控制转速，stepcnt 控制转动步数。函数依次从数组 roundz[]中取出节拍控制值，通过 P1 口输出，同时延时 speed 指定的时间。当步进电机转动 stepcnt 指定步数时，程序结束。流程图如图 8-10 所示。

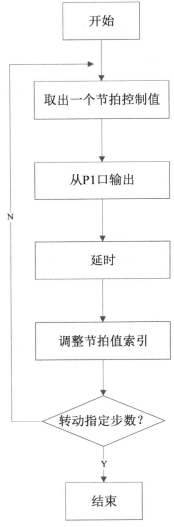

图 8-10　正转控制流程图

代码如下。

```
void RotateWise(uchar speed, uint stepcnt)
{
        uchar i = 0;
        while(stepcnt--)                    //是否到达指定的转动步数
        {
            CONPORT = roundz[i];        //从 P1 口送出节拍控制值
            i + +;
            if(i>5)
                i = 0;
            DelayMs(speed);             //延时，控制节拍周期
        }
}
```

3. 反转控制函数 ContraRotate ()

该函数用于控制步进电机反转，实现原理同 RotateWise()，此处不再详述。程序代码如下。

```
void ContraRotate(uchar speed, uint stepcnt)           //反转控制函数
{
        uchar i = 0;
        while(stepcnt--)                                   //是否达到指定步数
        {
            CONPORT = roundf[i];                       //P1 口送出节拍控制值
            i + +;
            if(i>5)
                i = 0;
            DelayMs(speed);                            //延时，控制节拍周期
        }
}
```

4. 测试程序

下面给出一个测试程序，说明上述函数如何使用。要求步进电机以每秒 10 步正转 10 000 步，以每秒 50 步反转 10 000 步。程序代码如下。

```
#include <REGX51.H>
typedef unsigned char uchar;                               //类型定义
typedef unsigned int uint;                                 //类型定义
uchar code roundz[] = {0x01, 0x03, 0x02, 0x06, 0x04, 0x05}; //正转控制值数组
uchar code roundf[] = {0x01, 0x05, 0x04, 0x06, 0x02, 0x03}; //反转控制值数组
#define CONPORT P1
void main()
{
    RotateWise(100, 10000);
    ContraRotate(20, 10000);                              //1s 转 10 步   延时 100ms
    while(1);                                             //1s 转 50 步   延时 20ms
}
```

8.2.5 经验总结

在硬件设计电路过程中，功率放大是整个系统系统设计中最为重要的部分。步进电机在一定转速下的转矩取决于它的动态平均电流而非静态电流，平均电流越大，电机力矩越大。要达到平均电流，就需要驱动系统尽量克服电机的反电势，不同的场合采取不同的的驱动方式，本设计采用7406驱动器来驱动达林顿复合功率放大器。我们利用软件延时程序，达到了步进电机的正转、反转、启动和停止。

采用软件延时，一般是根据所需的时间常数来设计一个子程序，该程序包含一定的指令，设计者要对这些指令的执行时间进行严密的计算或者精确的测试，以便确定延时时间是否符合要求。每当延时子程序结束后，可以执行下面的操作，也可用输出指令输出一个信号作为定时输出。

采用软件定时，CPU一直被占用，CPU利用率低，因此本设计的不足就是，CPU因执行延时程序而降低了效率。为了提高CPU的控制效率，读者可采用AT89C51内部定时/计数器编制上述程序。单片机不仅可以用来控制步进马达的启停和转向，而且也可以用于变速控制和对多台步进马达进行控制。单片机对步进马达的变速控制请参考有关资料。

8.3 【实例60】单片机控制自动门系统

8.3.1 实例功能

本节设计的是一种自动门控制器，它可以用于超级市场、银行等公共场所。当有人靠近时，门自动打开，当人离开几秒后，门自动关闭。自动门采用双速运行，动作迅速，除能实现自动开关门之外，还具有防误夹等功能。

8.3.2 典型器件介绍

人体是一特定波长红外线的发射体，热释电红外传感器是一种能检测人或动物发射的红外线而输出电信号的传感器。它目前正在被广泛的应用到各种自动化控制装置中。

热释电效应同压电效应类似，是指由于温度的变化而引起晶体表面荷电的现象。热释电传感器是对温度敏感的传感器。它由陶瓷氧化物或压电晶体元件组成，在元件两个表面做成电极，在传感器监测范围内温度有 ΔT 的变化时，热释电效应会在两个电极上会产生电荷 ΔQ，即在两电极之间产生一微弱的电压 ΔV。热释电效应所产生的电荷 ΔQ 会被空气中的离子所结合而消失，即当环境温度稳定不变时，$\Delta T = 0$，则传感器无输出。当人体进入检测区，因人体温度与环境温度有差别，产生 ΔT，则有 ΔT 输出；若人体进入检测区后不动，则温度没有变化，传感器也没有输出了。所以这种传感器检测人体或者动物的活动传感。

热释电红外传感器的输出信号幅度较小（小于1mV），频率低（0.1Hz～0.8Hz），检测距离短，因此在热释电红外传感器前加用一块半球面菲涅尔透镜，使范围扩展成90°圆锥形，检测距离可大于 5m。集成电路内部含有二级运放、比较器、延时定时器、过零检测、控制电路、系统时钟等电路。传感器检测到由人体移动引起的红外热能的变化并将它转换为电压量输出，从而使得外部其他控制器能够获知有人靠近传感器。

本设计采用的热释电红外传感器模块是 HZKT002，它采用红外专用芯片 BISS0001 芯片。模块线路板尺寸 35mm × 30mm，透镜直径约 25mm，模块厚度 20mm，体积小，容易嵌入其他设备。其正面图如图 8-11 所示。图中深色方形为热释电红外传感器。为增大感应距离，在传感器前面加上半球面菲涅尔透镜，如图 8-12 所示，感应距离可达 5m。该模块反面图如图 8-13 所示，图中 16 脚芯片是红外专用芯片 BISS0001。

图 8-11　HZKT002 正面图

图 8-12　带菲涅尔透镜的红外传感器模块图

图 8-13　HZKT002 反面图

HZKT002 模块特点如下。

● 全自动感应：人进入感应范围输出高电平，人离开感应范围，输出低电平。

● 光敏控制：可设置光敏控制，白天或光线强时不感应。

● 两种触发方式：不可重复触发方式：感应输出高电平后，当延时时间结束，输出变为低电平；可重复触发方式：感应输出高电平后，在延时时间段内，若有人体在其感应范围活动，则输出保持高电平，直到人离开后输出变为低电平。

● 具有感应封锁时间：感应模块在每一次感应输出结束后，有一个封锁时间段，在此时间段内感应器不接受任何感应信号。封锁时间段可设置在几百毫秒到几十秒钟。

HZKT002 模块的技术参数如下。

● 工作电压：DC6V～24V。

● 电平输出：有人 5V 高电平，无人 0V 低电平。

● 感应角度：水平最大 140°，垂直最大 60°。

● 静态电流：小于 50μA。

● 感应距离：0.5m～7m。

● 触发时间：5s～1s。

● 触发方式：重复/不重复。

● 外形尺寸：35mm × 30mm × 20mm。

8.3.3 硬件设计

整个硬件电路设计可分为 4 大部分：光电检测、控制操作、电机驱动和检测。整个硬件设计图如图 8-14 所示。

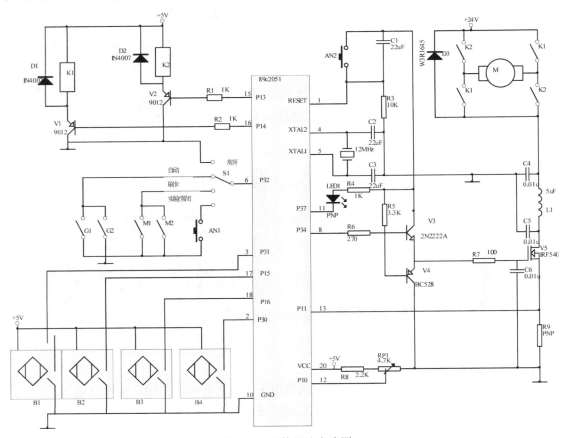

图 8-14　硬件设计电路图

主控芯片采用 89C2051，B1~B4 是检测自动门所在位置的光电开关，其中 B1、B4 是开、关门限位开关，B2、B3 是开、关门减速开关。G1、G2 分别是自动门内、外两个开门感应器的常开输出接点。

假设门处于关闭状态，S1 置于自动状态，当有人接近开门感应器 G1 或 G2 时，其常开输出接点闭合，P3.2 输入低电平。单片机检测到 P3.2 变为低电平后，使 P1.3 引脚输出低电平，继电器 K2 线圈通电，一对常开触点 K2 闭合，同时 P3.4 引脚输出一定脉宽的 PWM 脉冲。当 P3.4 引脚输出高电平时，三极管 V3 导通，V4 截止，MOS 管 V5 栅极得到高电平而导通；当输出低电平时，V4 导通，V3 截止，V5 栅极的电荷被迅速放掉而截止。这样，V5 工作在开关状态，直流电机以较快的速度正转开门。

当自动门到达减速开关 B2 时，P1.5 引脚输入低电平，单片机检测到这一信号后，调整 P3.4 脚输出的脉冲的占空比，使得高电平宽度变窄，这样电机以较低速度运行；当自动门到达限位开关 B1 时，P3.1 引脚输入低电平，单片机控制 P1.3、P1.4 输出高电平，继电器 K1、K2 断电，常开触点 K1、K2 断开，同时 P3.4 输出低电平，电机停止运行。

自动门在开门位置停留 5 秒后，自动进入关门过程，单片机控制 P1.3 输出高电平，P1.4 输出低电平，P3.4 输出 PWM 脉冲，这样触点 K1 闭合，K2 断开，电动机反转。当门移动到 B3 位置时减速运行，到达 B4 时关门停止。

在关门过程中，当有人需要通过而接近感应器 G1 或 G2 时，立即停止关门，并自动进入开门程序。在门打开后的 5s 等待时间内，若有人接近感应器 G1 或 G2，单片机重新开始等待 5s 后，才进入关门过程，从而保证人员安全通过。

防误夹功能可防止在开门感应器失效的情况下夹伤行人，图 8-13 中 R9 是电流取样电阻，当关门过程中夹到行人时，阻力增加，电机运行电流增大，这时单片机 P1.1 脚电压升高，当大于 P1.0 脚电压时，内部输出 P3.6 变为低电平。单片机在检测到这一信号并经过确认后，立即启动开门程序使门打开，确保人员不被夹伤。

8.3.4　程序设计

整个系统软件主要由主程序、PWM 发生程序、门开启和关闭子程序、各种故障处理及报警子程序组成。下面主要介绍 PWM 发生程序、门开启和关闭子程序的设计思路及实现方法。

1. PWM 发生子程序

由前面的介绍知，通过调节 PWM 脉冲的占空比就能够调节电机转动的速度，从而控制开关门的速度。由于 AT89C2051 单片机内部没有 PWM 功能模块，因此只能通过程序控制单片机某个引脚输出高低电平，从而模拟产生 PWM 脉冲。脉冲的高低电平时间由定时器 T0 控制。T0 中断服务程序如下。

```
void Timer0() interrupt 1
{
      cyclet = ~cyclet;
      TR0 = 0;
      if(cyclet)
      {
          TH0 = 0XFC;
          TL0 = 0XE0;
          if (smode = =0)
              PWMPIN = 0;
          else
              PWMPIN = 1;
      }
      else
      {
          TH0 = 0XFF;
          TL0 = 0X28;
```

```
            if (smode = =0)
                PWMPIN = 1;
            else
                PWMPIN = 0;
        }
    TR0 = 1;
}
```

设置好 T0 的工作方式并启动 T0 运行，其后 T0 不断溢出，产生中断，在 T0 的中断服务程序中，通过将 P3.4 引脚值取反并输出，从而产生高低交替的电平信号。通过重新设置 T0 的计数初值，从而产生不同时间的高低电平，由此可以调节 PWM 脉冲的占空比。本设计中，电机快转时占空比为 80%，慢转时占空比为 20%，因此 T0 的计数初值为 0xFCE0、0xFFE8。

StartMotol 子程序用于启动电机转动，子程序根据电机转速设置 T0 计数初值并启动 T0 运行。根据电机转动方向，设置 P1.3、P1.4 引脚输出相应电平。程序代码如下。

```
void StartMotol(uchar direct, uchar speed)//direct 1:正转 0:反转 speed 0:慢速 1:快速
{
        smode = (speed = =0)?0:0xff;
        TR0 = 0;
        TH0 = 0XFC;
        TL0 = 0XE0;
        TR0 = 1;
        if(direct)
        {
            MOTOLCONZ = 0;
            MOTOLCONF = 1;
            }
        else
        {
            MOTOLCONZ = 1;
            MOTOLCONF = 0;
            }
}
```

StopMotol 用于停止电机转动。程序通过停止 T0 运行，并使 P1.3、P1.4 引脚输出高电平，实现停机功能。读者可以自行分析得出该程序的代码。

2．开关门子程序

开门子程序用于控制自动门开门的整个过程。当有人靠近自动门或有物体被夹住时，该程序首先控制电机快速开门；当达到减速位置时，程序控制电机慢速开门；当达到停止位置时，程序控制电机停转，并定时 5s。在定时过程中，程序不断判断是否有人靠近自动门，若有则重新定时。流程图如图 8-15 所示。

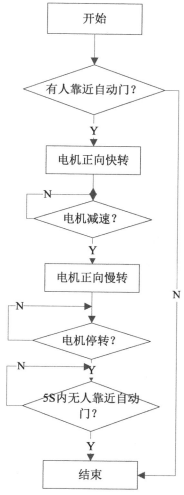

图 8-15　开门程序流程图

程序代码如下。

```
void OpenDoor()
{
    uchar tcnt;
    if((GATESENSOR = =1)&&(COMPARATOR = =1))
        return;
    StartMotol(1, 1);
    while(SENSORB2 = =0);    //判断是否减速
    StartMotol(1, 0);
    while(SENSORB1 = =0);    //判断是否停止转动
    StopMotol();
    tcnt = 0;
    while(tcnt<101)
    {
        TR1 = 0;
```

```
        TH1 = 0X3C;
        TL1 = 0XB0;
        TF1 = 0;
        TR1 = 1;
        while(TF1 = =0);
        TF1 = 0;
        if(GATESENSOR = =1)
            tcnt = 0;
        else
            tcnt + +;
    }
    flagclose = 1;
}
```

关门子程序实现原理与开门类似，此处不再叙述，程序代码如下。

```
void CloseDoor()
{
    if(flagclose = =0)
        return;
    flagclose = 0;
    StartMotol(0, 1);
    while(SENSORB3 = =0)          //判断是否减速
    {
        if(GATESENSOR = =1)
            return;
        if(COMPARATOR = =0)
            return;
    }
    StartMotol(0, 0);
    while(SENSORB4 = =0)          //判断是否停止转动
    {
        if(GATESENSOR = =1)
            return;
        if(COMPARATOR = =0)
            return;
    }
    StopMotol();
}
```

3. 测试主程序

该程序主要调用相关子程序，实现了自动门的开关门及防夹等功能，代码如下。

```
#include <REGX51.H>
typedef unsigned char uchar;
typedef unsigned int uint;
sbit PWMPIN = P3^4;
```

```
sbit MOTOLCONZ = P1^3;
sbit MOTOLCONF = P1^4;
uchar smode, cyclet;
sbit GATESENSOR = P3^2;
sbit SENSORB1 = P3^1;
sbit SENSORB2 = P1^5;
sbit SENSORB3 = P1^6;
sbit SENSORB4 = P3^0;
sbit COMPARATOR = P3^6;
bit flagclose;
void IniTimer01()
{
    TMOD = 0X11;
    ET0 = 1;
    EA = 1;
    }

    void main()
    {
        IniTimer01();
        while(1)
        {
            OpenDoor();
            CloseDoor();
            }
        }
```

8.3.5 经验总结

整个自动门的设计以 AT89C51 为中心，通过光电检测，将数据送入单片机处理，驱动电动机转动，实现对自动门的控制。该设计将单片机、步进电机、光电传感器相结合，充分发挥了单片机的性能。其优点硬件电路简单，软件功能完善，控制系统可靠，性价比较高等特点，具有一定的使用和参考价值。

读者可以在本设计的基础上增加其他功能，使系统更加完善。比如增加多种工作模式，有自动、常开、刷卡和实验室/常闭工作模式等。增加故障监测和状态显示功能，对市电、直流电源电压、系统总电流、制动电流、电机温度、系统环境温度都有相应的监测电路，一旦发生掉电、欠压、过流、过热等情况将会报警，保证系统的安全和人身安全。

8.4 【实例 61】控制微型打印机

8.4.1 实例功能

微型打印机简称微打，是针对通用打印机而言的，具有处理票据较窄、整机体积较小、操作电压较低的特点。本例实现单片机控制微型打印机打印票据的功能。单片机采用 AT89C51，微型打印机采用荣达 RD-D 针形打印机，单片机通过并口控制微型打印机。

8.4.2   典型器件介绍

微型打印机种类繁多，按不同的方式可对微型打印机进行如下分类。

- 打印原理：针式、热敏式、喷墨式、热转印、激光式。
- 通信方式：串口、并口、USB 或网口、无线接口。
- 移动性：桌面机、手持机。
- 电源供给：直接交流供电、外接适配器、电池。

针式打印机是微型打印机应用最广泛的一种，当前流行的打印机的控制电路均已采用了微机结构，所以打印机也就是一个完整的微型机。针式打印机在正常工作时有 3 种运动，即打印头的横向运动、打印纸的纵向运动和打印针的击针运动。这些运动都是由软件控制驱动系统，通过精密机械完成的。微型打印机在 ROM 中存储有点阵字库和控制程序，用户自定义的字符通过接口接收并存储在行缓存 RAM 中。本设计中采用荣达 RD-D 针式打印机。

RD-D 系列微型打印机体积小、操作简单，并行接口与 Centronics 标准兼容，可直接由微机并口或单片机控制。接口连接器选用 26 线双排针插座；串行接口采用 RS-232C 标准兼容或 TTL 电平，接口连接器选用 DB-9 孔座或 5 线单排针型插座。本设计采用并口，所以只介绍并口连接。

RD-D 系列微型打印机的性能指标如下。

- 打印方式：针打。
- 打印速度：1.0 行/秒。
- 分辨率：8 点/毫米，384 点/行。
- 打印宽度：33mm/48mm。
- 字符数/行：16/24/40。
- 打印字符：国标一二级汉字库中全部汉字和西文字、图符共 8178 个。
- 字符大小：西文 5×7 点阵；块图符 6×8 点阵；汉字 24×24 点阵，16×16 点阵，12×12 点阵。
- 纸张类型：44mm±0.5mm× φ33mm/57mm±0.5mm× φ33mm 普通卷纸。
- 打印缓存：32KB。
- 外接口：标准并行接口，标准串行接口，485 接口，可选配红外无线接口。
- 驱动：提供 WINDOWS98/2K/XP/NT 操作系统下，专用驱动。
- 电源：DC5V/2A。
- 外形尺寸：114mm（长）×70mm（宽）×64mm（深）。
- 工作环境：温度 0℃～50℃，相对湿度：0%～80%。

RD-D 系列微型打印机的并行接口图如图 8-16 所示。引脚功能如表 8-5 所示。

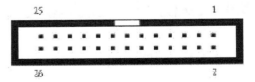

图 8-16   D 型并口 26 线双排插座

表 8-5 <center>D 型并口引脚功能表</center>

引 脚 号	信 号	方 向	说 明
1	STB	入	数据选通信号
3	DATA1	入	数据线
5	DATA2	入	
7	DATA3	入	
9	DATA4	入	
11	DATA5	入	
13	DATA6	入	
15	DATA7	入	
17	DATA8	入	
19	−ACK	出	应答脉冲，低电平有效
21	Busy	出	忙标志，高电平表示打印机忙
23	PE	—	接地
25	SEL	出	高电平表示打印机在线
4	−ERR	出	高电平表示无故障
2，6，8，28	NC	—	未接
10，12，14，16，18，20，22，24，	GND	电源地	接地

RD-D 系列微型打印机功能强大，命令繁多，常用命令如表 8-6 所示。

表 8-6 <center>RD-D 系列微型打印机命令表</center>

命 令 格 式	功 能
ASCII：ESC 8 n	汉字打印命令
ASCII：FS L n	LOG 打印命令
ASCII：LF	纸进给命令
ASCII：ESC SP n	设置字间距
ASCII：ESC Q n	设置右限
ASCII：ESC l n	设置左限
ASCII：ESC n	选择字符集
ASCII：ESC K n1 n2 ⋯data⋯	打印点阵图形
ASCII：ESC ' m n1 n2…nk CR	打印曲线
ASCII：ESC E nq nc n1 n2 n3⋯nk	打印条形码

8.4.3 硬件设计

系统硬件电路设计如图 8-17 所示。

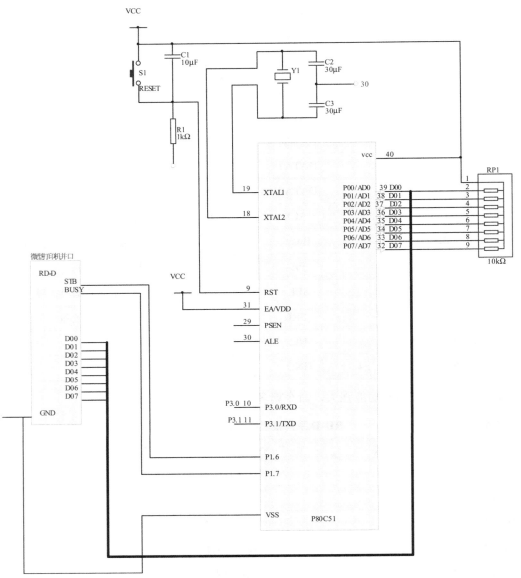

图 8-17 AT80C51 与微型打印机并口连接硬件电路图

AT89C51 单片机的 P0 口直接与微型打印机的 8 条数据线相连接，P1.6 与微型打印机 STB 端相连接，P1.7 与微型打印机的 BUSY 端相连接。STB 为数据选通信号，上升沿时写入数据，BUSY 为打印机的"忙"端，"高"电平表示打印机正"忙"。单片机通过控制 P0 口向打印机发送数据，通过控制 STB 引脚发送打印允许电平，并通过 BUSY 接收打印机状态，决定是否发送下一个命令。

8.4.4　程序设计

本设计控制打印机打印几个汉字，相应的软件程序如下。

pprint()子程序用于向打印机发送一个字符。函数通过 P0 口向打印机送出数据，然后发送选通信号，代码如下。

```
/*************** 并口打印子程序***************/
void pprint(unsigned char ch)
{
while(BUSY)
{};
P0 = ch;
STB = 0;                 //STB 置 0
_nop_();
_nop_();
STB = 1;                 //STB 置 1
}
```

main()是系统主程序，通过调用 pprint()实现打印功能。程序首先选择一种汉字字库，然后将要打印的汉字内码发送给微型打印机，实现打印汉字功能。程序代码如下。

```
#include<reg52.h>
#include<string.h>
#include<INTRINS.H>
sbit STB = P1^6;                        //PSTB 接 P1^6
sbit BUSY = P1^7;                       //PBUSY 接 P1^7
/*************主函数*********************/
main()
{
int i;
char ch[] = "我爱单片机";
pprint(0x1b);pprint(0x38);pprint(0x00);   //调用汉字出库指令
for(i = 0;i<strlen(ch);i + +)
pprint(ch[i]);
pprint(0x0d);                            //回车
while(1)
{};
```

8.4.5　经验总结

在本节中，单片机与微型打印机中的设计中给出了并口连接方案。事实上，单片机应用系统的设计往往是一个综合复杂的分析和配置过程，微型打印机的接口选择和设计仅是其中的一个子部分。它必须符合系统的整体目标要求。比如，某一个单片机应用系统，既要求自带面板式微型打印机，又要求能把数据上传给 PC 机。由于 MCS-51 系列单片机及大多数与其兼容的单片机只有一个 UART 串口，使设计者首先想到把 UART 专门留给 PC 机通信用，而选用并口类微打。

某些单片机应用系统是低功耗的，由电池供电，这时必须选用低功耗微打，比如 EPSON MODEL-41 型轮式微打。设计接口电路时还应包括微打电源的控制。

8.5 【实例 62】单片机控制的 EPSON 微型打印头

8.5.1 实例功能

微型针式打印机具有体积小、重量轻、性价比高等诸多优点，最近几年在单片机系统中得到了广泛的应用。为了节约成本以及设计上的灵活方便，可以使用单片机直接驱动微型针式打印头以实现打印数据的功能。本文以 EPSONM-192 为例详细介绍了微型针式打印头和单片机的硬件接口以及驱动 M-192 的软件实现。

8.5.2 典型器件介绍

微型针式打印头 M-192 是 EPSON 公司生产的一种击打针式打印头。它在一个可以移动的打印座上等距地安装了 8 根打印针。当开启马达后并按照一定时序驱动 M-192 的打印针时，打印座朝前移动并打印出打字符以及图形。当打印座返回时，利用摩擦力打印头自动进纸 0.37mm。其外形图如图 8-18 所示。

图 8-18 M-192 微型打印头外形图

M-192 的主要性能参数如下。

- 列印方式：水平往复式点阵。
- 字型：5×7。
- 字元大小：1.1 mm（宽）×2.6（高）mm。
- 行距：3.7mm。
- 字元间距：1.2mm。
- 点数：240 点/行。
- 打印速度：1.5 行／秒（4.8VDC）。
- 电压：3.3-5.2VDC。
- 峰值电流：约 2.5A（4.8VDC）。
- 马达电压：3.8 到 5.2VDC。
- 纸张种类：滚筒纸纸卷。
- 尺寸：最大 57.5mm±0.5mm（宽）×直径 83mm。
- 色带种类：ERC-09／22。
- 操作温度：0°C～50°C。

M-192 对外有 18 个引脚，引脚功能如表 8-7 所示。

表 8-7   M-192 引脚功能表

引 脚 号	引 脚 功 能
1，2	快进纸控制输入端
3，4	打印头复位检测端

续表

引 脚 号	引 脚 功 能
5	马达驱动正端
6	马达驱动负端
7~13	B 打印针到 H 打印针驱动端
14，15	公共端，接地
16	A 打印针驱动端
17，18	打印时钟信号产生端

8.5.3　硬件设计

本设计中，主控制芯片是单片机 AT89C51，打印头打印所需的字库点阵存放在 AT27C040 中。如图 8-19 所示。

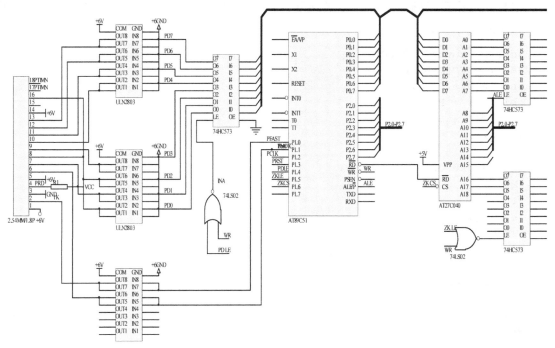

图 8-19　单片机与 M-192 硬件电路连接图

AT27C040 低 8 位地址由 AT89C51 的 P0 口经 74LS573 锁存器提供，锁存信号由 AT89C51 的 ALE 信号提供；AT27C040 高 8 位地址直接由单片机的 P2 口提供，最高 3 位地址由单片机 P0 口经 74LS573 提供。该锁存器的锁存信号由单片机的 P1.5 和写信号经过一个或非门提供；打印数据也由 P0 口送出并且由 74LS573 锁存，锁存信号由 P1.4 结合写信号来实现控制。AT27C040 的片选信号由 P1.6 控制。

当打印针工作或控制马达开关以及控制快走纸时，打印头需要较大电流，因此需要增加驱动芯片，本设计采用内部带有达林顿管的驱动芯片 ULN2803。

8.5.4　程序设计

当 M-192 打印时，打印针击打色带在打印纸上打印出一个点。如果按照字符或图形的点阵数据去驱动打印针就可以打印出字符或图形。要按照一定时序且在打印时钟 PCLK 配合下驱动打印针。当确定出第一个 PCLK 时钟后，打印针 A、D、G 的驱动数据在距其前沿不超过 55μs 的时间里送出，并且要保持到下一个 PCLK 时钟的前沿。打印针 B、E、H 的驱动数据以及 C、F 的驱动数据都要按照上述方法送出。这样，8 根打印针的驱动数据在 3 个 PCLK 时钟内被送出。经过 90 个 PCLK，每根针分别能打印 30 个数据。当打印座返回初始位置时，打印纸前进 0.37mm，打印机就打印了一行点。

在上图的硬件连接设计图以及根据 EPSON M-192 的工作原理的基础上，驱动 M-192 工作的软件设计的主设计思路简述如下。

首先通过字符的区位码计算出点阵数据在字库中的地址，并从字库中取出来。再按照打印时序驱动打印针打印数据。在打印头每打印一行点的前 90 个 PCLK 时间内，单片机需要在送出打印数据后精确检测 PCLK 的跳变，这一点很重要。以下主程序实现的功能是打印 12×12 点阵的汉字。

```
#define xbyte[0x0000]
#define U [0x0000]
sbit P10 = P1^0;
sbit P11 = P1^1;
sbit P14 = P1^4;
int i, t;
main()
{xbyte[0x0000] = 0;
 P14 = 0;
 i = 0;
 FIRST_LD;
 LD_A_BYTE;
 P11 = 1;
 P1 = #0FFH;
 U = P1^#40H;
 DT_T1;
if(i = 11)
PRINT;
else
PRINT;
P14 = 0;
xbyte[0x0000] = 0;
P11 = 0;
}
void PRINT()
{P14 = 0;
 xbyte[0x0000] = 0;
 i + +;
 FIRST_LD;
```

```
LD_A_BYTE;
if(t! = 151)
DT_JMP;
}
```

8.5.5　经验总结

本章节介绍了一种直接用单片机驱动 EPSON 公司的微型针式打印头 M-192 的硬件接口和软件驱动设计方法。它不但可以不拘于并行接口或者串行接口的打印接口协议而根据实际系统需要灵活设计软硬件，而且最重要的是它大大降低了产品的设计成本。因此这种做法是值得借鉴的。另外，由于大多数微型针式打印头的工作原理大同小异，因此本章节所讨论的用单片机直接控制驱动 M-192 的软硬件设计方法也可以适用于其他型号的微型针式打印头。

8.6　【实例 63】简易智能电动车

智能电动车的基本模型就是我们普通的电动玩具车，由于我们更换了电动玩具车内部的电机和驱动电路，并增加了控制系统，使整个电动车具有智能化，能够按照既定路线行驶。

8.6.1　实例功能

本例设计一款简易电动车，在多种传感器的配合下，具有自动寻线、障碍物探询、前进、后退、左右转弯等功能。

按照图 8-20 所示由起跑线出发，沿着引导线途径 B、C 两点。在沿着引导线到 B 点过程中，不断检测铺设在白纸下的薄铁片，当检测到时发出声光指示信息，并显示薄铁片数目。电动车到达 B 点以后进入"弯道区"，沿圆弧引导线到达 C 点，当检测 C 点下正方形薄铁片，停车 5s，发出断续的声光信息。之后继续行驶，在光源的引导下，进入停车区并到达车库。

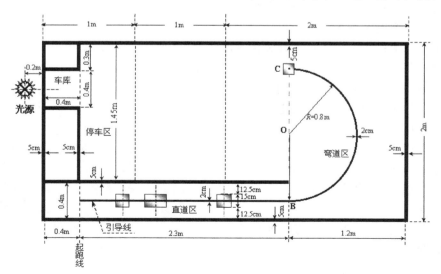

图 8-20　智能电动车实现的功能图

8.6.2　典型器件介绍

接近开关又称无触点接近开关，是理想的电子开关量传感器。当金属检测体接近开关的感应区域时，开关就能无接触、准确反应出运动机构的位置和行程。这种方式具有使用寿命长、工作可靠、重复定位精度高、无机械磨损、无火花、无噪音、抗振能力强等优点，是一般机械式行程开关所不能相比的。它广泛地应用于机床、冶金、化工、轻纺和印刷等行业，主要用于检验距离、尺寸控制、检测物体是否存在、检测异常、转速与速度控制、计量控制、识别对象等方面。

接近开关按工作原理可以分为以下几种类型。

- 高频振荡型：用以检测各种金属体。
- 电容型：用以检测各种导电或不导电的液体或固体。
- 光电型：用以检测所有不透光物质。
- 超声波型：用以检测不透过超声波的物质。
- 电磁感应型：用以检测导磁或不导磁金属。

电感式接近开关属于一种有开关量输出的位置传感器，它由 LC 高频振荡器和放大处理电路组成，利用金属物体在接近这个能产生电磁场的振荡感应头时，使物体内部产生涡流。这个涡流反作用于接近开关，使接近开关振荡能力衰减，内部电路的参数发生变化，由此识别出有无金属物体接近，进而控制开关的通或断。这种接近开关所能检测的物体必须是金属物体。

电感式接近开关由于其具有体积小，重复定位精度高，使用寿命长，抗干扰性能好，可靠性高，防尘，防油等特点，被广泛用于各种自动化生产线，机电一体化设备及石油、化工、军工、科研等多种行业。

电感式接近开关传感器的电气指标如下。

- 工作电压：指电感式接近开关传感器的供电电压范围，在此范围内可以保证传感器的电气性能及安全工作。
- 工作电流：指电感式接近开关传感器连续工作时的最大负载电流。
- 电压降：指在额定电流下开关导通时，在开关两端或输出端所测量到的电压。
- 空载电流：指在没有负载时，测量所得的传感器自身所消耗的电流。
- 剩余电流：指开关断开时，流过负载的电流。
- 短路保护：超过极限电流时，输出会周期性地封闭或释放，直至短路被清除。

本设计采用 XM-PO-10N 电感式接近开关，其外形图如图 8-21 所示。

XM-PO-10N 电感式接近开关技术参数如表 8-8 所示。

图 8-21　XM-PO-10N 外观图

表 8-8   **XM-PO-10N 技术分数**

名 称	代码及含义
开关类别	LJ:电感式
外形尺寸	30mm
外形代号	A4 塑料外壳
检测距离	10mm
工作电压	Z：5-36VDC
输出状态	B：常开（NO）
输出形式	X：三线直流 NPN 负逻辑输出
工作电流	10mA
滞后现象	不大于探测距离的 10%
标准探测物	30mm×30mm×1mm 金属物体
应答频率	100Hz
残留电压	最大：1.5V

XM-PO-10N 对外有 3 条引线，使用起来很方便，PNP 型和 NPN 型传感器接线如图 8-22 所示。

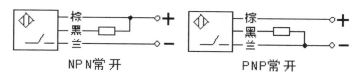

图 8-22   PNP 型和 NPN 型接线图

8.6.3 硬件设计

根据系统中用到的传感器不同，可以把任务分为两个区域：直道区 + 弯道区和停车区。直道区、弯道区主要用漫反射型光电传感器和电感式接近开关。漫反射型光电传感器主要用于循迹，按照黑线指示的路径行驶。电感式接近开关主要用于探测铁片的数目。在停车区考虑车库放置了光源，因此选择了光敏电阻。根据系统功能，整个硬件电路可划分为循迹电路、铁片检测电路、光源检测电路、显示电路及报警电路等。整体电路如图 8-23 所示。

循迹电路电路主要使用了 3 只漫反射型光电传感器。安装时，一只对着黑线，另外两只在黑线两侧对着地面。正常行驶时，中间那只传感器始终对着黑线，光线无法返回，传感器输出低电平。另外两只有光线返回，输出高电平。当小车脱离轨道时，即中间那只光电传感器脱离轨道时，等待其他任意一只传感器检测到黑线后，再做出相应的转向调整，直到中间的光电开关重新检测到黑线再恢复正向行驶。

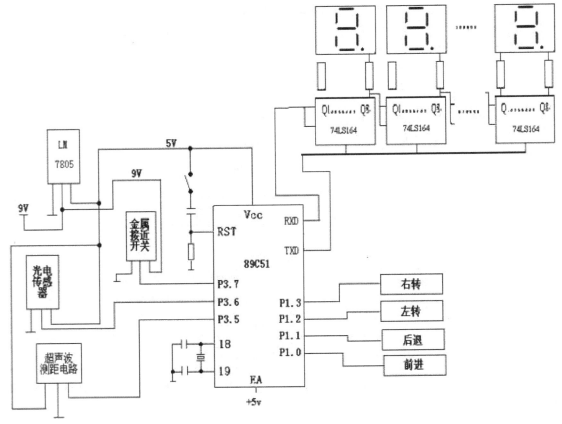

图 8-23   系统总图

铁片检测电路使用 XM-PO-10N 电感式传感器。当没有测到铁片时，传感器输出高电平，当检测到铁片时，输出低电平。因此将 XM-PO-10N 直接接 T1 计数输入端，每当检测到铁片时，T1 计数值便加 1。

为了检测光线的强弱，在小车左前方、正前方、右前方安装 3 只光敏电阻。当照射在它上面的光线的强度发生改变时，阻值发生变化，输出电压随之变化，再通过 ADC0809A/D 转换后，得到相应的数字量，从而引导小车向光源靠近。

小车控制模块采用专用控制模块，系统只需要发送相应信号就可以控制小车前进、后退、左转和右转等功能。显示电路采用 LED 数码管显示器，前面章节有介绍，此处不再详述。

8.6.4   程序设计

系统使用车子前端的 3 个光电传感器识别黑色路径，并沿其行驶。使用电感式接近开关识别出埋藏在路径下面的铁片，并计数。使用光敏电阻识别光源，并引导小车进入车库。因此，整个程序设计主要包括 4 部分：路径识别、铁片计数、光源识别及主程序。

路径识别程序主要控制小车沿着黑色路径行驶，当中间传感器输出为高电平时，小车直行；当中间传感器输出低电平时，小车脱离当前路径，左转还是右转取决去其他两个传感器。当左侧传感器输出为低电平时，控制小车右转；当右侧传感器输出为低电平时，控制小车左转，程序代码如下。

```
uchar isturning()
{
    if(MIDDLEPIN = =0)
      {
          if(LEFTPIN = =0)
             return 1;        //右转
          if(RIGHTPIN = =0)
             return 2;        //左转
          }
      return 0;               //直行
    }
void turncorner(uchar i)
{
    ////i = isturning();
    if(i = =1)
    {
        PINLEFTTURN = 0;
        PINRIGHTTURN = 1;

        }
    else if(i = =2)
    {
        PINLEFTTURN = 1;
        PINRIGHTTURN = 0;
        }
    else
    {
        PINLEFTTURN = 0;
        PINRIGHTTURN = 0;
    }
    delay100ms();
    }
```

函数 displayled()用于在 LED 数目管上显示检测到的铁片数目。由硬件连接图可以看出，串口工作于方式 0，先传送显示低位，再传送显示高位。代码如下。

```
void displayled()
{
    uchar i,num;
    if(freshled = =1)
    {
        num = iornnum;
        leddata[0] = LEDCODE[num%10];
        leddata[1] = LEDCODE[num/10];
```

```
            for(i = 0;i<2;i + +)
            {
                TI = 0;
                SBUF = leddata[i];
                while(TI = =0);
                TI = 0;
                }
            freshled = 0;
        }
}
```

光源检测程序负责寻找光源，并引导小车进入车库。安装在小车前面的 3 个光敏电阻感受光照后，电阻发生变化，光照越强，电阻越小。由 ADC0809 进行 A/D 转换，根据转换结果控制小车转向及行驶。

程序 Read_Adc0809()控制 ADC0809 对指定通道进行 A/D 转换，并返回转换结果，代码如下。

```
uchar Read_Adc0809(uchar m)
{
  uchar i;
  ADCADDPORT = 0xf8 + m;          //发通道地址号
  STARTADC = 1;                   //发通道锁存及启动转换信号
  STARTADC = 0;
  while(ADCBUSY = =0);            //等待转换结束
  i = ADCDATAPORT;                //读取转换结果
  return i;
}
```

程序 findlight()用于控制小车朝着光源方向前进。程序调用 Read_Adc0809 读取 3 个光敏电阻的阻值，找出阻值最小的一个。采用前面循迹介绍的方法控制小车左转、右转或前行。代码如下：

```
void findlight()
{
    uchar i,j,k,m;
    i = Read_Adc0809(0);
    j = Read_Adc0809(1);
    k = Read_Adc0809(2);
    if(i> = j)
    {
        if(j> = k)
            m = 2;        //k 最小
        else
            m = 0;        //j 最小
    }
    else
```

```
        {
            if(i> = k)
                m = 2;        //k 最小
            else
                m = 1;        //i 最小
        }
    turncorner(m);
}
```

函数 stopcar()用于停止小车行驶。当小车进入车库后，中间的光敏电阻受光照射最强，电阻值最小，该值可由实验得出。当 A/D 转换后的数值比设定值小时，表明小车已到达停车位置，可以停车。程序代码如下。

```
void stopcar()
{
    uchar i;
    i = Read_Adc0809(1);
    if(i>VALUESTOP)
    {
        PINSTOPCAR = 1;
        PINLEFTTURN = 0;
        PINRIGHTTURN = 0;
        }
    }
```

Timer0()是 T0 的中断服务函数。T0 用于定时，基本定时时间是 50ms。代码如下。

```
void timer0() interrupt 1
{
    TR0 = 0;
    TH0 = 0X3C;
    TL0 = 0XB0;
    TR1 = 1;
    mseccnt + +;
    if(mseccnt>400)
      checkciron = 1;
}
```

Timer1()是 T1 的中断服务函数。T1 用于记录检测到的铁片数目，因此 T1 工作于计数方式，每记录一次要产生一次中断，因此计数初值为 0XFFFF。函数代码如下。

```
void timer1() interrupt 2
{
    TH1 = 0XFF;
    TL1 = 0XFF;
    freshled = 1;
```

```
    ironnum + +;
    }
```

　　inisystem()用于系统初始化。T0 用于定时，方式 1。T1 用于计数，方式 1。系统允许 T0
及 T1 中断。程序代码如下。

```
void inisystem()
{
    checkstop = 0;
    mseccnt = 0;
    TMOD = 0X32;
    TH0 = 0X3C;
    TL0 = 0XB0;
    TH1 = 0XFF;
    TL1 = 0XFF;
    TR0 = 1;
    TR1 = 1;
    ET0 = 1;
    ET1 = 1;
    EA = 1;
    }
```

　　alarm()用于报警。当在 C 点检测到铁片后，小车要报警 5s。程序代码如下。

```
void alarm()
{
    PINALARM = 0;
    delay1s(5);
    PINALARM = 1;
    }
```

　　主程序 main()通过调用相关子程序实现系统功能。在路径 B 段之前，主要按照黑色路径
行驶及检测铁片数目并显示。在 B 到 C 段时，沿着半圆形路径行驶，并检测 C 处的铁片。过
C 点后，主要是寻找光源和控制停车。整个程序代码如下。

```
void main()
{uchar i;
    inisystem();
    while(1)
    {
            if(checkstop = =0)
            {
                i = isturning();
                turncorner(i);
                if(checkiron = =1)
                {
                    if(freshled = =1)
```

```
                    {
                        displayled();
                        alarm();
                        checkstop = 1;
                    }
                }
                displayled();
    }
    else
    {
        findlight();
        stopcar();
    }
}
```

8.6.5　经验总结

整个可以分为两个区域：直道区 + 弯道区和停车区。为每个区域选择合适的传感器是至关重要的。直道区、弯道区选用漫反射型光电传感器用于循迹，电感式接近开关主要用于探测铁片的数目。在停车区选择光敏电阻用于寻找光源和控制停车。由于采用了小车专用控制模块，所以不用考虑小车驱动问题。软件方面，因为传感器在检测到某物体时，输出信号会发生变化，此时让单片机对信号进行处理，从而加快了系统的反应速度。

整个系统只是一个智能小车的雏形，读者可以加入其他模块以增强小车的功能，如加入超声传感器电路使得小车具有躲避障碍物的功能；加入串行通信或是红外通信，使得计算机能够控制小车运动。

8.7　【实例 64】洗衣机控制器

8.7.1　实例功能

洗衣机是人们日常生活中不可缺少的一种家用电器，它为人们提供了很多便利，从功能上分，洗衣机有普通型、半自动型、全自动型等。本实例设计一款由微电脑控制的全自动洗衣机。整个系统的工作流程如下。

打开洗衣机的电源开关后，洗衣机当前处于强洗模式（强洗指示灯被点亮），按下"增"按键可切换至弱洗工作模式。设置好工作模式后，按下"编程选择"按键，"洗涤次数"指示灯被点亮，此时按下按键"增"或"减"，就可设置洗涤次数。再按下"编程选择"按键，指示灯"洗衣定时"被点亮，此可设置洗衣时间。再次按下"编程选择"按键，指示灯"脱水定时"被点亮，此时可设置脱水时间。最后按下"启动"按键，洗衣机就开始工作。

在洗衣的过程中，指示灯"洗衣机剩余时间"被点亮，此时 LED 显示器显示洗衣的剩余时间。当洗衣时间到，洗衣机将洗衣机水桶里面的水放掉，然后启动电动机开始脱水过程。

在脱水过程中，指示灯"脱水定时"被点亮，LED显示器显示的数字即为脱水剩余的时间。脱水完成后，洗衣机的蜂鸣器发出5次"嘟嘟"声，提示用户洗衣过程已经结束。

> 说明　强洗模式是电动机只向一个方向运转。弱洗工作模式是电动机往正反两个方向交替运转，每隔一分钟变换方向一次。

8.7.2　典型器件介绍

为了更好地理解本设计，下面介绍全自动洗衣机的工作原理。

全自动洗衣机的结构图如图8-24所示。放入衣物后，打开进水龙头的阀门，选择好正确的水位及工作程序后接通电源。闭合仓门，门安全开关闭合，此时水位开关内部的公共触点和脱水触点相通，进水阀通电进水。当桶内水位到达指定高度时，在气压的作用下水位开关内部公共触点断开脱水触点而接通洗涤触点，进水阀断电停止进水，电动机电源被接通。电动机运转后，周期性正转、反转，通过离合器带动波轮正转、反转，波轮的转动会带动桶内的水及衣物形成旋转水流，衣物在水流中相互磨擦而达到洗衣的目的。当洗涤过程完成后，排水电磁阀通电工作，排水阀门被打开，桶内的水向外排出，同时联动杆也把离合器从洗涤状态切换到脱水状态。当排水完成后，桶内大气压力下降，水位开关的公共触点复位接通脱水触点，排水电磁阀继续保持通电状态，电动机通电运转带动脱水桶高速旋转而甩干衣物，洗衣程序结束后洗衣机断开水电而停机。至于中间的过程要洗多少次，洗衣时间的长短，由程序控制。

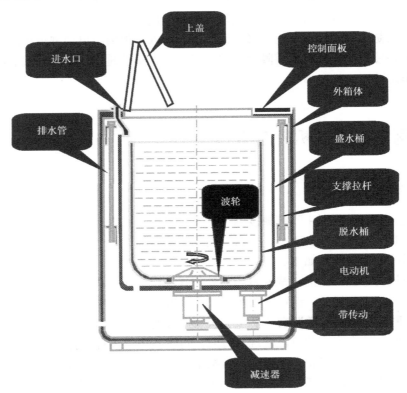

图8-24　全自动洗衣机结构图

8.7.3 硬件设计

洗衣机的整体电路模块如图 8-25 所示。该电路的主要包括水位检测模块、电机控制模块、显示按键模块等。

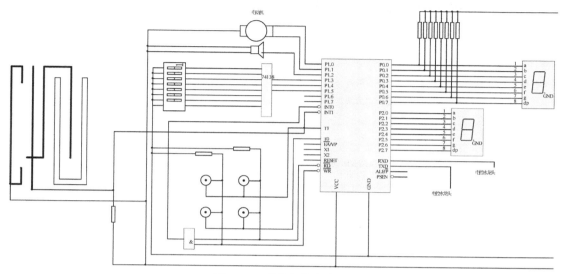

图 8-25 系统硬件电路图

水位检测机构由玻璃管、浮子、金属滑杆等组成。玻璃管与洗衣桶相连，玻璃管中的水位就是洗衣桶内的水位。在放水或进水的过程中，浮子带动金属管上下移动，当水位处于最高点或最低点时，金属滑杆都与金属地相连，致使引脚 INT1 处于低电平，向 CPU 申请中断，否则 INT1 被上拉电阻上拉为高电平。

电机控制模块有两个控制端，一端控制电动机正向运转，该端与 P1.0 相连；另一端控制电动机反向运转，该端与 P1.1 相连。电控水龙头共两只，一只为进水龙头，受 P3.0 控制；另一只为出水龙头，受 P3.1 控制。当电控水笼头的控制端为 "1" 时，水笼头打开，当电控水龙头的控制端为 "0" 时，水龙头关闭。

LED 显示器共两只，P0 控制高位显示器，P2 控制低位显示器。按键 4 只，分别为 "编程选择""增""减" 和 "启动键"，这 4 只键组成 2 × 2 键的矩阵式键盘，该键盘使用引脚 INT0 向 CPU 申请中断。蜂鸣器由 P1.2 控制，当 P1.2 输出为 "1" 时，蜂鸣器发声。

74LS138 的输入端 C、B、A 分别接单片机的 P1.3、P1.4、P1.5，输出端 Y0、Y1、Y2、Y3、Y4、Y5、Y6 分别与 7 个发光二极管的阴极相连，用于指示工作状态。

说明　74LS138 的输出端 Y0 控制 "洗衣剩余时间" 指示灯，Y1 控制 "脱水剩余时间" 指示灯，Y2 控制 "强洗" 指示灯，Y3 控制 "弱洗" 指示灯，Y4 控制 "洗涤次数" 指示灯，Y5 控制 "洗衣时间" 指示灯，Y6 控制 "脱水时间" 指示灯。

8.7.4 程序设计

整个洗衣程序要经过以下几个过程。

- 进水过程：由单片机控制进水阀的开/关时间来完成。
- 洗涤过程：洗衣机不断正转、反转，是通过单片机对电机的控制来实现的。
- 排水过程：由单片机控制排水阀的开/关时间来完成。
- 脱水过程：洗衣机高速旋转一定时间，是通过单片机对电机的控制来实现的。

因此，可以按照上述过程设计主程序，主程序流程图如图 8-26 所示。

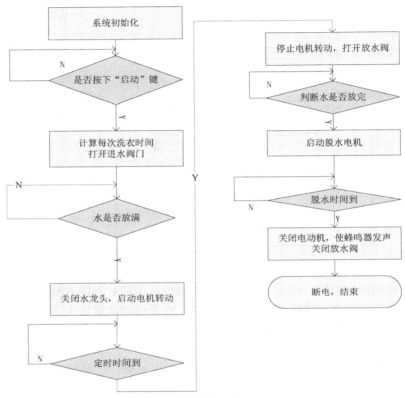

图 8-26　主程序流程图

主程序代码如下。

```
include<at89C51.h>
#define waterin P1.3
#define waterout P1.4
#define swim P1.5
#define dehydrate P1.6
#define TIMEWATERIN  60
#define TIMEWATEROUT 60
#define TIMEWASHING  150
#define TIMESPIN  30
uint totletime;
void  inisystem()
{
    checkstop = 0;
```

```
        TMOD = 0X32;
        ET1 = 1;
        EA = 1;
        }
void main()
{
    uchar key;
    inisystem();
    while(1)
    {
        key = scankey();
        if(key = =KEYSTART)
        {
            if (PINCONVER = =0)
            {
                totletime = TIMEWATERIN + TIMEWATEROUT + TIMEWASHING + TIMESPIN;
                waterin = 1;
                delays(TIMEWATERIN);
                waterin = 0;
                swim = 1;
                delays(TIMEWASHING);
                swim = 0;
                waterout = 1;
                delays(TIMEWATEROUT);
                dehydrate = 1;
                delays(TIMESPIN);
                dehydrate = 0;
                waterout = 0;
            }
        }
    }
}
```

显示程序主要负责显示洗衣剩余时间，显示 3 位，单位是秒。硬件使用 LED 数码管显示器，采用 74LS164 驱动，程序代码如下。

```
void displayled(uint m)
{
    uchar i,j;
    for(i = 0;i<3;i + +)
    {
        j = m%10;
        m/ = 10;
        leddata[i] = LEDCODE[j];
    }
    for(i = 0;i<3;i + +)
```

```
    {
                TI = 0;
                SBUF = leddata[i];
                while(TI = =0);
                TI = 0;
    }
}
```

delays()函数用于延时，主要用于控制进水时间、洗衣时间、放水时间以及脱水时间。为了方便程序设计，在延时函数中调用 displayled()以刷新显示。程序代码如下。

```
void delays(uchar ms)
    {
        uchar i;
        for(i = 0;i<ms;i + +)
        {
            initimer1();
            while(flag1s = =0);
            totletime--;
            display(totletime);
        }
    }
```

timer1()是定时器 T1 的中断服务函数。T1 用于定时，基本定时时间是 50ms，通过对 mseccnt 计数，实现定时 1s 功能。initimer1()是 T1 的初始化函数。两个函数的代码如下。

```
void timer1() interrupt 3
{
    TR0 = 0;
    TH0 = 0X3C;
    TL0 = 0XB0;
    TR1 = 1;
    mseccnt + +;
    if(mseccnt> = 20)
      flag1s = 1;
}
void initimer1()
{
    flag1s = 0;
    mseccnt = 0;
    TR1 = 0;
    TH1 = 0X3C;
    TL1 = 0XB0;
    TR1 = 1;
}
```

8.7.5 经验总结

本实例设计一款由微电脑控制的全自动洗衣机，实现了进水、洗衣、放水及脱水整个洗衣过程。硬件电路的主要包括水位检测、电机控制、显示按键等电路。软件设计，主要按照整个洗衣过程设计主程序。

本文介绍的洗衣机控制系统成本低廉、结构简单、工作稳定，利用了较少的器件，实现了洗衣机的智能控制，具有一定的实用价值。但是，整个系统功能不够完善，操作不十分灵活，读者可以自行增加或修改功能，以满足要求。

第 9 章　单片机数据处理

9.1　【实例 65】串行 A/D 转换

9.1.1　实例功能

　　串行 A/D 转换器转换后的结果是以串行方式输出。数字量以串行方式输出可简化系统的连线，缩小电路板的面积，节省系统的资源。本实例以 TLC2543 为例，介绍串行 A/D 驱动程序的设计。

9.1.2　典型器件介绍

　　TLC2543 是 TI 公司生产的 12 位开关电容逐次逼近模数转换器。它有 3 个输入端和 1 个三态输出端：片选（$\overline{\text{CS}}$）、输入/输出时钟（I/O CLOCK）、数据输入（DATA INPUT）和数据输出（DATA OUT），通过一个四线接口与主处理器通信。

　　芯片内含有 14 通道多路选择器，可以选择 11 个模拟量输入通道中的任何一个或 3 个内部自测试（self-test）电压中的一个。系统时钟由片内产生并由 I/O CLOCK 同步。内部转换器具有高速（10μs 转换时间）、高精度（12 位分辨率）和低噪声等特点。

　　TLC2543 双列直插的引脚排列如图 9-1 所示。

　　各引脚功能说明如下。

- AIN0～AIN10：模拟量输入端。这 11 个模拟量输入由内部多路器选择。
- $\overline{\text{CS}}$：片选端。低电平有效。
- DATA INPUT：串行数据输入端，输入数据在 I/O CLOCK 的上升沿依次移入，串行数据输入时以 MSB 为前导，包括了 A/D 转换的模拟通道的选择以及输出数据的格式。
- DATA OUT：A/D 转换结果输出的三态串行输出端。数据的输出格式由串行输入的

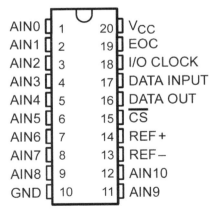

图 9-1　TLC2543 引脚排列

数据决定，包括数据输出的位数、数据导出的顺序、数据的极性格式等，数据在 I/O
CLOCK 的下降沿依次移出。

- EOC：转换结束端。在开始转换后的第十个 I/O CLOCK 引脚的脉冲下，该输出端从
  高电平变为低电平并保持，转换完成后该引脚变为高电平。
- GND：接地端。
- I/O CLOCK：输入/输出时钟端。上升沿时输入数据，下降沿时输出数据。
- REF+：正基准电压端，通常为 V_{CC}。最大的输入电压范围取决于加在该端与加在
  REF-端的电压差。
- REF-：负基准电压端，通常为地。
- Vcc：电源输入端，典型值为+5V。

9.1.3　硬件设计

89C51 单片机与 TLC2543 芯片的接口电路图如图 9-2 所示。TLC2543 的 3 个控制输入端
$\overline{CS}$、I/O CLOCK、DATA INPUT 和一个数据输出端 DATA OUT 分别与单片机的 P1.4、P1.1、
P1.2 和 P1.3 引脚相连，单片机采用的晶振频率为 12MHz。

电路设计时，我们将 TLC2543 有两个基准电压输入 REF+、REF-分别与电源（V_{CC}）、
GND 相连，这样连接可保证数字输出的满度和零点，但在高精度的测量要求中，如果 V_{CC}
的质量一般，应专门设计高精度的电压基准电路。由于 TLC2543 的转换速度很快，因此这里
的转换结束标志接在单片机的 P1.0 引脚，采用查询方式。

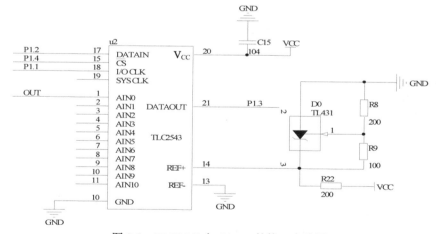

图 9-2　TLC2543 与 89C51 的接口电路图

9.1.4　程序设计

TLC2543 通过串行接口与单片机通信，接口程序按照 TLC2543 的工作时序要求编写，
根据图 9-2 中硬件连接关系，编写单片机 89C51 采样外部 AIN0 通道模拟量的程序。主要包
括用于实现读取 TLC2543 的 A/D 转换值子程序，具体 C51 程序如下。

```
/*----------------
文件名称：TLC2543_Test.C
```

```
功能: TLC2543 驱动测试程序
- - - - - - - - - - - - - - - - -*/
#include <reg52.h>
sbit    CS      = P1^4;
sbit    IO_CLK  = P1^1
sbit    DAT_IN  = P1^2;
sbit    DAT_OUT = P1^3;
unsigned int read_tlc2543( unsigned char M );
unsigned int result;
void main(void)
{
while(1)
  {
        read_tlc2543(0x20);
        /*第一次读出的数据不可靠, 丢弃*/
        result = read_tlc2543(0x20);
  }
}
/*******************************
函数名称: unsigned int read_tlc2543(unsigned char M)
功能:实现读取 TLC2543 的 A/D 转换值
入口参数:M 为 A/D 转换命令字
返回值:A/D 转换后的结果,有效位数为 12 位
*******************************/
unsigned int read_tlc2543(unsigned char M)
{
unsigned char i,ctrl_word;
    unsigned int ad_result=0;
    DAT_OUT     = 1;
    ctrl_word   = M;
    CS          = 1;
    IO_CLK      = 0;
    CS          = 0;
    for (i=0;i<8;i++)                   /*将控制字符送到 TLC2543 中*/
        {                               /*并接收 TLC2543 输出的 8 位字节*/
            DAT_IN = ctrl_word & 0x80;
            ctrl_word = ctrl_word<<1;
            IO_CLK=1;
            ad_result=ad_result<<1;
            if (DAT_OUT)
                ad_result=ad_result+1;
            IO_CLK=0;
        }
    for (i=8;i<12;i++)                  /*将剩余的 4 位数据读出*/
        {
            IO_CLK=1;
```

```
                ad_result=ad_result<<1;
                if (DAT_OUT)
                        ad_result=ad_result+1;
                IO_CLK=0;
        }
        CS=1;
        return ad_result;               /*返回值为 A/D 转换后的数字量, 有效位数 12 位*/
}
```

9.1.5　经验总结

（1）根据上面的硬件原理图可以采用的延时（查询）方式来实现 A/D 转换的, 也可以将 EOC 接反相器后再与外部中断输入端相连, 在中断服务程序中启动下次转换并读取本次转换数据。

（2）TLC2543 输入的是本次需要转换的通道地址, 而输出的是上次转换后的结果, 因此, 启动转换后的第一个输出数据是随机数, 必须丢弃。

（3）在采集多路模拟量数据并且要求较高分辨率时是较好的一种可行方案。在高精度的场合, 对于参考电压我们还要设计专门的精密基准电源。

9.2　【实例 66】并行 A/D 转换

9.2.1　实例功能

前面我们介绍了具有串行接口的 TLC2543, 与串行相对应的还有并行输出的 A/D 转换器件, 这里我们介绍应用最广泛的 8 位通用并行 A/D 转换芯片 ADC0809。

9.2.2　典型器件介绍

ADC0809 是 CMOS 单片型逐次逼近式 A/D 转换器, 单电源供电, 转换时间为 $100\mu s$, 模拟输入电压范围 $0V\sim+5V$, 不需零点和满刻度校准, 工作温度范围为$-40℃\sim+85℃$, 低功耗。可处理 8 路模拟量输入, 内部带有输出数据锁存器, 既可与各种微处理器相连, 也可单独工作。输入输出与 TTL 电平兼容。

ADC0809 的主要性能如下：

● CMOS 工艺制造;

● 单电源供电;

● 无需外部进行零点和满刻度调整;

● 转换后的数据并行输出且内部带有输出数据锁存器;

● 输出与 TTL 兼容;

● 分辨率为 8 位;

● 功耗为 15mW;

● 转换时间（$f_{CLK}=640kHz$）为 $100\mu s$;

● 转换精度为±0.4%。

ADC0809 的双列直插式封装管脚图如图 9-3 所示。

各引脚功能如下。

● IN0～IN7：8 路模拟量输入端。

● D0～D7：8 位数字量输出端。

● ADDA、ADDB、ADDC：8 路模拟输入
  的地址选择端。

● ALE：地址锁存允许信号，高电平有效。

● START：A/D 转换启动信号，高电平
  有效。

● EOC：A/D 转换结束信号，当 A/D 转换结
  束时，此端输出一个高电平（转换期间一
  直为低电平）。

● OE：数据输出允许信号，高电平有效。
  当 A/D 转换结束后，给此端输入一个高
  电平，才能打开输出三态门，输出数字量。

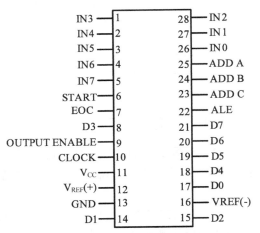

图 9-3   ADC0809 引脚封装图

● CLK：时钟脉冲输入端。使用时输入的时钟频率不高于 1.43MHz。

● V$_{REF}$（+）、V$_{REF}$（−）：基准电压。

● Vcc：电源，单一＋5V。

● GND：地。

9.2.3   硬件设计

单片机读取 ADC0809 的数据有 3 种方式：查询、中断和延时。这 3 种方式在硬件连接
上稍有不同，下面分别进行介绍。

1．查询方式

查询法主要是单片机查询引脚 EOC 的状态，若为低电平，表示转换正在进行；若为高
电平，则使 OE 置 1，以便从 D0～D7 线上读取 A/D 转换后的数字量。

2．中断方式

采用中断方式时，EOC 作为 CPU 的中断请求输入线。CPU 响应中断后，应在中断服务
程序中使 OE 线变为高电平，以读取 A/D 转换后的数字量。

3．延时方式

延时方式是指在启动 A/D 转换后延时可靠的时间段后再直接去读取转换后的数字量。

本例中介绍查询连接方式如图 9-4 所示，单片机使用的晶振为 12MHz。

由图 9-4 可见，START 启动信号由 89C51 的 P3.6（$\overline{WR}$）和 P2.7 输出经或非门产生，START
因 $\overline{WR}$ 输出端上的高电平而封锁，通过执行写操作指令之后，START 上的正脉冲启动
ADC0809 工作；EOC 线直接与 89C51 的 P1.0 相连，通过查询 P1.0 的状态而得知 A/D 转换

是否完成。图中把 89C51 的 P3.7（$\overline{RD}$）和 P2.7 经或门和 ADC0809 的 OE 相连。由于平时 $\overline{RD}$ 输出端为高电平，从而 OE 处于低电平封锁状态。在发出 A/D 转换命令，通过执行读操作指令后，可以使 OE 变为高电平，从而打开三态输出锁存器，让 CPU 读取转换后的数字量。

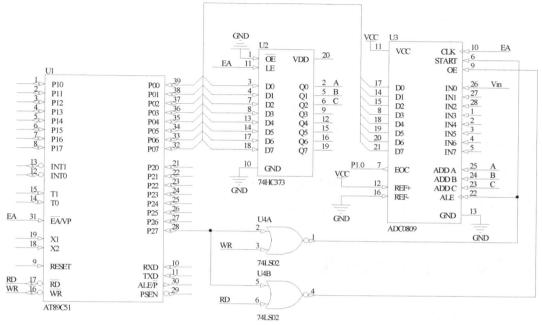

图 9-4　89C51 与 ADC0809 接口电路图

9.2.4　程序设计

根据硬件连接可知 ADC0809 的地址为 0x7FFF，向 0x7FFF 地址送数据的低 3 位被 74HC573 锁存（选择 ADC0809 的转换通道），然后启动 A/D 转换，然后程序等待 A/D 转换完成（查询 EOC 是否有低电平出现），转换完成后读取转换完毕的数据。完成一次 A/D 转换的 C51 程序代码如下。

```
/* - - - - - - - - - - - - - - -
文件名称: ADC0809_Test.C
功能 :ADC0809 测试程序
- - - - - - - - - - - - - - - -*/
#include<reg51.h>
#include<absacc.h>
sbit  EOC = P1^0;                    /*I/O 口伪定义*/
#define CS0809 XBYTE[0x7fff]         /*adc0809 的地址*/
void main( void )
{
  unsigned char ad_result;          /*转换结果*/
  while( 1 )
    {
      CS0809 = 0 ;                   /*选择通道 0 并启动 A/D 转换*/
      while( !EOC ) ;                /*等待 A/D 转换完成*/
      ad_result = CS0809;
    }
}
```

9.2.5   经验总结

（1）关于通道地址问题：对单片机来说，外设 ADC0809 只有一个地址 0x7FFF，各个模拟量的输入通道地址是通过向地址 0x7FFF 输入通道号来选择的。如输入 0x00 即选择 0 通道，0x01 即选择 1 通道，其他通道的选择依次类推。

（2）地址锁存问题：由于 ADC0809 内部已经存在地址锁存器，因此，图 9-4 中的 74HC573 也可以省略，而将 P0.0～P0.2 直接与 ADDA、ADDB、ADDC 相连，此时的 ADC0809 的 8 个通道地址是 0x7FF8～0x7FFF。

（3）关于时钟的频率问题：ADC0809 的典型时钟信号为 640kHz（转换时间对应 100μs），但实际上 AD0809 的时钟输入工作频范围为 10kHz～1280kHz，大于 1.43MHz 将停止工作，因此，如果 CLK 信号采用单片机的 ALE 信号，请务必注意单片机的晶振频率，图 9-4 的 74HC74 的作用是做了 1 次分频。

（4）如果采用中断方式，则要在 EOC 的输出端外接一反相器后再接入外部中断输入端 $\overline{INT0}$ 或 $\overline{INT1}$，而如果采用延时方式，则 EOC 直接悬空即可。

9.3 【实例 67】模拟比较器实现 A/D 转换

9.3.1   实例功能

在实际应用中，有些模数转换系统对于转换的时间、精度及可转换的模拟量通道等要求并不严格。这种情况下，为了降低开发成本、减小电路体积等要求，可利用模拟比较器和其他外围电路等实现 A/D 转换，如采用带模拟量比较器的 AT89C2051 单片机完成单输入的 A/D 转换。

9.3.2   典型器件介绍

AT89C2051 是 ATMEL 公司的一款 51 系列单片机。与 89C51 相比，AT89C2051 只有 P1 口和 P3 口的几个引脚，并在 P1.0、P1.1 和 P3.6 间加入了一个精确的模拟比较器，其他硬件资源则相同。AT89C2051 具有以下一些特性：

- 2K 字节的 FALSH 程序存储器；
- 128 字节的内 RAM；
- 2 个 16 位定时器；
- 5 个两级中断源结构；
- 1 个精确的模拟比较器；
- 15 个 I/O 口线。

AT89C2051 的引脚封装如图 9-5 所示。

AT89C2051 的 P1.0、P1.1 除作为普通 I/O 口外，还有模拟比较器的模拟量输入的功能，P3.6 口在芯片中并未作为引脚引出，而是作为模拟比较器的比较结

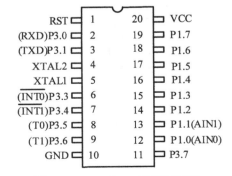

图 9-5   AT89C2051 引脚封装图

果输出，通过软件查询 P3.6 电平的高低可得知模拟比较器的比较结果。由 AT89C2051 的特

性可知，可利用其和其他简单的外围器件组成 A/D 转换器。利用 AT89C2051 这个内置的比较器，再加上少量的外围器件就可组成简易的 A/D 转换器。

9.3.3 硬件设计

本例中电路由 AT89C2051 组成的单片机最小系统和简单的外围电路组成，被测的模拟输入信号接引脚 P1.1，具体电路图如图 9-6 所示。

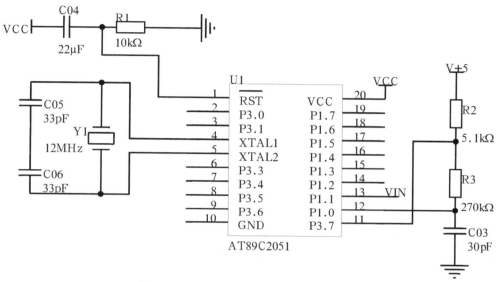

图 9-6 AT89C2051 组成的 A/D 转换电路

9.3.4 程序设计

由于没有片外的器件，编制的程序也较为简单。程序实现的功能是先初始化定时器，使电容充分放电，然后使电容充电，同时定时器计数开始，程序中不断地查询 AT89C2051 内部的比较器输出 P3.6 引脚以判断电容上充电电压与外部模拟量输入的电压是否相同，当电容上的电压刚刚超过外部模拟量输入的电压时，P3.6 输出改变，此时读取定时器中的定时值查表即可得到当前输入模拟量电压的高低。

```
/*- - - - - - - - - - - - - - -
文件名称: AT89C2051_AD.C
功能 :用 AT89C2051 内部的比较器实现 A/D 转换功能
- - - - - - - - - - - - - - - -*/
#include<reg51.h>
#include<intrins.h>
/*==================端口定义=====================*/
sbit p10=P1^0;
sbit p11=P1^1;
sbit p12=P1^2;
sbit p30=P3^0;//
sbit p36=P3^6;
```

```
sbit  p37=P3^7;
/*******************************
函数名称: void delay( void )
功能 :用于实现延时 1.5ms
入口参数:无
返回值 :无
*******************************/
void delay( void )
{
    unsigned char i;
    for(i=250;i>0;i--)
    {
        _nop_();_nop_();
        _nop_();_nop_();
    }
}
//主函数
void main( void )
{
    unsigned int ad_tmp;
    unsigned int tmp;
    TMOD = 0x01;                /*定时器 T0 为定时方式*/
    EA   = 0;
    ET0  = 0;                   /*关掉中断*/
    while( 1 )
    {
        P1       = 0xFF;        /*使 P1.0 P1.1 浮空*/
        p37      = 0;           /*使电容放电*/
        delay();
        delay();
        delay();
        delay();
        TH0 = 0;
        TL0 = 0;
        p36 = 0;               /*模拟转换器的输出初始时为 0*/
        p37 = 1;               /*电容开始充电*/
        TR0 = 1;               /*开始充电的同时打开定时器*/
        while( !p36 );         /*等待电压上升*/
        TR0 = 0;               /*关掉定时器*/
        tmp = TH0;
        ad_tmp = ( tmp<<8 )+ TL0;
        /*将得到的 ad_result 数据进行查表处理得到实际数字量等代码*/
        /*如通过查表计算得到实际 A/D 转换值*/
    }
}
```

9.3.5 经验总结

（1）这种简易的 A/D 转换一般只用在要求低成本、精度要求不高的场合。

（2）要在一定程度上提高测量精度以及产品的一致性指标，一定要保证 R1、R2、C3 的元件质量（材料、精度、稳定性指标）。

（3）测量的电压值由于是通过计算 t_x 而来的，而 t_x 的获得是通过查询 P3.6 电平状态的次数得来的，因此，在编制程序时，要尽量优化程序，缩短查询的周期，从而提高测量分辨率，选用频率高的晶振也能提高该指标。

（4）一定要注意对放电时间的控制，由于外部被测电压的不确定性，充电时间的长短是不一的，为保证在下次充电前确保 C03 电容的电压接近 0，因此一般将放电时间要大于 Vcc 能放完电的时间，否则可能会导致 C03 上存有残余电压而导致测量值偏小。

9.4 【实例 68】串行 D/A 转换

9.4.1 实例功能

串行 D/A 转换器与串行 A/D 转换器一样，在与 CPU 连接时，减少了硬件连线的数量，简化连线，节省系统的硬件资源。

9.4.2 典型器件介绍

TLC5615 是 TI 公司推出的、具有 3 线串行总线接口 10 位 CMOS 电压输出型的数模转换器（DAC），具有高阻抗基准电压输入端，转换后的最大输出模拟电压是基准电压值的两倍，输出电压具有和基准电压相同极性，器件采用+5V 单电源供电，内部带有上电复位功能，即把 DAC 寄存器复位至全零，最大功耗仅 1.75mW。TLC5615 的内部结构框图如图 9-7 所示。

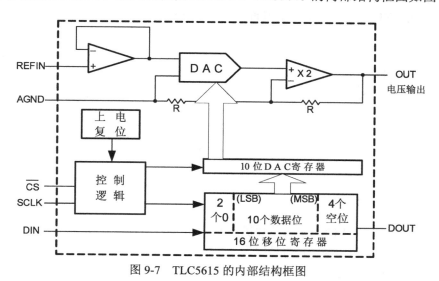

图 9-7　TLC5615 的内部结构框图

TLC5615 由基准电压缓冲电路、数模转换器（DAC）、上电复位电路、串行读写控制逻辑、2 倍放大器和同步串行接口等电路组成。外部基准电压 REFIN 决定了数模转换器的满量程输出，REFIN 经过基准电压缓冲电路后使得数模转换器的输入电阻与代码无关。控制逻辑用于控制外部处理器输入数字量，逻辑输入端可使用 TTL 或 CMOS 电平。使用满电源电压幅度 CMOS 逻辑可得到最小功耗，而使用 TTL 逻辑电平时功耗增加约 2 倍。

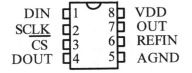

图 9-8　TLC5615 的引脚图

10 位数模转换寄存器将 16 位移位寄存器中的 10 位有效数据取出，并送入数模转换模块进行转换，转换后的结果通过放大倍数为 2 的放大电路后，由 OUT 引脚输出模拟电压信号。双列直插的 TLC5615 芯片引脚排列如图 9-8 所示。

各引脚功能如下。

- DIN：串行数据输入端。
- SCLK：串行时钟输入端。
- $\overline{CS}$：片选信号输入端，低电平有效。
- DOUT：用于级联时的串行数据输出端。
- AGND：模拟地。
- REFIN：基准电压输入端。
- OUT：DAC 模拟电压输出端。
- V_{DD}：电源输入端，输入电压+5V。

9.4.3　硬件设计

TLC5615 与单片机采用串行总线方式通信。图 9-9 所示给出了 TLC5615 和 AT89C51 单片机的接口电路。在电路中，TLC5615 的连接采用非级联方式，分别用单片机的 P1.0、P1.1 口模拟片选 $\overline{CS}$ 和时钟 SCLK，待转换的数据从 P1.2 输出到 TLC5615 的数据输入端 DIN，TLC5615 的第 7 脚输出电压信号。这里参考电压由 MC1403 提供。MC1403 可提供精确的 2.5V 输出，因此 TLC5615 的最大模拟输出电压为 5V。

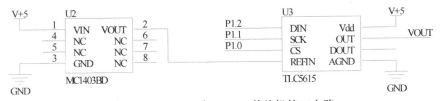

图 9-9　TLC5615 与 89C51 单片机接口电路

9.4.4　程序设计

根据图 9-9 所示的 TLC5615 与单片机 89C51 的接口电路，设计单片机对 TLC5615 的读写操作程序。本例程序中 89C51 的晶振为 12MHz，TLC2543 采用非级联方式连接，则完成一次 D/A 转换的 89C51 程序代码如下。

```
/*- - - - - - - - - - - - - - -
文件名称: TLC5615_Test.C
功能 :TLC5615 的 D/A 转换驱动程序
- - - - - - - - - - - - - - - - -*/
#include<reg51.h>
#include<intrins.h>
/*====================端口伪定义========================*/
sbit  CS   = P1^0;
sbit  SCLK = P1^1;
sbit  DIN  = P1^2;
/*====================延时函数声明========================*/
void delay( void );
// 主函数用于完成一次 D/A 转换,程序代码如下。
void main( void )
{
    unsigned int da_dat;          /*需要转换的数据,10 位*/
    unsigned char i;
    CS      = 1;
    SCLK    = 0;
    CS      = 0;                   /*选中 TLC2516 芯片*/
    da_dat = da_dat<<6;           /*有效数据左对齐,末两位为 0*/
    for( i=12;i>0;i--)
    {
        DIN  = ( bit ) ( da_dat & 0x8000 );
        SCLK = 1;
        _nop_;
        _nop_;
        SCLK = 0;
        da_dat =  da_dat<<1;
    }
    CS   = 1;                      /*数据送完后 CS 变高,开始 D/A 转换*/
    SCLK = 0;
    delay();
}
/********************************
函数名称: void delay( void)
功能 :延时函数
入口参数:无
返回值 :无
********************************/
void delay( void )
{
    unsigned char i,j;
```

```
        for( i=10;i>0;i--)
             for( j=100;j>0;j--);
}
```

9.4.5　经验总结

TLC5615 数模转换器具有体积小，与单片机接口简单等优点，但由于数据是以串行方式输入，导致其 D/A 转换速度不高。与电流型数/模转换器不同，TLC5615 输出的就是电压量，因此，不需要另接运算放大器。

9.5　【实例 69】并行电压型 D/A 转换

9.5.1　实例功能

并行电压型 D/A 转换器的模拟量输出形式为电压量，而数字量是以并行方式输入并进行 D/A 转换的。

9.5.2　典型器件介绍

AD558 是 ANOLOG 公司推出的直接电压输出型的 8 位数模转换器，具有并行数据输入接口，片内含有输出放大器和精密基准电压源，与外部接口无需任何外部元器件进行微调。采用单电源供电（＋5V～＋15V），转换电压输出范围为 0V～2.56V 或 0V～10V，最大功耗为 75mW。AD558 的 DIP 封装形式引脚图如图 9-10 所示。

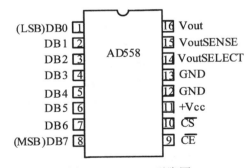

图 9-10　AD558 引脚图

各引脚功能如下。

- DB0～DB7：8 位数字量输入。
- $\overline{CE}$：芯片允许输入。
- $\overline{CS}$：片选输入。
- ＋Vcc：电源正。
- GND：地。
- $V_{OUT}SELECT$：输出电压范围选择。
- $V_{OUT}SENSE$：输出电压范围选择。
- V_{OUT}：数模转换电压输出。

9.5.3　硬件设计

AD558 数据采用并行方式输入，芯片允许信号 $\overline{CE}$ 和芯片选择信号 $\overline{CS}$ 分别与单片机的 $\overline{WR}$ 和 P2.7 口相连，AD558 与 89C51 的硬件连接电路如图 9-11 所示。图中 AD558 的满量程输出电压选 0V～10V 输出方式，电源选＋12V。

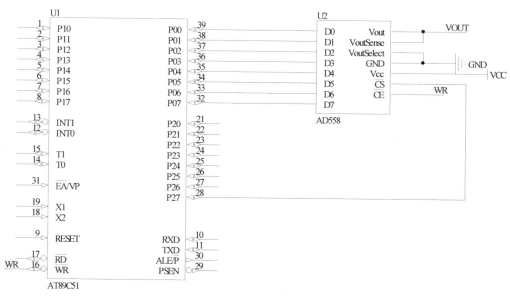

图 9-11　AD558 与 89C51 接口图

9.5.4　程序设计

硬件连接图中，芯片允许信号 $\overline{\text{CE}}$ 和芯片选择信号 $\overline{\text{CS}}$ 分别与单片机的 $\overline{\text{WR}}$ 和 P2.7 口相连，因此 AD558 的地址为 0x7FFF，则向 AD558 中送一次数据并进行转换，C51 程序代码如下。

```
/*- - - - - - - - - - - - - - -
文件名称: AD558_Test.C
功能 :AD558 的 D/A 转换驱动程序
- - - - - - - - - - - - - - -*/
#include<reg51.h>
#include<absacc.h>
#define CS_AD558 XBYTE[0X7FFF]        /*AD558 地址伪定义*/
void main( void )
{   unsigned char da_dat;
    while(1)
    {
        CS_AD558 = da_dat;           /*要转换的数据送入 AD558 中进行转换*/
    }
}
```

9.5.5　经验总结

（1）AD558 电压输出型 D/A 数模转换器具有转换速度快、外围电路简单等特点。

（2）AD558 具有可根据需要选择输出电压范围的特点，但需要注意的是电源的电压与 CPU 的电压不是同一个等级，在设计电源时用户一定要关注。

（3）注意引脚芯片允许信号$\overline{CE}$和芯片选择信号$\overline{CS}$尽管名称不同，但在使用时是可以互换功能的。

9.6 【实例 70】并行电流型 D/A 转换

9.6.1 实例功能

上文中介绍的 D/A 转换器其模拟量输出形式为电压量。而本例介绍一种输出结果为电流量的 8 位 D/A 转换器。

9.6.2 典型器件介绍

电流型的 D/A 转换器比较多，DAC0832 是最常见的这类器件。DAC0832 为 8 位 D/A 转换器，单电源供电，在＋5V～＋15V 范围内均可正常工作，基准电压范围为−10V～+10V，数字量采用并行输入。DAC0832 的内部结构框图如图 9-12 所示。

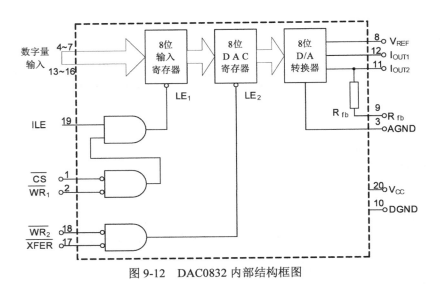

图 9-12 DAC0832 内部结构框图

该转换器由输入寄存器和 DAC 寄存器构成两级数据输入锁存。使用时，数据输入可以采用两级锁存（双缓冲）形式，或单级锁存（单缓冲）形式，也可采用直接输入（直通）方式。

其内部有 3 个门电路构成寄存器输出控制电路，可直接进行数据锁存控制：当 ILE=0 时，输入数据被锁存；当 ILE=1 时，数据不锁存，锁存器的输出跟随输入变化。

DAC0832 为电流输出形式，其两个输出端电流的关系为 $I_{OUT1}+I_{OUT2}$=常数。

在应用中，为得到电压输出，可在电流输出端接一个运算放大器，需注意的是，DAC0832 内部本身带有反馈电阻。

DAC0832 芯片为 20 引脚双列直插式封装，其引脚排列如图 9-13 所示。

各引脚功能如下。

- DI 7～DI 0：转换数据输入端。
- $\overline{CS}$：片选信号，输入低电平有效。
- ILE：数据锁存允许信号，输入高电平有效。
- $\overline{WR_1}$：写信号 1，输入低电平有效。
- $\overline{WR_2}$：写信号 2，输入低电平有效。
- $\overline{XFER}$：数据传送控制信号，输入低电平有效。
- IOUT1：电流输出 1，当 DAC 寄存器中各位全为 1 时，电流最大；全为 0 时，电流为 0。
- I_{OUT2}：电流输出 2，$I_{OUT1} + I_{OUT2} =$ 常数。
- R_{fb}：反馈电阻端。
- V_{REF}：参考电压输入端。
- AGND、DGND：模拟地、数字地。

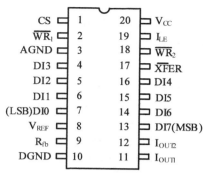

图 9-13 DAC0832 引脚封装图

9.6.3 硬件设计

单片机和 DAC0832 有 3 种连接方式：直通方式、单缓冲方式和双缓冲方式。直通方式不能直接与系统的数据总线相连，需另加数据锁存器，应用极少。双缓冲方式主要应用在同步输出方式中，本例中介绍单缓冲连接方式。单缓冲方式是指 DAC0832 内部的两个数据缓冲器一个处于直通方式，另一个受单片机控制的方式或者两个数据缓冲器同时受单片机控制。实际应用中，如果只有一路模拟量输出，或者有几路模拟量输出但不要求同步情况下，可采用单缓冲方式。图 9-14 所示为 DAC0832 与 89C51 的单缓冲方式下的接口电路图，这里由于模拟量是以电流形式输出的，为得到电压输出，在电流输出端还外接了一运算放大器 LM324。

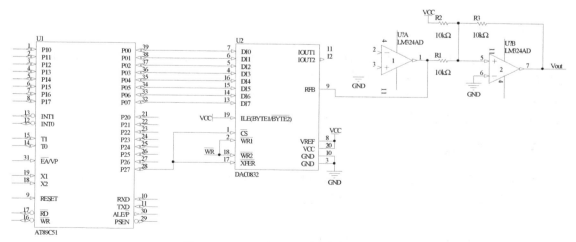

图 9-14 89C51 与 DAC0832 接口电路图

9.6.4　程序设计

由图 9-14 所示的硬件连接可知，DAC0832 的地址为 7FFFH，完成一次 D/A 转换的 C51
程序代码如下。

```
/*- - - - - - - - - - - - - - - -
文件名称: DAC0832_Test.C
功能 :DAC0832 驱动测试程序
- - - - - - - - - - - - - - -*/
#include <reg51.h>
#include <absacc.h>
#define CS0832 XBYTE[0x7FFF]        /*DAC0832 的地址*
void main()
{
    while(1)
    {
        CS0832 = dac_dat;           /*选中 DAC0832,并向其送数据进行 D/A 转换*
        delay();                    /*延时一段时间*
    }
}
```

9.6.5　经验总结

如果需要多个通道的同步输出问题，在构成与 CPU 的接口时请一定要采用双缓冲的两级
锁存方式。

9.7　【实例 71】 I^{2}C 接口的 A/D 转换

9.7.1　实例功能

串行接口的 A/D 转换器输出数据的形式有 SPI 和 I^{2}C 两种协议。I^{2}C 总线是 Philips 公司
推出的芯片间的串行传输总线。它采用两线制，串行时钟线 SCL 和串行数据线 SDA，数据
输入/输出用的是一根线。采用 I^{2}C 时 CPU 的端口占用少，硬件连接简单，这是这类器件的
突出优点。本节介绍 I^{2}C 接口的 A/D 转换器 ADS1100。

9.7.2　典型器件介绍

ADS1100 是 TI 公司生产的精密连续自校准 A/D 转换器，带有差分输入和高达 16 位的分
辨率。转换按比例进行，以电源电压作为基准电压，ADS1100 使用可兼容的 I^{2}C 串行接口，
在 2.7V～5.5V 的单电源下工作。

ADS1100 可每秒采样 8、16、32 或 128 次模拟量以进行转换。片内可编程的增益放大器
（PGA）输入增益可编程设置，可选择 1、2、4、8 倍的放大增益，允许对更小的信号进行测
量，且具有高分辨率。在单周期的转换方式中，ADS1100 在一次转换之后自动掉电，在空闲

期间大大减少了电流消耗。ADS1100 的主要性能如下。

- 在小型的 SOT23.6 封装上集成了完整的数据采集转换系统。
- 最大 16 位数据转换精度。
- 内部具有自校准功能。
- 单周期转换功能。
- 输入具有增益放大器,且放大器的增益可调。
- 低噪声 $4\mu Vp\text{-}p$。
- 可变成设置的数据采样次数。
- 内部系统时钟。
- 具有 I^2C 接口。
- 电源电压:2.7V～5.5V。

ADS1100 采用 SOT23 封装,其引脚排列如图 9-15 所示。

引脚功能说明如下。

- V_{IN+}:差分输入电压信号+。
- V_{IN-}:差分输入电压信号-。
- SCL:串行时钟总线。
- SDA:串行数据总线。
- VDD:电源。
- GND:地。

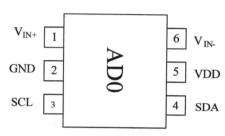

图 9-15 ADS1100 引脚排列图

9.7.3 硬件设计

ADS1100 采用 I^2C 接口,89C51 单片机没有 I^2C 控制器,但是可以通过单片机的通用 I/O 引脚来模拟产生 I^2C 时序,从而与 ADS1100 A/D 模数转换器通信,与 89C51 连接的电路如图 9-16 所示。ADS1100 的完全差分电压输入非常适应于连接到源极阻抗较低的差分源,如电桥传感器和电热调节器。采用惠斯通电桥的传感器可与 ADS1100 直接相连而不需要反向测量放大器,单端小型输入电容器可防止高频干扰。电桥的激励电压是电源电压,同时也是 ADS1100 的基准电压。在该电路中 ADS1100 通常在 8 倍增益下工作,在此种状态下输入电压范围是 $\pm 0.75V$。

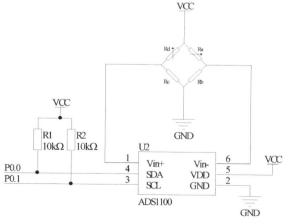

图 9-16 ADS1100 与 89C51 的接口电路图

9.7.4 程序设计

ADS1100 采用 I^2C 总线接口,在读取模数转换的数据之前,先要对 ADS1100 内部的配置寄存器进行配置,本例中程序配置为连续转换模式,输出数据为 16 位格式。具体程序如下。

```
/*- - - - - - - - - - - - - - - -
文件名称: ADS1100_Test.C
功能 :ADS1100 驱动测试程序
- - - - - - - - - - - - - - - - - -*/
#include <reg51.h>
#include <intrins.h>
sbit  SDA=P0^1;
sbit  SCL=P0^0;
#define delay_nop();  {_nop_();_nop_();_nop_();_nop_();};
bit  sys_err;                     //从机错误标志位
#define  READ_ADDR  0x91          //写配置寄存器时对应的器件地址
#define  WRITE_ADDR 0x90          //读转换结果时对应的器件地址
#define  CFG_WORD   0x8F          //配置寄存器的预设值
unsigned char  AD_H;             //AD_H 用于存储高八位 A/D 转换结果
unsigned char  AD_L;             //D_L 用于存储低八位 A/D 转换结构
/*********************************
函数名称: void i2c_start(void)
功能 :启动 I²C 总线
入口参数:无
返回值 :无
********************************/
void i2c_start(void)
{    EA=0;                        //时钟保持高,数据线从高到低一次跳变,I²C 通信开始
    SDA = 1;
    SCL = 1;
    delay_nop();                  //延时 5µs
    SDA = 0;
    delay_nop();
    SCL = 0;
}
/*********************************
函数名称: void  i2c_stop(void)
功能 :停止 I²C 总线数据传送
入口参数:无
返回值 :无
********************************/
void  i2c_stop(void)
{
    SDA = 0;                      //时钟保持高,数据线从低到高一次跳变,I²C 通信停止
    SCL = 1;
    delay_nop();
    SDA = 1;
    delay_nop();
    SCL = 0;
}
/*********************************
```

函数名称: void slave_ACK(void)
功能 :实现从机发送应答信号
入口参数:无
返回值 :无
*******************************/

```
void slave_ACK(void)
{
     SDA = 0;
     SCL = 1;
     delay_nop();
     SDA = 1;
     SCL = 0;
}
```

```
/*******************************
```
函数名称: void slave_NOACK(void)
功能 :实现从机发送非应答位，从而迫使数据传输过程结束
入口参数:无
返回值 :无
*******************************/

```
void slave_NOACK(void)
{
     SDA = 1;
     SCL = 1;
     delay_nop();
     SDA = 0;
     SCL = 0;
}
```

```
/*******************************
```
函数名称: void check_ACK(void)
功能 :用于检查主机应答位，从而迫使数据传输过程结束
入口参数:无
返回值 :无
*******************************/

```
void check_ACK(void)
{
     SDA = 1;                    //将p1.0设置成输入,必须先向端口写1
     SCL = 1;
     F0 = 0;
     if(SDA == 1)                //若SDA=1表明非应答,置位非应答标志F0
      F0 = 1;
      SCL = 0;
}
```

```
/*******************************
```
函数名称: void i2c_send_byte(unsigned char ch)

```c
功能   :实现发送一个字节功能
入口参数:ch 为要发送的数据
返回值  :无
********************************/
void i2c_send_byte(unsigned char ch)
{
    unsigned char idata n=8;        //向 SDA 上发送一位数据字节,共八位
    while(n--)
    {
        if((ch&0x80) == 0x80)       //若要发送的数据最高位为 1 则发送位 1
        {
            SDA = 1;                //传送位 1
            SCL = 1;
            delay_nop();
            SDA = 0;
            SCL = 0;
        }
        else
        {
            SDA = 0;                //否则传送位 0
            SCL = 1;
            delay_nop();
            SCL = 0;
        }
        ch = ch<<1;                 //数据左移一位
    }
}


/********************************
函数名称: unsigned char i2c_recv_byte(void)
功能   :实现接收一字节功能
入口参数:无
返回值  :接收到的数据
********************************/
unsigned char i2c_recv_byte(void)
{
    unsigned char  n=8;             //从 SDA 线上读取一上数据字节,共八位
    unsigned char tdata;
    while(n--)
    {
        SDA = 1;
        SCL = 1;
        tdata = tdata<<1;           //左移一位,或_crol_(temp,1)
        if(SDA == 1)
            tdata = tdata|0x01;     //若接收到的位为 1,则数据的最后一位置 1
        else
```

```
                    tdata = tdata&0xfe;   //否则数据的最后一位置 0
          SCL=0;
        }
      return tdata;

}


/*******************************
函数名称: void  ads1100_cfg(unsigned char setting_data)
功能 :用于对配置寄存器进行设置
入口参数:setting_data 要配置的参数
返回值 :无
*******************************/
void  ads1100_cfg(unsigned char setting_data)
{
      i2c_start();                //开始写
      i2c_send_byte(WRITE_ADDR);  //写器件地址(写)
      check_ACK();                //检查应答位
      if(F0 == 1)
        {
        sys_err = 1;
        return;                   //若非应答表明器件错误或已坏,置错误标志位 sys_err
        }
      i2c_send_byte(setting_data);
      check_ACK();                //检查应答位
      if (F0 == 1)
      {
            sys_err=1;
            return;               //若非应答表明器件错误或已坏,置错误标志位 sys_err
      }
      i2c_stop();                 //全部发完则停止
}


/*******************************
函数名称: void READ_ADS100(void)
功能 :用于读取 A/D 转换的结果
入口参数:无
返回值 :无
*******************************/
void READ_ADS100(void)           //从 ADS1100 中读出数据/
{
    i2c_start();
    i2c_send_byte(READ_ADDR);
    check_ACK();
    if(F0 == 1)
    {
```

```
                sys_err = 1;
                return;
        }
        AD_H=i2c_recv_byte();
        slave_ACK();                    //收到一个字节后发送一个应答位
        AD_L=i2c_recv_byte();
        slave_NOACK();                  //收到最后一个字节后发送一个非应答位
        i2c_stop();
}
void main()                             //主函数
{
        ads1100_cfg(CFG_WORD);
        READ_ADS100();                  //读取的 A/D 转换值高 8 位在 AD_H 中,低 8 位在 AD_L 中
}
```

9.7.5   经验总结

（1）ADS1100 的模拟输入端内部有保护二极管，但是这些二极管的电流承受能力有限制，如果模拟输入电压维持在高于满幅度 300mV，则会对 ADS1100 造成永久性损坏。解决办法是在输入线路上加限流电阻，ADS1100 的模拟输入可承受最大 10mA 的瞬间电流。

（2）ADS1100 采用 I^2C 总线驱动器，可输出 16 位的模/数转换值，能在总线上同时挂接多个 ADS1100，对于测量参数多的系统可节省 I/O 硬件资源。

9.8   【实例 72】I^2C 接口的 D/A 转换

9.8.1   实例功能

为适应系统的小型化、低功耗设计要求，具有 I^2C 总线的接口器件也有了功能系列化的趋势，作为常规的 D/A 转换器，也出现了 I^2C 接口的器件。

9.8.2   典型器件介绍

MAX517 是 MAXIM 公司生产的一种带有 2 线串行接口的 8 位单路电压输出的 D/A 转换器，2 线串行通信采用 I^2C 协议，允许在多个器件之间通信。MAX517 片内有精密缓冲放大器，满摆幅 DAC 输出，使用＋5V 单一电源，可设定器件为低功耗关断方式，待机工作电流仅 4μA。MAX517 的 8 脚 DIP 封装外部引脚如图 9-17 所示。

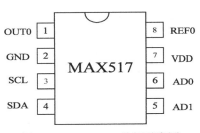

图 9-17   MAX517 外部引脚图

各引脚功能说明如下。

●   OUT0：模数转换电压输出。

- REF0：参考电压输入。
- SCL：串行时钟输入。
- SDA：串行数据线。
- AD0：地址输入 0，用于设置 MAX517 器件地址。
- AD1：地址输入 1，用于设置 MAX517 器件地址。
- V$_{DD}$：电源。
- GND：地。

MAX517 主要由 I^{2}C 接口电路部分（译码器、启动/停止检测电路、8 位移位寄存器、地址比较器），输入、输出锁存器，DAC 数模转换器，运算放大器等组成，如图 9-18 所示。

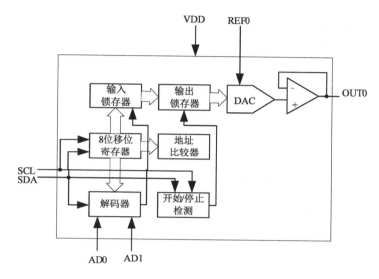

图 9-18 MAX517 内部结构框图

MAX517 是 8 位电压输出型数模转换器，它带有 I^{2}C 接口，允许多个设备之间进行通信，只需单片机提供两根总线与之连接。

9.8.3 硬件设计

MAX517 和单片机 89C51 之间的接口电路如图 9-19 所示。由于 MAX517 采用 I^{2}C 串行总线接口，大大简化了与单片机的接口设计，但是也对软件的时序有更高的要求。

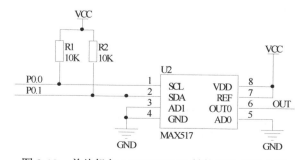

图 9-19 单片机与 MAX517D/A 转换芯片接口电路

9.8.4 程序设计

单片机和 MAX517 采用 I^{2}C 总线接口，程序按照 I^{2}C 总线规范进行编写。按照 MAX517 的时序要求，进行一次数模转换时，先送出芯片的地址信息，然后送出命令字节，最后送出要转换的数字量。示例程序中送出的数字量为 0x80，则根据图 9-19 硬件连接，MAX517 输出电压为+2.5V。具体程序如下。

```c
/*- - - - - - - - - - - - - -
文件名称: MAX517.C
功能 :MAX517 测试程序
- - - - - - - - - - - - - - - -*/
#include<reg51.h>
#include<intrins.h>
sbit  I2C_SDA = P0^1;              //定义 I²C 的数据引脚
sbit  I2C_SCL = P0^0;              //定义 I²C 的时钟引脚
void i2c_start( void );
void i2c_stop( void );
void i2c_ack( void );
void i2c_write_byte( unsigned char byte );
void dac_out( unsigned char da_dat );
/*******************************
函数名称: void i2c_write_byte( unsigned char byte )
功能 :用于通过 i2c 总线发送一字节数据
入口参数:byte 为要发送的数据
返回值 :无
*******************************/
void i2c_write_byte( unsigned char byte )
{
    unsigned char i;
    for( i=8 ;i>0;i-- ){
        if( byte & 0x80 )
            I2C_SDA = 1;
        else
            I2C_SDA = 0;
        I2C_SCL = 1;
        _nop_();_nop_();
        _nop_();_nop_();
        I2C_SCL = 0;
        byte<<= 1;
    }
}
/*******************************
函数名称: void  i2c_ack( void )
功能 :实现应答作用
入口参数:无
```

```
返回值 :无
********************************/
void  i2c_ack( void )
{
    I2C_SDA = 0;
    I2C_SCL = 0;
    I2C_SCL = 1;
    _nop_();_nop_();_nop_();_nop_();
    I2C_SCL = 0;
}
/********************************
函数名称: void i2c_start( void)
功能 :I2C 总线启动函数
入口参数:无
返回值 :无
********************************/
void i2c_start( void )
{
    I2C_SDA = 1;
    I2C_SCL = 1;
    _nop_();_nop_();_nop_();_nop_();
    I2C_SDA = 0;
    _nop_();_nop_();_nop_();_nop_();
    I2C_SCL = 0;
}
/********************************
函数名称: void i2c_stop( void )
功能 :用于作为 I2C 传输结束函数
入口参数:无
返回值 :无
********************************/
void i2c_stop( void )
{
    I2C_SCL = 1;
    I2C_SDA = 0;
    _nop_();_nop_();_nop_();_nop_();
    I2C_SDA = 1;
    _nop_();_nop_();_nop_();_nop_();
    I2C_SDA = 0;
}
/********************************
函数名称: void dac_out( unsigned char da_dat)
功能 :用于实现串行 DA 转换
入口参数:da_dat 为要转换的数据
返回值 :无
********************************/
```

```
void dac_out( unsigned char da_dat )
{
    i2c_start();
    i2c_write_byte( 0x58 );                /*发送地址字节*/
    i2c_ack();
    i2c_write_byte( 0x00 );                /*发送命令字节*/
    i2c_ack();
    i2c_write_byte( da_dat );              /*发送数据字节*/
    i2c_ack();
    i2c_stop();
}
//主函数用于实现数字量为0x80转化为模拟量,程序代码如下。
void main( void )
{
    unsigned char ddate;
    while( 1 )
      {
        ddate = 0x80;
        dac_out( ddate );
      }
}
```

9.8.5 经验总结

（1）与所有的串行总线一样，MAX517由于采用I^2C串行总线接口，简化了与单片机的接口电路设计，但同时对软件的时序有了更高的要求。

（2）如需要2路输出的场合，同类芯片有MAX518，不过MAX518的使用由于增加了通道的选择等而变得稍为复杂。

（3）与所有的A/D、D/A芯片一样，要得到稍高精度的指标，要设计专用的精密稳压源作为参考电压。

第10章　单片机通信技术

10.1　【实例73】单片机间通信

在某些单片机系统中，单机系统并不能满足要求，系统往往需要两个或者多个单片机协同工作，本节主要介绍单片机间双机通信。

10.1.1　实例功能

单片机间通信的方式通常有并行通信和串行通信两种。并行通信优点是传送的速度快，缺点是占用的数据传输线多，长距离传输成本高。单片机间通信通常采用串行通信方式。本例实现在单片机甲与单片机乙之间传送数据。

通信双方约定发送方为甲机，接收方为乙机。首先甲机向乙机发送一联络数据（0xAA），乙机接收到后响应应答信号（0xDD），然后接收甲机发送的数据。如果乙机接收到的数据不正确，就向甲机发送 0xFF，甲收方收到 0xFF 后重传数据。

10.1.2　典型器件介绍

在串行通信中，如果两个单片机系统之间的距离很短（1m 以内），可利用单片机的串口直接相连的方法实现双机通信，连接时注意一方的 TXD 与另一方的 RXD 引脚相连接。如图 10-1 所示。

如果通信距离较远（30m 以内），可利用 RS-232C 接口延长通信距离，此时必须将单片机的 TTL 电平与 RS-232C 标准电平进行转换。这就需要在双方的单片机接口部分增加 RS-232C 电平转换芯片，常用的此类芯片有 MAX232 等，系统框图如图 10-2 所示。

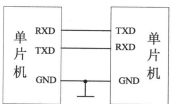

图 10-1　单片机双机通信接口框图

MAX232 芯片是 MAXIM 公司推出的一款 RS-232 接口芯片。其引脚分布图如图 10-3 所示。MAX232 内部包含两路接收器和驱动器的单电源电平转换芯片，适用于各种 EIA-232 接口。

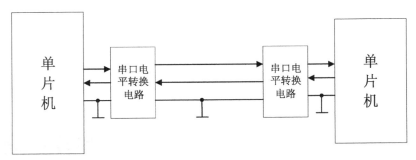

图 10-2   单片机双机通信框图

各引脚功能说明如下。

- C1+、C1−：电压加倍充电泵电容的正负端。
- Vs+、Vs−：充电泵产生的+8.5V、−8.5V 电压。
- C2+、C2−：转化充电泵电容的正负端。
- T2OUT、T1OUT：RS-232 发送器输出。
- R2IN、R1IN：RS-232 接收器输入。
- R2OUT、R1OUT：TTL/CMOS 接收器输出。
- T2IN、T1IN：TTL/CMOS 接收器输入。
- GND：接地端。
- Vcc：电源端，供电电压范围：4.5V～5.5V。

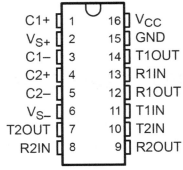

图 10-3   MAX232 引脚图

10.1.3   硬件设计

单片机间双机通信的结构框图如图 10-2 所示，系统的硬件主要包括单片机和电平转换芯片。单片机选用 89C51，由于单片机的信号为 TTL 电平（0V～5V），如果利用 RS-232 标准总线接口进行较远距离的通信，必须把单片机输出的 TTL 电平转换为 RS-232 标准电平。运用电平转换芯片 MAX232 进行单片机双机串行通信的电路如图 10-4 所示，图中只画出了通信一方的单片机接口电路。

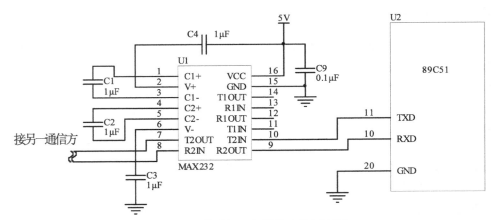

图 10-4   单片机双机通信电路原理图

整个系统包括单片机最小系统和 MAX232 电平转换电路。MAX232 具有两路收发器，这里只使用了其中的一路。注意另一方的单片机 RXD、TXD 的连接方式与本图不同，通信双方 MAX232 的 TOUT、RIN 应分别与对方的 RIN、TOUT 相连，注意通信的双方地线也要连接起来。

10.1.4 程序设计

下面的程序中，单片机的晶振选用频率为 11.0592MHz，串口工作在方式 1，通信的波特率为 9 600bit/s，发送和接收数据均采用的是查询方式。程序流程图如图 10-5 所示。

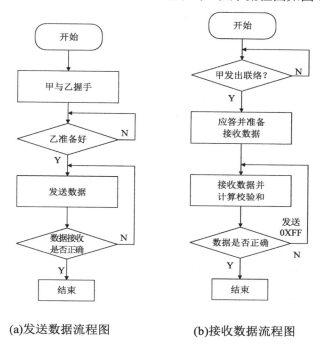

(a)发送数据流程图   (b)接收数据流程图

图 10-5　程序流程图

主要由以下子程序构成。

● void init ()：完成串口初始化功能。

● void send ()：完成甲机发送数据功能。

● void recv()：乙机根据制定的联络信号接收数据的功能。

具体程序如下：

```
#include<reg52.h>
#define uchar unsigned char
#define uint  unsigned int
uchar buf[16];
uchar chksum;
/*校验和*/
```

1. 串口初始化子程序 void init ()

串口初始化子程序 init()设定串行口工作在方式 1，波特率为 9 600bit/s，程序代码如下。

```
void init(void)
{
    TMOD = 0x20;
    TH1  = 0xFD;
    /*设定波特率*/
    TL1  = 0xFD;
    PCON = 0X00;
    SCON = 0X50;
    /*串行口工作在方式 1,允许接收*/
}
```

2．甲机发送子程序 void send ()

甲机发送子程序 send()完成甲机发送数据功能。首先发送联络信号，然后等待乙机响应。乙机准备好后响应甲机的联络，然后计算校验和并发送数据，等待乙机响应，若乙机响应正确则从子程序中返回，否则再次发送数据并等待乙机响应，程序代码如下。

```
void send( void )
{
    uchar i;
    do
    {
        SBUF = 0XAA;
        /*发送联络信号 "0xAA" */
        while( TI==0 );
        /*等待发送结束*/
        TI = 0;
        while(RI ==0 );
        /*等待乙响应*/
        RI = 0;
    } while( ( SBUF^0XDD)!=0); /*乙未准备好,继续联络*/
    do
    {
        chksum = 0;
        for(i=0; i<16; i++)
        {
            SBUF = buf[i];
            chksum += buf[i];
            /*求校验和*/
            while( TI == 0);
            TI = 0;
        }
        SBUF = chksum;
        /*发送校验和*/
        while( TI == 0 );
        TI = 0;
```

```
        while( RI == 0 );
        /*等待乙响应*/
        RI = 0;
    } while(SBUF!=0X00);
    /*出错则出重发*/
}
```

3. 乙机接收程序 void recv()

乙机接收程序根据制定的联络信号接收数据。接收到数据后，如果收到的数据不是
0xAA，则发送 0xFF 数据表明未收到联络信号并继续等待。收到联络信号后，接收数据并计
算校验和，若校验正确则发送 0x00 表明数据正确，否则发送 0xFF 说明数据接收错误。程序
代码如下。

```
void recv( void )
{
    uchar i;
    while(1)
    {
        while(RI==0);
        /* 等待接收数据 */
        RI = 0;

        if (SBUF^0XAA!=0)
        /* 如果收到的不是 0xAA */
        {
            SBUF = 0XFF;
            while( TI == 0 );
            TI=0;
        }
        else
        /*收到的是 0xAA*/
        {
            break;
        }
    }
    while(1)
    {
        chksum = 0;
        for(i=0;  i<16;  i++)
        {
            while(RI==0);
            RI = 0;
            buf[i] = SBUF;
            /*接收一个数据*/
            chksum += buf[i];
```

```
                    /*计算校验和*/
        }
        while( RI==0);
        /*接收校验和*/
        RI = 0;
        if( (SBUF^chksum) == 0 )
        /*比较校验和*/
        {
            SBUF = 0X00;
            /*校验和相同则发 0x00 */
            while(TI==0);
            TI =0;
            break;
        }
        else
        {
            SBUF = 0XFF;
            /*出错则发 0xFF,重新接收*/
            while( TI == 0);
            TI = 0;
        }
    }
}
```

10.1.5 经验总结

单片机利用串行口发送数据，可以用查询方式发送数据，也可以采用中断方式。而接收数据时一般采用串行口中断的方式接收数据。本例程中发送和接收均采用查询方式。

为保证通信的正常进行，发送方和接收方的数据帧格式、波特率要设置一致，通信双方单片机系统的晶振频率尽量选用一样的。

只知道对方的波特率时，要合理选用晶振，使两个通信设备间的波特率误差小于 2.5%。如我们为得到经常使用的 1 200bit/s、9 600bit/s 波特率而采用 11.0592MHz 的晶振。例如晶振选用 11.0592MHz 时，若要求通信波特率为 9 600bit/s，SMOD=0，则根据公式计算得定时器 T1 的初值 TH1 正好等于 253；若采用 12MHz 的晶振，则得到 TH1=252.74，经取整（253）后计算得到的波特率为 10 416bit/s，波特率存在着较大的误差。

另外通信的双方还必须遵守一定的通信协议，通信协议是通信的双方的一种预先约定，包括对数据格式、同步方式、传送速度、传送方法、纠错方式等做出的统一规定，通信的双方必须严格遵守通信协议。

10.2 【实例 74】单片机间多机通信方法之一

单片机双机通信完成的只是点对点之间的数据传输，但是，在实际应用中，经常会出现由多个单片机构成的多机通信系统。

10.2.1　实例功能

单片机多机通信是指由两台以上单片机组成的网络结构，可以通过串行通信方式共同实现对某一过程的最终控制。多机通信的网络拓扑形式较多，可分为星型、环型和主从式多机型等多种，其中以主从式多机型应用较多。主从式多机通信系统中，一般有一台主机和多台从机。主机发送的信息可以传送到各个从机或指定从机，从机发送的信息只能被主机所接收，各从机之间不能直接通信，其结构形式如图 10-6 所示。

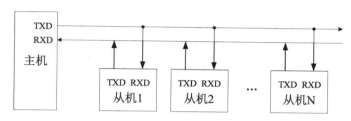

图 10-6　主从式多机通信的结构形式

本设计采用主从式网络拓扑形式，实现多个单片机之间的通信。双机开始数据传输时，主机先发送地址帧等待从机应答，然后发送相关数据。从机接收到地址帧后，如果与自身地址相符，则向主机发送应答信号，并开始接收数据；从机在接收完数据后，将根据最后的校验结果判断数据接收是否正确，若校验正确，则向主机发送数据正确信号。

10.2.2　典型器件介绍

由图 10-6 可知，主机的 RXD、TXD 与所有从机的 TXD、RXD 端相连接，主机发送的信号可被各从机接收，而各从机发送的信息则只能由主机接收。

在多机通信系统中，首先要解决的是如何识别从机的问题，其次才是如何发送数据等。识别从机一般都是通过地址来实现，即给从机分别设定地址信息。MCS-51 系列单片机串行通信中的 SM2 位（多机通信控制位）专门用来识别不同的从机，本节主要介绍这种实现方法。

MCS-51 系列单片机串行口方式 2、3 很适合主从式的通信结构。当串口以方式 2 或方式 3 工作时，发送和接收的每一帧数据都是 11 位（如图 10-7 所示）：1 位起始位（0），8 位数据位（低位在前），一位可设置的第 9 位数据和一位停止位。其中，第 9 位数据位可用于识别发送的前 8 位数据是地址帧还是数据帧，为 1 则为地址帧，为 0 则为数据

图 10-7　单片机方式 2 和方式 3 时通信发送数据格式

帧，此位可通过对 SCON 寄存器的 TB8 位赋值来置位。当 TB8 为 1 时，单片机发出的一帧数据中的第 9 位为 1，否则为 0。

作为接收方（本例程为各从机）的串行口同样工作在方式 2 或方式 3 状态，它的 SM2 和 RB8（接收到的第 9 位）的组合有如下的特性。

- 若从机的控制位 SM2 设为 1，则当接收数据的第 9 位是 1 时，即地址帧时，数据装入 SBUF，并置 RI 为 1，向 CPU 发出中断申请；当接收数据的第 9 位是 0 时，即数据帧时，不会产生中断，信息被丢弃。
- 若 SM2 设为 0，则无论是地址帧还是数据帧都将产生 RI=1 中断标志，8 位数据均装入 SBUF。

利用这个特征，单片机在进行主从式多机通信时，系统初始化后，所有从机的 SM2 均置为 1，并处于允许串行口中断接收状态；主机要与某一从机通信时，首先向所有从机发出地址帧，由于各从机的 SM2=1，并处于允许串行口中断接收状态，各从机均接收该地址帧，从机接收到该地址帧后，申请中断，转向中断服务程序，各从机在中断服务程序里判断本机地址是否与主机所发送的地址相同，若相同，该从机将 SM2 置为 0，并向主机发送回应答信号。此时，只有主机和被呼叫的从机之间能交换数据。因为若从机的地址与主机发送的地址不同，则该从机继续维持 SM2 为 1，在主机后来发来的数据和命令时，其第 9 位数据位（RB8）为 0，由于 SM2 为 1，从机不会发生中断。

10.2.3 硬件设计

本例实现的是一个主机和多个从机之间的数据传输，因此，硬件电路也分为主机电路和从机电路。主机和从机的原理图基本一致，从机需要增加本机地址设置的电路，否则每个从机需要不同的程序，给实际应用带来不便。在采用不同的通信标准时，还需要进行相应的电平转换，也可以对传输信号进行光电隔离，多机通信中，通常采用 RS-422 或 RS-485 串行标准总线进行数据传输。

主机的基本硬件图与 10.1 节类似，本例中只给出从机的部分电路，如图 10-8 所示。

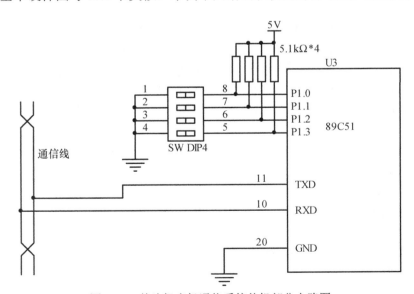

图 10-8   单片机多机通信系统从机部分电路图

图 10-8 中，单片机 89C51 的 P1 口的低 4 位用于从机的地址设定，通过拨动开关可最多设定 16 个地址。比如四位开关都接通时，则读 P0 口可获得低 4 位 0000，此时本机的地址可

设定为 0XF0，当从机复位初始化时，可读取 P0 口的数据获得本机地址，使用时从机地址可随时设定，而无需通过更改软件代码。

10.2.4 程序设计

与双机通信相比，多机通信增加了从机的数目，发送的数据有数据帧和地址帧，实现起来较双机通信复杂。利用单片机串行口工作方式 3 实现多机通信，关键是区分何时发送的是数据帧还是地址帧，这主要通过串口控制寄存器 SCON 中的 SM2 位实现。

本例设计的通信协议如下：

通信双方使用的波特率为 9 600bit/s，串行口采用工作方式 3，接收和发送均采用查询方式，使用主从式通信。

● 双机开始数据传输时，主机先发送地址帧等待从机应答。
● 各从机初始化时都处于只接收地址帧的状态。接收到地址帧后，将接收到的地址与本机地址相比较，如果相符，则向主机发送应答信号，并开始接收数据；如果收到的地址与自身地址不同，则处于继续等待地址帧状态。
● 从机在接收完数据后，将根据最后的校验结果判断数据接收是否正确，若校验正确，则向主机发送数据正确信号。

由以上协议可知，在通信过程中需要使用一些应答信号，如表 10-1 所示。

表 10-1 单片机多机通信应答信号定义

应 答 信 号	说 明
0x1A	地址相符应答
0x2A	数据传输成功应答
0x3E	数据校验错误

当传送数据时，规定一次固定传送 N 个数据，其中第 $N-1$ 个数据位为校验位，格式如图 10-9 所示。

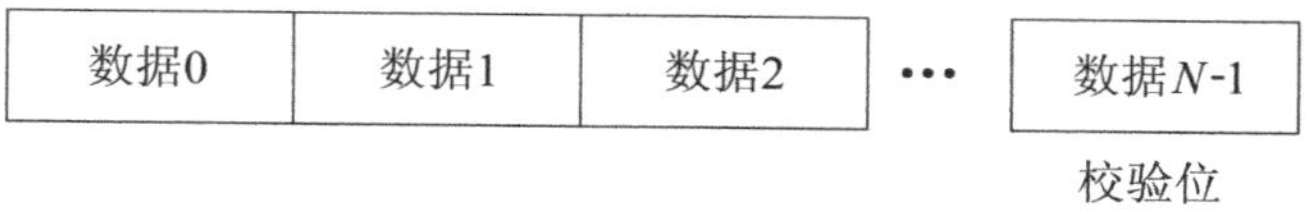

数据0	数据1	数据2	···	数据N-1

校验位

图 10-9 数据传送格式

校验方法采用常用的校验和，即将前 $N-1$ 个数据相加，不考虑进位，发送数据时生成，作为第 $N-1$ 个数据发送，接收方同样采用该算法生成校验字，最后比较，若相同，表示通信成功，否则失败。

主机的程序流程图如图 10-10 所示。

主要由以下子程序构成。

● void serial_init()：完成初始化串口的功能。
● void send_addrframe()：完成发送地址字节功能。
● void send_data_frame()：完成发送数据字节功能。

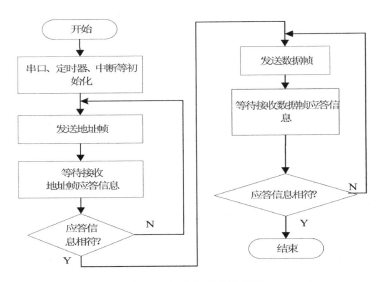

图 10-10   主机程序流程图

主机的相关程序如下。

```
#include<reg51.h>
#include<intrins.h>
#define BUF_MAX_LEN 3
#define ADDR_ACK    0x1A
#define DATA_ACK    0x2A
unsigned char send_buf[BUF_MAX_LEN];
/* 发送数据缓冲 */
void serial_init( void );
/* 串口初始化 */
void send_addrframe( unsigned char addr );
/* 发送地址帧 */
void send_data_frame( void);
/* 发送数据帧 */
```

主函数 main()程序代码如下。

```
void main( void )
{
    unsigned char recv_tmp=0;
    send_buf[0]=1;
    /* 发送数据缓冲，这里以1,2,4为例说明 */
    send_buf[1]=2;
    send_buf[2]=3;
    serial_init();
    while( recv_tmp!= ADDR_ACK )
```

```
    {
        send_addrframe( 0x05 );
        /*发送从机地址 client_addr*/
        RI = 0;
        while(!RI);
        /*接收从机发送的地址确认*/
        RI = 0;
        recv_tmp = SBUF;
    }
    while( recv_tmp != DATA_ACK )
    {
        send_data_frame();
        RI =0;
        while(!RI);
        RI = 0;
        recv_tmp = SBUF;
    }
    /*其他程序等  */
}
```

1. 串行口初始化程序 serial_init()

串行口初始化程序 serial_init()完成初始化串口的功能，定时器 T1 工作在自动重装方式，作为波特率发送器，串行口工作在方式 2，波特率为 9 600bit/s。程序代码如下。

```
void serial_init( void )
{
    TMOD = 0x20 ;
    TH1 = 0xFD ;
    TL1 = 0xFD ;
    EA = 0;
    ET0 = 0;
    ES = 0;
    SCON = 0xD0 ;
    PCON = 0x00 ;
    TR1 = 1;
}
```

2. 发送地址帧函数 send_addrframe()

发送地址帧函数 send_addrframe()完成发送地址字节功能。注意发送地址信息时，TB8 位置 1，程序代码如下。

```
void send_addrframe( unsigned char addr )
{
```

```
    TB8 = 1;
    /*址帧 标志*/
    SBUF= addr;
    while( !TI );
    /*待数据发送完成*/
    TI = 0;
    TB8 = 0;
}
```

3. 发送数据帧函数 send_addr_frame()

发送数据帧函数 send_data_frame()完成发送数据字节功能。程序首先计算校验字节，然后发送数据字节（注意此时 TB8 为 0），最后发送校验字节，程序代码如下。

```
void send_data_frame( void )
{
    unsigned char i;
    unsigned char check_sum=0;
    for( i=0;i<BUF_MAX_LEN;i++)
    {
        check_sum += send_buf[i];
        /* 计算校验字节 */
    }
    for( i=0 ;i< BUF_MAX_LEN;i++)
    /* 发送数据字节 */
    {
        TI = 0;
        TB8 =0;
        SBUF = send_buf[i];
        while( !TI );
        TI = 0;
    }
    SBUF = check_sum;
    /* 发送校验字节 */
    while( !TI );
    TI = 0;
}
```

各个从机除地址不同外，其他都相同，从机的程序流程图如图 10-11 所示。
主要由以下子程序构成。
- unsigned char recv_data_frame()：完成接收数据帧并进行校验的功能。
- void send_ack()：完成发送数据的功能。
- void recv_addrframe()：完成接收地址帧的功能。

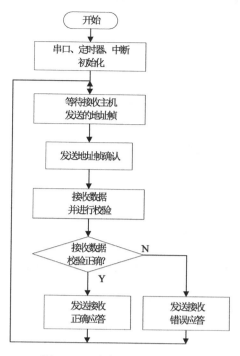

图 10-11 从机程序流程图

● void serial_init()：完成初始化串行口的功能。

从机的主要程序及代码如下。

```
#include<reg51.h>
#include<intrins.h>
/*伪定义*/
#define BUF_MAX_LEN 10
/*缓冲区的最大长度*/
#define ADDR_ACK    0x1A
#define DATA_ACK    0x2A
#define DATA_ERR    0x3A
unsigned char recv_buf[BUF_MAX_LEN+1];
/*函数声明*/
unsigned char recv_data_frame( void );
/*接收数据帧*/
void send_ack( unsigned char ack );
/*发送应答信息*/
void recv_addrframe( void );
/*接收地址帧*/
void serial_init( void );
/*串口初始化*/
```

主程序中 serial_init()函数初始化完毕后，等待主机发送的地址字节，若接收到与本机相同的地址字节，发送地址收到应答，然后再接收数据字节，接收完毕后对数据字节进行校验，校验正确则向主机发送数据正确，否则发送数据错误。程序代码如下。

```c
void main( void )
{
    unsigned char recv_tmp=0;
    serial_init();
    while( 1 )
    {
        recv_addrframe();
        /*接收主机发送的地址帧*/
        send_ack( ADDR_ACK );
        /*发送地址收到应答*/
        if( recv_data_frame() == DATA_ACK )
        {
            send_ack( DATA_ACK );
        }
        else if (recv_data_frame == DATA_ERR )
        {
            send_ack( DATA_ERR );
        }
    }
}
```

1. 接收地址帧函数 recv_data_frame()

接收地址帧函数 recv_data_frame()完成接收数据帧并进行校验的功能。程序首先置 SM2 位为 0，然后接收数据，接收完毕后，计算接收到数据帧的校验和，并与主机发送的校验和比较，若相等，说明接收数据正确，返回 DATA_ACK，否则返回 DATA_ERR 数据错误标志，程序代码如下。

```c
unsigned char recv_data_frame( void )
{
    unsigned char i;
    unsigned char check_sum=0;
    SM2= 0;
    for( i=0;i<BUF_MAX_LEN+1;i++)
    /* 接收数据帧,注意最后一个字节为校验字节 */
    {
        while( !RI );
        if( RB8 ) return 0;
        /*若收到地址帧,返回错误*/
        recv_buf[i] = SBUF;
    }
    for( i=0;i<BUF_MAX_LEN;i++)
    /* 由接收到的数据计算校验和 */
    {
        check_sum += recv_buf[i];
```

```
        }
        if( recv_buf[ BUF_MAX_LEN+1]==check_sum )
        {
                return DATA_ACK;
                /* 校验和正确则返回数据正确 */
        }
        else
        {
                return DATA_ERR;
                /*否则返回错误*/
        }
}
```

2. 函数 void send_ack()

函数 send_ack()发送数据，第 9 位数据为 0，程序代码如下。

```
void send_ack( unsigned char ack )
{
    TI  = 0;
    TB8 = 0;
    SBUF= ack;
    while( !TI );
    TI = 0;
}
```

3. 接收地址帧函数 void recv_addrframe()

接收地址帧函数 recv_addr_frame() 中从 P0 口取得本机地址后，置 SM2 为 1，只接收地址帧，当接收到的地址与本机地址相同时，返回，否则继续等待。程序代码如下。

```
void recv_addrframe( void )
{
    unsigned char client_addr,recv_tmp;
    client_addr = P0&0x0f;
    recv_tmp    = 0 ;
    SM2 = 1;
    /*只接收地址帧*/
    while( recv_tmp != client_addr )
    {
        RI = 0;
        while( !RI );
        /*等待接收地址数据*/
        RI = 0;
        recv_tmp = SBUF;
    }
}
```

4．串行口初始化函数 void serial_init()

串行口初始化函数 serial_init()完成初始化串行口的功能。定时器 T1 工作在 8 位自动重装方式，作为波特率发生器，串行口工作在方式 2，波特率为 9 600bit/s。程序代码如下。

```
void serial_init( void )
{
    TMOD = 0x20 ;
    TH1 = 0xFD ;
    TL1 = 0xFD ;
    EA = 0;
    ET0 = 0;
    ES = 0;
    SCON = 0xD0 ;
    PCON = 0x00 ;
    TR1 = 1;
}
```

10.2.5 经验总结

上面的通信协议比较简单，这里仅仅为了说明本种多机通信的原理，实际使用时用户可根据现场的情况制订更为复杂、严格的协议。在数据传送过程中，还要注意对传输超时进行处理。

本节中采用的多机通信方式，一定要使串口的工作设置为 2 或 3 方式下，并一定要理解 SM2 和 RB8 之间关于产生接收中断的条件，以及地址、数据信息之间的约定等。

各从机之间尽管在同一个网络上，但由于系统构成的是主从式结构，因此，它们之间的数据交换是不能直接进行的，都要通过主机的交换来实现，实际上，从电路的连接上来看，各从机之间构成的 TXD-TXD 和 RXD-RXD 的关系，也决定了相互间不能直接通信。

10.3 【实例 75】单片机间多机通信方法之二

单片机多机通信除了上节采用 SM2 和 RB8 组合的方式来实现多机通信外,在实际的使用中，我们还经常利用数据帧中包含地址信息来区分不同从机的方法实现单片机间的多机通信。

10.3.1 实例功能

本例采用数据帧中包含地址信息的方法实现多个单片机之间通信的功能。主机发送的数据帧中包含地址信息，主机发送后，所有的从机都能接收到，每个从机将自身的地址与接收的数据帧中包含的地址相比较，如果与自身的地址相同，则进行对应的处理。否则将这帧数据丢弃，串行口继续等待接收数据。当然也可以根据实际功能需要，部分从机也可以根据数据帧的地址信息来决定是否接收数据帧，实现主机向部分从机"广播"的功能。

10.3.2　程序设计

由于此种通信方式采用在数据帧中包含有地址字节信息来区分各从机，因此只与软件有关，硬件接口与多机通信方法一完全一样。

主机、从机一次发送数据为多个数据组成的一个数据帧，数据帧中包含起始、结束标志、地址、应答信息等，主机或从机接收完一数据帧后，根据数据帧中的标志和地址决定是否保存。接收保存后的数据，由数据帧的功能字节来说明数据字节的意义或者下一步的操作等。

根据以上原理，定义数据帧的格式如图 10-12 所示。

起始字节	标志	功能	校验和	帧长度	地址	数据字节1	数据字节2	…	数据字节n	结束字节

图 10-12　多机通信数据帧格式

单片机间多机通信方法一中，主机、从机的地位区分明显，主机从机的任务不同，而本节介绍的这种方法，主机从机的界限并不是很明显，只要数据帧中标志和地址字节变化，就可以向指定地址的主机或者从机发送数据帧，接收到数据的从机可根据需要决定是否保存这帧数据。

根据本节介绍的多机通信的原理，对图 10-12 中数据帧的各字节定义如下。

- 数据帧以 8 位字节为基本数据单位，采用十六进制。
- 起始字节：0XAA。
- 主从标志：为 0X0F 表明这是主机发送的数据帧；为 0XF0 说明这是从机发送的数据帧。实际上也可以以地址来区分是从机还是主机发送的数据帧。
- 功能：数据字节的功能作用，若无数据字节，功能字节就为 0x00，采用压缩 BCD 数据格式。
- 校验和：包括起始字节和结束字节在内的本数据帧的校验和，不包括校验字节本身。
- 采用的校验算法：将不包括校验和在内的一帧数据相加，丢弃进位，将计算得到的值作为校验字节。
- 帧长度：数据字节的长度。
- 地址：如果是主机发送到从机，此字节是要接收数据的从机地址。如果是从机发送到主机，此字节是发送数据的从机的地址，一般采用十六进制。
- 结束字节：0XDD。

例如主机向地址为 0x10 的从机发送数据 0x12,0x34，功能字节为 0x55，则发送的一帧数据如图 10-13 所示。

0xAA	0x0F	0x55	0x39	0x02	0x10	0x12	0x34	0xDD

图 10-13　主机向从机发送一帧数据格式

以下是采用此种数据帧格式的从机单片机程序，发送、接收均采用中断方式。设单片机的晶振频率为 11.0592MHz，通信的波特率为 9600bit/s，主机、从机的串行口均采用方式 1。

在程序发送部分，首先按照通信协议准备数据帧头，然后加入要发送的数据，计算校验和，最后发送整个数据帧，流程图如图 10-14 所示。

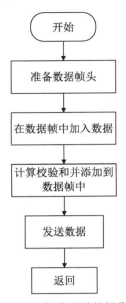

图 10-14　主机发送前的操作流程

程序中串行口接收部分较复杂，流程图如图 10-15 所示。

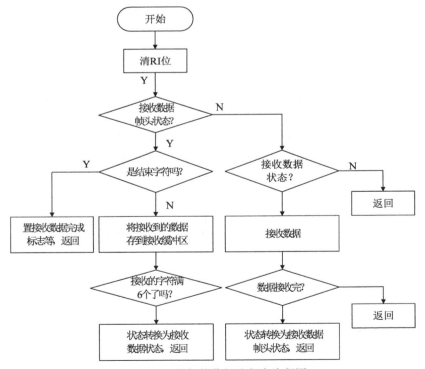

图 10-15　从机接收部分程序流程图

程序中从串行口接收数据时使用了状态机，用来区分是接收数据还是接收数据帧头。接收时，当接收到起始字节和帧长度后，如果有数据字节存在，程序将转变为接收数据字节的状态，接收完指定的数据长度后，再转化为接收结束字节的状态。

主要程序及代码如下。

```
#include<string.h>
#include<reg52.h>
#define uchar unsigned char
#define uint  unsigned int
#define CHK_OK          0X01
#define CHK_ERR         0XFF
#define CLIENT          0X0F
#define HOST            0XF0
#define SYN             0XAA
#define FIN             0XDD
#define RECV_DATA_STAT  0x01
#define RECV_HDR_STAT   0X02
#define MAX_RECV_NUM    50
#define MAX_SEND_NUM    50
/*相关全局变量定义*/
uchar data  client_addr;
uchar data  recv_tmp;
uchar data  recv_status;
uchar data  recv_counter;
uchar idata recv_buf[ MAX_RECV_NUM ];
uchar idata send_buf[ MAX_SEND_NUM ];
bit         recv_frame_ok;
uchar calc_chksum( void );
void  seri_init( void );
void  seri_send( uchar *p,uchar data_len);
void  get_client_addr( void );
```

1. 串行中断服务子程序 void seri_isr()

串行中断服务子程序 seri_isr()函数完成接收制定格式的数据。程序中根据接收数据的状态来区分接收的是数据帧头还是数据帧中的数据，接收完一帧数据后，计算校验和并判断校验数据是否正确。程序代码如下。

```
void seri_isr( void ) interrupt 4 using 1
{
    if(1==TI)
    {
        TI=0;
    }
    if(0==RI)
    {
        return;
    }
    recv_tmp = SBUF;
```

```
switch( recv_status )
{
    case RECV_DATA_STAT:
    {
        recv_buf[ recv_counter]=recv_tmp;
        recv_counter ++;
        if( recv_counter == recv_buf[4] )
        {
            recv_status = RECV_HDR_STAT;
        }
        else
        {
            return;
        }
        break;
    }
    case RECV_HDR_STAT:
    {
        if( recv_tmp == SYN )
        /* 如果是开始字节 */
        {
            recv_buf[ recv_counter ] = recv_tmp;
            recv_counter ++;
            if( 6 == recv_counter )
            {
                recv_status = RECV_DATA_STAT;
            }
        }
        else if( recv_tmp == FIN )
        /* 如果是结束字节 */
        {
            recv_buf[ recv_counter ] = recv_tmp;
            recv_counter ++;
            if( ( CHK_OK == calc_chksum()    ) &&

            ( recv_buf[5] == client_addr ) )
            {
                recv_frame_ok = 1;
            }
            else
            {
                recv_counter = 0;
                recv_status  = RECV_HDR_STAT;
            }
        }
        else
```

```
        {
            recv_counter = 0;
            recv_status  = RECV_HDR_STAT;
        }
        break;
    }
    default:
    {
        recv_status  = RECV_HDR_STAT;
        memset(recv_buf,0x00,MAX_RECV_NUM);
        recv_counter = 0;
        break;
    }
  }
 }
}
```

2. 主程序 void main()

主程序中完成串行口初始化，取得从机地址后，发送 4 字节的数据 "test"，如果主机响应并且本机接收到的数据帧正确，则执行下一步操作，程序代码如下。

```
void main( void )
{
    seri_init();
    get_client_addr();
    seri_send("test",4);
    if( 1 == recv_frame_ok )
    /* 接收到数据 */
    {
        /* 对接收到数据进行处理  */
    }
    /* 其他代码等 */
}
```

3. 计算校验和子程序 uchar calc_chksum()

计算校验和子程序 calc_chksum()对除校验字节外的整个数据帧的数据计算得到校验和，然后添加到数据帧中校验字节部分，程序代码如下。

```
uchar calc_chksum( void )
{
    uchar i;
    uchar chksum2;
    if( ( recv_counter == 0          )||

        ( recv_buf[4]  != recv_counter)  )
    {
```

```
        return CHK_ERR;
    }
    chksum2 = 0;
    for( i=0; i<recv_counter; i++)
    {
        if( i!= 3)
        /* 跳过校验和部分 */
        {
            chksum2 += recv_buf[i];
        }
    }
    if( chksum2 == recv_buf[3] )
    {
        return CHK_OK;
    }
    else
    {
        return CHK_ERR;
    }
}
```

4. 串行口发送子程序 void seri_send()

串行口发送子程序 seri_send()按照数据帧的格式将数据添加到 sendbuf 发送缓冲中。程序首先准备数据帧头，将 p 指针开始长度为 data_len 的数据加入到 sendbuf 数发送缓冲中，然后计算数据校验和，将校验和也加入到发送数据缓冲中，将发送缓冲中的数据发送出去，程序代码如下。

```
void seri_send( uchar *p,uchar data_len )
{
    uchar i;
    uchar chksum=0;
    /* 准备数据帧头 */
    send_buf[0] = SYN;
    send_buf[1] = CLIENT;
    send_buf[2] = 0x00;
    /*功能字节假设为 0x55 */
    send_buf[3] = 0x00;
    send_buf[4] = data_len+7;
    send_buf[5] = client_addr;
    send_buf[ data_len ] = FIN;
    for( i=0; i< data_len; i++)
    {
        send_buf[i+6] = *p;
        p++;
    }
```

```
    for( i=0;i<(data_len + 7); i++)
    {
        chksum +=send_buf[i];
    }
    send_buf[3] = chksum;
    /* 数据帧准备完毕,下一步是发送 */
    for( i=0;i<(data_len + 7); i++)
    {
        SBUF = send_buf[i];
        while( TI == 0 );
        TI = 0;
    }
}
```

5. 串口初始化子程序 void seri_init()

串口初始化子程序 seri_init()初始化串口工作在方式 1,波特率为 9 600bit/s,接收状态和接收缓冲初始化等,程序代码如下。

```
void seri_init( void )
{
    recv_status  = RECV_HDR_STAT;
    recv_counter = 0;
    recv_frame_ok = 0;
    memset( recv_buf,0x00,MAX_RECV_NUM);
    memset( send_buf,0x00,MAX_SEND_NUM);
    TMOD = 0X20;
    TH1  = 0XFD;
    /* 波特率为 9600bit/s */
    TL1  = 0XFD;
    EA   = 1;
    ET0  = 0;
    ES   = 1;
    SCON = 0X50;
    /* 串行口工作在方式 1,允许接收 */
    PCON = 0X00;
    TR1  = 1;
}
```

6. 读取数据子程序 void get_client_addr()

由于每个从机的地址不同,get_client_addr()函数从 P0 口读取的数据作为从机地址,保存在全局变量 client_addr 变量中,程序代码如下。

```
void  get_client_addr( void )
{
    client_addr = P1;
}
```

主机的发送接收程序与此类似，根据协议在数据帧中的标志和地址中加入不同的数据表明这是主机发送的数据，然后在数据字节中添加上数据即可。

10.3.3　经验总结

本方法构成的多机通信，单片机串口一般工作在方式1即可，由于有专门的校验和，因此，第9位的校验位已经没有必要了。

通信时发送数据包需要一定的次序和规则，若主机正在发送数据的同时，从机也发送数据，或者多个从机同时发送数据，都会造成数据冲突，导致通信错误，因此通信时主机和从机不仅要发送协议规定格式的数据帧，还要根据不同的状态来决定何时发送数据。如果采用RS-485通信方式，由于该方式是半双工的，主从双方的数据交换一般采用应答式的，因此不会出现冲突的现象。

各从机地址的生成，也可不用二进制拨动开关，而是通过现场系统的调试临时生成，并将该地址信息存入非易失性的存储器中。

10.4　【实例76】PC与单片机通信

PC机与单片机的数据通信的场合有很多，如工业现场的监控系统、有数据管理的考勤系统、越来越多的各种自动抄表系统，因此研究PC机与单片机间的通信技术有比较重要的意义。

10.4.1　实例功能

下面以一个典型的自动售电抄表系统来说明PC与多单片机通信的基本原理。整个系统中PC机是上位管理机，各从机是分布在宿舍各楼层上的集中式电子式电能表。PC机与各集中式电子式电能表之间采用的总线方式为RS-485。PC机作为主控机，通过串口向单片机发送命令。单片机收到数据后，对其进行校验，并根据命令类型向PC机返回数据。

10.4.2　典型器件介绍

由于接口电平的不一致，一般是不能直接连接的，常用的总线方式根据通信距离、速度以及网络的结构等指标的要求，有RS-232C、RS485、RS422等接口标准。

PC机上大多数都有RS-232C接口，采用DB-9连接器。RS-232C标准是美国EIA（电子工业联合会）与BELL公司等共同开发的通信协议，适合与数据速率在0Kbit/s～20Kbit/s范围内的通信。RS-232C标准对电气特性、逻辑电平和各种信号线功能都做了规定。逻辑"1"的电平为–15V～–3V，逻辑"0"的电平–15V～–3V。也就是当传输电平的绝对值大于3V时，电路可以有效的检查出来。介于–3V～+3V的电压无意义，低于–15V或高于+15V的电压也认为无意义。因此，在实际工作时，应保证电平在有效范围内。

与RS-232C相匹配的连接器有DB-25、DB-15和DB-9 3种，其引脚的定义各不相同。简化的9芯DB-9连接器其引脚分布如图10-16所示。

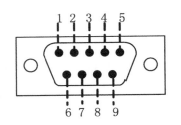

图10-16　"D"型9针连接器定义

DB-9 连接器的引脚定义与功能说明如表 10-2 所示。

表 10-2 DB-9 连接器的引脚定义与功能说明

插 针 序 号	信 号 名 称	功　　能
1	DCD	载波检测
2	RXD	接收数据（串行输入）
3	TXD	发送数据（串行输出）
4	DTR	DTE 就绪（数据终端准备就绪）
5	SGND	信号接地
6	DSR	DCE 就绪（数据建立就绪）
7	RTS	请求发送
8	CTS	允许发送
9	RI	振铃指示

实际应用时，一般使用 DB-9 连接器的 2、3 和 5 脚即可满足需要。TTL 电平和 RS-232C 接口电平互不兼容，所以两者接口时，必须进行电平转换。

当应用系统的通信距离比较远或干扰比较严重的场合，RS-485 通信协议具有比 RS-232C 更优良的性能。目前有多种 RS-485 收发器，常用的有 SN75176、MAX485、SN75LBC184 等，实现 RS-485 通信接口较为方便。RS-485 接口标准采用平衡式发送、差分式接收的数据收发器来驱动总线，具体技术参数如下：

● 接收器的输入电阻 RIN>12Ω；
● 驱动器能输出±7V 的共模电压；
● 在节点数为 32 个，配置 120Ω 终端电阻的情况下，驱动器至少还能输出 1.5V 电压；
● 接收器的输入灵敏度为±200mV。

如图 10-17 所示是采用 RS-485 接口标准的通信接口电路框图。在 RS-485 总线末端接入 120Ω 的电阻是为了对通信线路进行阻抗匹配，实际应用时总线上可挂接多个 RS-485 驱动器。

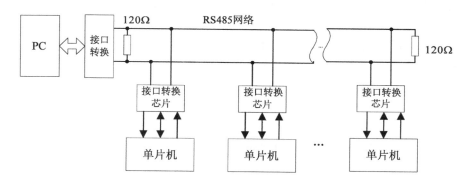

图 10-17 采用 RS-485 标准的通信接口电路

SN75LBC184 是用于 RS-485 通信的低功耗收发器，器件中有一个驱动器和接收器，用 SN75LBC184 组成的 RS-485 网络中可连接 64 个收发器。与普通的 RS-485 收发器相比最大的特点是芯片内有高能量瞬变干扰保护装置，可承受峰值为十几 kV 的过压，因此可显著降低防止雷电等损坏器件的可能性。在一些环境比较恶劣的场合，可直接与传输线相连而无需其他保护元件。另外当芯片的输入端开路时，其输出为高电平，这样可保证接收器输入端有开路故障时，不影响系统的正常工作。

10.4.3 硬件设计

PC 机与各集中式电子式电能表之间采用的总线方式为 RS-485，而且在从机通信的出口处采用光电隔离技术，为保证通信时波特率能达到 9600bit/s，隔离器件采用高速光耦 6N137。

如图 10-18 所示是采用 SN75LBC184 芯片实现的单片机端 RS-485 接口电路。图中单片机采用 89C51，选择频率为 11.0592MHz 的晶振。

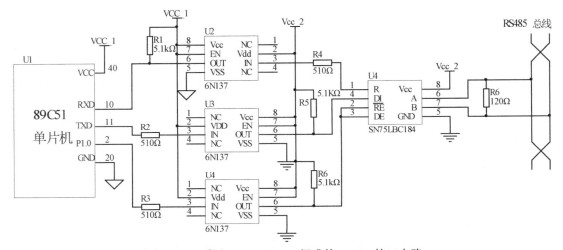

图 10-18 采用 SN75LBC184 组成的 RS485 接口电路

信号在传输线上传输时，若遇到阻抗不连续的情况，就会出现反射现象，从而影响信号的远距离传输。常用双绞线的特性阻抗在 110～130，因此在 RS-485 总线末端接入 120Ω 的电阻。

与单片机端的接口电路类似，将 PC 机连接到 RS485 总线上也需要转换电路，PC 机处采用的 RS-232/RS-485 转换器也有采用光电隔离型的，如波士电子的 RS-232/RS-485 接口转换器。

10.4.4 程序设计

利用 RS-485 接口标准组成的多机通信网络和直接利用 TTL 接口组成多机通信网络最大的不同是 RS-485 多机通信网采用半双工工作方式，数据在发送和接收时，必须对 $\overline{RE}/DE$ 引脚进行设置。SN75LBC184 工作状态只有两种：发送和接收。当 P1.0 为高电平时，SN75LBC184

只允许接收，反之只允许发送。

售电抄表系统中通信协议如表 10-3 和表 10-4 所示。

表 10-3　　　　　　　　　　　　PC 机向各从单片机发送时的协议

功　　能	起始符	地　　址	命　　令	数据长度	数据区	校验和	结束符
时钟校正	CCH	XXYYH	50H	6	说明 1	说明 2	DDH
读剩余电量	CCH	XXYYH	51H	0	无数据		DDH
购电量	CCH	XXYYH	52H	2	说明 3		DDH
……		说明 4					

表 10-4　　　　　　　　　　　　各从单片机向 PC 机发送时的协议

功　　能	起始符	地　　址	命　　令	数据长度	数据区	校验和	结束符
时钟校正	CCH	XXYYH	60H	6	说明 1		DDH
读剩余电量	CCH	XXYYH	61H	2	说明 3		DDH
购电量	CCH	XXYYH	62H	2	说明 3		DDH
……							

说明 1：按年、月、日、时、分、秒各 1 字节顺序排列，数据格式采用压缩的 BCD 码，如 2008 年 6 月 16 日 13 点 25 分，则该数据为 20 08 06 16 13 25。

说明 2：校验和计算方法为从起始符开始到最后一个数据（不包括校验和本身）的十六进制相加和，计算过程中进位丢弃。

说明 3：只保留整数部分，购电时最多允许 999 度，压缩的 BCD 码。

说明 4：地址的前两字节是集中式表号，后两字节是各房间的代号，共 4 字节。

由于 PC 机为上位管理微机，为便于管理员操作，采用的是具有人性化的操作界面，语言使用 Visual C++6.0，数据库使用 SQL Server，这里我们不再专门介绍，我们主要介绍从机集中式电子式电能表的接收程序编制情况。

由于采用的 RS-485 总线方式，为半双工通信方式，而且作为自动抄表系统，从机的工作是被动的，因此从机是不会主动向管理主机发送信息的，只有在管理主机有请求时，才会有应答信息。各从机在正常情况下一直处于接收状态，只有在收到管理主机对本机的呼叫后，主动将状态切换为发送状态，然后根据命令向管理主机发送应答信息，发送完毕后，又马上返回接收状态。通信采用的波特率为 9 600bit/s，8 位数据位，1 位结束位，无奇偶校验，单片机接收采用中断方式。以下程序为发送和接收数据帧的程序，不包括具体功能的实现。

接收流程如图 10-19 所示。

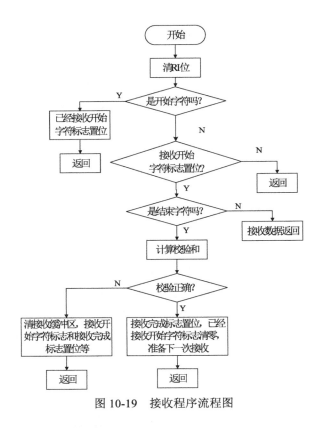

图 10-19　接收程序流程图

1. 串行接收中断服务程序 void seri_isr()

串行接收中断服务程序的功能是接收指定格式的数据帧。程序首先判断已经接收开始字符后，再接收数据，最后接收到结束字符后，对整个数据帧进行校验，若校验正确则置接收数据完成标志等，主程序中不断查询接受完成标志位，若标志位有效，则可对接收缓冲中的数据操作。串行口接收程序代码如下。

```c
void seri_isr( void ) interrupt 4 using 2
{
    unsigned char tmp;
    unsigned char chksum;
    if(0==RI)  /* 清允许接收标志位 */
    {
        return;
    }
    else
    {
        RI = 0;
    }
    tmp = SBUF;
    if( tmp == 0xCC )
```

```
        /* 是开始字符吗? */
        {
            haved_recv_syn = 1;
        }
        else
        {
            if( 0== haved_recv_syn )
            /*如果没有事先接收到开始字符,说明不是数据帧的开始,返回*/
            {
                return ;
            }
            else
            /* 已经接收到开始字符了 */
            (
            if( 0xDD != tmp )
            /*如果接收到的不是结束字符,则是数据帧中的数据*/
            {
                recv_buf[ counter ] = tmp;
                /* 保存到缓冲区中 */
                counter ++;
            }
            else
            /*接收到结束字符了*/
            {
                chksum = calc_chksum( &recv_buf[0], counter );
                /*计算校验和*/
                if( chksum == tmp )
                /*校验正确在置位接收数据帧正确标志*/
                {
                    recv_frame_ok = 1;
                    haved_recv_syn = 0;
                    return ;
                }
                else
                /* 数据帧校验不正确则返回 */
                {
                    counter = 0;
                    recv_frame_ok = 0;
                    haved_recv_syn = 0;
                    return;
                }
            }
        }
    }
}
```

2. 计算缓冲中的数据的校验值子程序 unsigned char calc_chksum()

函数 calc_chksum()计算指定缓冲中的数据的校验值，缓冲区的首地址为 buf，要校验的数据的个数由 counter 指定，返回值为校验值。校验方法为将 buf 缓冲区中 counter 个字节的数据逐次相加，丢弃进位，最后得到的数据作为校验值，程序代码如下。

```c
unsigned char calc_chksum( unsigned char *buf,unsigned char counter )
{
    unsigned char resu;
    unsigned char i;
    resu = 0;
    for(i=0; i<counter-1;i++)
    /* 计算校验和不包括校验字节本身 */
    {
        resu +=buf[i];
    }
    return resu;
}
```

发送流程如图 10-20 所示。

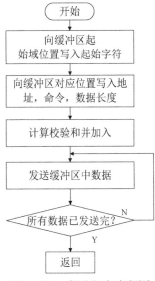

图 10-20   发送程序流程图

3. 发送数据子程序 void send_frame()

发送数据子程序按数据帧格式添加起始字节、表号、房间号、命令和数据字节，再计算校验字和并发送数据，程序代码如下。

```c
void send_frame( void )
{
    unsigned char i;
```

```
unsigned char chksum;
send_buf[0] = 0xCC;
/* 起始字节 */
send_buf[1] = (unsigned char )(meter_id>>8  );
/* 表号高 8 位 */
send_buf[2] = (unsigned char )(meter_id&0xff);
/* 表号低 8 位 */
send_buf[3] = (unsigned char )(room_id >>8  );
/* 房间号高 8 位 */
send_buf[4] = (unsigned char )(room_id &0xff);
/* 房间号低 8 位 */
send_buf[5] = cmd;
/* 命令字节 */
send_buf[6] = data_len;
/* 数据域的长度 */
for( i=0;i<data_len;i++)
{
    send_buf[7+i] = data_buf[i];
    /* 将数据域填到发送缓冲中 */
}
chksum = calc_chksum( &send_buf[0],data_len+7);
/* 计算校验和 */
send_buf[7+data_len] = chksum;
send_buf[8+data_len] =0xDD;
/* 结束字节 */
for( i=0; i<8+data_len;i++)
/* 发送数据 */
{
    SBUF = send_buf[i];
    while( 0 == TI );
    TI = 0;
}
}
```

10.4.5 经验总结

在中长距离通信的诸多方案中，RS-485 因硬件设计简单、控制方便、成本低廉等优点得到广泛应用。但是，RS-485 总线在抗干扰、故障保护等方面应注意以下几个方面的问题。

- 总线阻抗匹配。总线的差分端口 A 与 B 之间应跨接 120Ω 匹配电阻，以减少由于阻抗不匹配而引起的反射、噪声，有效地抑制了噪声干扰。
- 保证系统上电后 RS-485 芯片处于接收状态。对于收发控制端采用微控制器引脚通过反相器进行控制，不宜采用微控制器引脚直接进行控制，以防止微控制器上电时对总线产生干扰。
- 总线隔离。RS-485 总线为并接式二线制接口，一旦有一只芯片故障，总线的电压就有可能为 0，因此对其二线口 A、B 与总线之间应加以隔离。通常在 A、B 与总线之间各串接一只 4Ω～10Ω 的 PTC 电阻。

● 网络节点数。网络节点数与所选 RS-485 芯片驱动能力和接收器的输入阻抗有关，如 75LBC184 标称最大值为 64 点，SP485R 标称最大值为 400 点。实际使用时，因线缆长度、线径、网络分布、传输速率不同，实际节点数均达不到理论值。当通信距离较长时，应考虑通过增加中继模块或降低速率的方法提高数据传输可靠性。

10.5 【实例 77】红外遥控器的通信

红外线是波长在 750nm～1mm 的电磁波，它的频率高于微波而低于可见光，是一种人的眼睛看不到的光线。红外通信一般采用红外波段内的近红外线，波长在 0.75μm～25μm，目前无线电波和微波已被广泛地应用在长距离的无线通信之中。但由于红外线的波长较短，对障碍物的衍射能力差，所以更适合应用在遥控器等设备上，进行点对点的直线数据传输。红外通信口一般数据传输速率可达 2400bit/s～115.2kbit/s，有些甚至可达 4Mbit/s。

10.5.1 基础知识

本节将首先简单介绍一下简单的红外通信系统的构成。通用红外遥控系统由发射和接收两大部分组成。现在的红外遥控系统一般应用编码/解码专用集成电路芯片进行控制操作，其系统框图如图 10-21、图 10-22 所示。其中，发射部分包括键盘矩阵、编码调制、LED 红外发送器；接收部分主要包括光、电转换放大器、解调、解码电路。

图 10-21   红外遥控系统发射部分系统框图

图 10-22   红外遥控系统接收部分系统框图

在实际的系统中，发射部分就是红外遥控器。而接收部分中的光敏元件、光电放大器、解调电路都集成在一体化的红外接收头中。从图 10-22 中可以看出单片机在整个红外遥控系统中的作用就是进行解码。

10.5.2 器件和原理

在红外遥控中使用的器件主要有发射器和一体化红外接收头，下面就分别介绍一下这两个设备。

1．发射器及其编码

红外遥控系统的发射部分就是红外遥控器，如图 10-23 所示，其核心部分是编码调制芯片。

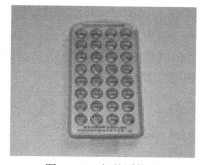

遥控发射器专用的芯片很多，根据编码格式可以分成两大类，这里只对运用较为广泛，解码比较容易的一类来加以说明。现以日本 NEC 的 UPD6121G 组成发射电路为例说明编码原理（一般家庭用的 DVD、VCD、音响都使用这种编码方式）。当发射器按键按下后，即有遥控码发出，所按的键不同遥控编码也不同。这种编码的特征如图 10-24、图 10-25 所示。

图 10-23　红外遥控器

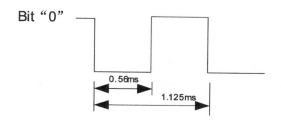

图 10-24　遥控码"0"波形图

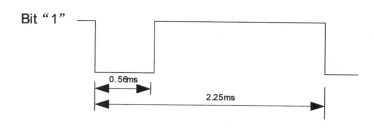

图 10-25　遥控码"1"波形图

这种遥控码采用脉宽调制的串行码，以脉宽为 0.56ms、间隔 0.565ms、周期为 1.125ms 的组合表示二进制的"0"；以脉宽为 0.56ms、间隔 1.69ms、周期为 2.25ms 的组合表示二进制的"1"。

上述"0"和"1"组成的 32 位二进制码经 38kHz 的载频进行二次调制以提高发射效率，达到降低电源功耗的目的。然后通过二极管产生红外线向空间发射，通信帧定义如图 10-26 所示。

图 10-26　红外通信编码格式

UPD6121G 产生的遥控编码是连续的 32 位二进制码组，其中前 16 位为用户识别码，能区别不同的电器设备，防止不同机种遥控码互相干扰。该芯片的用户识别码固定为十六进制 01H；后 16 位为 8 位操作码（功能码）及其反码。UPD6121G 最多能用 128 种不同组合的编码。

遥控器在按键按下后，周期性的发出同一种 32 位二进制码，周期约为 108ms。一组码本身的持续时间随他包含的二进制"0"和"1"的个数不同而不同，在 45ms～63ms 之间，图 10-27 为发射波形图。

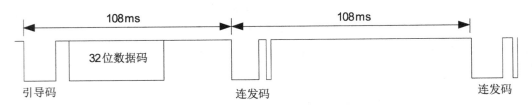

图 10-27 遥控连发信号波形

当一个键按下超过 36ms，振荡器就使芯片激活，将发射一组 108ms 的编码脉冲，这 108ms 发射代码由一个引导码（9ms），一个结果码（4.5ms），低 8 位地址码（9ms～18ms），高 8 位地址码（9ms～18ms），8 位数据码（9ms～18ms）和这 8 位数据的反码（9ms～18ms）组成。如果键按下超过 108ms 仍未松开，接下来发射的代码（连发码）将仅由起始码（9ms）和结束码（2.25ms）组成。

2．接收器

接收电路可以使用一种集红外线接收和放大于一体的一体化红外线接收器，不需要任何外接元件，就能完成从红外接收导输出与 TTL 电平信号兼容的所有工作，而体积和普通的塑封三极管大小一样，它适合于各种红外线遥控和红外线数据传输。

如图 10-28 所示，接收器对外只有 3 个引脚：OUT、GND、VCC，与单片机连接十分简单方便。其中，1 号引脚为脉冲信号输出接口，直接接单片机的 I/O 口；2 号引脚为 GND 接系统地（0V）；3 号引脚 VCC 接系统的电源正极（+5V）。

图 10-28 接收器示意图

10.5.3 硬件电路图

红外接收器的使用十分简单，只需要将 1 号引脚（OUT）接入 8051 的 1 个 IO 脚，然后街上电源即可。本实例中为了将活动的数据进行显示，将 8 个 LED 接入 P1，作为显示用，具体原理电路，如图 10-29 所示。

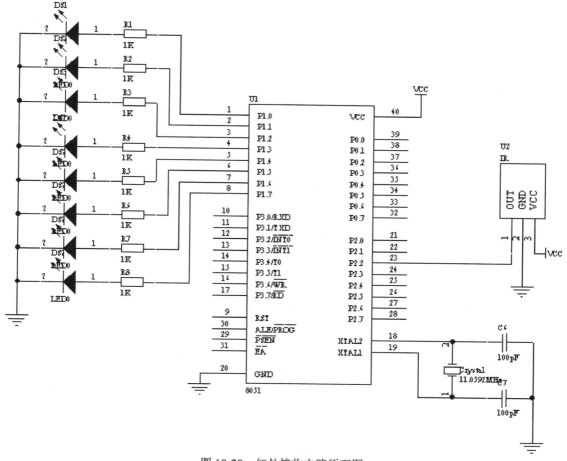

图 10-29　红外接收电路原理图

10.5.4　软件程序设计

在本实例中单片机完成的主要功能就是进行解码。

1. 延时子程序

延时子程序在许多场合中都能用到，尤其是在对时序要求较高的场合，如本实例中用单片机进行解码，延时子程序就十分有用。

延时子程序的关键在于延时的计算上。以下以 DELAY882 子程序为例，DELAY882 子程序要求延时 882ms，其中一个时钟周期是 1.085ms（晶振是 11.0592MHz，机械周期除以 12 就是时钟周期）。因此 813 个时钟周期就是 882ms，813＝（202×4）＋5，其中子程序调用要 2 个时钟周期，RET 指令 1 个时钟周期，MOV 指令为 1 个时钟周期。因此在延时循环中，只需要 4 个时钟周期，循环 202 次即可。在 DELAY882 子程序中，DJNZ 指令是两个时钟周期，加上两个 NOP 的两个时钟周期，正好为 4 个时钟周期一个循环。

```
DELAY882:
;--------------
```

```
; 1.085*((202*4)+5)=882
;- - - - - - - - - - - -
    MOV R7,#202
DELAY882_A:
    NOP
    NOP
    DJNZ R7,DELAY882_A
    RET
```

2．解码子程序

解码子程序是本实例的关键。解码的过程其实就是根据帧格式，将数据从这些帧中取出来。

```
;- - - - - - - - - - - - - - - - - - - - - - - - -
;       解码程序
;- - - - - - - - - - - - - - - - - - - - - - - - -
IR:
; 以下对遥控信号的 9000 微秒的初始低电平信号的识别

 MOV R6,#10
IR_SB:
    ACALL DELAY882          ; 调用 882 微秒延时子程序
    JB P2.2,IR_ERROR        ; 延时 882 微秒后判断 P2.2 脚是否出现高电平，如果有就退出解码程序
    DJNZ R6,IR_SB           ; 重复 10 次，目的是检测在 8820 微秒内如果出现高电平就退出解码程序

    ; 识别连发码，和跳过 4.5ms 高电平
    JNB P2.2,$              ; 等待高电平避开 9 毫秒低电平引导脉冲
    ACALL DELAY2400
    JNB P2.2,IR_Rp          ; 这里为低电平，认为是连发码信号？
    ACALL DELAY2400

    ; 以下 32 位数据码读取
    MOV R1,#2AH             ; 设定 2AH 为初始 RAM
    MOV R2,#4
IR_4BYTE:
    MOV R3,#8
IR_8BIT:
    JNB P2.2,$              ; 等待地址码第一位的高电平信号
    LCALL DELAY882          ; 高电平开始后用 882 微秒的时间尺去判断信号此时的高低电平状态
    MOV C,P2.2              ; 将 P2.2 引脚此时的电平状态 0 或 1 存入 C 中
    JNC IR_8BIT_0           ; 如果为 0 就跳到 IR_8BIT_0
    LCALL DELAY1000
 IR_8BIT_0:
    MOV A,@R1               ; 将 R1 中地址给 A
    RRC A                   ; 将 C 中的值 0 或者 1 移入 A 中的最高位
    MOV @R1,A               ; 将 A 中的数暂时存放到 R1 中
```

```
    DJNZ R3,IR_8BIT        ; 接收地址码的高 8 位
    INC R1                 ; 对 R1 中的值加 1，换下一个 ram
    DJNZ R2,IR_4BYTE       ; 接收完 16 位地址码和 8 位数据码和 8 位数据反码
                           ; 存放在 2AH、2bh、2ch、2dh 的 ram 中
    ; 解码成功
    JMP IR_GOTO


IR_Rp:
; 这里为重复码执行处
; 按住遥控按键时，每过 108ms 就到这里来
    JMP IR_GOTO


IR_ERROR:
; 出错退出
    LJMP MAIN              ; 退出解码子程序
```

3. 程序全貌

本实例是红外遥控的一个简单示范，包括了红外遥控的核心处理部分：解码。实现的功能仅是通过红外遥控器控制 LED。要通过红外遥控实现更复杂的控制，原理与本例是完全相同的，不同的只是将红外通信中得到的数据进行处理、执行时根据需要有一定的差别。

本实例中采用的用户码是 0711H。

```
;------------------------------------
;              单片机红外遥控实例
;        功能：通过红外遥控实现对 LED 的控制
;------------------------------------


ORG 0000H


MAIN:
    JNB P2.2,IR           ; 遥控扫描
    LJMP MAIN             ; 在正常无遥控信号时一体化红外接收头输出是高电平，程序一直在循环。


;------------------------------------
;      解码程序
;------------------------------------
IR:
; 以下对遥控信号的 9000 微秒的初始低电平信号的识别


 MOV R6,#10
IR_SB:
    ACALL DELAY882        ; 调用 882 微秒延时子程序
    JB P2.2,IR_ERROR      ; 延时 882 微秒后判断 P2.2 脚是否出现高电平，如果有就退出解码程序
    DJNZ R6,IR_SB         ; 重复 10 次，目的是检测在 8820 微秒内如果出现高电平就退出解码程序
```

```
    ; 识别连发码，和跳过 4.5ms 高电平
    JNB P2.2,$                ; 等待高电平避开 9 毫秒低电平引导脉冲
    ACALL DELAY2400
    JNB P2.2,IR_Rp            ; 这里为低电平，认为是连发码信号？
    ACALL DELAY2400


    ; 以下 32 位数据码读取
    MOV R1,#2AH               ; 设定 2AH 为初始 RAM
    MOV R2,#4
IR_4BYTE:
    MOV R3,#8
IR_8BIT:
    JNB P2.2,$                ; 等待地址码第一位的高电平信号
    LCALL DELAY882            ; 高电平开始后用 882 微秒的时间尺去判断信号此时的高低电平状态
    MOV C,P2.2                ; 将 P2.2 引脚此时的电平状态 0 或 1 存入 C 中
    JNC IR_8BIT_0             ; 如果为 0 就跳到 IR_8BIT_0
    LCALL DELAY1000
 IR_8BIT_0:
    MOV A,@R1                 ; 将 R1 中地址给 A
    RRC A                     ; 将 C 中的值 0 或者 1 移入 A 中的最高位
    MOV @R1,A                 ; 将 A 中的数暂时存放到 R1 中
    DJNZ R3,IR_8BIT           ; 接收地址码的高 8 位
    INC R1                    ; 对 R1 中的值加 1，换下一个 ram
    DJNZ R2,IR_4BYTE          ; 接收完 16 位地址码和 8 位数据码和 8 位数据反码
                              ; 存放在 2AH、2bh、2ch、2dh 的 ram 中

    ; 解码成功
    JMP IR_GOTO


 IR_Rp:
; 这里为重复码执行处
; 按住遥控按键时，每过 108ms 就到这里来
    JMP IR_GOTO


IR_ERROR:
; 出错退出
    LJMP MAIN                 ; 退出解码子程序


;- - - - - - - - - - - - - - - - - - - -
;    遥控执行部分
;- - - - - - - - - - - - - - - - - - - -
IR_GOTO:
; 这里还要判断 1AH 和 1BH 两个系统码或用户码，用于识别不同的遥控器
    MOV A,2AH
    CJNE A,#07H,IR_ERROR      ; 用户码 1 不对则退出
    MOV A,2BH
    CJNE A,#11H,IR_ERROR      ; 用户码 2 不对则退出
```

```
          ; 判断两个数据码是否相反
          MOV  A,2CH
          CPL  A
          CJNE A,2DH,IR_ERROR        ; 两个数据码不相反则退出

          ; 遥控执行部分
          MOV  P1,1DH                ; 将按键的键值通过 P1 口的 8 个 LED 显示出来

          LCALL DELAY2400
          LCALL DELAY2400
          LCALL DELAY2400

          ; 清除遥控值使连按失败
          MOV  1AH,#00H
          MOV  1BH,#00H
          MOV  1CH,#00H
          LJMP MAIN

;- - - - - - - - - - - - - - - - - - - - - - - -
;      延时子程序
;- - - - - - - - - - - - - - - - - - - - - - - -
DELAY882:
;- - - - - - - - - - -
; 1.085*((202*4)+5)=882
;- - - - - - - - - - -
          MOV  R7,#202
DELAY882_A:
          NOP
          NOP
          DJNZ R7,DELAY882_A
          RET


DELAY1000:
;- - - - - - - - - - - -
; 1.085*((229*4)+5)=1000
;- - - - - - - - - - -
          MOV  R7,#229
DELAY1000_A:
          NOP
          NOP
          DJNZ R7,DELAY882_A
          RET


DELAY2400:
;- - - - - - - - - - - -
```

```
; 1.085*((245*9)+5)=2397.85
;- - - - - - - - - - - -
    MOV R7,#245
DELAY2400_A:
    NOP
    NOP
    NOP
    NOP
    NOP
    NOP
    NOP
    DJNZ R7,DELAY882_A
    RET
END
```

10.5.5   经验总结

本实例主要介绍的是通过单片机进行解码进而实现红外通信。主要的技巧在类似的解码工程中都能通用。

（1）通过运用延时子程序来清除杂波的干扰。即保证一段时间电平不变。

（2）延时子程序的计算中应该加上 5 个时钟周期，即函数调用 2 个，RET 指令 2 个，MOV 指令 1 个。尤其是函数调用的 2 个时钟周期容易忘记。

（3）使用红外遥控通信时，需要判断用户码是否正确，防止其他遥控器的误控。

（4）对于波形解码类应用，注意各种延时的准确性。

10.6   【实例 78】无线数据传输模块

10.6.1   实例功能

与有线数据传输相比，无线数据传输以成本低廉、适应性好、扩展性好、组网简单方便、设备维护简单等特点在工业生产、抄表系统、离散环境下的监控系统、点菜系统等众多领域得到广泛的运用。本设计实现了在两个单片机之间通过无线通信收发模块 D21DL 进行通信。

10.6.2   典型器件介绍

在使用中一般用户不会涉及数传模块间的数据传输控制及格式，因此，对于模块的发送过程和模块的接收过程，我们在此不做详细的介绍。

无线数传模块，其构成框图如图 10-30 所示。

无线数传模块的发射功率不大，体积较小，与有线连接的串行通信相比有如下的 3 点不同。

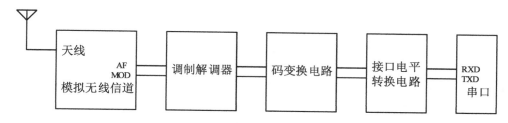

图 10-30 无线数传模块（电台）构成框图

参数匹配问题：有线连接的通信程序中数据帧帧格式、串口速率可设置灵活，连接线本身对这两个参数无太大限制；而数传模块的串口帧格式、串口速率一般相对固定，如串口帧格式可设置从成（1，8，1）或（1，9，1），串口数据传输速率固定为 4 800bit/s 或 9 600bit/s 等，使用无线模块的通信程序在这两个参数上应与模块一致。

延时问题：如果是设备 A 发出数据，设备 B 接收数据。有线连接时发端发出数据的时刻与收端收到数据的时刻一般认为是无时间间隔的；而无线模块在发送数据时要进行收发转移及时钟同步，无线通信时设备 A 发出数据的时刻与设备 B 收到数据的时刻有时间间隔，这个时间间隔就叫延时时间，记为 T。无线传输的收发时间关系图如图 10-31 所示。

数据的传送方向问题：一般有线连接时串口通信可以是全双工的；而无线模块的通信是半双工的，即无线模块发射数据数据时的模块不能接收数据，接收数据时模块不能发射数据，因此在通信编程时应将收发的时间错开。

目前市场上无线模块生产厂商很多，用户一般根据使用的通信距离、环境来选择模块的发射功率，根据与不同计算机的接口来选择模块的电平接口（TTL/RS232/RS485 等），当然用户还要注意的是选择合适的载波频率段，否则，可能会受到无线电管理委员会的使用限制。

这里我们选择无线通信收发模块 D21DL 进行介绍。D21DL 无线通信收发模块的外型如图 10-32 所示。

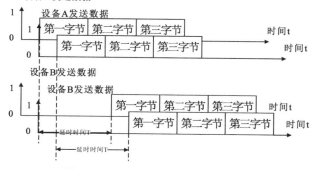

图 10-31 无线传输的收发时间关系图

图 10-32 D21DL 无线通信收发模块外型图

其主要的特点如下。

- 具有 TTL、RS232、RS485 半双工多种电平接口。
- 内装 E^2PROM 及看门狗电路，可掉电记忆设置参数。
- 采用 CRC 检验，可验出传输中 99.99%错误。

- 具有组网通信模式，便于点对多点通信。
- 同时具有串口通信及开关量 IO，可直接用于报警遥控等用途。
- 频率源采用 VCO/PLL 频率合成器，可方便灵活地通过串口设置频点。
- 具有良好的发射匹配，辐射场强大、单位功率通信距离远。
- 采用温补频率基准，频率的瞬时及长期稳定度高。
- 友好的测试介面，便于二次开发及信道测试。
- 其主要的技术指标包括综合指标、发射指标、接收指标等。

综合指标如下。

- 工作频段：227.000MHz～233.000MHz。
- 信道间隔：25kHz。
- 天线阻抗：50Ω。
- 工作电源：DC 5～6V   1A。
- 无线码速率：1200bit/s。
- 接口速率：可选。
- 传输距离：2km～3km。
- 数据传输延时：≤100ms。

发射指标如下。

- 调制方式：FSK/1 200bit/s。
- 发射功率：500mW(DC5V)。
- 邻道功率比值：≥65dB。
- 调制带宽：≤16kHz。
- 发射电流：≤600mA。

接收指标如下。

- 灵敏度：≤0.25。
- 邻道选择性：≥65dB。
- 互调抗扰性：≥60dB。
- 静候电流：≤65mA。
- 失真度：≤5%。
- 误码率：≤10^{-6}。

10.6.3 硬件设计

由于 D21DL 与 51 系列的单片机接口，因此，我们选择 TTL 接口类型，它与 89C51 的接口如图 10-33 所示。

从图中可看出，基本应用的接口关系比较简单。实际上，D21DL 数传模块还有 DSR、DTR 联络线，它可用来改变数传模块的频率、ID 地址等参数，还可直接给用户提供 8 个开关量的输入输出端口等，当然，接口关系图也变得稍复杂些，更详细的说明请读者查阅有关的资料或相关企业网站。

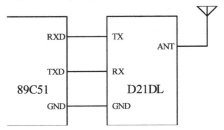

图 10-33 D21DL 与 89C51 的接口关系图

10.6.4　程序设计

无线模块的使用一般用户只需要掌握接口，而不需关心其内部的结构，因此关于其通信程序与前几节中介绍的没什么区别，这里不再介绍。但对于无线模块来说，构成的系统是否能正常工作，构成网络的通信质量是否得到保证，这些因素比较重要，这里简单介绍一下无线模块测试软件的作用。

1．了解模块的工作原理

将模块正确安装完毕后，在初次使用以及自己的应用系统建立起来前，可用测试软件来帮助用户了解模块的工作原理。

2．了解模块及信道的通信质量

按标准无线网络设计的步骤如下。

（1）测试应用环境的无线电场强。

（2）根据测试的无线电场强设计电台的功率、天线的类型、天线的高度、馈线的粗细等设备指标。但在实际的无线电组网中系统集成商往往不具备组网的专用知识及专用设备，通常的做法是根据经验先架设总台的天线，在车上设一分台，利用测试软件测试通信质量，检验组网的可行性。

3．调试用户系统

在用户的应用系统调试过程中，用户往往在出现问题时不易分清是收发哪一方的问题，可在调收的时候利用测试软件做发射端的上位机，调发的时候做接收端上位机。

4．设置模块参数

在需要修改、设置模块参数时，利用测试软件对模块的所有参数进行设置最方便。

D21DL 无线数传模块以及该公司的无线数传产品的测试软件的详细的操作用户可从其公司网站下载。

10.6.5　经验总结

在使用无线数传模块进行通信时，可能会有以下几个问题。

- 电源问题：请检查电源的电压、最大负载电流、脉动输出等参数是否符合要求。特别要注意有些电源由于抗电磁干扰能力差，当模块发送时上述指标不能满足要求，使模块不能正常工作。
- 串口问题：单片机的数据的帧格式是否与数传模块的设置一致、通信的波特率设置是否一致等。
- 频率问题：收、发模块的频率是否设置一致、所设置的频率是否超过模块的工作范围等。
- 天线问题：天线馈线是否连接正确、有无开路、短路等现象。

当然，不少的数传模块在设计时，还设计了低功耗的待机模式，用户在选用、设计时要充分考虑这些因素。

第 11 章　单片机实现信号与算法

11.1　【实例 79】单片机实现 PWM 信号输出

11.1.1　实例功能

脉宽调制（PWM）最初应用于无线通信的信号调制，是利用微处理器的数字输出对模拟电路进行控制的一种技术，随着电子技术的发展，在测试控制等领域出现了多种 PWM 控制技术，其中包括相电压控制 PWM、脉宽 PWM、随机 PWM 等，形成了许多独特的 PWM 控制技术，本节主要介绍用单片机实现脉宽调制 PWM 信号输出的方法。

11.1.2　典型器件介绍

计数芯片选用 Intel 公司的定时计数器 8254，如图 11-1 所示，其主要功能如下：

- 与 Intel 公司及多数公司的微处理器接口兼容；
- 可以处理最高 8MHz 的输入信号脉冲；
- 具有 3 个独立的计数器；
- 具有 6 种可编程计数器模式；
- 具有二进制或 BCD 两种计数方式；
- 可以实现实时时钟、事件计数、方波产生、多种波形产生和复杂的电控制等；
- 具有状态读回指令，+5V 电源供电。

图 11-1　Intel 8254 引脚图

11.1.3　硬件设计

系统主要有两部分电路，分别是单片机及其外围电路和计数芯片电路图。单片机为 AT89S52，工作时钟频率为 11.0592MHz，其中 P0 口与 8254 的数据口 D0～D7 相连，P2.0 提供片选功能，P2.1～P2.2 与计数芯片的 A0、A1 连线，提供地址信号。P3.7、P3.6 分别与 8254 的读写引脚相连。

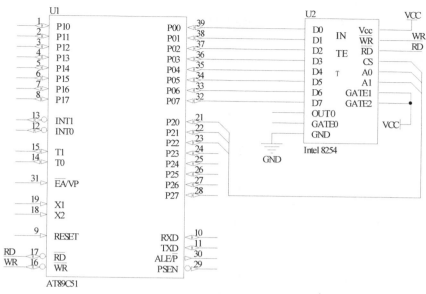

图 11-2 AT89S52 与 8254 连接电路

11.1.4 程序设计

在实际运用中，PWM 控制技术是通过改变信号的脉冲宽度来实现的，即改变其信号的占空比。本节应用单片机及其外围电路来实现脉冲计数法，以改变信号占空比。

本例采用脉冲计数法，实现周期为 20ms，脉宽各不相同的三路 PWM 信号的输出。由单片机和专用的可编程计数芯片组成硬件电路，计数芯片输出占空比符合要求的 PWM 信号，三路信号脉宽分别为 1ms、2ms、3ms，电路简单，编程方便。

单片机计数器工作模式设置为模式 0，在此模式下在写完控制字寄存器后为低，并且一直保持在计数器计数到 0 时变高，然后一直保持高，直到新的计数开始，或者对控制寄存器重置模式 0。本例中计数器均为 16 位计数器，详细程序如下。

```c
/*- - - - - - - - - - - - - - - -
文件名称：PWM.C
功能 :单片机脉冲方式产生 PWM 信号
- - - - - - - - - - - - - - - - */
#include <reg52.h>              //引用标准库的头文件
#include <absacc.h>
#include <stdio.h>
#define uchar unsigned char
#define uint unsigned int
#define COUNT0  XBYTE [0X0000]   //8254 计数器 0 寄存器地址
#define COUNT1  XBYTE [0X0200]   //8254 计数器 1 寄存器地址
#define COUNT2  XBYTE [0X0400]   //8254 计数器 2 寄存器地址
#define COMWORD XBYTE [0X0600]   //8254 控制寄存器地址
```

```
/*******************************
函数名称: SIGNAL(SIG_OUTPUT_COMPARE1A)
功能 :定时器 0 中断子程序
入口参数:无
返回值 :无
*******************************/
void time0_int ()  interrupt 1 using 1
{
    TR0=0;                      // 关闭 T0
    TH0=-(20000/256);
    TL0=-（20000%256）;          //重置 20ms 计数值
/*--------------用 8254 计数器发送第一路的 PWM 信号----------*/
    COMWORD=0x30;               //1MHz 时钟作为计数时钟,计数 1000 次后实现 1ms 高电平
    COUNT0=0xE0;
    COUNT1=0x03;
/*--------------用 8254 发送第二路的 PWM 信号-------------*/
    COMWORD=0x70;               //1MHz 时钟作为计数时钟,计数 2000 次后实现 2ms 高电平
    COUNT0=0xD0;
    COUNT1=0x07;
/*--------------用 8254 发送第三路的 PWM 信号-------------*/
    COMWORD=0xB0;               //1MHz 时钟作为计数时钟,计数 3000 次后实现 32ms 高电平
    COUNT0=0xB0;
    COUNT1=0x0B;
    TR0=1;                      //启动 T0
}
//主函数
void main ()
{
    EA=1;                       //开 CPU 总中断
    ET0=1;                      //开 T0 定时器中断
    TMOD=0x01;                  //开定时器中断
    TH0=-(20000/256);           //20ms 定时器计数初值
    TL0=-(20000%256);
    /*--------------向 8254 控制寄存器选择计数器 0,并对其赋值 0----------------*/
    COMWORD=0x30;
    COUNT0=0;                   //赋低位字节
    COUNT0=0;                   //赋高位字节
    /*--------------向 8254 控制寄存器选择计数器 1,并对其赋值 0----------------*/
    COMWORD=0x70;
    COUNT0=0;                   //赋低位字节
    COUNT0=0;                   //赋高位字节
    /*--------------向 8254 控制寄存器选择计数器 2,并对其赋值 0----------------*/
    COMWORD=0xB0;
    COUNT0=0;                   //赋低位字节
```

```
        COUNT0=0;                    //赋高位字节
        TR0=1;                       //启动定时器 0
        While (1);                   //无限次循环
}
```

11.1.5　经验总结

本例主要介绍了 PWM 算法原理及利用单片机产生 PWM 的方法，利用单片机控制外部芯片产生 PWM 波形并且将其应用在测试控制等领域的例子越来越多，比如艺术彩灯的设计、电机的控制等，这种方法不需要外部信号的输入，电路简单，通过软件的处理可以灵活地改变 PWM 脉宽。

11.2　【实例 80】实现基于单片机的低频信号发生器

11.2.1　实例功能

信号发生器（Signal Generator）是一种产生所需参数的测试信号仪器，它是电子技术领域的一种常用设备仪器，按照产生信号的频率其可以分为高频信号发生器和低频信号发生器。信号发生器可以产生正弦波、锯齿波、三角波、方波等波形，在科学研究实验和生产实践中有广泛的应用。本例使用 AT89C51 单片机和 MAX7400 滤波芯片。单片机产生方波信号和正弦波信号。

11.2.2　典型器件介绍

MAX7400 是 MAXIM 公司推出的 8 阶、低通、椭圆函数、开关电容滤波器，输出频率从 1Hz 开始到 10kHz，其 DIP 封装的引脚如图 11-3 所示。在设计滤波器时，截止频率需要在此范围内。如果需要更低的正弦波，则需要选择其他滤波器。

MAX7400 管脚定义如下。
- COM：共模输入端。
- IN ：信号输入端。
- GND：地。
- VDD：电源。
- OUT：滤波器输出。
- OS：偏置调节输入。
- SHDN：禁止端引脚。
- CLK：时钟频率输入端。

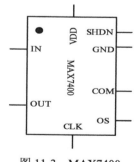

图 11-3　MAX7400

11.2.3　硬件设计

本例的电路需要完成 1Hz 正弦波和方波的输出，同时将频率显示在 LED 数码管上，滤波电路原理图如图 11-4 所示。

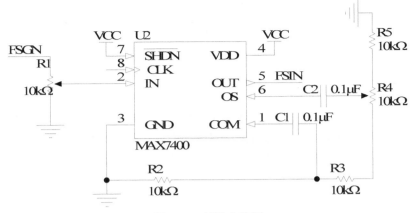

图 11-4　滤波电路图

11.2.4　程序代码

本例由单片机产生 1Hz 的方波，按键 SWO 选通系统输出方波和正弦波，按键 SW1 选通系统的频率加 1，此步是对于低频信号设计，用数码管显示当前的频率。程序中的变量和功能如表 11-1 所示。

表 11-1　　　　　　　　　　　　　　变量定义

FREQ	定时器计数变量
FREQ_out	输出频率变量
SEL0	数码管低位选通
SEL1	数码管高位选通
PSGN	波形输出引脚
Disp	显示程序

下面是详细程序代码，用来产生固定频率的方波信号。

```
/*- - - - - - - - - - - - - - - -
文件名称: Signal_Generator.C
功能 :单片机产生方波、正弦波，频率可调
- - - - - - - - - - - - - - - - -*/
#include<reg51.h>                //引用标准库头文件
#define  unchar  unsigned char
#define  uint    unsigned int
uchar  FREQ                      //定时器计数变量
sbit   P2_1 = P2^1;              //设置 P2.1,作为信号输出引脚


/*******************************
函数名称: void timer 0(void) interrupt 1 using 1
功能 :定时器/计数器 0 溢出中断的中断服务程序
入口参数:无
```

```
返回值 :无
******************************/
void timer 0(void) interrupt 1 using 1
{
    TH0=1000/256;                //定时器初值装入
    TL0=1000%256;
    FERQ=FERQ+1;
    if(FERQ=FREQ_out)            //周期长短的判断
    {
        FERQ=0;
        PSGN=! PSGN;             //取反运算
    }
}
/*******************************
函数名称: void intsvr0 (void) interrupt 0 using 1
功能 : 外部中断 0 中断处理程序
入口参数: 无
返回值 : 无
******************************/
void intsvr (void) interrupt 0 using 1
{
    TR0=1;                       //开中断
}
/*******************************
函数名称: void intsvr1 (void) interrupt 2 using 1
功能 :外部中断 1 中断处理程序
入口参数:无
返回值 :无
******************************/
void intsvr1 (void) interrupt 2 using 1
{
    FREQ_out=FERQ+5000;          //输出方波频率减 1
}
//主函数
main ()
{
    EA=1;
    ET0=1;
    IT0=1;
    IT1=1;                       //开外部中断和定时中断
    EX0=1;
    EX1=1;
    TMOD=0X01;
    TH0=1000/256;                //装入计数初值
    TL0=1000%256;
    TR0=0;                       //开中断,启动定时器功能
```

```
FERQ=0;
FERQ=5000;
PSGN=1;
while(1);
}
```

11.2.5   经验总结

本实例主要介绍了一种基于单片机的低频信号发生器的实现方式和相关参考程序，低频信号发生器在科学技术领域和工程实践中有很重要的用途，在本例中用到了 MAX7400 滤波芯片，另外我们还可以采用单片机和 D/A 转换芯片来完成。本例中给出的设计方案可以完成输出正弦波、方波、三角波，输出波形可以由按键来控制选择，频率范围在 1Hz～80Hz，每隔 1Hz 可调。

11.3   【实例 81】软件滤波方法

11.3.1   实例功能

实时数据采集系统必须消除被测信号源、传感器通道、外界干扰中的干扰信号，才能进行准确的测量和控制。对于周期性的噪声信号，通常采用有源或无源 RLC 网络，构成模拟滤波器对信号实现频率滤波。对于随机信号，因为不是周期性信号，需要在单片机系统中运用单片机运算、控制功能用软件实现滤波。

数字滤波（即软件滤波），是用程序编程实现的，通过一定的计算或判断来减少干扰信号在有用信号的比重，这种方法降低了成本，不需要增加硬件设备，所以稳定性能好、可靠性能较高。另外，软件滤波可以对频率很低的信号实施滤波，具有灵活性高、方便、功能强的特点。这种方式有着模拟滤波无法比拟的优势，所以在单片机系统中得到了很广泛的应用。本例主要介绍了几种常见软件滤波方法的原理及 C 语言实现。

11.3.2   软件滤波方法介绍

软件数字滤波种类有很多，下面我们简要介绍几种常用软件滤波的原理和实现方式。

- 算术平均滤波法：对一点数据连续取 N 个值进行采样，然后算术平均。这种方法适用于对一般具有随机干扰的信号进行滤波。这种滤波法当 N 值较大时，信号的平滑度高，但是灵敏度降低；当 N 值较小时，平滑度低但是灵敏度比较高，在具体应用中应该适当选取 N 值，既节约了时间又使滤波效果好。对于一般的流量测量，一般取 N 值为 12，若为压力测量，则取 $N=4$，一般情况下取 3～5 即可。

- 中值滤波法：对某一测量参数连续采样 N 次，一般取奇数，然后把 N 次采样值按照大小进行排列，取中值为本次采样值。中值滤波法能够有效地克服因偶然因素引起的波动干扰。对温度、液位等变化缓慢的被测参数采用此办法能够收到良好的滤波效果。但是对于流量、速度等快速变化的参数一般不宜采用中值滤波法。该算法的采样次数常为 3 次或 5 次，对于变化很慢的参数一般可以增加次数，例如取 15 次。

- 程序判断滤波法（限幅滤波法）：先确定两次采样可能出现的最大偏差 Δy，若偏差大于 Δy 就应滤掉，若小于 Δy 就看作是正常偏差，保留采样值。这种方法适用于消除尖峰干扰，例如电机启动时造成电网尖峰脉冲等。

- 去极值平均滤波：其原理是连续采样 n 次后累加求和，同时找出其中的最大值和最小值，再从累加和中减去最大值和最小值，按照 $n-2$ 个采样值求平均，即可以得到有效的采样值。

- 滑动平均滤波，由于算术平均滤波法的每一次数据需要测量 N 次，对于测量速度较慢或要求数据计算速度较快的实时测控系统，上述方法是无效的。滑动平均滤波法就是把 N 个测量数据看成一个队列，队列的长度为 N，每进行一次测量则把测量的结果放入队尾，而扔掉原来队首的一次数据，这样在队列中始终有 N 个最新数据，计算滤波值时只要把队列中的 N 个数据进行平均，就可以得到新的滤波值。

11.3.3　程序设计

下面是几种数字滤波方法的 C 语言程序代码子函数，主要完成软件滤波功能。此处我们假定，从 8 位 AD 中读取数据，如果是更高位的 AD 可以定义数据类型为 int，子程序定义为 get_ad()。

（1）算术平均滤波程序，调用读取数据子函数 get_ad()。

```
#define  N  12
#define  uchar  unsigned char
/*******************************
函数名称: uchar filter()
功能 :算术平均滤波程序
入口参数:无
返回值 :sum/N
*******************************/
uchar filter()
{
   int sum = 0;
   for (count=0; count<N; count++)
   {
      sum + = get ad ();
      delay ();     //调用延时子程序
   }
   return (char)(sum/N);
}
```

（2）判断滤波程序，调用读取数据子程序 get_ad()。

```
#define  A  10
char  value;
/*****************************
函数名称: char filter ()
```

```
功能 :程序判断滤波程序
说明 :A值可根据实际情况调整,value为有效值,new_value为当前采样值,滤波程序返回有效的
     实际值
入口参数:无
返回值 :value or new_value
*******************************/
char filter ()
{
    char new_value;
    new_value = get_ad();
    if ((new_value - value > A ) || ( value - new_value > A )
    return( value);
    return (new_value);
}
```

（3）滑动平均滤波法 C 语言程序，调用读取数据子程序 get_ad()。

```
#define  N  12
char  value_buf[N];
char  i=0;
/******************************
函数名称: char filter ()
功能 :滑动平均滤波法 C 语言程序
入口参数:无
返回值 :sum/N
******************************/
char filter()
{
    char count;
    int sum=0;
    value_buf[i++] = get_ad();
    if ( i == N )
        i = 0;
    for ( count=0;count<N;count++)
        sum = value_buf[count];
    return (char)(sum/N);
}
```

（4）中值平均滤波法 C 语言程序，调用读取数据子函数 get_ad()。

```
#define   N   12
/******************************
函数名称: char filter ()
功能 :中值平均滤波法 C 语言程序
入口参数:无
返回值 :sum/(N-2)
******************************/
char filter()
{
```

```
    char count,i,j;
    char value_buf[N];
    int sum=0;
    for (count=0;count<N;count++)
    {
        value_buf[count] = get_ad();
        delay();
    }
    for (j=0;j<N-1;j++)
    {
        for (i=0;i<N-j;i++)
        {
            if ( value_buf>value_buf[i+1] )
            {
                temp = value_buf;
                value_buf = value_buf[i+1];
                value_buf[i+1] = temp;
            }
        }
    }
    for(count=1;count<N-1;count++)
    sum += value[count];
    return (char)(sum/(N-2));
}
```

（5）中位值滤波法，N 值可根据实际情况调整，排序采用冒泡法。

```
#define    N   11
/********************************
函数名称: char filter ()
功能 :中位值滤波法 C 语言程序
入口参数:无
返回值 :alue_buf ( (N-1)/2)
********************************/
char filter()
{
    char value_buf[N];            // 定义数据类型
    char count,i,j,temp;
    for ( count=0;count<N;count++)
    {
        value_buf[count] = get_ad();
        delay();                  //调用延时子程序
    }
    for (j=0;j<N-1;j++)
    {
        for (i=0;i<N-j;i++)
        {
```

```
            if ( value_buf[i]>value_buf[i+1] )
            {
                temp = value_buf[i];
                value_buf[i] = value_buf[i+1];
                value_buf[i+1] = temp;
            }
        }
    }
    return value_buf((N-1)/2);
}
```

11.3.4 经验总结

本实例主要介绍的是应用单片机实现软件滤波的方法和程序，对于滑动平均滤波法对周期性干扰有良好的抑制作用，平滑度高，灵敏度低，但对于偶然出现的脉冲干扰的抑制作用差，不易消除由于脉冲干扰引起的采样值的偏差。因此不宜用于脉冲干扰比较严重的场合，而更适用于高频振荡系统。

算术平均滤波不能将明显的脉冲干扰消除，只能将其影响减弱，从而使平均滤波的输出值更接近真实值。程序判断滤波法，能有效克服因偶然因素引起的脉冲干扰缺点，但是无法抑制那种周期性的干扰，并且平滑度差。

11.4 【实例 82】 FSK 信号解码接收

11.4.1 实例功能

频率键控是用数字基带信号控制载波信号的频率，即以不同的频率的高频震荡来表示不同的数字基带信息。FSK 调制方法简单，易于实现而且抗噪声和抗衰弱性能较强，并且解调不需要恢复本地载波，这些优点在现代数字通信系统的低、中速度数据传输中得到了广泛的应用。本实例介绍了 FSK 信号解码的原理和 C 语言算法实现。

11.4.2 FSK 原理

FSK 信号，又称数字频率键控。它的产生有两种方法，直接调频法和频移键控法。

直接调频法是用数字基带信号直接控制载频振荡器的振荡频率。数字调频器就是载波调频法的一种方式，主要由标准频率源和可变分频器组成，标准频率源是晶体振荡器或频率合成器，它具有很高的频率稳定性，利用数据基带信号控制可变分频器的分频比，既可以得到相位连续的频率高度稳定的 FSK 信号，这种方法适用于输出频率较低的场合。

另外一种是频移键控法，即频率选择法。它有两个独立的振荡器，数字基带信号控制转换开关，选择不同的频率的高频振荡信号实现 FSK 调制。这种方法产生的信号频率稳定度可以很高，并且没有过渡频率，其转换速度快，波形好。在转换开关发生转换的瞬间，两个高频振荡的输出电压通常不可能相等，信号在基带信息变换时电压会发生跳变，这种现象称为相位不连续，这是频移键控特有的情况。键控法也常常利用数字基带信号去控制可变分频器比来改变输出载波频率，从而实现 FSK 调制。

11.4.3 程序设计

在本例中为了和实际更好的衔接，我们考虑到 3 个方面：发送 FSK 信号的形式和参数，解调器的抗干扰性能，即差错率与输入信号比的关系，技术的可行性及设备成本等。从抗干扰性能上考虑我们采用相干解调法最好，但从 FSK 信号中提取相干波比较难，所以多采用非相干解调法。图 11-5 所示为限幅鉴频法的非相干解调器原理。

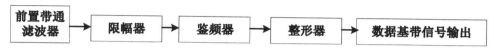

图 11-5 限幅鉴频法的非相干解调器原理

接收的信号首先要经过前置滤波器去除部分的干扰和噪声，从减小噪声的角度考虑此滤波器的通频带应该尽量窄，但是为了保证信号的主要能量通过，带宽也不能太窄。其数值要根据发送信号的频谱及中心频率的误差和漂移来确定。限幅器来消除接收信号的振幅变化，所得等幅信号的频率或零交点包含着所传输的信息。 在本例中我们采用比较器、整形电路组成限幅器，89C52 单片机及其软件完成鉴频，输出串行基带数据信号。程序代码如下。

```
#define  FSKBUF  4
byte  g_cADCResult;              //A/D 的采样值
int   currentx,currenty, lastx,last_sample;
int   g_iFSKBuf[FSKBUF];
int   g_iFSKAvg;
int   g_iFSKBuf1[FSKBUF];
int   g_iFSKAvg1;
int   g_iFSKBuf2[FSKBUF];
int   g_iFSKAvg2;
byte  g_cFSKBufPoint;
currentx = g_cADCResult;         //在滤波之前将变量初化为 0
currenty = last_sample;
last_sample = currentx;          //最后的样本保存在 currenty,新样本保存在 currenx
currenty  *= currentx;
//*******cos(t)*cos(t-T) = -/+sin(delta*T); 均值低通滤波********
g_iFSKAvg -= g_iFSKBuf[g_cFSKBufPoint];
g_iFSKBuf[g_cFSKBufPoint] = currenty;
g_iFSKAvg += currenty;
currenty = g_iFSKAvg;
//*************滤波结束*****************
g_iFSKAvg1 -= g_iFSKBuf1[g_cFSKBufPoint];
g_iFSKBuf1[g_cFSKBufPoint] = currenty;
g_iFSKAvg1 += currenty;
currenty = g_iFSKAvg1;
//***********第二次滤波结束***********
```

```
g_iFSKAvg2 -= g_iFSKBuf2[g_cFSKBufPoint];
g_iFSKBuf2[g_cFSKBufPoint] = currenty;
g_iFSKAvg2 += currenty;
currenty = g_iFSKAvg2;
//***********第三次滤波结束***********
g_cFSKBufPoint++;
g_cFSKBufPoint %= FSKBUF;
if(currenty>0)
{
     //接收到 bit 1
}
else
{
     //接收到 bit 0
}
```

11.4.4   经验总结

本实例的调制解调方法具有较强的抗干扰能力，节省了硬件的开销，对于不同的使用要求，如传输速率，只需要将程序中的有关参数加以修改，调试和解调的方法是相通的。该调制方法对拓宽单片机的应用领域，充分发挥它的软件功能具有一定意义。此方法的最快速率取决于判断 0 频和 1 频子程序的运行时间的长短，即在两相邻下降沿只需判断出是 0 还是 1，利用 T2 的捕获功能可以简化程序，使程序运行时间缩短，进而可以提高数据传输的效率，这样既可以满足对数据通信的实时性要求又节省了单片 FSK 解调芯片，同时也使电路的设计更加简便，由于改变程序中的几个参数就可以得到不同的数据传输率，所以这种方法具有一定的通用性，用软件低成本换取了硬件的高成本。

11.5   【实例 83】单片机浮点数运算实现

11.5.1   实例功能

单片机一般采用定点数进行运算，但是这种定点数的表示范围太小，例如 unsigned char 无符号字符型数据，占用 1 字节的内存单元，数值表示范围在 0～255，unsigned int 双字节整数在无符号时，只能表示 0～65 535，在有符号时也只能表示 -32 768～32 767 的整数，而它们都不能表示小数。而小数则表示大于等于 1 的数，采用定点混合小数，虽然可表示小数和大于 1 的数，但它的表示范围仍然太小。在实际使用时，数据的范围一般都比较大，举个例子说，测量电阻时其阻值可能为 $1M\Omega$～$1\,000M\Omega$，其最小值和最大值之比是 10^{12}，所以需要一种能表示较大范围数据的表示方法，即浮点数，它的小数点位置可以按照数值的大小自动的变化。本例介绍单片机中浮点数运算的实现原理和 C 语言实现。

11.5.2 单片机浮点数运算实现原理

一般浮点数均采用 $\pm M \times C^E$ 的形式来表示,其中 M 称为尾数。它一般取为小数 $0 \leq M < 1$,E 为阶码,它为指数部分,它的基是 C。C 可以取各种数,对于十进制数,它一般取 10,而对于二进制数,C 一般取 2,对于十进制数,可以很方便地把它换成十进制浮点数。对于微机系统来说,常用的浮点数均为 C = 2,在浮点数中,有一位专门用来表示数的符号,阶码 E 的位数取决于数值的表示范围,一般取一个字节,而尾数则根据计算所需的精度,取 2~4 字节。

浮点数也有各种各样表示有符号数的方法,其中数的符号常和尾数放在一起,即把 $\pm M$ 作为一个有符号的小数,它可以采用原码、补码等各种表示方法,而阶码可采用各种不同的长度,并且数的符号也可以放于各种不同的地方。所以浮点数有很多的表示方法。

四字节浮点数表示法是微机中常用的一种表示方式。浮点数总长度是 32 位,其中阶码 8 位,尾数是 24 位。阶码和尾数均为 2 的补码形式。阶码的最大值位+127,最小值−128,这样四字节浮点数能表示的最大值近似于 $1 \times 2^{127} = 1.70 \times 10^{38}$,能表示的最小值近似为 $0.5 \times 2^{-128} = 1.47 \times 10^{-39}$,这时该范围内的数具有同样的精度。

四字节的浮点数精度较高,接近 7 位十进制数,但是由于字节较多,运算速度较慢,往往不能满足实时控制和测量的需要,并且实际使用时所需的精度一般不要求这么高,三字节浮点数就满足了这个要求,精度较低,但运算速度较高。浮点数总长为 24 位,其中阶码为 7 位,数符在阶码所在字节的最高位,尾数为 16 位,这种表示法运算速度较快需要的存储容量较小,并且数的范围和精度能满足大多数应用场合的需要。下面的程序基本都采用这种表示方法。

规格化浮点数,在实际应用中,需要有一个程序来完成把一个非规格化数变规格化数的操作。在进行规格化操作时,对原码表示的数,一般是先判断尾数的最高位数值位是 0 还是 1。如果是 0 则把尾数左移 1 位,阶码减 1 再循环判断,如果是 1,则结束操作。由于零无法规格化,一旦尾数为 0,则把阶码置为最小值。如果在规格化中,阶码减 1 变成最小值时,不能再继续进行规格化操作,否则发生阶码下溢出,一般称之为左规格化操作。

11.5.3 程序设计

一个浮点数一般在 Keil C51 中是以 4 字节形式存储的,格式严格遵循 IEEE-754 标准。在单片机二进制数据中,浮点数用两个部分来表示,基 C 为 2,E 为阶码,M 为尾数,E 的保存形式是一个 0~255 的 8 位值,指数的实际表示值是保存值减去 127,范围在−127~+128 的数,尾数是一个 24 位值,换算 7 个十进制数,最高位通常是 1,符号位表示浮点数的正负。

现在看怎样显示一个浮点数,由于浮点数的尾数是 24 位,最高可以表达的整数值为 16777215,用科学计数法表示时整数部分占据 1 位,小数部分就可以有 6 位,我们将浮点数的尾数放在长整形数据 long int 中保存,阶码可以在 int 型数据中保存。此处我们用 C 程序来实现显示一个浮点数的功能。

(1) 浮点数显示子函数。

```
/*********************************
函数名称: void DispF(float f)
功能 :用科学记数法显示浮点数,在 float 全范围内精确显示,超出范围给出提示
说明 :浮点数表示范围为+-1.175494E-38 到+-3.402823E+38
```

```
入口参数:f 为要显示的浮点数
返回值 :无
*******************************/
void DispF(float f)
{
     float  tf, b;
     unsigned long w, tw;
     char i, j;
     if(f<0)
      {
       PrintChar('-');
       f=-1.0*f;
      }
     if(f<1.175494E-38)
      {
        printf("?.??????");      //太小了,超出了最小范围
        return;
      }
     if(f>1E35)                      //f>10^35
      {
       tf=f/1E35;
       b=1000.0;
       for(i=0,j=38;i<4;i++,j--)
        {
        if(tf/b<1)
           b=b/10.0;
        else
           break;
         w=f/(1E29*b);              //1E35*b/1E6
         PrintW(w,j);
        }
      }
     else if(f>1E28)
      {
       tf=f/1E28;
       b=1E7;
       for(i=0,j=35;i<8;i++,j--)
        {
        if(tf/b<1)
           b=b/10.0;
         else
            break;
         w=f/(1E22*b);             //1E28*b/1E6
         PrintW(w,j);
        }
      }
```

```
else if(f>1E21)
  {
  tf=f/1E21;
  b=1E7;
  for(i=0,j=28;i<8;i++,j--)
    {
    if(tf/b<1)
       b=b/10.0;
     else
        break;
     w=f/(1E15*b);                //1E21*b/1E6
     PrintW(w,j);
     }
   }
else if(f>1E14)
  {
  tf=f/1E14;
  b=1E7;
  for(i=0,j=21;i<8;i++,j--)
    {
    if(tf/b<1)
       b=b/10.0;
    else
       break;
    w=f/(1E8*b);                //1E14*b/1E6
    PrintW(w,j);
    }
   }
else if(f>1E7)
  {
  tf=f/1E7;
  b=1E7;
  for(i=0,j=14;i<8;i++,j--)
     {
     if(tf/b<1)
        b=b/10.0;
     else
        break;
     w=f/(10.0*b);              //1E28*b/1E6
     PrintW(w,j);
     }
   }
else if(f>1)
  {
    tf=f;
    b=1E7;
```

```
       for(i=0,j=7;i<8;i++,j--)
       if(tf/b<1
         b=b/10.0;
       else
         break;
       w=f/(1E-6*b);              //1E0*b/1E6
       PrintW(w,j);
     }
   else if(f>1E-7)
     {
      tf=f*1E7;                   //10^-7
      b=1E7;
      for(i=0,j=0;i<8;i++,j--)
        {
        if(tf/b<1
           b=b/10.0;
        else
           break;
        w=f*(1E13/b);             //(1E7/b)*1E6
        PrintW(w,j);
        }
     }
   else if(f>1E-14)
     {
       tf=f*1E14;                 //10^-14
       b=1E7;
       for(i=0,j=-7;i<8;i++,j--)
       {
       if(tf/b<1
          b=b/10.0;
       else
          break;
       w=f*(1E20/b);             //(1E14/b)*1E6
       PrintW(w,j);
       }
     }
   else if(f>1E-21)
     {
       tf=f*1E21;                 //10^-21
       b=1E7;
       for(i=0,j=-14;i<8;i++,j--)
         {
         if(tf/b<1
            b=b/10.0;
         else
            break;
```

```
              w=f*(1E27/b);              //(1E21/b)*1E6
              PrintW(w,j);
              }
           }
        else if(f>1E-28)
           {
             tf=f*1E28;               //10^-28
             b=1E7;
             for(i=0,j=-21;i<8;i++,j--)
               {
               if(tf/b<1)
                   b=b/10.0;
               else
                   break;
               w=f*(1E34/b);           //(1E28/b)*1E6
               PrintW(w,j);
               }
           }
        else if(f>1E-35)
           {
             tf=f*1E35;               //10^-35
             b=1E7;
             for(i=0,j=-28;i<8;i++,j--)
               {
               if(tf/b<1)
               b=b/10.0;
             else
               break;
             w=f*(1E35/b)*1E6;        //(1E35/b)*1E6
             PrintW(w,j);
             }
        }
     }
   else
     {
       tf=f*1E38;                    //f<=10^-35
       b=1000.0;
       for(i=0,j=-35;i<4;i++,j--)
         {
           if(tf/b<1)
               b=b/10.0;
           else
               break;
           w=f*(1E38/b)*1E6;//(1E38/b)*1E6
           PrintW(w,j);
         }
```

```
        }
}
```

（2）显示十进制尾数和阶的子函数。

```
/*******************************
函数名称: void PrintW(unsigned long w,char j)
功能 :科学记数法,显示十进制尾数和阶码
入口参数:w为尾数,j为阶码
返回值 :无
*******************************/
void PrintW(unsigned long w,char j)
  {
      char i;
      unsigned long tw,b;
      if(j<-38)                   //太小了,超出最小表数范围
         {
         printf("?.??????");
         return;
         }
if(j>38)                         //此算法不会出现j>38的情况
    {
        printf("*.******");
        return;
    }
tw=w/1000000;
PrintChar(tw+'0');
PrintChar('-');
w=w-tw*1000000;
b=100000;
for(i=0;i<6;i++)
    {
    tw=w/b;
    PrintChar(tw+'0');
    w=w-tw*b;
    b=b/10;
    }
 printf("E%d",(int)j);
}
```

11.5.4 经验总结

在大多数的单片机应用系统中都不能离开数值计算，最基本的数值运算为四则运算，单片机中的数都是以二进制形式表示的，二进制的算法有很多，其中最基本的是定点制和浮点制，以上介绍了浮点数在单片机中的表示方式和汇编子程序，浮点数比定点数加减法要困难，

但是克服了定点数表示范围小的问题，总之定点数和浮点数各有各得的特点，读者可以在实际运用中加以优化运用。

11.6 【实例 84】神经网络在单片机中的实现

11.6.1　实例功能

随着科技的发展，利用单片机系统可以实现较为复杂的神经网络算法。神经网络既可以是一种计算和优化的算法，通过程序软件来实现，同时也可以通过硬件来完成神经元网络的设计，有时候还有专门设计的芯片。

11.6.2　神经网络简介

神经网络是对人脑或自然神经网络（Natural Neural Network）若干基本特性的抽象和模拟。人工神经网络是建立在研究人的大脑功能和机理上的，它的目的在于模拟大脑的某些机理与机制，实现某个方面的功能。人工神经网络是由人工建立的以有向图为拓扑结构的动态系统，它通过对连续或断续的输入作状态相应而进行信息处理。目前在神经网络研究方法上已形成多个流派，最富有成果的研究工作包括：多层网络 BP 算法，Hopfield 网络模型，自适应共振理论，自组织特征映射理论等。人工神经网络是在现代神经科学的基础上提出来的。它虽然反映了人脑功能的基本特征，但并不是说它就是自然神经网络的逼真描写，而只是它的某种简化抽象和模拟。

11.6.3　程序设计

神经网络在测控系统中的实现过程指的是测控系统提供模型的输入数据，并在微处理器中完成神经网络预测模型算法的过程。神经网络一旦结束，其权值和阈值也就可以固定了，神经网络输入输出可以表示为下面的公式。

$$y = Purelin\{\sum_{i=1}^{4}\tanh\left[\sum_{j=1}^{4}\tanh\left(\sum_{r=1}^{4}u(r)\cdot w_1(j,r)+b_1(j)\right)\cdot w_2(i,j)+b_2(i)\right]\cdot w_3(1,i)+b_3\}$$

由于神经网络模型是一种较为复杂的运算，要在单片机中实现神经网络算法，无论是单片机硬件还是神经网络模型的软件算法都会受到其复杂性的影响。由于单片机的浮点运算能力较差，所以我们除了要对硬件电路进行优化以外还要对软件算法上进行修改。

首先，简化复杂函数。用单片机实现神经网络模型算法时，进行浮点运算和计算复杂的函数，例如，tant 函数是造成计算速度减慢的两大因素。单片机系统的特点就决定了其浮点运算能力不会得到提高，但是对于复杂函数的计算，可以利用分段多项式拟合的方法提高运算精度。例如我们拟合 tanh 函数，由于多项式函数不是连续的，在训练神经网络时是不可以替代 tanh 的，但是为了简化运算，对于训练后网络用多项式拟合其传递函数是符合实际需要的。例如我们选择 12MHz 的 AT89C51 单片机，分别采用 tanh 函数和多项式拟合函数所得的神经网络模型的输出，如表 11-2 所示。

表 11-2 网络模型输出

条 件	tanh	多项式拟合
函数 $x = [-1,1]$	$Y = 2/(1+c(-2x))-1$	$Y = 0.07051x^5-0.3014x^3+0.9976x$
运算结果 $x = -0.0107$	$Y = -0.0106977$	$Y = -0.0106739$
单步运算时间	$9844\mu s$	$4419\mu s$
采用不同函数的神经网络模型一次预测输出时间	$10577\mu s$	$60103\mu s$
采用不同函数的神经网络模型一次预测的输出结果	0.3019	0.2997

从上面我们可以看出，虽然简化传递函数之后，运算时间减少了，但是实现神经网络模型算法对单片机而言还是一个沉重的负担，在实际设计中要考虑设计应用条件的限制，在保证一定预测精度的前提下，神经网络模型应当是越简单越好。

其次，减少中间变量。神经网络模型的权值、阈值以及中间变量很多，但是单片机的程序区 ROM 和数据区 RAM 存储量都是有限的，势必要增加外部储存器，但是又因为测控系统受体积的限制避免增减外接存储器，因此在实现算法时要将权值和阈值等参数写成立即数的形式，减少资源的占用，如表 11-3 所示。

表 11-3 变量功能

Num	计数器的溢出次数变量
s1_out1	神经网络第一级的节点 1 输出
s1_out2	神经网络第一级的节点 2 输出
s1_out3	神经网络第一级的节点 3 输出
s1_out4	神经网络第一级的节点 4 输出
s2_out1	神经网络第二级的节点 1 输出
s2_out2	神经网络第二级的节点 2 输出
s2_out3	神经网络第二级的节点 3 输出
s2_out4	神经网络第二级的节点 4 输出
Yout	神经网络的输出
u1	神经网络输入 1
u2	神经网络输入 2
u3	神经网络输入 3
u4	神经网络输入 4

我们可以看出，基于单片机的测控系统能实现神经网络算法并且满足实际测控的需要，但是神经网络算法也要简化，保证在一定预测精度的前提下选用简单的网络模型，简化传递函数。本节的程序可以分为两个部分，分别是神经网络简化前的程序和简化后用多项式拟合的程序。

下面是单片机完成神经网络模型算法的 C 语言程序代码。

```
/*--------------
文件名称: NN.C
功能:神经网络模型算法C语言源代码
---------------*/
#include  <reg52.h>
#include  <absacc.h>
#include  <stdio.h>
#include  <math.h>
#define uchar unsigned char
uchar  num
float   s1_out1, s1_out2,s1_out3,s1_out4,s2_out1,s2_out2,s2_out3,s2_out4;
float   yout ,u1,u2,u3,u4;
//主函数
void main( )
{
    EA=1;
    ET0=1;
    TMOD=0X01;
    TL0=0X00;
    TH0=0X00;
    num=0;
    u1=0.0107;
    u2=0.3055;
    u3=0.3046;
    u4=0.3038;
    TR0=1;                        //开始神经网络算法计时
    //神经网络算法的第一级输出
    s1_out1= (-0.6133*u1+1.1958*u2+0.1451*u3-1.4079*u4+2.0969);
    s1_out1=2/(exp(-2*s1_out1))-1;
    s1_out2=(0.7955*u1+0.4564*u2+1.6416*u3-0.6515*u4-0.6728);
    s1_out2=2/(exp(-2*s1_out2))-1;
    s1_out3=(0.1069*u1+0.6961*u2-1.3756*u3+1.5583*u4-0.0661);
    s1_out3=2/(exp(-2*s1_out3))-1;
    s1_out4=(0.1996*u1+1.0877*u2+1.09058u3+0.34468u4+2.8265);
    s1_out4=2/(exp(-2*s1_out4))-1;
    //神经网络算法的第二级输出
    s2_out1=(-1.0413*s1_out1-0.8898*s1_out2-1.3195*s1_out3+0.2691*s1_out4+2.0827);
    s2_out1=2/(1+exp(-2*s2_out1))-1;
    s2_out2=(-1.3146*s1_out1-0.4266*s1_out2+1.7021*s1_out3+0.0018*s1_out4+
0.6756);
    s2_out2=2/(1+exp(-2*s2_out2))-1;
    s2_out3=(1.6830*s1_out1-0.9289*s1_out2+0.3520*s1_out3-0.2839*s1_out4+
0.6526);
    s2_out3=2/(1+exp(-2*s2_out3))-1;
    s2_out4=(-1.4929*s1_out1-0.1193*s1_out2-0.4037*s1_out3-1.2339*s1_out4+
```

```
0.20409);
        s2_out4=2/(1+exp(-2*s2_out4))-1;
        //神经网络算法的输出
        yout=(-0.1805*s2_out1+0.9100*s2_out2+0.5065*s2_out3-0.2351*s2_out4-
0.1674);
        TR0=0;
        ET0=0;
        while(1);
    }


    /*********************************
    函数名称: void intsvr1( )
    功能 :定时器 T0 中断服务程序
    入口参数:无
    返回值 :无
    *********************************/
    void intsvr1( ) interrupt 1 using 1
    {
        num++;
        TH0=0X00;
        TL0=0X00;
    }
```

11.6.4　经验总结

　　本节介绍了单片机实现神经网络算法的原理、实现方式及程序源代码。神经网络方法可以用在测控等领域，例如可以用来作为模型飞机的预测航向，模式识别、信号处理、知识工程、专家系统、优化组合、机器人控制等。随着神经网络理论本身以及相关理论、相关技术的不断发展，神经网络的应用定将更加深入。

11.7　【实例 85】信号数据的 FFT 变换

11.7.1　实例功能

　　FFT 算法有很多的应用，尤其在信号测量和分析方面。由于该算法的计算量大，需要高速度的运算速度和一定容量的内存，一般采用 DSP 来做这方面的运算，但是随着现在单片机技术的发展，高速、大容量内存的单片机相继出现，在实际的数据测量和处理中有很大的用处，本实例我们就用 51 单片机来实现 FFT 算法。

11.7.2　FFT 变换介绍

　　为了使问题方便表达，下面我们以基 2，8 点 FFT 为例子加以说明。传统的基 2 变几何结构算法如图 11-6 表示，箭头上面的字代表了旋转因子中的 k。图中输入的是按照码位颠倒的顺序来排放的，输出是自然顺序。

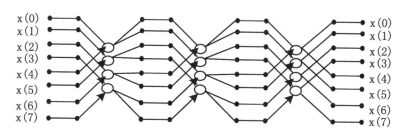

图 11-6　传统的基 2 变几何结构算法

这种结构的特点是每个蝶形的输出数据仍然放在原来的输入数据存储单元内，于是只需要 2N 个存储单元（FFT 中的数据是复数形势，每一点需要两个单元存储），但其缺点是不同级的同一位置蝶形的输入数据的寻址不固定，难以实现循环控制。

对此结构进行进一步的变换，将第二级的输出不送回原处而是将其存储起来并按顺序存放，则第三级中间的两个蝶形跟着调换，并把输入按顺序排列，就变成了图 11-7 所示的固定结构的 FFT 了。于是在蝶形变换的同时，其旋转因子也跟着做了调换。

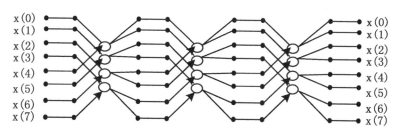

图 11-7　固定结构的 FFT

从上面可以看出输出数据的顺序是不变的,因此每级几何结构是固定的,明显加快了 FFT 的运算速度。本章结合了现代算法研究的发展和众多单片机爱好者的研究成果，编辑整理了实数的 FFT 算法并给出具体的 C 语言函数，读者可以直接应用于自己的系统中。

11.7.3　程序设计

按时间抽取的 FFT 算法通常将原始的数据倒位序存储，最后按照正常顺序输出结果 X（0）,X（1）,...,X（k）,..., 下面是 128 点的 FFT 函数。

（1）128 点 FFT 子函数。

```
/*******************************
函数名称: void FFT(float dataR[],float dataI[])
功能 :128 点 FFT 函数
说明 :运算前 dataI[ ]数组初始化为 0
入口参数:float dataR[],float dataI[]
返回值 :无
*******************************/
#include <reg51.h>
```

```
void FFT(float dataR[],float dataI[])
{
    int x0,x1,x2,x3,x4,x5,x6;
    int L,j,k,b,p;
    float TR,TI,temp;
    for(i=0;i<128;i++)
      {
        x0=x1=x2=x3=x4=x5=x6=0;              //数组初始化操作,定义数组元素为 0
        x0=i&0x01;
        x1=(i/2)&0x01;
        x2=(i/4)&0x01;
        x3=(i/8)&0x01;
        x4=(i/16)&0x01;
        x5=(i/32)&0x01;
        x6=(i/64)&0x01;
        xx=x0*64+x1*32+x2*16+x3*8+x4*4+x5*2+x6;
        dataI[xx]=dataR[i];
      }
    for(i=0;i<128;i++)
      {
        dataR[i]=dataI[i];
        dataI[i]=0;
      }

    for(L=1;L<=7;L++)
      {
        b=1;                                //第一层循环
        i=L-1;
        while(i>0)
        {
          b=b*2;
          i--;
        }
        /* b= 2^(L-1) */
      for(j=0;j<=b-1;j++)                   //第二层循环
      {
        p=1;
        i=7-L;
        while(i>0)  /* p=pow(2,7-L)*j; */
          {
          p=p*2;
          i--;
          }
        p=p*j;
        for(k=j; k<128;k=k+2*b)             //第三层循环
          {
```

```
            TR=dataR[k];
            TI=dataI[k];
            temp=dataR[k+b];
            dataR[k]=dataR[k]+dataR[k+b]*cos_tab[p]+dataI[k+b]*sin_tab[p];
            dataI[k]=dataI[k]-dataR[k+b]*sin_tab[p]+dataI[k+b]*cos_tab[p];
            dataR[k+b]=TR-dataR[k+b]*cos_tab[p]-dataI[k+b]*sin_tab[p];
            dataI[k+b]=TI+temp*sin_tab[p]-dataI[k+b]*cos_tab[p];
        }

    }

}
/* 只需要 32 次以下的谐波进行分析 */
for(i=0;i<32;i++)
{
    w[i]=sqrt(dataR[i]*dataR[i]+dataI[i]*dataI[i]);
    w[i]=w[i]/64;
}
w[0]=w[0]/2;
}
/* -----FFT 函数程序结束----------*/
```

（2）下面我们再给出 256 位的 Keil C51 源程序，目的是使读者能够更好地熟悉 FFT 算法在单片机及其他嵌入式处理器中的实现方法。

```
#include <reg51.h>
#include <stdio.h>
#include <math.h>                        //调用标准库头文件
struct compx                            //定义一个复数结构体
{
    float real;
    float img;
};
struct compx s[ 257 ];                  //FFT 输入输出均从是 s[1]开始存入
struct compx EE(struct compx,struct compx);//定义复数相乘结构
void FFT(struct compx xin,int N);

/****************************
函数名称: struct compx EE(struct compx a1,struct compx b2)
功能 :两复数相乘子函数
入口参数:a1,b2 为两个要相乘的复数
返回值 :乘积
****************************/
struct compx EE(struct compx a1,struct compx b2)//两复数相乘的子函数
{
    struct compx b3;                    //b3 保存两复数间的结果
    b3.real=a1.real*b2.real-a1.imag*b2.imag;    //两复数间的运算
```

```
        b3.imag=a1.real*b2.imag+a1.imag*b2.real;
        return(b3);                                  //返回结果
}
/*******************************
函数名称: void FFT(struct compx xin,int N)
功能 :FFT子函数程序
入口参数:xin为要进行FFT的样本，N为点数
返回值 :无
*******************************/
void FFT(struct compx xin,int N)
{
    int f,m,nv2,nm1,i,k,j=1,l;                     //定义变量
    struct compx v,w,t;                             //定义结构变量
    nv2=N/2;                                        //最高位值的权值
    int le,lei,ip;                                  //变量初始化,le为序列长度
    float pi;
    f=N;                                            //f为中间变量
    nm1=N-1;                                        //nm1为数组长度
    for(i=1;i<=nm1;i++)                             //倒序运算
    {
      i f(i<j)
        {
            t=xin[ j ];
            xin[j]=xin[ i ];
            xin[ i ] =t;
        }                                           //如果i<j则换位
      k=nv2;                                        //k为倒序中相应位置的权值
      while(k<j)
      {
        j=j-k;
        k=k/2;
      }                                             //k<j时最高为变为0
    j=j+k;                                          //j为数组中的位数,是一个十进制数
      }
    for(l=1;l<=m;l++)                               //l控制级数
    {
    le=pow(2,l);                                    //le等于2的l次方
    lei=le/2;                                       //蝶形两节点间的距离/
    pi=3.14159265;
    v.real=1.0;                                     // 此次的v运于复数的初始化
    v.imag=0.0;
    w.real=cos(pi/lei);
    w.imag=-sin(pi/lei);                            //旋转因子
    for(j=1;j<=lei;j++)                             //外循环控制蝶行运算的级数
        {
            for(i=j;i<=N;i=i+le)                    //内循环控制每级间的运算次数
```

```
                {
                    ip=i+lei;                        //蝶形运算的下一个节点
                    t=EE(xin[ ip ],v);               //第一个旋转因子
                    xin[ ip ].real=xin[ i ].real-t.real; //蝶形计算
                    xin[ ip ].imag=xin[ i ].imag-t.imag;
                    xin[ i ].real=xin[ i ].real+t.real;
                    xin[ i ].imag=xin[ i ].imag+t.imag;
                }
                v=EE(v,w);                           //调用 EE 复数相乘程序,结果给下次的循环
            }
        }
    }



//主函数
void main()
{
    int N,i;                                 //变量初始化,N 为总点数,i 为每点数
    printf("shu ru N de ge shu N=");         //提示输入数据
    N=256;
    for(i=1;i<=N;i++)                         //输入,可以通过串口输入数据
    {
        printf("di %d ge shu real=",i);
        getchar();
        scanf("%f",&s[ i ].real);
        getchar();
        printf("\n");
        printf("di %d ge shu imag=",i);
        scanf("%f",&s[ i ].imag);
        printf("\n");
    }
    FFT(s,N);                                // 调用 FFT 函数
    for(i=1;i<=N;i++)                         //输出
    {
    printf("%f",s[ i ].real);
    printf(" + ");
    printf("%f",s[ i ].imag);
    printf("j");
    printf("\n");
    }
}
```

　　读者在使用 FFT 算法程序的时候，可以根据需要对上面的程序进行优化处理。优化处理主要是使用直接的整数加减、移位、乘法操作去替换程序中采用定点模拟实现的加减、移位、

乘法等操作。

11.7.4　经验总结

本实例主要介绍了快速傅立叶算法 FFT 原理，并给出了算法参考程序。考虑到单片机的处理能力有限，基于此给出了定点运算的模拟程序，最后给出了完整的 FFT 程序代码。通过本节的学习，读者可以了解 FFT 算法的原理和实现方式。由于单片机的运算速度有限，并且 FFT 算法的运算量比较大，因此对于单片机应用系统来说，只能用于非实时的应用场合。

第 12 章　单片机的总线与网络技术

与前面介绍的并行总线相比，单片机的串行总线最显著的特点是简化了系统的连线，缩小了电路板的面积，节省了系统的资源，而且具有易于实现用户系统软硬件的模块化及标准化等优点。目前单片机应用系统中使用比较多的串行总线有：SPI 串行总线、I²C 总线、单总线（l-Wire Bus）、Microwire 总线等。

上面描述的串行总线从系统位置的角度分类，属于系统的内总线，而对于较远距离的外总线常用的有 RS-485、CAN 总线等，近年来单片机接入以太网也成为研究的热点。

12.1　【实例 86】I²C 总线接口的软件实现

12.1.1　实例功能

I²C（Inter Intergrated Circuit）总线是 Philips 公司推出的一种用于芯片间连接的二线制串行扩展总线。通过 I²C 总线构成的系统结构紧凑、连接简单、成本低廉、使用灵活，因此广泛应用于微控制器开发领域。本例利用单片机的接口来模拟 I²C 总线时序，进行 I²C 总线接口的软件实现。

12.1.2　典型器件介绍

I²C 总线通过串行数据线 SDA 和串行时钟线 SCL 这两根信号线在连接到总线上的器件之间传送数据，它可以十分方便地用于构成由微控制器和一些外围器件组成的微控制器应用系统。采用 I²C 总线的器件有很多，如 AT24CXX 系列 EEPROM、数字温度传感器 LM75A 和 PCF8563 日历时钟芯片等。关于 I²C 总线的基本特征前面章节已做了讲述，这里不再重复。

12.1.3　程序设计

在以单片机为主要器件的系统中，单片机往往是系统的核心。当选择的单片机带有 I²C 总线接口（如 8XC552、C8051FXX 系列等）时，此类单片机可直接与 I²C 接口器件相连，各器件之间的通信十分方便。然而，在实际应用中，当选择的单片机没有 I²C 接口时，主单片机需使用普通 I/O 口来模拟 I²C 总线时序，实现对外围器件的读写操作。这种模拟传送方式消除了串行扩展的局限性，扩大了各类串行总线的应用范围，在应用中具有重要的意义。

下面介绍在 89C51 系列单片机中如何使用普通 I/O 口来模拟 I^2C 总线时序。

假设单片机的晶振频率是 12MHz，则一个机器周期的执行时间是 1μs。I^2C 总线的 SDA 和 SCL 与单片机的 P1.0 和 P1.1 相连。则 I^2C 总线上产生起始、结束和应答 C51 的主要有以下程序。

- void delay()：实现一段时间的延时。
- void i2c_start()：I^2C 总线起始信号。
- void i2c_stop()：I^2C 总线结束信号。
- void i2c_ ack ()：I^2C 总线应答信号。
- void i2c_send_byte()：向 I^2C 总线上发送一字节的数据。
- unsigned char i2c_recv_byte()：向 I^2C 总线上接收一字节的数据。

```
/*引脚定义和相关头文件包含*/
#include<intrins.h>
sbit I2C_SDA = P1^0;
sbit I2C_SCL = P1^1;
```

（1）函数 void delay()。

在 C51 中使用 nop 指令，实现一段时间的延时，程序代码如下。

```
void delay( void )
{
    _nop_();
    _nop_();
    _nop_();
    _nop_();
    _nop_();
    _nop_();
}
```

（2）函数 void i2c_start()。

利用单片机的 I/O 口可模拟实现 I^2C 总线的时序，在 SCL 信号线处于高电平状态时，SDA 信号线由高电平向低电平的跳变表示数据传输起始条件。程序代码如下。

```
void i2c_start( void )
{
    I2C_SDA = 1;
    I2C_SCL = 1;
    delay();
    I2C_SDA = 0;
    delay();
    I2C_SCL = 0;
}
```

（3）函数 void i2c_stop()。

而在 SCL 信号线处于高电平状态时，SDA 信号线由低电平向高电平的跳变表示数据传输停止条件。程序代码如下。

```
void i2c_stop( void )
{
    I2C_SDA = 0;
    I2C_SCL = 1;
    delay();
    I2C_SDA = 1;
    delay();
    I2C_SCL = 0;
}
```

（4）函数 void i2c_ ack ()。

I^2C 总线应答信号，程序代码如下。

```
void i2c_ack( void )
{
    I2C_SDA = 0;
    I2C_SCL = 1;
    delay();
    I2C_SDA = 1;
    I2C_SCL = 0;
}
```

（5）void i2c_send_byte()。

向 I^2C 总线上发送 1 字节数据的 C51 程序代码如下。

```
/*输入参数：c */

void i2c_send_byte( unsigned char c )
{
    unsigned char i;
    for( i=8;i>0;i--)
    {
        if( c & 0x80 )  I2C_SDA = 1;
        else            I2C_SDA = 0;
        I2C_SCL = 1;
        delay();
        I2C_SCL = 0;
        c = c<<1;
    }
    I2C_SDA = 1;
    /*释放数据线，准备接收应答信号*/
    I2C_SCL = 1;
    delay();
    while(!(0 == I2C_SDA
    /*等待应答信号*/
    && 1 == I2C_SCL) ) ;
}
```

（6）函数 unsigned char i2c_recv_byte()。

从 I²C 总线上接收 1 字节数据的 C51 程序代码如下。

```
/*输入参数：c */
/*返回数值：从 总线上读取的数据*/
unsigned char i2c_recv_byte( void )
{
    unsigned char i;
    unsigned char r;
    I2C_SDA = 1;
    for( i=8;i>0;i--)
    {
        r = r<<1;
        /*左移补 0*/
        I2C_SCL = 1;
        delay();
        if( I2C_SDA ) r = r | 0x01 ;
        /*当数据线为高时，数据位为 1*/
        I2C_SCL = 0;
    }
    return r;
}
```

12.1.4　经验总结

应用 I²C 接口的器件时，注意 I²C 总线上必须有上拉电阻，通常阻值为几 kΩ。

多个 I²C 接口的器件挂接在同一总线上时，为区分每个器件，每个器件通常都有一个唯一的地址，以便于主机寻访。

在读取 I²C 器件的数据时，如果采用指定地址或序列读时，一定要注意有两次起始信号，第一次的起始信号称为伪启动，目的是获得下一步操作的地址，后面发生的才能真正读到数据。

12.2　【实例 87】SPI 总线接口的软件实现

12.2.1　实例功能

串行外设接口（Serial Peripheral Interface，SPI）是 Motorola 公司提出的一种同步串行外设接口，它可以使 MCU 与各种外围设备以同步串行方式进行通信以交换信息。该总线大量用在 E²PROM、ADC、FRAM 和显示驱动器之类的外设器件接口。

12.2.2　典型器件介绍

1．SPI 串行总线的特点

SPI 总线一般使用 4 条线：串行时钟线（SCK）、输出数据线 MISO、输入数据线 MOSI

和从机选择线 SS。由于 SPI 总线一共只需 3～4 根数据线和控制线，而扩展并行总线（8 位）则需要 8 根数据线、N 根地址线、M 根控制线，因此采用 SPI 总线接口可以简化电路设计，提高可靠性。

2．SPI 串行总线系统的构成

SPI 串行接口设备既可以工作于主机方式，也可以工作在从机方式。

当 SPI 设备工作于主机方式时，MISO 是主机数据输入线，MOSI 是主机数据输出线。

当 SPI 设备工作于从机方式时，MISO 是从机数据输入线，MOSI 是从机数据输出线。系统主机为 SPI 从机提供同步时钟信号 SCK 和片选使能信号 SS。

在进行数据传输时，不论是命令还是数据，其传输格式总是高位（MSB）在前，低位（LSB）在后。

SPI 的典型应用是单主机系统，系统一般以单片机为主机，多个外围接口器件作为从机。单片机与多个 SPI 串行接口设备的典型结构如图 12-1 所示。单片机控制着数据向一个或多个从外围器件的传送，从器件只能在主机发命令时才能接收或向主机传送数据。所有的 SPI 从器件使用相同的时钟信号 SCK，并将所有 SPI 从器件的 MISO 引脚连接到系统主机的 MOSI 引脚，SPI 从器件的 MOSI 引脚连接到系统主机的 MISO 引脚，但每个 SPI 从器件的片选信号则分别由主机控制使其使能。

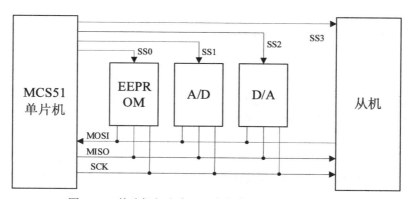

图 12-1　单片机与多个 SPI 串行接口设备典型连接图

当有多个不同的串行 I/O 器件都要连至 SPI 总线上作为从设备时，必须注意两点：一是其必须有片选端；二是其 MISO 线的输出脚必须是三态，以不影响其他 SPI 设备的正常工作。

目前采用 SPI 串行总线接口的器件非常多，可以大致分为以下几大类。

- 单片机，如 Motorola 公司的 M68HC08 系列、Cygnal 公司的 C8051FXXX 系列、Philips 公司的 P89LPC93X 系列等。
- A/D 和 D/A 转换器，如 AD 公司的 AD7811/12、TI 公司的 TLC1543、TLC2543、TLC5615 等。
- 实时时钟，如 Dallas 公司的 DS1302/05/06 等。
- 温度传感器，如 AD 公司的 AD7816/17/18，NS 公司的 LM74 等。
- 其他设备，如 LED 控制驱动器 MAX7219、HD7279 等，集成看门狗、电压监控、E^2PROM 功能的 X5045 等。

12.2.3　硬件设计

1．SPI 串行总线在 MCS-51 系列单片机中的实现

SPI 串行总线系统中主机单片机可以带有 SPI 接口，也可以不带 SPI 接口，但从设备要具有 SPI 总线接口。对于不带 SPI 串行总线接口的 MCS-51 系列单片机来说，可以使用软件来模拟 SPI 的操作，包括串行时钟、数据输入和数据输出。

MCS-51 单片机 I/O 口模拟 SPI 总线接口原理图如图 12-2 所示。对于不同的串行接口外围芯片，它们的时钟时序是不同的。对于在 SCK 的上升沿输入（接收）数据和在下降沿输出（发送）数据的器件，一般应将其串行时钟输出口 SCK 的初始状态设置为 1。对于在 SCK 的下降沿输入（接收）数据和上升沿输出（发送）数据的器件，则应取串行时钟输出的初始状态为 0。

2．带有 SPI 接口的可编程μP 监控器的 CMOS 串行存储器 X5045

X5045 是美国 Xicor 公司生产的带有可编程μP 监控器的 CMOS 串行 E^2PROM ，采用 SPI 串行外设接口方式，它将复位、电压检测、看门狗定时器和块锁保护的串行 E^2PROM 功能集成在一个芯片内，适合于需要现场修改数据的场合，广泛应用于仪器仪表和工业自动控制等领域。

X5045 的封装引脚如图 12-3 所示，其引脚功能可参考其技术手册。

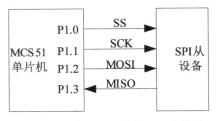
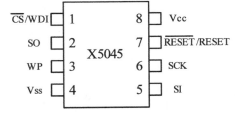

图 12-2　MCS-51 单片机 I/O 口模拟 SPI 总线接口原理图　　　图 12-3　X5045 引脚图

X5045 与 89C51 的接口电路如图 12-4 所示。

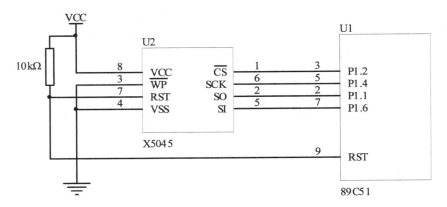

图 12-4　X5045 与 89C51 典型接口电路

3. X5045 芯片 SPI 总线操作软件实现

单片机与 X5045 接口软件主要包括芯片初始化、内部 E²PROM 数据的读写和看门狗操作等，主要由以下程序构成。

- void write_byte()：用于实现向 X5045 中写入 8 位地址或数据。
- unsigned char read_byte()：实现从 X5045 中读取 8 位数据。
- void x5045_start()：启动 X5045 操作。
- void x5045_end()：结束 X5045 操作。
- unsigned char x5045_read_status()：实现读 X5045 的状态寄存器的功能。
- void x5045_write_status()：对状态寄存器中的 BL1，BL0，WD1，WD0 进行设置。
- unsigned char read_addr_data()：读取 X5045 指定地址 EEPROM 中的数据。
- void write_addr_data()：向 X5045 指定地址的 EEPROM 中写入数据。
- void reset_wdt()：复位看门狗功能。

程序中端口宏定义如下。

```
#include <reg52.h>
#include<intrins.H>
#define WREN  0x06
/*设置写使能锁存器*/
#define WRDI  0x04
/*复位写使用锁存器*/
#define RSDR  0x05
/*读状态寄存器*/
#define WRSR  0x01
/*写状态寄存器（看门狗和块锁）*/
#define READ  0x03
/*/读操作指令 0000 A8 011*/
#define WRITE 0x02
/*写操作指令 0000 A8 010*/
#define WIP   0x01
/*状态寄存器中写操作是否忙*/
/*各引脚定义*/
sbit X5045_SO = P1^1;
sbit X5045_SI = P1^6;
sbit X5045_SCK= P1^4;
sbit X5045_CS = P1^2;
```

（1）函数 void write_byte()。
实现向 X5045 中写入 8 位数据，写入顺序是高位在前，低位在后，程序代码如下。

```
/*入口: byte, 要写入的 8 位数据*/

void write_byte( unsigned char byte )
{
    unsigned char i;
```

```
unsigned char tmp;
for(i=0;i<8;i++)
{
    X5045_SCK = 0;
    tmp        = byte & 0x80;
    if( tmp == 0x80)
    /*与 0X80 比较判断最高数据位是否为 1*/
    {
        X5045_SI=1;
        _nop_();
    }
    else
    {
        X5045_SI=0;
        _nop_();
    }
    X5045_SCK = 1;
    byte       = byte<<1;
    }
}
```

（2）函数 unsigned char read_byte()。

实现从 X5045 中读取 8 位二进制数据，注意读取时先读到的是高位，程序代码如下。

```
/*返回值: 从 X5045 中读取的 8 位数据*/
unsigned char read_byte( void )
/*读数据，一次 8 位*/
{
    unsigned char i;
    unsigned char byte=0;
    for(i=8;i>0;i--)
    {
        byte = byte<<1;
        /*先读出的是高位*/
        X5045_SCK = 1;
        _nop_();
        _nop_();
        X5045_SCK = 0;
        _nop_();
        _nop_();
        byte = byte|(unsigned char) X5045_SO;
    }
    return ( byte );
}
```

（3）函数 void x5045_start()和 void x5045_stop()。

使用单片机的 I/O 口模拟实现时序时，在时序开始和结束时总线需要做好一定的准备，程序中通过函数 x5045_start()和 x5045_stop()实现，程序代码如下。

```
void x5045_start( void )
{
    X5045_CS = 1;
    _nop_();
    _nop_();
    X5045_SCK= 0;
    _nop_();
    _nop_();
    X5045_CS = 0;
    _nop_();
    _nop_();
}

void x5045_end( void )
{
    X5045_SCK = 0;
    _nop_();
    _nop_();
    X5045_CS  = 1;
    _nop_();
    _nop_();
}
```

（4）函数 unsigned char x5045_read_status()。

x5045_read_status()实现读取 X5045 状态寄存器的功能，单片机发出读状态寄存器的命令，然后再从 X5045 中读取 1 个字节的数据即状态寄存器的内容，注意高两位无效，程序代码如下。

```
unsigned char x5045_read_status( void )
{
    unsigned char tmp ;
    x5045_start();
    write_byte( RSDR );
    tmp = read_byte( );
    x5045_end();
    return tmp;
}
```

（5）函数 void x5045_write_status()。

对状态寄存器中的 BL1、BL0、WD1、WD0 进行设置，实现向 X5045 状态寄存器中写指令的功能，注意写操作之前要先使能写操作，程序代码如下。

```
void x5045_write_status( unsigned char status )
{
    unsigned char tmp ;
    /*写操作之前先使能写操作*/
    x5045_start();
```

```
        write_byte( WREN );
        x5045_end();
        /*写入状态寄存器*/
        x5045_start();
        write_byte( WRSR );
        write_byte( status );
        x5045_end();
        /*检查写操作是否完成*/
        do
        {
            x5045_start();
            write_byte( RSDR );
            /*RSDR read status regesiter*/
            tmp = read_byte();
            x5045_end();
        }
        while( tmp & WIP ) ;
}
```

（6）函数 unsigned char read_addr_data()。

函数 read_addr_data()实现从制定地址中读取数据的功能，入口地址最高为9位。如果读取的数据超出了一页，则读命令中需要将 A8 位置为1，然后再执行读操作，程序代码如下。

```
/*函数入口: addr，要读取数据的地址*/
unsigned char read_addr_data( unsigned int addr )
{
    unsigned char addr_tmp,tmp;
    unsigned char read_cmd ;
    if( addr > 255 ) read_cmd = READ|0X08;
    /*如果超出了一页，则名字字节A8为1*/
    else          read_cmd = READ;
    addr_tmp = (unsigned char) (addr&0xff )    ;
    x5045_start();
    write_byte( read_cmd );
    write_byte( addr_tmp );
    tmp = read_byte();
    x5045_end();
    return tmp;
}
```

（7）函数 void write_addr_data()。

函数 write_addr_data()实现向制定地址中写数据的功能。如果写数据的地址超过了一页，注意要将写操作指令中的 A8 位置 1，然后再执行写操作，程序代码如下。

```
/*入口地址: addr，要写入数据的地址*/

void write_addr_data( unsigned int addr,unsigned char edata )
{
```

```
unsigned char tmp,addr_tmp;
unsigned char cmd_tmp;
/*写使能操作*/
x5045_start();
write_byte( WREN );
x5045_end();
/*地址和写操作指令调节*/
if( addr >255 ) cmd_tmp = WRITE | 0x08;
else          cmd_tmp = WRITE;
addr_tmp = (unsigned char )( addr & 0xff );
/*向指定地址写入数据*/
x5045_start();
write_byte( cmd_tmp  );
write_byte( addr_tmp );
write_byte(  edata   );
x5045_end();
/*检查写操作是否完成*/
do
{
    x5045_start();
    write_byte( RSDR );
    tmp = read_byte();
    x5045_end();
}
while( tmp & WIP ) ;
}
```

（8）函数 void reset_wdt()。

函数 reset_wdt()实现复位 X5045 内部看门狗定时器（喂狗）的功能，程序代码如下：

```
void reset_wdt( void )
{
    X5045_CS = 0;
    _nop_();
    _nop_();
    X5045_CS = 1;
    nop_();
    _nop_();
}
```

12.2.4 经验总结

各类 SPI 总线的器件，由于不同的生产厂商，时钟的频率指标也各不相同，而且数据的输入/输出格式有低位在前的，有高位在前的，因此用户使用时一定要仔细阅读各器件的数据手册。

调试时，注意 X5045 内部有看门狗功能，在系统进行调试时，应首先关闭看门狗功能，待程序调通后再打开看门狗定时器。

注意每一次写操作前，先写使能，即将状态寄存器中的 WEL 置 1。

12.3 【实例 88】1-WIRE 总线接口的软件实现

单总线（1-WIRE）是 Dallas Semiconductor 公司推出的一种总线技术。与其他串行数据通信方式不同，数据的传输采用单根信号线来完成，并且该信号线可配置为器件提供电源。因此，采用该总线的器件具有节省引脚资源，结构简单，便于维护等优点，在便携式仪器，以电池供电的设备中和现场监控系统中有着广泛的应用。

12.3.1   1-WIRE 总线通信原理

1．1-WIRE 总线的特点

可见，单总线技术有以下几个显著的特点。

- 器件通过一根信号线传送地址信息、控制信息和数据信息的传送，且可通过信号线为器件供电。
- 每个单总线器件有全球惟一的一个序列号，系统主机通过此序列号来区分每个器件，可在总线上挂接多个器件组成一小规模通信网络。
- 如果需要，单总线芯片在工作过程中，不需要提供外接电源，可通过"寄生电源"的方式从信号线上获取电源。
- 单总线器件由于引脚极少，很容易和其他器件接口等特点，被广泛应用于各种电子测量测试设备中。Dallas Semiconductor 公司生产的单总线芯片有数字温度计 DS1820、DS18B20、DS1822，实时时钟芯片 DS2404，4 路 16 位 A/D 转换芯片 DS2450 等。

2．1-WIRE 总线的数据通信协议

单总线技术采用严格的总线通信协议来实现数据通信，以保证数据通信的完整。单总线通信协议中定义了几种信号类型：复位脉冲，应答脉冲，写 1，写 0，读 0，读 1。除应答脉冲外，所有的信号都有主机初始化发出。发送的所有命令和数据都是低位在前。

单总线数据传输过程包括通信初始化、信号传输类型、单总线的 ROM 命令和单总线通信的功能命令等，下文将分别对这几部分进行介绍。

12.3.2   硬件设计

I²C 或者 SPI 总线系统中，至少需要 2 根或 3 根信号线，而单总线系统采用一根信号线。单总线系统包含一台主机和一个从机或多个从机，地址信号、控制信号和数据信息等都利用一条数据线传输。器件的供电可从此数据线上取得或者直接由外接电源输入。单总线采用线与配置，主机为开漏输出。为了使每个器件都能被驱动，它们与总线匹配的端口也必须具有开漏输出或三态输出的功能。由于主机和从机都是开漏输出，因此单总线上必须有上拉电阻

（一般为 4.7kΩ），系统才能正常工作。单总线器件硬件配置示意图如图 12-5 所示。

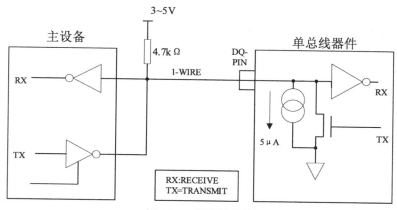

图 12-5　硬件连接图

12.3.3　程序设计

单总线器件的硬件接口虽然简单，但是对单总线器件的接口编程较复杂。

以下给出了 89C51 单片机和单总线器件通信时的初始化，写 "0"，写 "1"，读 "0"，读 "1" 的程序代码，供参考，程序中单片机使用的晶振频率为 12MHz。具体器件设计应用，请参考 6.2 节数字温度传感器中介绍的单总线器件 DS18B20。相关程序如下。

- void _1wire_init()：实现 1-WIRE 总线的初始化功能。
- void write_bit_1()：实现向单总线上写数据位 "1" 的功能。
- void write_bit_0()：实现向单总线上写数据位 "0" 的功能。
- bit read_bit()：实现从单总线器件中读一位数据的功能。
- void write_byte()：实现向单总线上写一个数据字节的功能。
- unsigned char read_byte()：实现从单总线上读取一个字节的功能。

（1）函数 void _1wire_init()。

实现 1-WIRE 总线的初始化功能。主器件首先将总线拉低，然后再将总线置高，如果单总线器件响应，会将总线置低，持续至少 60μs～240μs。初始化的程序代码如下。

```
/*包含头文件*/
#include<reg51.h>
#include<intrins.h>
/*引脚定义*/
sbit DQ = P1^2;
/*函数名称：单总线初始化*/

void init( void )
{
    unsigned char i;
    DQ = 1;
    DQ = 0;
    for( i = 200;i>0;i--) _nop_();
```

```
    /*延时约 600µs*/
    DQ = 1;
    for( i = 10;i>0;i--) _nop_();
    /*延时约 30µs */
    while( DQ==1 );
    for( i = 100;i>0;i--) _nop_();
    /*延时约 300µs*/
    DQ = 1;
}
```

（2）函数 void write_bit_1()。

函数 write_bit_1()实现向单总线上写数据位 "1" 的功能，注意此函数不能单独使用，以下单总线的程序类似。程序代码如下。

```
void write_bit_1(void)
{
    unsigned char i;
    DQ = 1;
    DQ = 0;
    for( i = 25;i>0;i--) _nop_();
    /*延时约 90µs */
    DQ = 1;
}
```

（3）函数 void write_bit_0()。

函数 write_bit_1()实现向单总线上写数据位 "0" 的功能，程序代码如下。

```
void write_bit_0(void)
{
    unsigned char i;
    DQ = 1;
    DQ = 0;
    _nop_();
    _nop_();
    _nop_();
    _nop_();
    _nop_();
    _nop_();
    DQ = 1;
    for( i = 25;i>0;i--) _nop_();
    /* 延时约 90µs */
}
```

（4）另外仔细观察 1-WIRE 总线的写时序图，可将写 "1" 和写 "0" 合为一个函数。

```
void write_bit( bit D )
{
    unsigned char i;
    DQ = 1;
```

```
    DQ = 0;
    _nop_();
    _nop_();
    _nop_();
    _nop_();
    _nop_();
    _nop_();
    DQ = D
    for( i = 25;i>0;i--) _nop_();
    /*延时约 90us */
    DQ = 1;
}
```

（5）函数 bit read_bit()。

函数 read_bit()实现从单总线器件中读一位数据的功能，程序代码如下。

```
bit read_bit( void )
{
    unsigned char i;
    DQ = 0;
    for( i=0;i<5;i++)_nop_();
    if( DQ == 1 )
    {
        return 1;
    }
    else
    {
        return 0;
    }
}
```

（6）函数 void write_byte()。

函数 write_byte()函数实现向单总线上写一个数据字节的功能，程序中调用了写数据位的
函数 write_bit()，程序代码如下。

```
void write_byte( unsigend char byte)
{
    unsigned char i;
    unsigned char tmp;
    tmp = byte&0x01
    for( i=0;i<8;i++)
    {
        tmp = byte>>i;
        /*将要写的数据字节右移 i 位*/
        tmp &= 0x01;
        /*得到数据字节的第 i 位*/
        write_bit( (bit)tmp );
    }
}
```

（7）函数 unsigned char read_byte()。

函数 read_byte()实现从单总线上读取一个字节的功能，程序中调用了读数据位的函数，程序代码如下。

```c
unsigned char read_byte( void )
{
    unsigned char i;
    unsigned char tmp;
    .
    tmp = 0;
    /*将返回值初始化为0*/
    for(i=0;i<8;i++)
    {
        if( read_bit() )
        /*如果当前读取的数据位为1*/
        {
            tmp = tmp | (0x01<<i);
            /*将返回字节对应的数据位置为1*/
        }
    }
    for( i=0;i<20;i++) _nop_();
    /*等待时序结束*/
}
```

12.3.4　经验总结

单总线器件由于没有同步时钟的支持，因此对总线时序的要求特别严格，对该类器件操作时，为保证操作的成功，应临时关闭某些中断源。

对于总线上只有一个器件的场合，用户可以忽略对器件的寻址操作，但初始化等操作是不能忽略的。

当多个器件挂在同一个数据线上时，一定要考虑驱动问题，包括总线所带器件的数量及距离。

12.4　【实例89】单片机外挂 CAN 总线接口

近年来，现场总线技术走向成熟并得到推广应用，其中被业界比较认可的有基金会现场总线、LonWorks 总线、PROFIBUS 总线、HART 总线、CAN 总线等，这里我们简要介绍一下 CAN 总线的原理及使用。

12.4.1　CAN 总线介绍

1. CAN 总线特点

CAN-bus（Controller Area Network）即控制器局域网，是国际上应用最广泛的现场总线之一。它是一种多主方式的串行通信总线，基本设计规范要求有较高的位速率，高抗干扰性，而且能够检测出产生的任何错误。信号传输距离达到 10km 时，仍然可提供高达 5Kbit/s 的数据传输速率。

CAN 已成为国际标准化组织 ISO11898 标准，其具体特性如下。
- 多主依据优先级进行总线访问。
- 无破坏的依据优先权的仲裁。
- 借助接收滤波的多地址帧传送。
- 远程数据请求。
- 全系统数据兼容，系统灵活。
- 严格的错误检测和界定。
- 通信介质多样，组合方式灵活。

CAN 的通信媒介较多，有双绞线、同轴电缆、光缆、无线等，在实际系统的应用中，往往灵活地混合使用。

2．CAN 总线层次结构

现场总线本身就是自动化领域的开放互连系统。目前，几个有影响的现场总线标准，大都是以国际标准组织的开放系统互连模型 OSI 作为基本框架，并根据行业的应用需要施加某些特殊规定后形成的。如图 12-6 所示，CAN 遵从 OSI 模型，按照 OSI 基准模型，CAN 划分为两层：数据链路层和物理层。数据链路层又包括 LLC 子层和 MAC 子层。

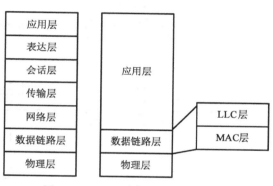

图 12-6　CAN 对应 OSI 的参考模型

12.4.2　CAN 总线接口

1．SJA1000 芯片简介

SJA1000 是一种具有高级功能的独立 CAN 控制器，它可以应用于移动目标和一般工业环境的区域网络控制。SJA1000 的推出就是为了替代 PCA8200，因此其硬件和软件与 PCA8200 完全兼容；由于 SJA1000 具有高级功能，因此它更适合于需要系统优化、系统诊断和维护的应用场合。

主控制器通过应用程序来设定 SJA1000 的功能，因此我们将对 SJA1000 进行编程以满足不同性能的 CAN 总线系统的要求。主控制器通过寄存器（控制段）和 RAM（报文缓冲器）与 SJA1000 交换数据。这些控制寄存器和接收及发送缓冲器—RAM 的可寻址窗口，对主控制器而言均为外设寄存器。

2．PCA82C250 主要特性

PCA82C250 是 CAN 控制器和物理总线间的接口，最初为汽车高速通信（最高达 lMbit/s）应用设计，器件可以提供对总线的差动发送能力和对 CAN 控制器的差动接收能力。

PCA82C250 与 ISO11898 标准全兼容，具有抗瞬间干扰，保护总线能力；降低射频干扰

（RF1）的斜率控制；热防御；防护电池与地之间发生短路；低电流待机方式；一个节点掉线不会影响总线；可有 110 个节点相连接。

3．CAN 总线控制器与单片机的接口

CAN 总线控制器与单片机 AT89S52 的接口原理如图 12-7 所示。

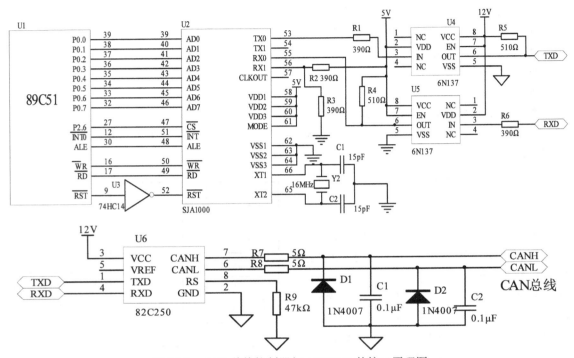

图 12-7　CAN 总线控制器与 AT89S52 的接口原理图

接口电路主要由 4 部分构成：微控制器 AT89C51 及其外围电路、独立 CAN 通信控制器 SJA1000、CAN 总线收发器 PCA82C250 和高速光耦 6N137。微处理器 AT89C51 负责 SJA1000 的初始化，通过控制 SJA1000 实现数据的接收和发送。

微控制器与 SJA1000 经非门共用复位电路。AT89C51 晶振采用 12MHz，SJA1000 采用 16MHz 晶振。其中，SJA1000 采用 Intel 方式（Mode＝1），$f_{CLKOUT}=f_{XTAL}/2=8MHz$。

SJA1000 相当于 AT89C51 的片外存储器，CPU 可直接对 SJA1000 内的寄存器执行读/写操作。SJA1000 的 $\overline{INT}$ 引脚接 AT89C51 的 $\overline{INT0}$ 引脚，AT89C51 的 ALE 直接接 SJA1000 的 ALE。

为了增强 CAN 总线节点的抗干扰能力，SJA1000 的 TX0 和 RX0 通过高速光耦 6N137 后与 PCA82C250 的 TXD 和 RXD 相连，这样很好地实现了总线上各 CAN 节点间的电气隔离，光耦部分电路所采用的两个电源 VCC 和 VDD 必须隔离。

PCA82C250 与 CAN 总线的接口部分也采用了一定的安全和抗干扰措施。PCA82C250 的 CANH 和 CANL 引脚各自通过一个 5Ω 的电阻与 CAN 总线相连，电阻可起到限流作用，保护 PCA82C250 免受过流冲击。CANH 和 CANL 与地之间并联了两个 30pF 的小电容可以起到滤除总线上的高频干扰和一定的防电磁辐射的能力。另外，在两根 CAN 总线接入端与地之间分别反接了一个瞬变干扰二极管，当 CAN 总线有较高的负电压时，通过二极管的短路可起到过压保护作用。

PCA82C250 第 8 脚与地之间的电阻 R_S 称为斜率电阻。在波特率较低，总线较短时，采用斜率控制方式。上升及下降的斜率取决于 R_S 的阻值，实验数据表明用双绞线作总线时 $15k\Omega \sim 200k\Omega$ 为 R_S 较理想的取值范围，本系统选用 $47k\Omega$。

按照 CAN 协议，每个 CAN 信息帧都有惟一标识，我们采用 CPU 外挂 SW-DIP8 开关来获得该地址信息，这里不再展开介绍。

12.4.3 程序设计

CAN 总线节点的软件设计主要包括三大部分：CAN 节点初始化、报文发送和报文接收。熟悉这三部分程序的设计就能编写出利用 CAN 总线进行通信的一般应用程序。当然要将 CAN 总线应用于通信任务比较复杂的系统中还需详细了解有关 CAN 总线错误处理总线脱离处理接收滤波处理波特率参数设置和自动检测以及 CAN 总线通信距离和节点数的计算等方面的内容，下面仅就前面提到的三部分程序的设计作一个描述。

1．初始化 SJA1000

SJA1000 的初始化只有在复位模式下才可以进行。初始化主要包括工作方式的设置、接收滤波方式的设置、接收屏蔽寄存器 AMR 和接收代码寄存器 ACR 的设置、波特率参数设置和中断允许寄存器 IER 的设置等。在完成 SJA1000 的初始化设置以后，SJA1000 就可以回到工作状态进行正常的通信任务。初始化 SJA1000 的流程图如图 12-8 所示。

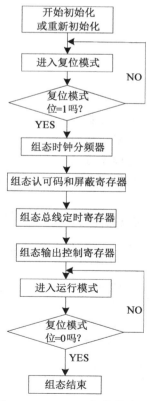

图 12-8 SJA1000 初始化流程图

函数 SJA1000_Config_Normal()实现初始化 SJA1000 的功能。程序首先使 SJA1000 进入复位模式，然后配置组态时钟分频器、认可码和屏蔽寄存器、总线定时寄存器和输出控制寄存器，然后进入运行模式。程序代码如下。

```
SJA1000_Config_Normal()
{
    BTR0=0x00;
    BTR1=0x14;
    /*设置为 1M 波特率通信*/
    SJAEntryResetMode();
    /*进入复位模式*/
    WriteSJAReg(REG_CAN_CDR,0xc8);
    /*配置时钟分频寄存器，选择 PeliCAN 模式*/
    WriteSJAReg(REG_CAN_MOD,0x05);
    /*配置模式寄存器，选择双滤波、自发自收模式*/
    WriteSJARegBlock(16,Send_CAN_Filter,8);
    /*配置验收代码/屏蔽寄存器 */
    WriteSJAReg(REG_CAN_BTR0,BTR0);
    /*配置总线定时器 0x00 */
    WriteSJAReg(REG_CAN_BTR1,BTR1);
    /*配置总线定时器 0x14 */
    WriteSJAReg(REG_CAN_OCR,0x1a);
    /*配置输出管脚，推挽输出。*/
    SJAQuitResetMode();
    /*退出复位模式,进入工作模式 */
}
```

2．报文的发送

报文的发送是 CAN 控制器 SJA1000 依据 CAN 协议规范自动进行的，主控制器要将发送的报文写入 SJA1000 的发送缓冲区，并将发送请求位（Transmit Request）置 1，发送过程既可以采用中断方式，也可以采用查询方式（查询 SJA1000 控制段的状态标志）。

如图 12-9 所示为查询方式的报文发送流程，在查询方式下 CAN 发送中断应被屏蔽。

一旦报文开始发送，发送缓冲器写闭锁，因此主控制器要查询"发送缓冲器状态"标志，确定是否可以将一个新的报文版式 TXBuffer。

若发送缓冲器写闭锁，循环查询状态寄存器，主控制器进入等待状态，直到发送缓冲器空闲。若发送缓冲器被释放，主控制器将新报文写

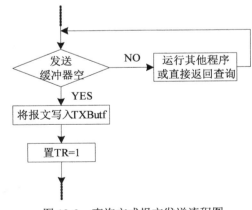

图 12-9　查询方式报文发送流程图

入发送缓冲器 TXBuffer，并置命令寄存器的发送请求标志 TR=1，执行报文的发送。

报文发送程序如下。

```
/*=====================================================================*/
/*函数原型：  bit   BCAN_DATA_WRITE(unsigned char *SendDataBuf)    */
/*参数说明：  特定帧各式的数据                                       */
/*返回值：                                                          */
/*          0    ；表示将数据成功地送至发送缓冲区                    */
/*          1       ；表示上一次的数据正在发送，                     */
/*说明：将待发送特定帧各式的数据，送入 SJA1000 发送缓存区中，然后启动  */
/*      SJA1000 发送。                                              */
/*   特定帧格式为:开始的两个字节存放 '描述符' ，以后的为数据          */
/*    描述符包括 11 位长的 ID(标志符) \1 位 RTR\4 位描述数据长度的 DLC 共 16 位 */
/*注：本函数的返回值仅指示，将数据正确写入 SJA1000 发送缓冲区中与否。  */
/*   不指示 SJA1000 将该数据正确发送到 CAN 总线上完毕与否             */
/*=====================================================================*/
bit   BCAN_DATA_WRITE(unsigned char *SendDataBuf)
{
    unsigned  char  TempCount;
    SJA_BCANAdr = REG_STATUS;
    /*访问地址指向状态寄存器*/
    if((*SJA_BCANAdr&0x08) == 0)
    /*判断上次发送是否完成*/
    {
        return 1;
    }
    if((*SJA_BCANAdr&0x04)==0)
    /*判断发送缓冲区是否锁定*/
    {
        return 1;
    }
    SJA_BCANAdr = REG_TxBuffer1;
    /*访问地址指向发送缓冲区 1*/
    if((SendDataBuf[1]&0x10)==0)
    /*判断 RTR, 从而得出是数据帧还是远程帧*/
    {
        TempCount =(SendDataBuf[1]&0x0f)+2;
        /*输入数据帧*/
    }
    else
    {
        TempCount =2;
        /*远程帧*/
    }
    memcpy(SJA_BCANAdr,SendDataBuf,TempCount);
    return 0;
}
```

3. 报文的接收

接收报文是 CAN 控制器依据 CAN 协议规范自动进行的，接收报文被放在 RXBuffer 中，一个报文是否可以传送给主控制器，由状态寄存器的接收缓冲器状态 RBS 和接收中断标明

（若中断开放），主控制器要将有效数据读入其内存，并释入 RXBuffer，并对报文进行处理，传送过程既可由中断控制，也可通过查询状态寄存器标志来完成。图 12-10 所示给出了查询方式接收过程流程，CAN 控制器的接收中断应屏蔽，主控制器读 SJA1000 状态寄存器（周期性的）、查询接收缓冲器状态标志（RBS），是否接收缓冲器中到有一个报文存在（报文这些标志的定义位于控制段的寄存器）。

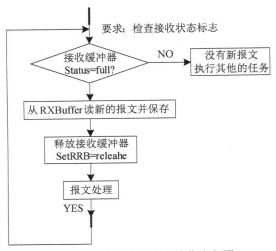

图 12-10　查询方式报文接收流程图

报文接收程序如下。

```
/*===============================================================*/
/*函数原型：  bit   BCAN_DATA_WRITE(unsigned char *SendDataBuf)        */
/*参数说明：  特定帧各式的数据                                          */
/*返回值：                                                             */
/*         0    ；表示将数据成功的送至发送缓冲区                        */
/*         1    ；表示上一次的数据正在发送，                           */
/*说明：将待发送特定帧各式的数据，送入 SJA1000 发送缓存区中，然后启动    */
/*      SJA1000 发送。                                                 */
/*  特定帧格式为:开始的两个字节存放 '描述符' ,以后的为数据              */
/*  描述符包括 11 位长的 ID(标志符)\1 位 RTR\4 位描述数据长度的 DLC 共 16 位 */
/*注: 本函数的返回值仅指示，将数据正确写入 SJA1000 发送缓存区中与否。    */
/*  不指示 SJA1000 将该数据正确发送到 CAN 总线上完毕与否                 */
/*===============================================================*/
bit   BCAN_DATA_WRITE(unsigned char *SendDataBuf)
{
    unsigned  char  TempCount;
    SJA_BCANAdr = REG_STATUS;
    /*访问地址指向状态寄存器*/
    if((*SJA_BCANAdr&0x08) == 0)
    /*判断上次发送是否完成*/
    {
        return 1;
    }
```

```
    if((*SJA_BCANAdr&0x04)==0)
    /*判断发送缓冲区是否锁定*/
    {
        return 1;
    }
    SJA_BCANAdr = REG_TxBuffer1;
    /*访问地址指向发送缓冲区 1*/
    if((SendDataBuf[1]&0x10)==0)
    /*判断 RTR，从而得出是数据帧还是远程帧*/
    {
        TempCount =(SendDataBuf[1]&0x0f)+2;
        /*输入数据帧*/
    }
    else
    {
        TempCount =2;
        /*远程帧*/
    }
    memcpy(SJA_BCANAdr,SendDataBuf,TempCount);
    return 0;
}
```

12.4.4　经验总结

在单片机与 CAN 总线通信时，要注意以下事项。

● 在设计微处理器与 SJA1000 的接口电路时，首先要根据微处理器选择 SJA1000 的接口模式，其次要注意 SJA1000 的片选地址应与其他的外部存储器无冲突。还应注意 SJA1000 的复位电路应为低电平有效。

● 微处理器对 SJA1000 的控制访问是以外部存储器的方式，来访问 SJA1000 的内部寄存器，所以应该正确定义微处理器访问 SJA1000 时，SJA1000 内部寄存器的访问地址。

● 微处理器可以通过中断或查询的方式来访问 SJA1000。

● 微处理器访问 SJA1000 时，SJA1000 有两种不同的模式。工作模式和复位模式。对 SJA1000 的初始化只能在 SJA1000 的复位模式下进行。初始化包括（设置验收滤波器、总线定时器、输出控制、时钟分频中的特定控制等）。设置复位请求后，一定要校验，以确保设置成功。

● 向 SJA1000 的发送缓冲区中写入数据时，一定要检查发送缓冲区是否处于锁定状态。如锁定，这时写入的数据丢失。

● 对 SJA1000 的操作难点在于总线定时器的设置。设置总线定时器包括：设置总线波特率、同步跳转宽度、位周期的长度、采样点的位置和在每个采样点的采样数目。

12.5　【实例 90】单片机外挂 USB 总线接口

通用串行总线（Universal Serial Bus，USB）是 PC 体系中的一套较新的工业标准，它支持单个主机与多个外设同时进行数据交换，大大满足了当今计算机外设追求高速度和高通用性的要求。

12.5.1 USB 总线原理

1．USB 的系统资源

PC 上的 USB 包括硬件和软件两部分。硬件主要完成物理上的接口和实体功能，软件则和操作系统配合管理硬件，完成数据流传输。PC 上的 USB 主机包括 3 个部分：USB 主控制器/根 Hub，USB 系统软件和用户软件。

USB 主控制器和根 Hub 一般由 USB 主控制器芯片、USB Hub 控制器芯片、USB 端口连接件及控制器外围电路组成。

USB 系统软件主要是指 PC 上操作系统提供的一系列软件和驱动程序，主要由 USB 核心驱动程序和 USB 主控制器驱动程序组成。

USB 设备类驱动程序把用户要求的 USB 命令发送给 USB 的主控制器硬件，同时初始化内存缓冲区，用于存储所有 USB 通信中的数据。每一种 USB 类设备都需要设计相应的设备。完整的 USB 系统组成如图 12-11 所示。

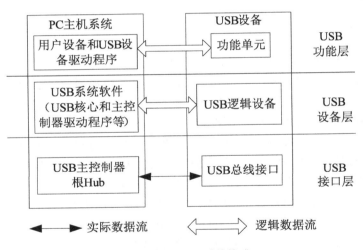

图 12-11   USB 系统构成

2．USB 的电气特性

USB 设备和 Hub 采用 2 种供电模式，即自供电（Self-Powered）和总线供电（Bus-Powered）。USB 设备的即插即用技术包含 2 个技术层面，即热插拔和自动识别配置。

3．USB 的数据通信结构

USB 协议中最为复杂的是底层数据通信结构的内容，包括了最基本的数据传输单元、数据传输类型、数据传输机制及数据交换流程等。"域""包""事务"和"传输"都是 USB 数据结构中非常重要的概念。域，是 USB 中一组有意义的二进制数。由各种域组成包，包是

USB 最基本的数据单元。以包为基础，USB 定义了 4 种传输类型。而在数据交换的过程中，每种传输方式都是由多个事务来完成的。

包主要有 3 类：令牌包、数据包、握手包。

USB 的传输，是 USB 面向用户的、最高级的数据结构。USB 定义了 4 种数据传输的类型，即控制传输、中断传输、批量传输和同步传输。任何一种传输都由输入事务（IN）、输出事务（OUT）和设置（SETUP）事务组合搭配而成的。控制传输（Control Transfer）是最为复杂的传输类型，也最为重要。它是 USB 枚举阶段最主要的数据交换方式。当 USB 设备初次连接到主机后，就通过控制传输来交换信息、设备地址和读取设备的描述符。这样，主机才能识别该设备，并安装相应的驱动程序，这个设备采用的其余 3 种传输方式才能够得以应用。

USB 主机与设备之间的传输过程是这样的：在 PC 上，设备驱动程序通过调用 USB 驱动程序 USBD，发出输入输出请求包 IRP；这样，在 USB 驱动程序接到请求之后，调用主控制器驱动程序 HCD，将 IRP 转化为 USB 的传输。当然，一个 IRP 可以包含一个或多个 USB 传输；接着，主控制器驱动程序将 USB 传输分解为总线事务，主控制器以包的形式发送给设备。

4．USB 软件工作机制

USB 设备软件，又称固件，分为通用枚举配置部分和类协议部分。在枚举配置部分，实现 USB 主机对设备的枚举和配置，使主机确认设备的功能，并提供资源。而类协议部分，则用来实现 USB 设备各自数据传输的功能，一般都有相应的 USB 的类协议和规定作为编程的规范。比如，常用的 Mass Storage 类设备，就有其独特的一套 UFI 命令来实现数据的传输。

主机枚举 USB 设备，完成对设备的配置。具体过程如下。

（1）设备连接到 Hub 或根 Hub 的下行端口上，接着 Hub 就通过其状态变化管道（Status Change Pipe）把这个设备连接的事件通知主机。这个时候，设备所连接的端口上有电流供应，但是该端口的其他属性被禁止，以便主机进行其他操作。

（2）主机通过一系列命令来询问 Hub，以确定设计连接的事件的细节情况。

（3）这样，主机便确定了设备所接入的端口。接下来，主机会等待 100ms 以使设备的接入过程顺利完成并使供电稳定。紧接着，主机便激活该端口，并发送复位的命令。

（4）Hub 在设备接入的端口上保持复位命令 10ms。然后，该端口就处于被激活的状态。这时，设备的所有寄存器等均已复位，并通过地址 0 与主机通信。

（5）主机获取设备描述符，获得缺省管道的最大数据长度等一系列信息。

（6）主机给设备分配一个总线上的唯一地址。因此，在以后的各种数据传输中，设备就将使用这个新的地址。

（7）主机获取所有设备的配置描述符。

（8）在得到配置描述符等一系列信息后，主机就给设备分配配置值。这样，设备就完成了配置。所有接口和端点的属性也得到了主机的确认。接下来，设备就可以从端口上获取其要求的最大电流数。也就是说，这个 USB 已经可以开始使用了。

USB 设备类协议（USB Device Class Specification）与 USB 协议是互为补充的。针对 USB 的每一种设备类，都有一套特殊的设备类协议。正是 USB 采用了设备类的方式来对各种设备进行分类，才使 USB 总线能够有效的控制和管理各种设备，也使得各种设备的开发变的规范、简便。

12.5.2   与单片机的硬件接口

CH375 总线接口芯片由南京沁恒公司生产，这款芯片负责处理 USB 协议，具有 8 位数据总线和读、写、片选控制线以及中断输出，可以方便地挂接到单片机等控制器的系统总线上，支持 USB-HOST 和 USB-DEVICE（SLAVE）两种方式。主机端点输入和输出缓冲区各64 字节，支持 USB 设备的控制传输、批量传输、中断传输，内置控制传输的协议处理器和处理海量存储设备的专用通信协议。支持 5V 和 3.3V 电源电压（CH375A 为 5V 供电，CH375V为 3.3V 供电），支持低功耗模式。采用 SOP-28 无铅封装。

CH375 与 AT89S52 的硬件接口图如 12-12 所示。CH375 芯片的 D7～D0 与单片机数据线相连。RD 和 WR 引脚可以分别连接到单片机的读选通输出引脚和写选通输出引脚。CS 引脚由地址译码电路驱动，用于当单片机具有多个外围器件时进行设备选择。INT 引脚输出的中断请求是低电平有效，可以连接到单片机的中断输入引脚或者普通 I/O 引脚，单片机可以使用中断方式或者查询方式获知中断请求。

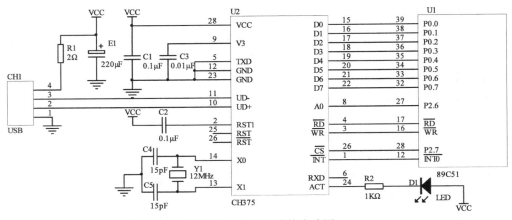

图 12-12   CH375 连接电路图

当 WR 引脚为高电平并且 CS 和 RD 及 A0 引脚都为低电平时，CH375 中的数据通过 D7～D0 输出。

当 RD 引脚为高电平并且 CS 和 WR 及 A0 引脚都为低电平时，D7～D0 上的数据被写入CH375 芯片中。

当 RD 引脚为高电平并且 CS 和 WR 引脚都为低电平而 A0 引脚为高电平时，D7～D0 上的数据被作为命令码写入 CH375 芯片中。

12.5.3   程序设计

程序设计主要是 USB 固件设计的实现。前面讲到，固件又分为通用枚举配置部分和类协议部分。以利用 CH375 主机端协议与大容量存储设备（例如 U 盘等）通信为例，介绍固件编程中重要的函数及其实现方法。

主机要想识别 USB 设备，必须获得设备的各种描述符。首先，以设备描述符为例，说明USB 描述符的一般定义方法。

```
unsigned char code DeviceDescriptor[]=
{
    18,           /*bLength,长度（18字节）*/
    1,            /*bDescriptorType,描述符类型,1代表设备描述符*/
    0x10,1,       /*bcdUSB,USB规范版本1.1,以BCD码表示*/
    0,            /*bDeviceClass, 设备类码*/
    0,            /*bDeviceSubClass,设备子类码*/
    1,            /*bDeviceProtocol, 设备协议*/
    16,           /*bMaxPacketSize0,最大封包大小*/
    0xff,0xff,    /*idVendor,制造商ID, 每个厂商有不同的ID,这里未定义*/
    0, 1,         /*idProduct,产品ID,每个厂商为自己生产的不同产品定义*/
    0, 0,         /*bcdDevice,发行序号,以BCD码表示*/
    1,            /*iManufacturer,制造商的字符串描述符索引*/
    2,            /*iProduct,产品的字符串描述符索引*/
    0,            /*iSerialNumber,设备序号的字符串描述符索引*/
    1,            /*bNumConfigurations,配置描述符的个数*/
};
```

设备描述符的定义方式是固定的。主机与 USB 设备通信时，将依次获得描述符各字段的内容。对于除设备描述符外的配置描述符、接口描述符、端点描述符和类描述符等，定义基本类似。按照枚举的要求发送相应的描述符字段，就可以完成对 USB 设备的识别与配置。

特定的 USB 设备要想正常工作，就必须建立特定的设备类协议。目前有人机接口设备 HID 类、大容量存储设备 Mass Storage 类和音频类等设备类型。以 Mass Storage 类为例，它主要包含 Bulk-Only 传输协议和 UFI 命令集子类两方面的内容。从软件的角度讲，Bulk-Only 传输协议的实现是通过调用 Bulk_Transfer_OUT() 和 Bulk_Transfer_IN() 这两个批量传输函数实现的，也就是利用批量传输函数来发送和接收 Mass Storage 的命令块封包 CBW、命令状态封包 CSW 以及数据。UFI 命令则又是在 Bulk-Only 协议的基础上来发送特定的请求命令，实现对 USB 设备内的 Flash 进行读和写。

由于 CH375 内置了常用的 USB 固件以及大容量存储器的通信协议，固件开发就变的相对简单。我们所要做的就是利用 CH375 提供的库函数，正确的调用设备类命令。命令函数集请查阅相关资料。CH375 在工作之前，首先要进行芯片初始化。

CH375 初始化程序如下。

```
#define CH375HM_INT_EN    EX0
/* 单片机的 INT0 引脚的中断使能 */
#define CH375HM_INT_FLAG   IE0
/*单片机的 INT0 引脚的中断标志 */
/*其他程序代码*/
/*假定 CH375 模块的 INT#引脚连接到单片机的 INT0 引脚*/
IT0 = 1;
/*置 CH375 模块中断信号为下降沿触发,实际上,电平触发方式也可以*/
CH375HM_INT_FLAG = 0;
/*清中断标志*/
CH375HM_INT_EN = 1;
/*允许 CH375 模块中断*/
```

基本上所有对 CH375 的操作是以调用命令函数 ExecCommand 来实现的。因为接口操作比较复杂，所以直接使用 ExecCommand 子程序就可以了。

基本操作步骤是，单片机系统将命令码（cmd）、后续参数长度（len）和参数写给接口芯片，芯片执行完成后以中断方式通知单片机，并返回操作状态和操作结果。如果命令执行失败，那么只返回状态码，不返回任何结果数据。如果命令执行成功，才有可能返回结果数据，而且有些命令总是不返回任何结果数据。输入参数和返回参数都在 CMD_PARAM 结构中。

CH375 提供的开放的命令库函数如下。

```
#define CH375HM_INDEX_WR( Index )
{
    CH375HM_INDEX = (Index);
}
/* 写索引地址 */
#define CH375HM_DATA_WR( Data )
{
    CH375HM_DATA = (Data);
}
/* 写数据 */
#define CH375HM_DATA_RD( )    ( CH375HM_DATA )
/* 读数据 */
/*其他程序代码*/
unsigned char ExecCommand( unsigned char cmd, unsigned char len )
/* 输入命令码和输入参数长度,返回操作状态码,输入参数和返回参数都在 CMD_PARAM 结构中 */
{
    unsigned char i, j, status;
    unsigned char data *buf;
    CH375HM_INT_EN = 0;
    /*关闭中断,防止中断应答修改 CH375 的索引地址,如果是查询中断则不必关闭中断*/
    CH375HM_INDEX_WR( 0 );
    CH375HM_DATA_WR( cmd );
    /*向索引地址 0 写入命令码*/
    CH375HM_DATA_WR( len );
    /*向索引地址 1 写入后续参数的长 */

    if ( len )
    {
        /*有参数*/
        i = len;
        buf = (unsigned char *)&mCmdParam;
        /*指向输入参数的起始地址*/
        do
        {
            CH375HM_DATA_WR( *buf );
            /*从索引地址 2 开始,写入参数*/
            buf ++;
        }
```

```
            while ( -- i );
        }
    mIntStatus = 0xFF;
    /*清中断状态*/
    CH375HM_INT_EN = 1;
    while ( mIntStatus == 0xFF );
    /*等待 CH375 完成操作并返回操作状态*/
    status = mIntStatus;

    if ( status == ERR_SUCCESS )
    {
        /*操作成功*/
        CH375HM_INT_EN = 0;
        /*关闭中断,防止中断应答修改 CH375 的索引地址,如果是查询中断则不必关闭中断*/
        CH375HM_INDEX_WR( 1 );
        i = CH375HM_DATA_RD( );
        /*从索引地址 1 读取返回结果数据的长度*/

        if ( i )
        {
            /*有结果数据*/
            buf = (unsigned char *)&mCmdParam;
            /*指向输出参数的起始地址*/
            j = 2;
            do
            {
                CH375HM_INDEX_WR( j );
                j ++;
                *buf = CH375HM_DATA_RD( );
                /*从索引地址 2 开始,读取结果*/
                buf ++;
            }
            while ( -- i );
        }
        CH375HM_INT_EN = 1;
    }
    else
    {
        /* 操作失败 */
        if ( status == ERR_DISK_DISCON || status == ERR_USB_CONNECT )
mDelay100mS( );
        /* U 盘刚刚连接或者断开,应该延时几十毫秒再操作 */
    }
    return( status );
}
```

对 USB 协议栈的编写,关键是合理、有效地使用 USB 接口芯片中的寄存器。USB 的协议栈以设备端点的使用和管理作为基础和核心。而在端点的这些寄存器中，对中断寄存器的管理尤其重要，而且编写 USB 的中断服务程序是整个设备端 USB 固件编写的主要内容。

中断服务程序的功能主要是处理 USB 发送和接收的不同通信信息；从端点 0 获得主机的控制信息，或是向端点 0 发送设备的描述信息；以及向其他端点发送完整的数据。能够触发 USB 中断的条件很多，中断服务程序的任务就是分辨这些触发条件，然后转入相应的处理程序中。软件流程请参阅相关资料。识别操作 CH375 返回状态的中断服务程序如下。

```c
voidCH375HMInterrupt( ) interrupt CH375HM_INT_NO using 1
{
    unsigned char  status, i;
    #define          DataCount    status
    /*节约一个变量单元*/
    CH375HM_INDEX_WR( 63 );
    /*写入索引地址 63 */
    status = CH375HM_DATA_RD( );
    /*从索引地址 63 读取中断状态*/

    if ( status == USB_INT_DISK_READ )
    {
        /*正在从 U 盘读数据块,请求数据读出*/
        DataCount = 64;
        /*计数*/
        i = 0;
        do
        {
            CH375HM_INDEX_WR( i );
            i ++;
            *buffer = CH375HM_DATA_RD( );
            /*从索引地址 0 到 63 依次读出 64 字节的数据*/
            buffer ++;
            /*读取的数据保存到外部缓冲区*/
        }
        while ( -- DataCount );
    }
    else if ( status == USB_INT_DISK_WRITE )
    {
        /*正在向 U 盘写数据块,请求数据写入*/
        CH375HM_INDEX_WR( 0 );
        i = 64;
        do
        {
            CH375HM_DATA_WR( *buffer );
            /*向索引地址 0 到 63 依次写入 64 字节的数 buffer ++;  写入的数据来自外部缓冲区*/
        }
        while ( -- i );
    }
```

```
        else if ( status == USB_INT_DISK_RETRY )
        {
            /*读写数据块失败重试,应该向回修改缓冲区指针*/
            CH375HM_INDEX_WR( 0 );
            i = CH375HM_DATA_RD( );
            /*大端模式下为回改指针字节数的高 8 位,*/
            /*如果是小端模式那么接收到的是回改指针字节数的低 8 位 */
            CH375HM_INDEX_WR( 1 );
            DataCount = CH375HM_DATA_RD( );
            /*大端模式下为回改指针字节数的低 8 位,*/
            /*如果是小端模式那么接收到的是回改指针字节数的高 8 位*/
            buffer -= ( (unsigned short)i << 8 ) + DataCount;
            /*这是大端模式下的回改指针,对于小端模式,应该是( (unsigned short)status << 8 ) + i */
        }
        else
        {
            mIntStatus = status;
            /*是事件通知状态或者操作完成状态,保存中断状态*/
        }
    }
```

除固件编程外，为完善系统功能，还需要对文件系统和 PC 应用软件进行编程，限于篇幅的原因这里不再累述。

12.5.4　经验总结

对于 USB 设备，首先要进行文件系统的格式化，将 U 盘格式化成指定的 FAT12、FAT16 或者 FAT32 文件系统。通常情况下，如果单片机系统的空闲 RAM 多于 1KB，以字节为单位读写 U 盘，速度比以扇区模式慢，并且频繁地向 U 盘中的文件写数据，会缩短 U 盘中闪存的使用寿命。

在插拔 USB 设备时，需要考虑电源影响，否则在其插入过程以及读写过程中会导致电源电压波动，甚至导致单片机复位。解决的方法，一是在主电源上并联较大的储能电源，在 U 盘插入时提供足够的瞬时电流，减少对主电源的影响；二是单独给 USB 插座供电。例如在电源与地之间并联了 100 μF 的大电解电容，尽量减小对 CH375 和单片机的影响。

在设计线路板时，在准双向 I/O 引脚加上拉电阻，提升高电平驱动能力；USB 差模信号线 D+和 D–，则使其长度尽量的短且保持平行。

12.6　【实例 91】单片机实现以太网接口

以太网由 Xerox 公司创建并由 Xerox、Intel 和 DEC 公司联合开发的基带局域网规范，采用 CSMA/CD（Carrier Sense Multiple Access with Collision Detection，载波检测多路存取/碰撞检测）技术。单片机实现以太网接口可方便实现单片机和单片机间、单片机和 PC 之间的数据通信，利用现有的局域网络，可实现传输数据量大、距离远的单片机多机通信系统。

本节主要介绍采用 8051 内核的单片机和以太网芯片 RTL8019AS 的接口应用，以下介绍的软硬件说明仅仅是发送和接收数据，不包含实际网络传输所需要的数据传输协议。

12.6.1　以太网接口芯片

1．RTL8019AS 芯片概述

RTL8019AS 是 REALTEK 公司的一种高集成度以太网控制器，内嵌 16KB RAM，具有全双工的通信接口。它实现了以太网媒介访问层和物理层的所有功能，包括 MAC 数据帧的组装/拆分与收发、地址识别、CRC 编码校验、曼彻斯特编解码、链路完整性测试等。应用时微处理器只需要在 RTL8019AS 的外部总线上读写数据即可。

2．引脚描述

RTL8019AS 的引脚按功能可分为 5 组：ISA 总线接口引脚、存储器接口引脚、网络接口引脚、LED 输出引脚和电源引脚。其引脚分布如图 12-13 所示。

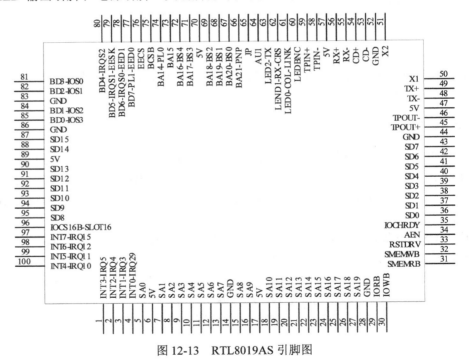

图 12-13　RTL8019AS 引脚图

由于本例中未使用外部 EEPROM 进行配置，因此不做过多介绍，感兴趣读者可查阅 RTL8019AS 的数据手册。

3．与单片机的接口及配置

本设计中使用 I/O 方式来与 RTL8019AS 交换数据，而 RTL8019AS 的 I/O 端口地址只有 32 个（如何配置见后文），所以地址线可减至 5 根（$2^5=32$）。SMEMRB 和 SMEMWB 两根信号线不用，直接接高电平使之无效。

RTL8019AS 为了兼容，设置了 IOCS16 信号线，由于 8051 系列单片机的数据宽度为 8 位，因此将其串一 27KΩ 电阻接地，即选择数据线宽度为 8 位。

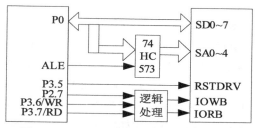

单片机采用查询方式判断 RTL8019 中是否有数据，未采用中断方式，中断输出线悬空。

由于单片机的 P0 口为数据、地址分时复用，因此系统采用 74HC573 锁存器将 P0 输出的地址锁存。如图 12-14 所示，本设计中 RTL8019AS 可认为是一外部 RAM，对 RTL8019AS 内部寄存

图 12-14　RTL8019AS 与单片机连接框图

器的操作可看作是对外部制定地址 RAM 的操作，实际操作的 RAM 地址从 0x8000 开始。

RTL8019AS 提供了 3 种配置 I/O 端口和中断的模式：跳线模式、即插即用模式、免跳线模式。

4．与以太网的硬件接口电路

RTL8019AS 可连接同轴电缆和双绞线，并可自动检测所连接的介质。64 脚 AUI 决定 RTL8019AS 与以太网的连接是使用 AUI 还是 UTP 接口。AUI 是粗缆网线接口，已极少使用；BNC 是 10BASET2 细缆网线的接口，使用也不多；UTP 是 10BSE-T 双绞网线的接口，目前使用非常广泛。AUI 引脚为高时使用 AUI 接口，为低时使用 BNC 或 UTP 接口，本例中使用最为常用的 UTP 接口，将 64 脚悬空即可。

网络接口的具体类型由 PL0，PL1 引脚决定，在此选 PL0，PL1 均为 0，即 RTL8019AS 自动检测所连接的网络接口类型然后进行工作，如果检测到 10BASE-T 电缆信号，则选择接口类型为 UTP，否则选择接口类型为 BNC。RTL8019AS 通过 UTP 接口与以太网相连接的电路如图 12-15 所示。图中 RJ-45 是双绞线的接插口。

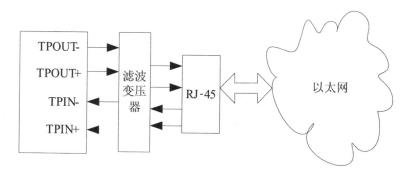

图 12-15　RTL8019AS 网络接口示意图

12.6.2　程序设计

RTL8019AS 是与 NE2000 兼容的以太网控制器。NE2000 是 NOVEL 公司生产的 16 位 ISA 总线以太网芯片，它已成为 ISA 总线以太网控制器的标准。微处理器通过 32 个 I/O 地址上的寄存器来完成对 RTL8019AS 的操作。

相关寄存器的说明，请查阅 RTL8019AS 的数据手册。

1．RTL8019AS 复位

RTL8019AS 的复位方式有两种：热复位和冷复位。

RTL801SAS 内部跟热复位有关的寄存器：18H～1FH 共 8 个地址，为复位端口。对该端口偶数地址的读，或者写入任何数，都引起芯片的复位。本设计中未使用热复位。

冷复位引脚为 33 脚 RSTDRV。RSTDRV 为高电平有效，至少需要 800ns 的宽度。给该引脚施加一个 1μs 以上的高电平就可以复位。施加一个高电平之后，然后施加一个低电平。复位的过程将执行一些操作，比如将外部配置存储器 93c46 的内容读入，将内部寄存器初始化等。这些至少需要 2ms 的时间。所以程序中复位信号发出后等待 100ms 之后才对它操作，以确保完全复位。复位线单片机采用 P3.5 口，芯片初始化程序对 RSTDRV 先置 1，延时后再置 0。

复位程序代码如下：

```
#include<reg52.h>
sbit rst=P3^5;
/*单片机与 RTL8019AS 复位线的接口*/
/*其他程序代码*/
rst=1;
/*RTL8019AS 复位线高电平时复位*/
etherdev_delay_ms(100);
/*延时一段时间*/
rst=0;
```

2．RTL8019AS 初始化

RTL8019AS 完成复位之后，要对芯片的工作参数进行设置。RTL8019AS 的四组寄存器的地址都是映射到同一个地址空间，使用哪组寄存器前需要先选择寄存器所在的组。注意，从寄存器表中可以看出，CR 命令寄存器在各组中都是同一个寄存器。CR 各位含义如表 12-1 所示。

表 12-1 CR 命令寄存器

位	7	6	5	4	3	2	1	0
名字	PS1	PS0	RD2	RD1	RD0	TXP	STA	STP

PS1 和 PS0 这两个位用来选择寄存器页，PS1 PS0=00 时选择寄存器页 0，PS1 PS0 = 01 时选择寄存器页 1，PS1 PS0=10 时选择寄存器页 2，PS1 PS0=11 时选择寄存器页 3。下面为一个选择寄存器组的一段程序。

```
#define reg00 xdata[0x0800]
/*其他程序代码*/

void page( unsigned char page_no )
{
    unsigned char temp;
    temp=reg00;
    temp=temp&0x3B ;
    /*0011 1011*/
    page_no = page_no <<6;
```

```
    temp=temp | page_no;
    reg00=temp;
}
```

要特殊说明的是 temp=temp&0x3B 这一句，若保持低六位都不变，一旦在发送数据包的过程中使用该函数，TXP 会保持 1 直到数据包传送完成，数据包还没发送完就重新写入 1 会导致重新向外发送数据包。而将 temp=temp&0x3B 中的 TXP 对应位清 0 再写入 CR 不会起任何作用，所以不会导致正在传送的数据包重发。

RTL8019AS 的初始化过程比较复杂，主要是完成复位，以及相关寄存器的配置等。在初始化时，主要初始化页 0 与页 1 的相关寄存器，页 2 的寄存器是只读的，不可以设置，页 3 不是 NE2000 兼容的，在本例中未设置。以下是 RTL8019AS 初始化子程序，程序中包括了各寄存器的设置情况。

```c
#define reg00 xdata[0x8000]
#define reg01 xdata[0x8001]
/*其他程序代码*/
#define reg1f xdata[0x801f]
bit etherdev_init(void)
{
    unsigned char tmp=0;
    rst=1;
    /*复位 RTL8019*/
    etherdev_delay_ms(100);
    rst=0;
    reg00=0x21;
    /*0010 0001 CR
    /*选择页 0 的寄存器，芯片停止运行，因为还/*没有初始化*/
    page(0);
    /*可以不加*/
    reg01=0x4c;
    /*Pstart，接收缓冲区首地址*/
    reg02=0x50;
    /*Pstop        50H*/
    reg03=0x4c;
    /*BNRY，  读页指针*/
    reg04=0x40;
    /*TPSR，发送缓冲区首地址*/
    reg0a=0x00;
    /*RBCR0 远程 dma 字节数低位*/
    reg0b=0x00;
    /*RBCR1 远程 dma 字节数高位*/
    reg0c=0xcc;
    /*RCR 接收配置寄存器 1100 1100*/
    reg0d=0xe0;
    /*TCR 传输配置寄存器 1110 0000*/
    reg0e=0xc8;
    /*DCR 数据配置寄存器 8 位数据 dma  1100 1000*/
    reg0f=0x00;
    /*IMR 屏蔽所有中断*/
    page(1);
    /*选择页 1 的寄存器*/
```

```
        reg07=0x4c;
        /*CURR 与？？相等就会停止接收？？ */
        reg08=0x00;
        /*MAR0
        reg09=0x41;  /*MAR1
        reg0a=0x00;  /*MAR2
        reg0b=0x00;  /*MAR3
        reg0c=0x00;  /*MAR4
        reg0d=0x00;  /*MAR5*/
        reg0e=0x00;
        /*MAR6*/
        reg0f=0x00;
        /*MAR7*/
        /*写入 MAC 地址*/
        reg01=ETHADDR0;
        /*
        reg02=ETHADDR1;   /*
        reg03=ETHADDR2;    /*
        reg04=ETHADDR3;    /*
        reg05=ETHADDR4;    /*
        reg06=ETHADDR5;    /*
        page(0);
        reg00=0x22;
        /*CR 0010 0010 选择页 0 寄存器，芯片执行命令*/
        reg07=0xff;
        /*ISR*/
        TR0 = 0;
        /*以下为时钟脉冲初始化部分*/
        TMOD &= 0xF0;
        TMOD |= 0x01;
        TH0 = ETH_T0_RELOAD >> 8;
        TL0 = ETH_T0_RELOAD;
        TR0 = 1;
        ET0 = 1;
        EA  = 1;
        return 1;
    }
```

初始化程序先复位 RTL8019AS，然后再设置接收缓冲区，发送缓冲区的地址，然后是数据传输配置等寄存器，然后再向 RTL8019AS 中写入 MAC 地址，最后使芯片工作。

RTL8019 芯片含有 16KB 的 RAM，地址为 0x4000～0x7fff（指的是芯片上的存储地址，而不是 ISA 总线的地址，是芯片工作用的存储器），每 256 字节称为一页，共有 64 页。页的地址就是地址的高 8 位，页地址为 0x40～0x7f。这 16KB 的 RAM 的一部分用来存放接收的数据包，一部分用来存储待发送的数据包。当然也可以作为 RAM 使用，但是操作 RTL8019AS 上的 RAM 比较复杂。

在本程序中使用 0x40～0x4B 为芯片的发送缓冲区，共 12 页，刚好可以存储 2 个最大的以太网包。使用 0x4c～0x50 为芯片的接收缓冲区，PSTART=0x4c,PSTOP=0x50（0x50 为停止页，就是直到 0x4f，是接收缓冲区，不包括 0x50）初始化时，RTL8019 没有接收到任何数据包,所以,BNRY 设置为指向第一个接收缓冲区的页 0x4c。

以下 4 个寄存器用于接收的设置。

- CURR 是芯片写内存的指针。它指向当前正在写的页的下一页。那么初始化指向 0x4c。芯片写完接收缓冲区一页,就将这个页地址加一,CURR=CURR+1。这是芯片自动加的。当加到最后的空页(这里是 0x50, PSTOP)时,将 CURR 置为接收缓冲区的第一页(这里是 0x4c,PSTART),也是芯片自动完成的。当 CURR=BNRY 时,表示缓冲区全部被存满,数据没有被用户读走,这时芯片将停止往内存写数据,新收到的数据包将被丢弃不要,而不覆盖旧的数据。此时实际上出现了内存溢出。

- BNRR 要由用户来操作。用户从芯片读走一页数据,要将 BNRY 加一,然后再写到 BNRY 寄存器。当 BNRY 加到最后的空页(0x50, PSTOP)时,同样要将 BNRY 变成第一个接收页(PSTART, 0x4c)BNRY = 0x4c。

- CURR 和 BNRY 主要用来控制缓冲区的存取过程,保证能顺次写入和读出)。当 CURR = BNRY + 1(或当 BNRY = 0x4f, CURR=0x4c)时,芯片的接收缓冲区里没有数据,表示没有收到数据包。用户通过这个判断知道没有包可以读。当上述条件不成立时,表示接收到新的数据包。然后用户应该读取数据包,直到上述条件成立时,表示所以数据包已经读完,此时停止读取数据包。

- TPSR 为发送页的起始页地址。初始化为指向第一个发送缓冲区的页 0x40。

- RCR 接收配置寄存器,设置为使用接收缓冲区,仅接收自己的地址的数据包(以及广播地址数据包)和多点播送地址包,小于 64 字节的包丢弃(这是协议的规定,设置成接收是用于网络分析),校验错的数据包不接收。

- TCR 发送配置寄存器,启用 CRC 自动生成和自动校验,工作在正常模式。

- DCR 数据配置寄存器,设置为使用 FIFO 缓存,普通模式,8 位数据传输模式,字节顺序为高位字节在前,低位字节在后(如果用 16 位的单片机,设置成 16 位的数据总线操作会更快,但是 51 是 8 位总线的单片机)。

- IMR 中断屏蔽寄存器,设置成 0x00,屏蔽所有的中断。设置成 0xff 将允许中断)。MAR0—MAR8 是设置多点播送的参数,程序中并未使用,只要保证芯片能正常工作就可以了。

- PAGE2 的寄存器是只读的,所以不可以设置,PAGE3 的寄存器不是 NE2000 兼容的,所以也不用设置。然后再向寄存器 1 的 PAR0-PAR5 写入 MAC 地址。这几个寄存器是 RTL8019 芯片的工作时候用的地址,只有符合这个地址的数据包才接收。实际上 MAC 地址一般都是指应用了网络控制器的芯片的地址。MAC 地址为 48 位,分为一般地址、组播、广播地址,这些地址不是随便定义的,具体由 IEEE 国际组织统一分配。

3. RTL8019AS 内部存储器结构

RTL8019AS 的存储器地址空间如图 12-16 所示,它含有 16KB 用于缓存数据的 RAM,地址为 0x4000-0x7fff(指的是网络控制器上的存储地址,而不是 ISA 总线的地址,是网络控制器内部工作用的存储器),每 256 字节称为一页,共有 64 页。页的地址就是地址的高 8 位,页地址为 0x40~0x7f。这 16KB 的 RAM 一部分用来存放接收的数据包,一部分用来存储待发送的数据包。

在本程序中使用 0x40-0x4B 为芯片的发送缓冲区,共 12 页,刚好可以存储 2 个最大的以太网包。使用 0x4c-0x50 为芯片的接收缓冲区,PSTART=0x4c,PSTOP=0x50(0x50 为停止页,就是直到 0x4f，是接收缓冲区，不包括 0x50）初始化时，RTL8019 没有接收到任何数据包，所以，BNRY 设置为指向第一个接收缓冲区的页 0x4c。

上图中的 ROM 空间可映射到 Boot ROM 或 Flash ROM，在嵌入式系统中一般不会用到。最前面的大小为 256 字节的 RAM 是 9346（一个用于在非跳线方式下配置 RTL8019AS 的 EEPROM）的影像存储，存储的内容的一部分跟 9346 存储的是一样的。网络控制器在上电的时候将 9346 的一部分内容读到这 256 字节的 RAM 里以完成对 RTL8019AS 的配置，由于使用跳线方式，所以对此不做处理。

4．数据收发与 DMA

RTL8019AS 是通过 DMA 操作来实现数据交换的，分为本地 DMA 和远程 DMA，如图 12-17 所示。

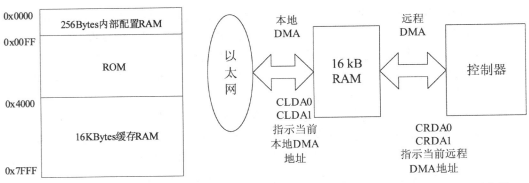

图 12-16　RTL8019AS 内部存储器地址空间　图 12-17　RTL8019AS 本地 DMA 和远程 DMA 示意图

本地 DMA 完成 RTL8019AS 与以太网的数据交换。发送时，数据包从 RTL8019AS 的缓冲区从网络接口送出，如果发生冲突，RTL8019AS 会自动重发；接收时，RTL8019AS 从网络接口接收符合要求的数据（地址匹配，无帧错和校验错等）到缓冲区。

远程 DMA 完成与主控制器（单片机）的数据交换。发送时，微处理器将数据送入 RTL8019AS 内部缓冲区，并设置 RTL8019AS 待发送的数据包的起始地址（TPSR）和长度（TBCR0、TBCR1），然后由 RTL8019AS 完成发送。

接收时，微处理器从 RTL8019AS 的接收缓冲区中将已接收到的数据包读出，RTL8019 的利用两个指针处理接收缓冲区中的数据。

需要注意的是，RTL8019AS 的 DMA 与通常的 DMA 有点不同。RTL8019AS 的本地 DMA 操作是由控制器本身完成的，而其远程 DMA 是在无微处理器的参与下，数据能自动移到微处理器的内存中的，它的操作机制是这样的：微处理器先赋值于远程 DMA 的起始地址寄存器 RSAR0、RSAR1 和字节计数器 RBCR0、RBCR1，然后在 RTL8019AS 的 DMA I/O 地址上读写数据，每读写一个数据 RTL8019AS 会将字节计数器减小，当字节计数器减到 0 时，远程 DMA 操作完成，微处理器不应再在 DMA 端口地址上读写数据。

可以通过读取 CRDA0-1 和 CLDA0-1 来获得当前 DMA 操作的地址。

5．RTL8019AS 发送数据

如图 12-18 所示，发送数据时，RTL8019AS 先将待发送的数据包存入芯片 RAM 给出发

送缓冲区首地址和数据包长度（写入 TPSR TBCR0,1）启动发送命令（CR=0x3E）即可实现 8019 发送功能，RTL8019AS 会自动按以太网协议完成发送并将结果写入状态寄存器。

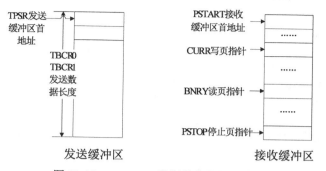

图 12-18　RTL8019 发送接收数据缓冲区

程序流程图如图 12-19 所示。

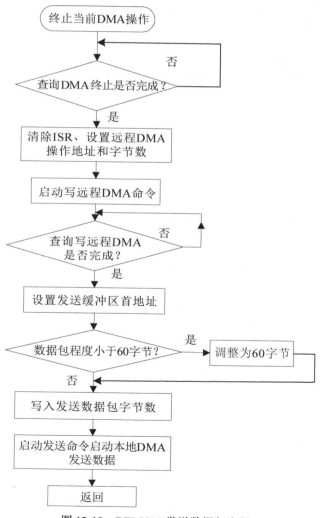

图 12-19　RTL8019 发送数据包流程

RTL8019 发送数据包程序代码如下。

```
void etherdev_send(void)
/*发送数据包程序部分*/
{
    unsigned int i;
    unsigned char *ptr;
    /*指针指向 的数据缓冲区*/
    ptr = _buf;
    page(0);
    reg00=RD2 | STA;
    /*终止 DMA 操作*/
    while( reg00 & TXP) continue;
    /*查询数据是否已经发送完? */
    reg07|=RDC;
    /*清除 ISR 中远程 DMA 操作完成标志*/
    reg08=0x00;
    /*RSAR0*/
    reg09=ETH_TX_PAGE_START;
    /* RSAR1 设置远程 DMA 操作地址*/
    reg0a=(unsigned char)( _len & 0xFF);
    /* RBCR0 远程 dma 字节数低位 reg0b=(unsigned char)( _len >> 8 )*/
    /* RBCR1 远程 dma 字节数高位*/
    reg00=RD1 | STA;
    /*CR 启动远程 DMA 写命令*/
    for(i = 0; i < _len; i++)
    {
        /*单片机向 RTL8019 远程 DMA 写数据*/
        if(i == 40 + _LLH_LEN)
        {
            ptr = (unsigned char *) _appdata;
        }
        reg10=*ptr++;
        /* RDMA 远程 DMA 端口，即 8019 接收数据的端口，*/
    }
    /*每写完一字节，自动加 1*/
    while(!(reg07 & RDC)) continue;
    /*查询远程 DMA 是否完成? */
    reg00= RD2 | STA;
    /*CR 终止远程 DMA 操作*/
    reg04=ETH_TX_PAGE_START;
    /* TPSR 设置发送缓冲区首地址*/
    if( _len < ETH_MIN_PACKET_LEN)
    {
        /*以太网包的最小长度为 60 字节*/
```

```
            _len = ETH_MIN_PACKET_LEN;
        }
    reg05=(unsigned char)( _len & 0xFF);
    /*TBCR0 发送数据包字节数*/
    reg06=(unsigned char)( _len >> 8);
    /*TBCR1 高低字节*/
    reg00= 0x3E;
    //RD2 | TXP | STA;
    /*CR  启动发送命令*/
    return;
}
```

6. RTL8019AS 接收数据

RTL8019AS 的接收缓冲区是一个环形缓冲区。接收缓冲区在内存中的位置由页起始寄存器（PSTART）和页终止寄存器（PSTOP）指出。环形缓冲区的当前读写位置则由当前页寄存器（CURR）和边界页寄存器（BNRY）指出。

CURR 是 RTL8019AS 写内存的指针，那么初始化它就应该指向 PSTART(这里是 0x4C)。网络控制器写完接收缓冲区一页，就将这个页地址加一，CURR＝CURR＋1，这是网络控制器自动加的。当加到最后的空页（PSTOP，这里是 0x50）时，将 CURR 置为接收缓冲区的第一页（PSTART，这里是 0x4d），这也是网络控制器自动完成的。当 CURR+1＝BNRY 时，表示缓冲区全部被存满，数据没有被用户读走，这时网络控制器将停止往缓冲区写数据，新收到的数据包将被丢弃。此时实际上出现了缓冲区溢出，中断状态寄存器中的 OVW 被置位。

BNRY 是数据缓冲区的读指针，要由微处理器来操作，初始时也指向 PSTART。微处理器从 RTL8019AS 读走一页数据，要将 BNRY 加一，当 BNRY 加到最后的空页（PSTOP，0x80）时，同样要将 BNRY 变成第一个接收页（PSTART，这里是 0x60）。当 BNRY＝CURR 时表示缓冲区已空，无数据可读。

相对于发送数据包，接收包的过程相对复杂。在 etherdev_read()程序中，设定若无数据（返回值为 0）且超时 0.5s 后则返回。

etherdev_poll()函数返回值为数据包的长度，若没有数据包或者数据包的长度大于缓冲区 _buf 的长度，返回长度 0，否则返回实际接收数据包的长度。另外 etherdev_poll()函数中还对 RTL8019 接收缓冲区的溢出情况进行了处理。详细内容如图 12-20 所示。

（1）函数 unsigned int etherdev_read()。

unsigned int etherdev_read()用于 RTL8019 接收数据，程序代码如下。

```
unsigned int etherdev_read(void)
{
    unsigned int bytes_read;
    /* tick_count 时钟滴答设置为 0.5s, 若读数据等待时间超过 0.5s, 则返回*/
    while ((!(bytes_read = etherdev_poll())) && (tick_count < 12)) continue;
    tick_count = 0;
    return bytes_read;
}
```

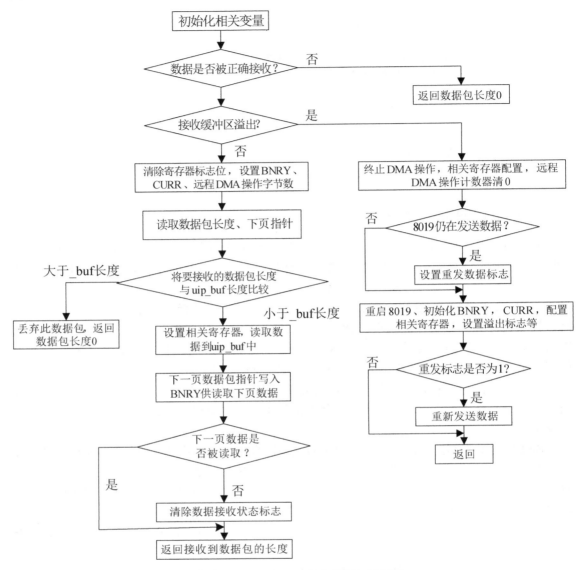

图 12-20   RTL8019AS 接收数据包流程图

（2）函数 static unsigned int etherdev_poll()。

static unsigned int etherdev_poll()用于查询 8019 是否有新数据包收到，程序代码如下。

```
static unsigned int etherdev_poll(void)
{
    unsigned int len = 0;
    unsigned char tmp;
    /* 检查接收缓冲区是否有数据*/
    if(reg07 & PRX)
    {
        /*PRX 置位，表明数据包被正确接收*/
        if( reg07 & OVW)
```

```
    {
        /*检查缓冲区是否溢出*/
        bit retransmit = 0;
        /*若缓冲区溢出，则丢弃缓冲区的所有数据包，我们无法保证溢出后*/
        /*缓冲区的数据不受影响变化*/
        reg00=RD2 | STP;
        /* 终止当前 DMA 操作*/
        reg0a=0x00;
        /*复位远程数据计数器 低位*/
        reg0b=0x00;
        /*复位远程数据计数器 高位*/
        /*当接收缓冲区发生溢出后，从缓冲区中读取一些数据而使其
        /*不再处于溢出状态时，RST 会被置位*/
        while(!(reg07 & RST)) continue;
        if(reg00 & TXP)
        {
            /*检测当前是否仍在传输数据*/
            if(!((reg07 & PTX) || (reg07 & TXE)))
            {
                /*若无错误，则重发数据包*/
                retransmit = 1;
            }
        }
        reg0d=LB0;
        /* TCR, LB0) */
        reg00= RD2 | STA;
        /*重新让 RTL8019 开始工作*/
        reg03=ETH_RX_PAGE_START;
        /*再重初始化 BNRY*/
        page(1);
        reg07=ETH_RX_PAGE_START;
        /*再重初始化 CURR */
        page(0);
        reg07=PRX | OVW;
        /*清除接收缓冲区溢出标志*/
        reg0d=0x00;
        /* TCR 配置接收配置寄存器为正常工作状态*/
        if(retransmit)
        {
            reg00=0x3e;
            /*CR, RD2 | TXP | STA, 重发数据包*/
        }
    }
    else
    {
        /*接收缓冲区未溢出，读取数据包到 _buf 缓冲区中*/
```

```
unsigned int i;
unsigned char next_rx_packet;
unsigned char current;
reg07=RDC;
/*ISR, RDC 清除远程 DMA 完成标志位*/
reg08=0x00;
/* RSAR0 设置远程 DMA 开始地址*/
reg09=reg03;
/*RSAR1=BNRY
reg0a=0x04;
/*RBCR0, 0x04 设置远程 DMA 操作字节数, 注意以太网帧头部 4 字节*/
reg0b=0x00;
/*RBCR1, 0x00
reg00=RD0 | STA;
/* CR, RD0 | STA
tmp=reg10;
/* RDMA, 远程 DMA 读取第一个字节, 为接收状态, 不需要, 注意*/
/*RTL8019 接收数据包前 4 个字节并不是真正的以太网帧头, 而是*/
/*接收状态（8BIT）, 下页指针（8BIT）, 以太网包长度（16Bit）*/
next_rx_packet =reg10;
/* RDMA, 第二个字节为下一帧数据的指针*/
len = reg10;
/*RDMA, 存储包的长度*/
len += (reg10<<8);
/* RDMA << 8*/;
len -= 4;
/*减去尾部 CRC 校验 4 字节*/
while(!(reg07 & RDC)) continue;
/*等待远程 DMA 操作完成*/
reg00=RD2 | STA;
/* CR  终止 DMA 操作*/
if(len <=  _BUFSIZE)
{
    /*检查数据包的长度*/
    reg07=RDC;
    /* ISR, RDC 清除远程 DMA 操作完成标志*/
    reg08=0x04;
    /* RSAR0, 设置远程 DMA 操作地址, 前部分程序中并没有将*/
    /*整个数据包//读入, 只是读取接收数据包的前 4 个字节。*/
    reg09=reg03;
    *RSAR1=BNRY, BNRY 中为 CURR
    /*根据上文读取的数据包的长度设置远程 DMA 操作字节数寄存器*/
    reg0a=(unsigned char)(len & 0xFF);
    * RBCR0*/
    reg0b=(unsigned char)(len >> 8);
    * RBCR1*/
    reg00=RD0 | STA;
```

```
        /*etherdev_reg_write(CR, RD0 | STA) 读取数据包到 _buf 中*/
        for(i = 0; i < len; i++)
        {
            *( _buf + i) = reg10;
            /* read  RDMA*/
        }
        while(!(reg07 & RDC)) continue;
        /*等待操作完成*/
        reg00= RD2 | STA;
        /*CR 远程 DMA 操作完成后终止*/
    }
    else
    {
        /*若数据包的长度太长, _buf 将容纳不下丢弃此数据包 len = 0 */
    }
    reg03=next_rx_packet;
    /* BNRY=next_rx_packet, 下页指针调整*/
    page(1);
    current = reg07;
    /* 读取 CURR 指针*/
    page(0);
    if(next_rx_packet == current)
    {
        /* 检测上次接收的数据包是否已经被读走*/
        reg07=PRX;
        /*ISR, PRX 清除数据包被正确接收标志位*/
    }
    }
}
return len;
/*返回读取数据包的长度,数据已在 _buf 中, 若 len=0,表明无数据*/
}
```

12.6.3　经验总结

单片机与以太网芯片的结合使单片机与网络连接成为可能,数据的采集和传输走向网络化,但是受单片机资源的限制,单片机实现接入以太网传送数据的性能不可能太高,在某些应用中会受到限制。因此,实际引用中有必要提高单片机的速度或者使用内部带有网络控制器的单片机。

12.7　【实例 92】单片机控制 GPRS 传输

GPRS(General Packet Radio Service,通用分组无线业务)是一种基于 GSM 系统的无线分组交换技术,能提供端到端的、广域的无线 IP 连接,允许用户在点对点分组转移模式下发送和接收数据,而不需要电路交换模式的网络资源等,从而提供了一种高效、低成本的无线分组数据业务。利用 GPRS 业务，可以实现用户数据便捷地发送和接收，具有实时性强、建设成本低、数据传输速率高、通信费用低、可实现远程控制等特点。目前，GPRS 已经在电力、石油、化工、门禁和自动化领域等使用。本节重点介绍单片机和 GPRS 模块的接口，其他部分不做介绍。

12.7.1 典型器件介绍

当前市场上有多种 GPRS 模块可选用，主要有 SIMCOM 公司的 SIM 系列，SIEMENS 公司的 TC35，BENQ 公司的 M22 等。选择模块时参考因素主要有模块简单易用，稳定性好，最好内嵌 TCP/IP 协议栈等。

1．SIM300C 简介

SIM300C 是 SIMCOM 公司推出的一款三频/四频 GSM/GPRS 模块解决方案，模块内部集成有 TCP/IP 协议栈，可以方便地利用 AT 指令控制使用，主要为语音传输、短消息和数据业务提供无线接口。SIM300C 模块内部集成了完整的射频电路和 GSM 的基带处理器，适合于开发一些 GSM/GPRS 的无线应用产品。

请参考 SIM300C 的相关说明文档。

2．SIM 卡接口

SIM300C 模块支持外部 SIM 卡，模块自动检测和适应 SIM 卡类型，可直接与 3.0V 或者 1.8V SIM 卡相连。

12.7.2 硬件设计

1．总体硬件电路设计

单片机控制 GPRS 数据传输的系统结构框图如图 12-21 所示，系统以 C8051F340 单片机为核心，分别与 GPRS 模块、人机交互接口和其他接口等相连接，本节重点介绍单片机和 GPRS 模块的接口，其他部分不做介绍。

SIM 卡与 SIM300C 连接的电路如图 12-22 所示。

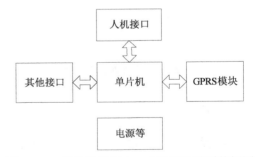

图 12-21 单片机控制 GPRS 数据传输系统框图

为了防止静电损坏 SIM 卡和 SIM300C 模块，在 SIM 卡的引脚上加瞬变电压抑制二极管。

2．与单片机接口设计

SIM300C 的异步串行通信接口特点如下：

当模块上电后，推荐等待 3s～5s 的时间然后再发送 AT 指令，否则未定义的字符会返回。模块开启自动波特率侦测功能后，原来系统自动产生的字符如："RDY"，"+CFUN:1"和"＋CPIN:READY"不会出现。自动波特率侦测的要求串行口发送的数据为 8 位，无奇偶校验，1 位停止位。

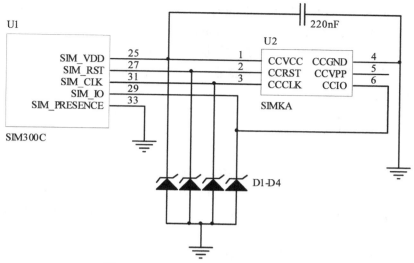

图 12-22　SIM 卡与 SIM300C 的接口图

在本系统中选用的单片机为 C8051F340，电源采用 3.3V 供电，C8051F340 的 I/O 口可直接与 SIM300C 的串行通信接口相连。其中 GPRS 模块与单片机间是通过串行口进行通信的，除了串口发送（TXD）、串口接收（RXD）之外，微控制器与 GPRS 模块之间还有一些硬件握手信号，如 DTR、CTS、DCD 等。为了简化微控制器的控制，硬件设计时不使用全部的硬件握手信号。参考电路如图 12-23 所示。

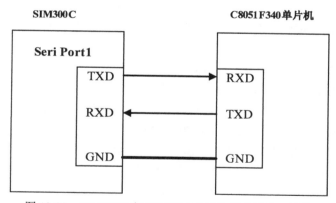

图 12-23　SIM300C 和 C8051F340 单片机的通信口连接

12.7.3　程序设计

SIM300C 具有标准的 AT 指令接口，单片机使用 AT 指令与模块进行通信，单片机通过串行口发送 AT 指令，SIM300C 接收到指令后，进行相应的操作，然后将操作结果通过串行口返回，模块接收到的数据和单片机要发送的数据等也是通过串行口来完成的。这样单片机的编程主要体现在使用串行口发送和接收数据上。

1. AT 指令简介

GSM 模块通信主要是通过 AT 指令来完成。AT 指令集是从终端设备（Terminal Equipment，

TE）或数据终端设备（Data Terminal Equipment，DTE）向终端适配器（Terminal Adapter，TA）或数据电路终端设备（Data Circuit Terminal Equipment，DCE）发送的。通过 TA、TE 发送 AT 指令来控制移动台（Mobile Station，MS）的功能，与 GSM 网络业务进行交互。用户可以通过 AT 指令进行呼叫、短信、电话本、数据业务、传真等方面的控制。

AT 指令的特点如下。

- 所有 AT 指令都以"AT"开始，以"回车""换行"结束。
- 命令及参数均为 ASCII 码。
- 所有命令不区分大小写。
- 模块应答格式为<回车><换行><响应><回车><换行>。

所有 AT 指令可大概分为基本格式，带参数的格式和其他格式的指令。在介绍系统程序设计之前，我们先将主要的 AT 指令介绍如下，其他 AT 指令的功能作用等请查阅相关模块所提供的详细资料。

- ATE0：关模块回显输入指令，返回 OK 表示设置成功。
- AT+CMGF=1：设置消息内容为文本模式，返回 OK 表示设置成功。
- AT+CNMI=2,1,0,0,0：设置接收格式，返回 OK 表示设置成功。
- AT+CMGL="ALL"：读取所有短信，通过这条指令可获取短信号。
- AT+CMGD=（短信号）：删除某条短信，返回 OK 表示删除成功。
- AT+CMGS="手机号码"：发送短消息，等模块返回"> "后，可写发送短信内容，用组合键"Ctrl+Z"（十六进制为 1A）发送。
- AT+CMGR=短信号：读取短信内容，该短信号为 SIM 卡中预读取短信的号码，短信号可从接收短信指令中获取，即"+CMTI：（空格）"SM"，（空格）短信号"指令中的"短信号"。
- AT＋CIPCSGP=1，"cmnet"：设置 GPRS 方式，返回 OK 表示设置成功。
- AT+CLPORT="UDP"，"0000"：设置 UDP 端口号，返回 OK 表示设置成功。
- AT+CSTT：启动 TCP 任务，返回 OK 表示设置成功。
- AT+CIICR：激活场景，返回 OK 表示设置成功。
- AT+CIPFSR：获得 SERVER 的 IP 地址，通过这条指令可获取设置 UDP 之后的 IP 地址。
- AT+CIPSTART="UDP"，"REMOTE IP ADDR"，"REMOTE PORT"：注册 UDP 连接，其中"REMOTE IP ADDR"和"REMOTE PORT"可以随便设置一个，成功设置后返回"CONNECT OK"。
- AT+CIPCLOSE：注销当前 UDP 连接。
- AT+CIPSEND：向 SERVER 发送数据，等返回">"后，可写发送短信内容，用"Ctrl+Z"组合键（十六进制为 1A）发送。

从上述指令不难看到，其中第一条用于关闭系统的回显，是初始化的一部分；第二条到的七条（共六条）起到短信的设置、读写、发送等作用；第 8 条到第 14 条是 GPRS 及 UDP/IP 的设置、连接等方面的指令；而第 15 条则是通过 GPRS 的 SERVER 功能来发送用户数据。

2. 建立 GPRS 连接的方法

通过 GPRS 传送数据的双方进行数据传输之前，要先建立连接，建立连接过程如下。

（1）首先，初始化 GPRS 模块，使其进入正常工作状态，具体步骤如下。

● 关模块回显，关掉模块的回显后，方便单片机串行口对指令和字符的判断。关模块回显的 AT 指令为：ATE0（回车），成功返回：（回车换行）OK（回车换行）。

● 设置消息内容为文本模式。AT 指令为：AT+CMGF=1（回车），成功后返回：（回车换行）OK（回车换行）。

● 设置接收格式。AT 指令为：AT+CNMI=2,1,0,0,0（回车），成功后返回：（回车换行）OK（回车换行）。

● 对手机卡中短信进行删除，首先读取内部所有短信，获取短信号；然后删除短信。读取短信 AT 命令为：AT+CMGR="ALL"（回车），返回：（回车换行）+CMGL:（空格）短信号，"短信读取状态"，"手机号码"，"时间"，"短信内容"；……。删除短信指令为 AT+CMGD=（短信号），成功返回：（回车换行）OK（回车换行）。

（2）然后，再发送相关 AT 指令，设置 SIM300C 模块的 SERVER 功能，具体步骤如下。

● 设置 GPRS 方式。AT 指令为：AT+CIPCSGP=1，"CMNET"（回车），成功返回：（回车换行）OK（回车换行）。

● 设置 TCP 端口号。AT 指令为：AT+CLPORT="TCP"，"0000"（回车），设置成功后返回：（回车换行）OK（回车换行）。

● 启动 GPRS 任务。AT 指令为：AT+CSTT（回车），设置成功后返回：（回车换行）OK（回车换行）。

● 激活场景。AT 指令为：AT+CIICR（回车），设置成功后返回：（回车换行）OK（回车换行）。

● 获得 SERVER 的 IP 地址。AT 指令为：AT+CIPFSR（回车），成功返回：（回车换行）OK（回车换行）。

● 注册 TCP 连接。指令为：AT+CIPSTART="TCP"，"要连接的 IP 地址"，"端口号"（回车），成功后返回"CONNECT OK"。

（3）接着，通过短信服务获得对方 IP 地址和端口号，具体步骤如下。

● 发送短消息，内容为本地 IP 地址和端口号，具体格式用户可自定。指令为：AT+CMGS="手机号码"（回车），等返回">"（注：这是两个符号，即">"和"空格"）开始写发送内容（本方 IP 和端口号），用"Ctrl+Z"组合键（十六进制码为 1A）发送，成功返回：（回车换行）+CMGS：短信号（回车换行）（回车换行）OK（回车换行）。注：短信号为本手机发送的短信号，对于本程序没有实际意义。

● 如果收到短信的话，将收到此提示（回车换行）+CMTI："空格""SM"，"空格"短信号（回车换行）。此处短信号为读取和删除短信的依据，如果有短信收到的话，将及时读取其内容获取对方 IP 和端口号，并对其立即删除，防止短信空间占用，指令分别如下：
读取短信。指令为：AT+CMGR=短信号（回车）。成功返回如下格式：（回车换行）。
删除短信。指令为：AT+CMGD=短信号（回车），成功返回：（回车换行）OK（回车换行）。

（4）最后，建立点对点的 TCP 链接。

● 注销当前 TCP 连接。指令为 AT+CIPCLOSE（回车），成功返回：（回车换行）OK（回车换行）。

- 建立当前连接。指令为：AT+CIPSTART=“TCP”，“当前的 IP 地址”，“当前的端口号”（回车），成功后返回（回车换行）OK（回车换行）。
- 连接成功建立成功之后，就可以发送和接收 GPRS 数据了。

TCP 和 UDP 是 TCP/IP 协议中的两个传输层协议，它们使用 IP 路由功能把数据包发送到目的地，从而为应用程序及应用层协议（包括：HTTP、SMTP、SNMP、FTP 和 Telnet）提供网络服务。TCP 提供的是面向连接的、可靠的数据流传输，而 UDP 提供的是非面向连接的、不可靠的数据流传输。当强调传输性能而不是传输的完整性时，UDP 是最好的选择。因为 UDP 数据传输时间很短，而且当发生网络阻塞时，UDP 较低的开销使其有更好的机会去传送管理数据，可根据实际情况选择传输协议。

建立连接的过程有两种方式：一种是先启动 GPRS 任务——AT+CSTT（回车），然后激活场景——AT+CIICR（回车），之后获取本地 IP——AT+CIPFSR（回车），最后与已知的 IP 地址的端口建立 UDP 连接——AT+CIPSTART=“UDP”，“REMOTE IP ADDR”，“REMOTE PORT”（回车）；另一种方式是将以上三步可以一步完成——AT+CIPSTART=“UDP”，“REMOTE IP ADDR”，“REMOTE PORT”（回车）。

3．发送数据

通信的双方建立 GPRS 连接以后，就可以发送和接收数据了，具体方法如下。

```
AT+CIPSEND=要发送的字节数<回车>
```

等待模块返回“>”后，将要发送的数据送入 GPRS 模块中，然后再发送回车，数据即可发送出去。发送部分的程序流程图如图 12-24 所示。

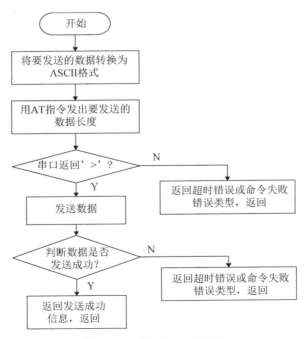

图 12-24   发送程序流程图

函数 send_gprs_data()实现发送指定长度数据的功能，本例中程序实现过程如下。

```c
unsigned char send_gprs_data(
unsigned char *send_data_p,
/* 要发送数据的指针 */
unsigned int   send_data_len
/* 发送数据的长度*/
)
{
    /* ASCII 码形式存放的发送数据长度 */
    unsigned char sd_len_asc[4];
    /* 将要发送数据长度(16进制)转换为 ASCII 码形式 */
    if( send_data_len <9 )
    {
        sd_len_asc[0]=send_data_len +0x30;
        sd_len_asc_l =1;
    }
    else if( send_data_len <99 )
    {
        sd_len_asc[0] = (send_data_len%10) + 0x30 ;
        sd_len_asc[1] = (send_data_len/10) + 0x30 ;
        sd_len_asc_l = 2;
    }
    else if( send_data_len <999 )
    {
        sd_len_asc[0] = (send_data_len/100)    + 0x30;
        sd_len_asc[1] = (send_data_len%100)/10 + 0x30;
        sd_len_asc[2] = (send_data_len%10 )    + 0x30;
        sd_len_asc_l = 3;
    }
    else
    {
        sd_len_asc_l = 0;
    }
    /* AT命令发送要发送数据的长度 */
    seri_send("AT+CIPSEND=",11);
    seri_send(&sd_len_asc[0],sd_len_asc_l);
    seri_send('\d',1);
    /* 判断是否返回 " > " */
    if( (seri_poll('>',1)==FALSE   )||

    (seri_poll('>',1)==TIME_OUT) )
    {
        return AT_CIPSEND_ERR;
    }
    seri_send( send_data_p,send_data_len);
    /* 发送数据*/
```

```
    seri_send('\d',1);
    if((seri_poll("SEND OK",7)==FALSE    )||

    (seri_poll("SEND OK",7)==TIME_OUT) )
    {
        /* 检查发送是否成功 */
        return SEND_ERR;
    }
    return GPRS_DATA_SEND_OK;
}
```

程序中使用了 seri_poll() 函数，功能是在一定时间内查询判断有无数据返回。若有数据返回则判断是否与指定的字符串相同，同时判断返回值是否超时。当返回值超时则报（TIME_OUT）；当数据返回但返回的字符串中没有指定字符串，则报出错（FALSE）信息；当有数据返回且返回的字符串中有指定的字符串，则报正确（OK）信息。

4. 接收数据

GPRS 接收数据时，在 GPRS 传输状态下，检测串口上是否有接收的数据，程序流程图如图 12-25 所示。

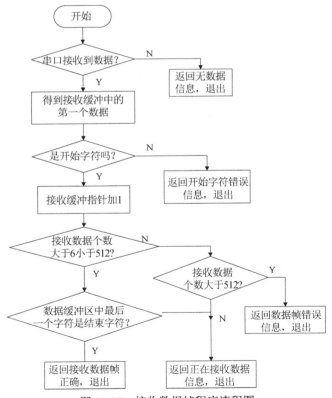

图 12-25　接收数据帧程序流程图

函数 recv_gprs_data() 主要完成对串行口接收数据简单处理的功能，seri_poll() 函数的功能是在一段时间内查询串行口上是否有数据的功能。本例中程序如下。

```
unsigned char recv_gprs_data( void )
{
    GPRS_DATA_HDR *gprs_data_p;
    if( (seri_poll(NULL,0)==0)||
    (seri_poll(NULL,0)==TIME_OUT))
    /* 检查有无数据接收到 */
    {
        return NO_GPRS_DATA;
    }
    gprs_data_p = (GPRS_DATA_HDR *)&seri_recv_buf[0];
    if( gprs_data_p->mask!=GPRS_DATA_SYN)
    /* 检查数据接收的开始字符是否合法 */
    {
        clr_seri_buf();
        return NO_MATCH_SYN;
    }
    gprs_recv_c ++;
    if( (gprs_recv_c> 6 )&&
    (gprs_recv_c<512)&&

    ( seri_recv_buf[ gprs_recv_c ] == FIN )
    /* 检查结束字符 */
    )
    {
        return GPRS_RECV_FRAME_OK;
        /* 数据长度在 GPRS_DATA_HDR 结构中定义 */
    }
    else if( seri_recv_buf[gprs_recv_c>512]
    {
        clr_seri_buf();
        return GPRS_FRAME_ERR;
    }
    else
    {
        return GPRS_RECVING;
    }
}
```

程序中定义了数据的帧头格式，C 语言中用结构体表示如下。

```
typedef struct
{
    unsigned char  syn_chr;
    /* 起始字符*/
    unsigned int   data_len;
    /* 本数据帧长度*/
    unsigned int   chk_sum;
    /* 校验数据*/
```

```
        unsigned char  opt;
        /* 功能域等*/
        unsigned char  *data_p;
        /* 数据指针*/
    }
GPRS_DATA_FRAME;
```

程序中调用 gprs_recv_data()函数后，如果返回值为 GPRS_RECV_FRAME_OK，则使用
接收的 GPRS 数据，由 GPRS_DATA_FRAME；结构中的 data_p 得到数据的指针，data_len
得到已经接收到的 GPRS 数据的长度。

12.7.4 经验总结

在使用 SIM300C 时，需要注意的是，SIM300C 在数据传送时电源电流峰值可达 3A，会
因线路阻抗压降使 VBAT 电压不稳，因此电源必须能够提供足够的电流，同时在电源线上对
地加一旁路电容，容量通常在 100μF 以上，PCB 布线时尽可能靠近 SIM300C VBAT 的引脚。

进行 GPRS 数据传输的双方建立连接之后，若长时间没有发送数据，建立的连接可能会
被断开，若想继续传输数据，必须重新建立连接；另外可采用的方法是在数据传输空闲时，
发送心跳包（每间隔一段时间发送数据），以保持建立连接不断开。

为保证数据通信的正常进行，防止射频接口的干扰，在进行 PCB 线路设计时，一定要先
阅读有关的布线指导，尤其是系统中用到模拟信号通道时，更应注意射频信号带来的干扰。

12.8 【实例 93】单片机实现 TCP/IP 协议

12.8.1 TCP/IP 原理

1．TCP/IP 结构模型和基本特点

TCP/IP（Transmission Control Protocol/Internet Protocol，传输控制协议/网际协议）是基
于 OSI（国际标准化组织）的"开放式系统互联参考模型"的。TCP/IP 通常被认为是分为四
层，每层负责不同的通信功能。表 12-2 简单给出一个层次结构和部分协议。

表 12-2   **TCP/IP 协议的层次结构**

应　用　层	HTTP、FTP、TELNET、POP3、SMTP 等
传输层	TCP、UDP
网络层	IP、ICMP、IGMP
数据链路层	以太网、令牌环网、IEEE802.3

2．数据的传递过程与封装

为说明网络上两台主机是如何传送数据的，下面以一个简单的示例来说明，其通信形式
如图 12-26 所示。

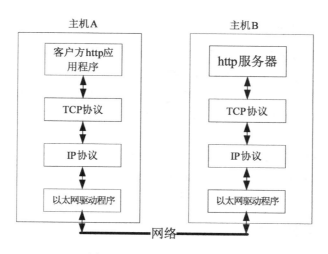

图 12-26　两台主机通信框图

上文中所述当应用程序用 TCP 传输数据时，数据被送入到协议栈，然后逐个通过每一层被当作数据流送入物理网络，其中每一层对从它的上层收到的数据都要增加一些头部信息。数据送到接收方对应层后，接收方将识别、提取和处理发送方对等层的报头。实际传输的数据封装如图 12-27 所示。

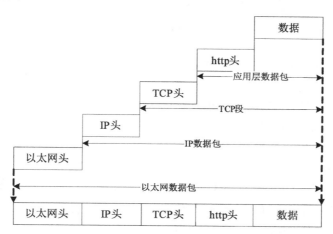

图 12-27　数据封装方式

TCP/IP 协议可以在多种传输媒介上运行，如 IEEE802.3（以太网），802.5（令牌环）局域网，GPRS 无线网络和串行线路中。除串行线路外，其他几种媒介 TCP/IP 都有相应的数据包格式。本例中的 TCP/IP 协议是在以太网上运行的。以太网协议不止一种，常用的是 IEEE802.3 标准，其数据帧结构如图 12-28 所示。

前导位/PR	帧起始位/SD	目的MAC地址	源MAC地址	类型TYPE/长度/LEN	数据 DATA	填充PAD	校验FCS
62Bit	2Bit	48Bit	48Bit	16Bit	<=1500 字节		32Bit

图 12-28　IEEE802.3 帧结构

3．TCP/IP 部分协议简介

TCP/IP 只是一个协议族的统称，通常包括 ARP、RARP、IP、ICMP、IGMP、UDP、DNS、DHCP、FTP、HTTP 等协议。TCP/IP 协议族中最重要的两个协议是 IP 协议和 TCP 协议。TCP/IP 其基本传输单位是数据包，负责把每个数据包加上报头、地址等。如果传输过程中出现数据丢失，数据错误等情况，TCP/IP 等会自动要求数据重新传输。IP 保证数据的传输，TCP 确保数据可靠的传输。

由于本例的 TCP/IP 协议运行在单片机上。而单片机的资源往往非常紧张，不可能完全实现各项协议的全部功能，因此只简要说明了各协议的关键部分、实现了一些必要的功能。读者如想详细了解各协议，请参考相关资料。

4．精简的 TCP/IP 协议栈 uIP

uIP 是由瑞典计算科学研究所 Adam Dunkels 开发的一个专适合于 8/16 位 CPU 的小型嵌入式 TCP/ IP 协议栈，该协议栈由 C 语言编写，任何人都可在网络上下载其源代码并对其进行修改，以适应各自不同的应用，如果以源代码方式使用 uIP，应该在源代码中保留 uIP 的版权说明。uIP 采用模块化设计，其代码量在几千字节左右，仅需要几百字节的 RAM 即可运行，适合与在低端 8 位或者 16 位低端微控制器上运行。本节中涉及的版本为 0.9。可以在 http://www.sics.se/～adam/uip/index.php/Main_Page 页面上或者在 http://www.souceforge.net 上下载得到 uIP 的代码。

大多数 TCP/IP 协议栈包括从底层到高层的所有协议。uIP 把设计的重点放在 TCP 和 IP 协议的实现上，其他高层协议作为"应用层"，底层协议被作为"网络设备驱动"实现。

uIP 可看作是提供给系统的许多函数库的集合，如图 12-29 所示，uIP、底层系统和应用程序三者之间的调用关系。其中 uIP 提供了 3 个函数给底层系统：uip_init()、uip_input()和 uip_periodic()。应用程序向 uIP 提供一个调用函数 uip_appcall()，在有网络事件或定时时间事件发生时进行调用；同

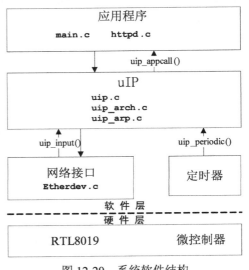

图 12-29　系统软件结构

时，uIP 也要向应用程序提供一些与协议栈的接口函数，应用程序根据接口函数提供的信息或者状态，执行相应的操作。

12.8.2　程序设计

uIP 是一个小型嵌入式 TCP/ IP 协议栈，不包括 TCP/ IP 协议栈中所有的功能，只是保留网络通信所必要的协议，下文中主要对 uIP 内部实现 ARP、IP 和 TCP 协议的程序进行了部分分析和说明。

由于本例的 uIP 是运行在 51 系列单片机上的，选用的 C 语言编译器为 Keil C51，因此有必要对 C51 的特点进行说明。

1. Keil C 和 ANSI C 的比较

Keil C51 编译器是一个完全支持 ANSI 标准的 C 语言编译器，除少数关键地方外，KEIL C 和标准 ANSI C 语言是基本类似的；但是由于 51 单片机结构的特殊性，KEIL C 进行了一些扩展，本例只对文中程序涉及到的部分进行说明，读者如想有更深层次的了解，可参阅相关资料。

本例涉及的 KEIL C51 的扩展类型如表 12-3 所示。

表 12-3　　　　　　　　　　　KEIL C51 对 ANSI C 的扩展

数 据 类 型	bit	位 变 量	bit flag;
存储类型	code	程序存储区	unsigned char code table[8]
	data	直接寻址片内存储区	unsigned data char i
	idata	间接寻址片内存储区	int　idata j
	xdata	片外数据存储区	unsigned int xdata buf
指针	一般指针	一般指针用 3 字节存放。声明和使用标准 C 相同	
	存储器指针	这类指针在指针说明时即指定了存储类型，如： int data　*no; unsigned char xdata *p;	
中断函数	当中断函数发生时，C51 编译器提供一个调用 C 函数的方法。用户只需要关心中断数和使用的寄存器组。例如： void SERI_ISR() interrupt 3 using 2		

2. C 语言中 volatile 关键字的使用

uIP 协议栈中的全局数组 uip_buf[] 和其他全局变量等，以 volatile 变量修饰，以下对此简单分析说明。

volatile 的意思是易变的、可变的，作用是限制编译器优化某些变量。首先看一段 C51 程序。

```c
#include<reg52.h>
unsigned char  x,y,z;
unsigned char xdata d;

void main( void)
{
    x=0xaa;
    y=0xbb;
    z=0xcc;
    d=0xdd;
    while(1)
    {
        x=d;
        y=d;
```

```
        z=d;
    }
}
```

Keil 在优化级别是为 8 时得到如下汇编代码（部分未列出）。

```
main:
MOV        x,#0AAH
MOV        y,#0BBH
MOV        z,#0CCH
MOV        DPTR,#d
MOV        A,#0DDH
MOVX       @DPTR,A
?C0001:
MOV        DPTR,#d
MOVX       A,@DPTR
MOV        x,A
MOV        y,A
MOV        z,A
SJMP       ?C0001
END
```

可以看到，变量 d 的值赋给 x，y，z 时，只有 x 中是直接读取的 d 中数值，而 y=d,z=d 则直接将寄存器中的数值赋给 y，z。若在此过程中，变量 d 的值被改变（比如 d 是一个硬件寄存器），则 y，z 变量中得到的数据将是错误的，因此在某些应用中程序存在隐患。

这类问题并不是编译器的问题。由于访问内部寄存器比访问 RAM 速度块，因此编译器在编译类似程序时，会对程序进行优化，除第一次编译变量所在在连续读取一个变量时，编译器为了简化程序，只要有可能就会把第一次读取的值放在 ACC 或 Rx 中，在以后的读取该变量的值时就直接使用第一次的读取值。如果该变量的值在此过程中已经被外设（如读取外部设备端口时经常将外设端口看作一外部 RAM 地址）或其他程序（如中断服务程序）所改变，可能就会出错。为了解决这类问题，常用的方法就是降低编译器的优化级别或者使用 volatile 关键字。显然降低优化级别不是所期望的，因此用 volatile 关键字修饰相关变量很有必要。

上文中的例子将 d 加上 volatile 关键字后，如下。

```
#include<reg52.h>
unsigned char  a,b,c;
volatile unsigned char xdata d;

void main( void)
{
    x=0xaa;
    y=0xbb;
    z=0xcc;
    d=0xdd;
    while(1)
```

```
        {
            x=d;
            y=d;
            z=d;
        }
    }
```

重新编译得到的代码（部分未列出）如下。

```
main:
MOV     x,#0AAH
MOV     y,#0BBH
MOV     z,#0CCH
MOV     DPTR,#d
MOV     A,#0DDH
MOVX    @DPTR,A
?C0001:
MOV     DPTR,#d
MOVX    A,@DPTR
MOV     x,A
MOVX    A,@DPTR
MOV     y,A
MOVX    A,@DPTR
MOV     z,A
SJMP    ?C0001
END
```

可以看这些 y，z 变量的值是从 d 的存储区中读取的。这主要是由编译器的优化早成的，而不是编译器的错误。用 volatile 变量对变量 d 修饰后，编译器不对这个变量的操作进行优化，代码的执行达到期望的目的。

一般说来，volatile 关键字用在如下的几个地方。

● 中断服务程序中修改的供其他程序检测的变量需要加 volatile。

● 多任务环境下各任务间共享的标志应该加 volatile。

● 存储器映射的硬件寄存器通常也要加 volatile 说明，因为每次对它的读写都可能有不同意义。

3. 各部分协议代码实现解释

uIP 是模块化设计的，头文件主要有 uip.h、uipopt.h、uip_arp.h、uip_arch.h，核心文件主要包括 uip_arp.c、uip.c、uip_arch.c 等。另外在源码中给出了几个应用示例，实现了一个简单的 http 服务器，并且带有部分 cgi 功能。下文主要结合 TCP/IP 协议说明各核心文件实现的功能，对代码进行分析。

（1）ARP 协议的实现及 uIP 提供的相关函数。

ARP 协议本质是完成网络地址到物理地址的映射。物理地址本例中指以太网类型地址（MAC 地址），网络地址特指 IP 地址。

ARP 的以太网封装格式和报文格式如图 12-30 所示。

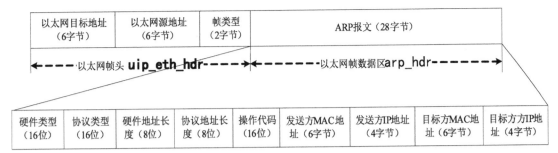

图 12-30　ARP 报文封装格式

uIP 使用一结构体 arp_hdr 来表示 ARP 数据帧。注意 arp_hdr 数据结构中还包括了以太网的头部，硬件类型和协议类型等，真正的 ARP 数据帧是从 u8_t hwlen 开始的。

```
struct arp_hdr
{
    struct uip_eth_hdr ethhdr;
    /*以太网头部*/
    u16_t  hwtype,              /*硬件类型*/
    protocol;
    /*协议类型*/
    u8_t  hwlen,               /*硬件地址长度*/
    protolen;
    /*协议地址长度*/
    u16_t opcode;
    /*操作代码*/
    struct uip_eth_addr shwaddr;
    /*发送方硬件地址 MAC 地址*/
    u16_t sipaddr[2];
    /*发送方 IP 地址*/
    struct uip_eth_addr dhwaddr;
    /*接收方硬件地址 MAC 地址*/
    u16_t dipaddr[2];
    /*接收方 IP 地址*/
};
```

ethhdr 以太网头部。定义的结构体原型如下：

```
struct uip_eth_hdr
{
    struct uip_eth_addr dest;
    /*以太网目的地址 */
    struct uip_eth_addr src;
    /*以太网源地址 */
    u16_t  type;
    /*数据帧类型*/
};
```

- dest，src：以太网目的地址和源地址，都是 6 字节，为 FF FF FF FF FF FF 时是广播地址，以太网上的所有节点都可以收到。
- type：以太网头部的类型一般有两种，如果 type=0x0806，表明以太网封装的数据部分为 ARP 数据包，如果 type=0x0800，表明以太网封装的数据部分为 IP 数据包。
- hwtype：硬件类型字段。指明了发送方想知道的硬件地址的类型，以太网的值为 1。
- protocol：协议类型字段。表明要映射的协议地址类型，IP 为 0X0800。
- hwlen：硬件地址长度。指明了硬件地址和高层协议地址的长度。对于以太网上 IP 地址请求来讲，值为 6。
- protolen：协议地址长度。指明了硬件地址和高层协议地址的长度，对于以太网上的 IP 地址来讲，值为 4。
- opcode：操作字段，用来表示这个报文的类型，ARP 请求为 1，ARP 响应为 2，RARP 请求为 3，RARP 响应为 4。
- shwaddr：发送端的以太网地址（MAC 地址），6 字节。
- sipaddr[2]：发送端的协议地址（IP 地址），4 字节。
- dhwaddr：接收端的以太网地址（MAC 地址），6 字节。
- dipaddr[2]：接收端的协议地址（IP 地址），4 字节。

uIP 协议栈中与 ARP 协议有关的文件有 uip_arp.c。文件中主要包含与 arp 实现相关的数据结构和相关函数等。

uIP 协议栈将 IP 地址和 MAC 地址的对应关系保存在一个表 arp_table[]中。

static struct arp_entry xdata arp_table[UIP_ARPTAB_SIZE];

表中的每一个元素笔者称之为表项，每一个表项保存的是一个 IP 地址和 MAC 地址的对应关系，另外还有一个标志时间的 8 位变量。显然表中每一个元素都是 arp_entry 型，arp_entry 的定义如下。

```
struct arp_entry
{
    u16_t ipaddr[2];
    struct uip_eth_addr ethaddr;
    u8_t time;
};
```

表 12-4 给出了一个 arp_table[]的表格示例。

表 12-4　　　　　　　　　　　　　　**Arp_table[]示例**

arp_entry arp_table[]	IP 地址 Ipaddr[2]	MAC 地址 struct uip_eth_addr ethaddr	time
arp_table[1]	192.168.140.2	00 4A 5B 12 12 13	2
arp_table[1]	192.168.140.5	00 0F 06 C3 D2 25	5
……	……	……	……
arp_table[UIP_ARP TAB_SIZE]	……	……	8

uip_arp.c 文件中主要函数说明如下。

- void uip_arp_init(void)。函数的作用是初始化 arp_table，使其中的 IP 地址全部为 0。
- void uip_arp_timer(void)。这个函数应该每隔一段时间被调用一次，函数的作用是每调用一次，arp_table 中的所有元素的老化时间增加 1，然后与最大老化时间 UIP_ARP_MAXAGE 比较，如果大于这个数值，说明这个 arp_tabl 表项太老，于是表项被清 0，以用来存放更新的数据。
- static void uip_arp_update(u16_t *ipaddr, struct uip_eth_addr *ethaddr)。函数是只被 uip_arp.c 文件中的其他函数调用，作用是更新 arp_table 中的表项。
- 首先寻找未使用的表项，若找到则将新的 arp 对应关系加入其中；若未找到，则寻找 arp_table 中最老的表项，并用新的数据代替。
- void uip_arp_ipin(void)。函数功能是对收到的 IP 包进行 ARP 部分的处理。如果收到的 IP 包中的 IP 地址在 arp_table 中存在，则其中相应表项中的 MAC 地址将会被收到 IP 包的 MAC 地址代替。如果 arp_table 中不存在这个 IP 地址，则创建一个新的表项。实际上这个函数对收到 IP 包中的 IP 地址进行判断是否是本地网络中后，直接又调用 uip_arp_update()函数更新 arp_table 表项。
- void uip_arp_arpin(void)。函数的功能是对收到的 ARP 数据包进行处理。当收到一个 ARP 数据包时，应该调用这个函数处理。如果收到的 ARP 数据包是一个 ARP 请求的应答，则在这个函数将更新 ARP 表。如果收到的 ARP 包是其他主机发送的请求本机 MAC 地址的数据包，则这个函数生成一个 ARP 应答包，且生成的数据包存放在 uip_buf[]缓冲中。
- 当函数返回时，全局变量 uip_len 的值表明网络驱动是否应该发送一个数据包。如果 uip_len 不为 0，则值就是 uip_buf[]中存储的要发送的数据包的长度，数据包就存放在 uip_buf[]中。
- void uip_arp_out(void)。uip_arp_out( )函数的作用是对要发送的 IP 数据包进行预先处理，根据处理的情况决定是否发送一个 ARP 请求包以得到 IP 包中对应 IP 地址主机的 MAC 地址。如果要发送的数据包的 IP 地址是在本地网络中（具有相同的子网掩码），则搜索 arp_table 寻找是否存在相应的表项，如果存在，则为要发送的 IP 数据包添加上以太网帧头，然后函数返回。

如果 ARP 表项中不存在相应的表项，则生成一个 ARP 请求包，以得到要发送 IP 包目的 IP 地址的 MAC 地址。新生成的 ARP 包存放在 uip_buf[]中代替原有的数据。IP 包的重发依靠上层协议（如 TCP 协议）来完成。当函数返回时，全局变量 uip_len 的值表明网络驱动是否应该发送一个数据包。如果 uip_len 不为 0，则值就是 uip_buf[]中存储的要发送的数据包的长度，数据包就存放在 uip_buf[]中。

（2）IP 和 TCP 协议简单说明及 uIP 中相关接口函数的实现。

IP 协议是 TCP/IP 协议族中最为核心的协议。所有的 TCP、UDP 数据等都是以 IP 数据包格式传输。IP 负责将数据传输到正确的目的地，同时也负责路由。IP 数据的传输具有以下特点。

传输数据不能保证到达目的地。数据传输的可靠性由上层协议来提供（如 TCP 协议）。

IP 协议传输的数据是无连接的。

TCP 协议用于在不可靠的网络上提供可靠、端到端的数据流通信协议。当传输受到干扰或网络故障等原因使传输的数据不可靠时，就需要其他协议来保证数据传输的完整性与可靠性。TCP 协议正是完成这种功能。TCP 采用"带重传的肯定确认"和"滑动窗口"来实现数据传输的可靠性和流量控制。具体详细过程请读者参考相关资料。

TCP 协议是面向连接的数据传输协议。双方通信之前，先建立连接，然后发送数据，发送完数据之后，关闭连接。通信的双方建立连接之后，数据沿着这个连接双向传送数据，连接的双方通过序列号和确认号来对数据保持跟踪。

序列号说明当前数据块在数据流中的位置。如果第一个数据块的序列号是 0，并且有 10 字节长，那么下一个数据块的序列号应该是 10。

确认号表示接受数据的总数。如果初始的序列号是 0，并且收到 10 字节需要确认，则应答中的确认号就是 10。因为 TCP 的数据传输是双向的，每一方对它自己的传输都保留一个序列号和确认号，并且每一方都对从对方节点接收来的序列号和确认号进行跟踪。

TCP 的操作可以使用一个具有 11 种状态的有限状态机来表示。

各状态的描述如表 12-5 所示。

表 **12-5**　　　　　　　　　　　　　**TCP 状态表**

状　　态	描　　述
CLOSED	关闭状态
LISTEN	监听状态，等待连接进入
SYN RCVD	收到一个连接请求，尚未确认
SYN SENT	已经发出连接请求，等待确认
ESTABLISHED	连接已经建立，正常数据传输状态
FIN WAIT1	（主动关闭）已经发送关闭请求，等待确认
FIN WAIT2	（主动关闭）收到对方关闭确认，等待对方关闭请求
TIMED WAIT	完成双向连接，等待所有分组结束
CLOSING	双方同时尝试关闭，等待对方确认
CLOSE WAIT	（被动关闭）收到对方关闭请求，已经确认
LAST ACK	（被动关闭）等待最后一个关闭确认，并等待所有分组结束

相关信号说明如下。

　　　　　　　SYN　初始同步消息。　　ACK　确认。
　　　　　　　FIN　　最后关闭消息。　　RST　强迫关闭信号。

下文主要对 IP、TCP 协议的数据包格式进行说明。IP 和 TCP 数据帧的以太网封装格式如图 12-31 所示。

IP 和 TCP 数据帧头部格式如图 12-32 所示。

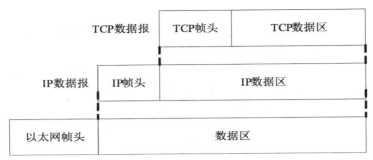

图 12-31 IP 和 TCP 数据帧的以太网封装格式

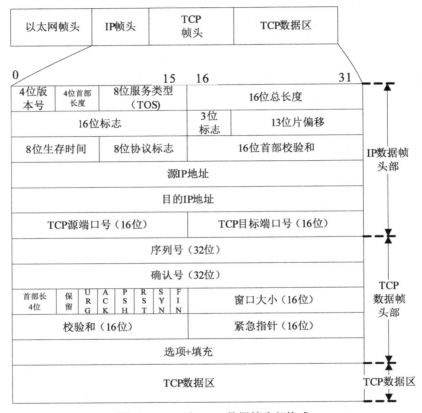

图 12-32 IP 和 TCP 数据帧头部格式

uIP 并没有单独将 IP 帧拿出来进行单独处理，定义数据结构时直接将 IP 和 TCP 部分的头部放在一个结构体 uip_tcpip_hdr 中。

```
typedef struct
{
    /* IP 帧头*/
    u8_t    vhl,            /*4 位版本和 4 位首部长度*/
            tos,            /*8 位服务类型*/
            len[2],         /*16 位总长度*/
```

```
        ipid[2],              /*16 位标识*/
        ipoffset[2],          /*3 位标志和 13 位偏移*/
        ttl,                  /*8 位生存时间*/
        proto;
        /*8 位协议*/
    u16_t ipchksum;
    /*16 位首部校验和*/
    u16_t srcipaddr[2],       /*源 IP 地址*/
        destipaddr[2];
        /*目的 IP 地址*/
    /* TCP 帧头*/
    u16_t srcport,            /*16 位源端口号*/
        destport;
        /*16 位目的端口号*/
    u8_t  seqno[4],           /*32 位序列号*/
        ackno[4],             /*32 位确认序列号*/
        tcpoffset,            /*4 位首部长度和保留位*/
        flags,                /*标志*/
        wnd[2];
        /*窗口大小*/
    u16_t tcpchksum;
    /*16 位校验和*/
    u8_t urgp[2];
    /*16 位紧急指针*/
    u8_t optdata[4];
    /*选项数据*/
}
uip_tcpip_hdr;
```

- Vhl：版本号和首部长度。目前的协议版本号是 4，首部长度是以 32 为单位的 IP 数据帧头长度，在没有选项时，首部长度字段中的值是 5。
- tos：服务类型。uIP 中未使用，数值为 0。
- len[2]：16 位总长度。指的是整个 IP 数据帧的长度（包括 IP 帧头）。
- ipid[2]：ipid 是一个无符号数，属于同一个报文的分段具有相同的标识符。IP 协议每发送一个 IP 报文，则要把该标识符的值加 1，作为下一个报文的标识符。
- Ipoffset：前 3 位的标志只有低两位有效。
  第 1 位：最终分段标志。若为 0，表明该分段是原报文的最后一个分段。
  第 2 位：禁止分段标志。当该位为 1 时，该报文不能分段。假如此时 IP 数据包的长度大于网络的 MTU 值，则根据 IP 协议丢弃该报文。
  ipoffset 后 13 位表示分段偏移，以 8B 为单位表示当前数据报相对于初始数据报的开头位置。
- Ttl：数据包生存时间。表明数据在进入网络后能够在网络中存留的时间，以秒为单位，最大为 255。当为 0 时该数据包被丢弃，数据报每经过一个路由器时，该值减 1。这样，当循环传送的数据包最后总是会被丢弃。

- proto：协议类型。该字段的内容指出 IP 数据报中数据部分属于哪一种协议（高层协议）。例如 0x06 为 TCP 协议，0x01 为 ICMP 协议，0x17 为 UDP 协议等。
- ipchksum：头部校验和。用于保证 IP 数据帧头部数据的正确性。此校验只是针对 IP 数据帧头。如果校验失败，数据包将被丢弃。计算方法为，把 IP 数据帧头作为 16 位二进制数（校验和本身部分字段设为 0），对首部每个 16 位数进行二进制反码的求和，即得到校验码。接收方收到数据包后，同样对首部每个 16 位数进行二进制反码的求和（这次包括校验码），如果无误，结果的 16 位二进制数全为 1，否则证明有误。
- srcipaddr[2]：源 IP 地址。
- destipaddr[2]：目的 IP 地址。

以下为 TCP 数据帧头部各部分说明。

- srcport：源端口号。
- destport：目的端口号。
- seqno[4]：顺序号，用来标识从 TCP 源端向 TCP 目的端发送的数据字节流。
- ackno[4]：确认号，确认号用来指示下一个数据块序列号。
- tcpoffset：包括 4 位 TCP 报头长度和 6 位保留位。4 位头长度字段用来说明 TCP 报文段头部的长度，单位为由 32 位组成的字的数目。由于 TCP 选项字段是可选项，所以 TCP 报文端的头部长度可变。通常这个字段为空，缺省值为 5。uIP 中初始数值为 5，通过与 5 比较大小来判断是否有选项数据。
- flags：标志。包括 6 位控制位标志字段。为 1 表明本字段有效，为 0 表示无效。
- URG：用来表示报文中的数据已经被发送端的高层软件标志为紧急数据。
- ACK：用来表示确认号的值有效。如果 ACK 为 1，则表示报文段中的确认号有效；否则，报文段中的确认号无效，接收端可以忽略。
- PSH：为 1 表明接收方应该尽快将这个报文段交给应用层而不用等待缓冲区满。
- RST：用于复位因主机崩溃或其他原因而出现错误的连接，它还可以用于拒绝非法的报文段或拒绝连接请求。为 1 时表示要重新建立 TCP 连接。
- SYN：为 1 时表示连接要与序列号同步。
- FIN：用于释放连接，为 1 时表示发送端数据已发送完毕。
- wnd[2]：窗口大小。用于数据流量控制。字段中的值表示接收端主机可接收多少个数据块。
- tcpchksum：16 位校验和。用于校验 TCP 报文段头部、数据和伪头部之校验和。校验和的校验方法与 IP 头部校验方法相同。伪头部如图 12-33 所示。

图 12-33　用于校验的 TCP 伪头部

- urgp[2]：16 位紧急指针。只有当 URG 标志为 1 时紧急指针才有效。紧急指针是一个正偏移量，和顺序号字段中的值相加表示紧急数据最后一个字节的序号。
- optdata[4]：选项数据。最常见的可选字段是最长报文大小，又称为 MSS。每个连接方通常都在通信的第一个报文段（为建立连接而设置 SYN 标志为 1 的那个段）中指明这个选项，它指明本端所能接受的最大长度的报文段。

uIP 协议栈中使用 uip_conn 结构体来保存每一个 TCP 连接的双方 IP 地址、端口号、顺序号、确认号等。在 uIP 中定义了一个数组（见 uip.c 文件中的 struct uip_conn xdata uip_conns[UIP_CONNS]）。数组中的每一个元素保存了每一个连接的状态。每一个元素的类型为 struct uip_conn 型，uip_conn 结构体定义如下。

```
struct uip_conn
{
    u16_t ripaddr[2];
    /*远程主机的 IP 地址*/
    u16_t lport;
    /*本地 TCP 端口*/
    u16_t rport;
    /*远程 TCP 端口*/
    u8_t rcv_nxt[4];
    /*期望收到的下一个顺序号*/
    u8_t snd_nxt[4];
    /*上次发送的顺序号*/
    u16_t len;
    /*预先发送的数据长度*/
    u16_t mss;
    /*本连接的最大报文大小*/
    u16_t initialmss;
    /*本连接的初始最大报文大小*/
    u8_t sa;
    /*重发数据超时计算状态变量*/
    u8_t sv;
    /*重发数据超时计算状态变量*/
    u8_t rto;
    /*重发数据超时*/
    u8_t tcpstateflags;
    /*TCP 状态标志*/
    u8_t timer;
    /*重发数据定时器*/
    u8_t nrtx;
    /*上次重发数据段的序号*/
    /*应用程序数据状态 */
    u8_t appstate[UIP_APPSTATE_SIZE];
};
```

uIP 中 IP、TCP 协议的相关函数大部分都是在 uip.c 中实现。另外 uip.c 还包括 UDP、ICMP 协议的相关函数，本节不对其说明，下面主要对 IP 和 TCP 协议的相关函数进行简单分析。

uip.C 文件中函数并不多，对相关函数简单说明如下。

● void uip_init(void)

函数功能：uIP 协议初始化。所有监听的端口置 0，所有连接的状态置为 CLOSED。

● struct uip_conn *uip_connect(u16_t *ripaddr, u16_t rport)

函数功能：使用 TCP 协议与远程主机相连。形参分别为 IP 地址和端口号。

函数入口：ripaddr 为要连接的远程主机的 IP 地址首地址，rport 为要连接的远程主机的
TCP 端口。

函数返回值：如果连接成功，函数的返回值为一个指向建立连接的连接状态的指针，否
则返回值为 NULL。

程序中，首先寻找本地未使用的端口，然后在 uip_conns[UIP_CONNS]数组中搜索每一个
元素，寻找当前未使用的连接，将当前建立的连接状态填入；若没有找到，则寻找数组中重发
数据时间最多的一个连接状态元素，将将当前建立的连接状态填入，并返回新建立连接的指针。

● void uip_unlisten(u16_t port)

函数功能是停止监听指定的 TCP 连接端口。

● void uip_listen(u16_t port)

函数功能是监听指定的 TCP 连接端口。

● static void uip_add_rcv_nxt(u16_t n)

函数功能是将当前连接的下一个要接收的顺序号加 n。只是在 uip.c 文件内有效。

● void uip_process(u8_t flag)

这个函数完成 TCP 处理，是 uIP 中最重要和复杂的函数。为了节省 RAM，函数中使用
了 goto 语句。实际上，uIP 为了减少堆栈使用，设置了大量的全局变量，虽然程序可读性
差，各模块之间联系复杂，但是对 RAM 的使用大大减少，这在 8 位和 16 位系统中是我们
所期盼的。

本函数只有一个形参 flag，在 uIP 中 flag 有几种取值：UIP_TIMER（值为 2）和 UIP_DATA
（值为 1），uip_process 函数根据 flag 判断进行何种操作。

如果 flag 标志为 UIP_TIMER，则对初始顺序序列号 iss（实际上用数组表示的一个 32 位
数）加 1，然后判断当前连接的 TCP 状态，根据不同的状态来实现不同的操作。注意：uip
中的应用程序函数也是在 uip_process()函数中实现的。uIP 自带的一个 http 服务器，其文件中，
如何在 uip_process()函数中实现的，说明如下。

```
/*其他程序代码*/
uip_flags = UIP_REXMIT;
UIP_APPCALL();
goto apprexmit;
/*其他程序代码*/
```

而 UIP_APPCALL()又在 httpd.h 定义如下。

```
#ifndef UIP_APPCALL
#define UIP_APPCALL       httpd_appcall
#endif
```

在 httpd.c 文件中应用程序函数如下。

```
void httpd_appcall(void)
{
    /*应用程序处理*/
}
```

因此程序在编译时将 UIP_APPCALL 替换为 httpd_appcall，uip_process()函数中的 UIP_APPCALL()被替换为 httpd_appcall()。之所以要这么做，是因为当使用另外一个应用程序时，直接将 UIP_APPCALL 定义为应用程序的函数名称即可。注意，uIP 的应用程序只能是一个函数，并且该函数不能有形参和返回值。

接下来函数的作用是检查 IP 头部的 vhl 字段的值，该 IP 包是否是分段的，IP 头部的目的 IP 地址与本机 IP 地址是否相等，IP 头部校验和是否正确等。然后判断上层协议字段，上层协议字段可以是 TCP 协议、UDP 协议（需要根据需要选择了条件编译）和 ICMP 协议等。程序依次判断是哪一种协议，是某一种，就跳转到相应的协议处理程序段取处理。下面只对 TCP 处理程序部分作说明。

程序跳转到 TCP 输入处理程序部分后，首先检查 TCP 校验和是否正确，然后寻找当前连接中的活动连接（连接的地址与数据包中的地址相同），若找到，则跳转到找到连接程序处理部分。若没有找到，这个数据包或者是一个重复的数据包，或者是一个 SYN 数据包，根据结果跳转到相应的程序处执行。

found_listen 程序处理部分。如果数据包符合正在监听的一个连接，则跳转到这部分。首先程序寻找 uip_conn[]数组中状态为 CLOSED 的连接或者 TIME_WAIT 的连接，并用新的状态等填入这个连接状态。再接着，程序执行到 tcp_send_synack 部分，将 uip_buf 缓冲中的要发送的数据包的状态变为 SYN ACK，然后跳转到 tcp_send 程序处发送数据。

found 如果发现一个活动的连接，则跳转到这部分。检查 TCP 的数据包 RST 状态位，顺序号是否正确，如不正确，跳转到 tcp_send_ack 部分请求发送正确的序列号。然后，检查当前数据包的连接响应是否要有新的数据发送，如果有，做要发送数据的准备。

程序接下来是一个 switch 循环判断语句，这个语句相当长，功能是判断当前连接的状态，根据各种不同的状态进行相应的处理等。

uip_process()函数的最后是 tcp_send_ack，tcp_send_nodata 等部分。

u16_t htons(u16_t val)

这个函数的作用是实现不同字节格式的转换。根据定义的处理器的大小端格式实现处理器字的格式与网络数据的字格式转换。

（3）其他辅助程序。

uIP 还包括一个 uip_arch.c 文件。其中的函数主要实现数据处理、校验和的计算等。

● 　void uip_add32(u8_t *op32, u16_t op16)

函数的功能是实现 32 位数的进位加法。op32 是定义的 op32[4]数组的首指针。由于 op32[4] 中每个元素的类型为 8 位，因此 uIP 中用 4 个元素表示一个 32 位数。程序实现的功能是实现 op32[4]数组表示的 32 位数与 op16 表示的 16 位数相加，结果存放在 uip_acc32[4]这个全局数组表示的 32 位数中。

● 　u16_t uip_chksum(u16_t *sdata, u16_t len)

函数的功能是实现数据的校验，被 uip_ipchksum()函数调用。

- u16_t uip_ipchksum(void)

函数功能是实现 IP 头部校验和的实现。

- u16_t uip_tcpchksum(void)

函数功能是计算得到 TCP 头部的校验和。

- uIP 应用实例：一个简单的 WEBSERVER。

uIP 0.9 版本中应用程序部分带了一个简单的 Web 服务器和只读文件系统，实现了简单的 CGI 功能。在此对其进行了改造，使其代码更简单、便于理解。关于 http 协议，请读者参阅相关资料，在此不做说明。程序代码如下。

```
void httpd_appcall(void)
{
    u8_t idata i;

    switch(uip_conn->lport)
    {
        case HTONS(80):
        /* 判断是不是请求 80 端口 */
        hs = (struct httpd_state xdata *)(uip_conn->appstate);
        /* 得到当前的 http 状态 */
        if(uip_connected())
        {
            hs->state = HTTP_NOGET;
            hs->count = 0;
            return;
        }
        else if(uip_poll())
        {
            if(hs->count++ >= 10)
            {
                uip_abort();
            }
            return;
        }
        else if(uip_newdata() && hs->state == HTTP_NOGET)
        {
            if( uip_appdata[0] != ISO_G ||
            /* 如果不是 get 请求，丢弃数据 */
            uip_appdata[1] != ISO_E ||
            uip_appdata[2] != ISO_T ||
            uip_appdata[3] != ISO_space)
            {
                uip_abort();
                return;
            }
            for(i = 4; i < 10; ++i)
            {
```

```
            if( uip_appdata[i] == ISO_space ||
                uip_appdata[i] == ISO_cr ||
                uip_appdata[i] == ISO_nl)
            {
                uip_appdata[i] = 0;
                break;
            }
        }
        if(uip_appdata[4] == ISO_slash && uip_appdata[5] == 0)
        {
            hs->script = NULL;
            hs->state = HTTP_FILE;
            hs->dataptr = web-12;
            hs->count = sizeof(web)+12;
        }
    }
    /*与 else if(uip_newdata() && hs->state == HTTP_NOGET) */
    if(hs->state != HTTP_FUNC)
    {
        if(uip_acked())
        {
            /* 如果上次发送的数据已经被接收，继续发送剩余的数据*/
            if( hs->count >= uip_conn->len)
            {
                hs->count -= uip_conn->len;
                hs->dataptr += uip_conn->len;
            }
            else
            {
                hs->count = 0;
            }
            if(hs->count == 0)
            {
                uip_close();
            }
        }
    }
    if(hs->state != HTTP_FUNC && !uip_poll())
    /* 发送数据 */
    {
        uip_send(hs->dataptr, hs->count);
    }
    return;
default:
    uip_abort();
    break;
    }
}
```

4．uIP 在 51 单片机上的移植

uIP 其主要是为 8 位和 16 位系统设计的，程序在编写时就考虑到了移植问题。uIP 的主要文件包括 uip.c 和 uip_arp.c。

（1）移植的基本过程。

针对所用编译器的类型更改定义数据类型，底层 RTL8019AS 芯片的驱动和实现应用层代码，系统定时器接口等。下面分别予以说明。

数据类型的定义如下。

```
typedef unsigned char        u8_t;
typedef unsigned short       u16_t;
typedef unsigned short       uip_stats_t;
```

由于 Keil C 编译器默认情况下的编译模式为 small，变量的定义在内部 RAM 中，编译时编译模式应改为 Large，即变量的定义在 XDATA 中。

（2）RTL8019AS 的驱动。

主要包括以下内容。

- etherdev_init()完成系统上电初始化，包括设定 RTL8019 的物理地址和 IP 地址等，设定收发缓冲区的位置和大小等。
- etherdev_send()完成数据的发送。
- etherdev_read()完成以太网数据的接收。底层网络设备驱动程序与 uIP 协议栈通过两个全局变量实现接口：变量 uip_buf 为收发缓冲区的首地址；uip_len 为收发的数据长度。etherdev_send 函数将 uip_buf 里的 uip_len 长度的数据发送到以太网上。recv 函数将接收到数据存储到 uip_buf 中，同时返回 uip_len 的值。
- etherdev_timer0_isr()定时器 1 中断函数为系统提供时钟定时。

51 系列单片机一般有 2 或 3 个定时器，本移植中选用定时器 1 产生定时时间，为 ip_periodic()函数的执行提供基准，另外还对 ARP 表项，TCP 连接超时等提供时间基准。RTL8019AS 初始化、收发包的详细过程在 12.6 节中已经详细介绍过，在此不再赘述。移植后的文件如下。

```
|   uipopt.h    ：相关配置文件
|   main.h
|--main.c       ：主程序文件
|   etherdev.h
|--etherdev.c ： 底层设备驱动程序文件
|   uip_arch.h
|--uip_arch.c
|   httpd.h
|--httpd.c      ：http 应用程序文件
|   fs.h
|--fs.c
|   cgi.h
```

```
    |--cgi.c
    |   fsdata.h
    |--fsdata.c
    |   uip.h
    |--uip.c        : uip 程序文件
    |   uip_arp.h
    |--uip_arp.c    : arp 协议程序文件
```

（3）uIP 的配置。

uIP 的设置在 uipopt.h 头文件中。在该文件中用户根据具体的实际条件设置 uIP 的 IP 地址，MAC 地址，网络掩码，网关地址。另外还包括可建立的最大连接数，端口是否启动 UDP 协议功能等，在具体的应用中可以参考 uIP 的说明文档，其中都有详细的说明。

12.8.3 经验总结

本节主要简单介绍了 TCP/IP 中的核心协议，针对 MSC-51 系列单片机，简单说明了 C 语言的模块化程序设计注意的问题。然后介绍了一个专为 8 位和 16 位系统设计的精简的 TCP/协议栈 uIP，并对其提供的函数和原理等进行了部分分析。

第 13 章 典型器件及应用技术

13.1 【实例 94】读写 U 盘

13.1.1 实例功能

现在 U 盘已经成为应用很广泛的移动存储设备,它具有体积小、易携带、容量大、使用方便等特点。在现实生活中 U 盘一般应用于与计算机之间的通信,其与单片机之间的通信还不是太多。本节将主要讲述如何通过 USB 通用总线接口芯片 CH372 完成 U 盘与单片机通信的功能。

13.1.2 典型器件介绍

1. U 盘简介

U 盘(USB 盘)的最大特点就是携带方便、存储容量大、价格便宜,市场上常用的 U 盘容量有 64MB、128MB、256MB、512MB、1GB、2GB、4GB 等。

U 盘数据的存储主要是通过 USB 芯片适配接口完成的,其具体过程是:首先计算机通过相应的指令把二进制数字信号转为复合二进制数字信号并读写到 USB 芯片适配接口,然后芯片对信号进行处理并分配给 E^2PROM 数据存储器的相应地址空间,实现二进制数据的存储。E^2PROM 数据存储器是数据存储的地方,它可以实现在 U 盘断电后依然对数据进行保存。

2. USB 接口芯片 CH372 简介

CH372 是一款 USB 总线的通用接口芯片,其内部集成了 PLL 倍频器、USB 接口 SIE、数据缓冲区、被动并行接口、命令解释器、通用的固件程序等主要部件。

PLL 倍频器用于将外部输入的 12MHz 时钟频率倍频到 48MHz,作为 USB 接口 SIE 时钟。USB 接口 SIE 用于完成物理的 USB 数据接收和发送,自动处理位跟踪和同步、NRZI 编码和解码、位填充、并行数据与串行数据之间的转换、CRC 数据校验、事务握手、出错重试、USB 总线状态检测等。数据缓冲区用于缓冲 USB 接口 SIE 收发的数据。被动并行接口用于与外部单片机/DSP/MCU 交换数据。命令解释器用于分析并执行外部单片机/DSP/MCU 提交的各种命令。通用的固件程序用于自动处理 USB 默认端点 0 的各种标准事务等。

CH372 芯片共 20 个脚，各引脚功能以及芯片命令集可以查看相关手册。

13.1.3　硬件设计

AT89C51 读写 U 盘的硬件接口电路如图 13-1 所示。

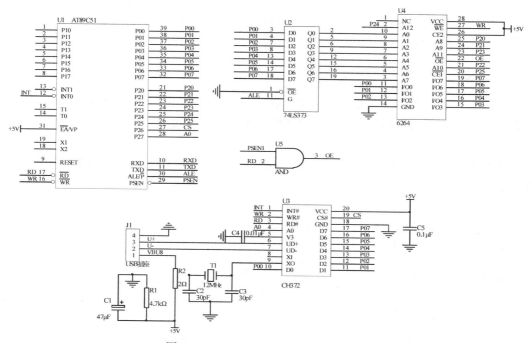

图 13-1　AT89C51 读写 U 盘原理图

图中 CH372 与单片机的连接方式采用并口方式，这种方式数据传输速度快，采用 6264（8kB）静态 RAM 芯片对外部 RAM 进行扩展。

CH372 的数据线 D0～D7，读写控制线 RD、WR，地址线 A0，片选 CS 分别与单片机相对应的引脚相连，CS 为 0 时表示对 CH372 开始进行操作，A0 为地址线输入，用以区分命令口与数据口，当 A0 = 1 时可以写命令，当 A0 = 0 时可以读写数据。CH372 的 INT 脚连接到单片机的中断输入引脚 INT0，单片机使用中断方式来获知中断请求。当 WR 为高电平并且 CS 和 RD 及 A0 都为低电平时，CH372 中的数据将通过 D7～D0 输出；当 RD 为高电平并且 CS 和 WR 及 A0 都为低电平时，D7～D0 上的数据将被写入 CH372 芯片中。

为了提高系统的抗干扰性，USB 插座电源是独立的，以免当 U 盘接入时进行的电容充电过程影响 CH372 和单片机。电容 C4 用于 CH372 内部电源节点去耦，C2 和 C5 用于外部电源去耦，容量分别取 47μF 和 0.1μF。

13.1.4　程序设计

系统的程序设计主要包括两大部分，分别是 USB 接口部分固件程序和计算机端的 CH372

驱动程序。前者主要包括了单片机和 CH372 的初始化、读写接口程序和中断服务程序；后者包括了 USB 设备的驱动程序和相关应用程序的编写。这里主要介绍 USB 接口部分固件程序。

在本例中 CH372 工作在内部固件模式，通过 8 位并行数据总线挂接到单片机 AT89C51 上，并通过端点 2 上的上传端点和下传端点完成 USB 数据的读写。在本地端，CH372 芯片以内置的固件程序自动处理了 USB 通信中的基本事务，在计算机端，提供了驱动程序的应用层调用接口，用以完成 USB 设备与计算机间的通信。

由于 CH372 支持内部固件模式，以内置的固件程序自动处理 USB 通信中的基本事务，所以程序设计不需要考虑 USB 枚举配置过程，大大简化了程序。

1. 变量定义和基本操作函数

该部分主要包括了 CH372 命令、数据端口地址的定义，对操作命令码的定义，延时函数以及 CH372 的数据读写和写命令基本操作函数等几部分内容。

（1）变量的定义。

该部分主要包括了对 CH372 命令、数据端口地址、USB 数据缓冲区以及操作命令代码的定义，其程序代码如下。

```
#include<reg51.h>
#define  uchar  unsigned  char
uchar volatile xdata CH372_CMD_PORT _at_ 0x7DFF;    // CH372 命令端口的 I/O 地址
uchar volatile xdata CH372_DAT_PORT _at_ 0x7CFE;    //CH372 数据端口的 I/O 地址
uchar   Usb_Length;   //USB 数据缓冲区中数据的长度
uchar   Usb_Buffer[ CH372_MAX_DATA_LEN ];    // USB 数据缓冲区
#define CH372_MAX_DATA_LEN  0x40              //最大数据包的长度,内部缓冲区的长度
//命令代码
#define CMD_RESET_ALL        0x05             //执行硬件复位
#define CMD_CHECK_EXIST      0x06             //测试工作状态
#define CMD_SET_USB_ID       0x12             //设置 USB 厂商 VID 和产品 PID
#define CMD_SET_USB_ADDR     0x13             //设置 USB 地址
#define CMD_SET_USB_MODE     0x15             //设置 USB 工作模式
#define CMD_SET_ENDP2        0x18             //设置 USB 端点 0 的接收器
#define CMD_SET_ENDP3        0x19             //设置 USB 端点 0 的发送器
#define CMD_SET_ENDP4        0x1A             //设置 USB 端点 1 的接收器
#define CMD_SET_ENDP5        0x1B             //设置 USB 端点 1 的发送器
#define CMD_SET_ENDP6        0x1C             //设置 USB 端点 2/主机端点的接收器
#define CMD_SET_ENDP7        0x1D             //设置 USB 端点 2/主机端点的发送器
    //命令 CMD_SET_ENDP2～CMD_SET_ENDP7 输入为:工作方式,位 7 为 1 则位 6 为同步触发位,否则
同步触发位不变,位 3～位 0 为事务响应方:
    0000～1000-就绪 ACK, 1101-忽略, 1110-正忙 NAK, 1111-错误 STALL
#define CMD_GET_TOGGLE       0x0A             //获取 OUT 事务的同步状态,输入:数据 1AH,
输出: 同步状态
#define CMD_GET_STATUS       0x22             // 获取中断状态并取消中断请求
#define CMD_UNLOCK_USB       0x23             //释放当前 USB 缓冲区
#define CMD_RD_USB_DATA      0x28             //从当前 USB 中断的端点缓冲区读取数据
块，并释放缓冲区
#define CMD_WR_USB_DATA3     0x29             //向 USB 端点 0 的发送缓冲区写入数据块
```

```
#define CMD_WR_USB_DATA5      0x2A      //向 USB 端点 1 的发送缓冲区写入数据块
#define CMD_WR_USB_DATA7      0x2B      // 向 USB 端点 2 的发送缓冲区写入数据块
//操作状态
#define CMD_RET_SUCCESS       0x51      //命令操作成功
#define CMD_RET_ABORT         0x5F      //命令操作失败
```

（2）基本操作函数。

该部分是进行 CH372 读写的基本操作程序，主要包括以下几个函数。

● 函数 DelayMs：延时毫秒。

● 函数 Delayμs：延时微秒。

● 函数 WR_CH372_CMD_PORT：向 CH372 命令端口写命令数据。

● 函数 WR_CH372_DAT_PORT：向 CH372 数据端口写数据。

● 函数 RD_CH372_DAT_PORT：从 CH372 命令端口读数据。

函数 DelayMs：在 CH372 读写过程中需要用到毫秒延时，该函数可以满足要求，程序代码如下。

```
void DelayMs(uchar n)
{
    uchar i;
    unsigned int j;
    for(i=0; i<n; i++)
    for(j=0;j<1000;j++)
    j=j;
}
```

函数 Delayμs：在读写命令的过程中经常要用到微秒的延时，该函数可以用来调用，其程序代码如下。

```
void  Delay( uchar i)
{
    while(i)
    i -- ;
}
```

函数 WR_CH372_CMD_PORT：用以向 CH372 命令端口写命令数据，周期不小于 4μs，如果太快则延时，其程序代码如下。

```
void  WR_CH372_CMD_PORT( uchar  cmd )
{
    Delay(2);
    CH372_CMD_PORT=cmd;
    Delay (2);
    //至少延时 2μS
}
```

WR_CH372_DAT_PORT：用以向 CH372 数据端口写数据，周期不小于 1.5μs，如果太快则延时，其程序代码如下。

```
void  WR_CH372_DAT_PORT(uchar  d )
{
```

```
    CH372_DAT_PORT=d;
    Delay (2);
}
```

RD_CH372_DAT_PORT：用以从 CH372 命令端口读数据，周期不小于 1.5μs，如果太快则延时，其程序代码如下。

```
uchar  RD_CH372_DAT_PORT ( )
{
    Delay (2);
    return(CH372_DAT_PORT);
}
```

2. 系统初始化

系统初始化包括单片机的初始化和 CH372 的初始化。单片机的初始化主要是完成外部中断 INT0、I/O 口等的初始化，程序较为简单，在这里不做详细介绍。CH372 初始化主要用以其上电复位后，将默认的工作模式（未启用模式）初始化为外部固件模式或内部固件模式，并检查 CH372 的工作状态是否正常，以便对错误进行及时处理。其流程图如图 13-2 所示。

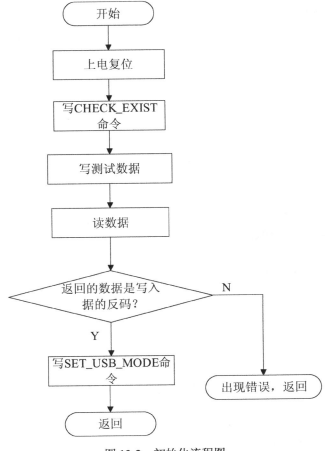

图 13-2　初始化流程图

CH372 初始化的程序代码如下。

```
void  CH372_init()
{
    uchar  i , j;
    WR_CH372_CMD_PORT(CMD_CHECK_EXIST);    //测试 CH372 是否工作正常
    WR_CH372_CMD_PORT(0x68);               //写入测试数据
    i=~0x68;                               //返回数据应该是测试数据取反
    j= RD_CH372_CMD_PORT();
    if(j!=i)                               //CH372 不正常
    {
        for(i=80;i!=0;i--)
        {
            CH372_CMD_PORT=CMD_RESET_ALL;  //多次重复发送命令,执行硬件复位
            Delay(2);
        }
        CH372_CMD_PORT=0;
        DelayMs(100);
        //延时 100ms
    }
    //设置 USB 工作模式
    WR_CH372_CMD_PORT (CMD_SET_USB_MODE);
    DELAY(2);
    WR_CH372_CMD_PORT(2);                  //设置为使用内部固件工作模式
    DELAY(4);
    for(i=100;i!=0;i--)                    //等待操作成功
    {
        if(RD_CH372_CMD_PORT()==CMD_RET_SUCCESS)//设备初始化成功
        break;
    }
}
```

3. 读写接口函数及中断服务函数

本例中 CH372 工作在内部固件模式，使用端点 2 的上传端点和下传端点。CH372 芯片专门用于处理 USB 通信，在检测到 USB 总线的状态变化时或者命令执行完成后，CH372 以中断方式通知单片机进行处理。

该部分主要包括以下 3 个函数。

● 函数 CH372_RD_EP2：CH372 的读取数据程序。

● 函数 CH372_WR_EP2：CH372 的写数据程序。

● 函数 CH372_Int0：CH372 中断服务程序。

（1）CH372 的读取数据函数 CH372_RD_EP2。

该函数主要用以实现从 CH372 端点 2 的上传端点读出上位机发来的数据，单次的最大长度为 64 字节，当收到上位机数据后产生 USB_INT_EP2_OUT（02）中断。其程序代码如下。

```
void   CH372_RD_EP2( )
{
    uchar   length;
    uchar   buf;
    WR_CH372_CMD_PORT( CMD_RD_USB_DATA );
    //从当前 USB 中断的端点缓冲区读取数据
    块,并释放缓冲区
    Usb_Length =RD_CH372_DAT_PORT( );
    //首先读取后续数据长度
    length =Usb_Length;
    if(length)
    {
        //接收数据放到缓冲区中
        buf = Usb_Buffer;
        //指向缓冲区
        do
        {
            *buf = RD_CH372_DAT_PORT( );
            buf ++;
        }
        while ( -- length );
    }
    else;
    //长度为 0,没有数据
    {
        WR_CH372_CMD_PORT(CMD_SET_ENDP7);
        //设置 USB 端点 2 的批量上传端点
        WR_CH372_DAT_PORT(0X0E);
        //同步触发位不变,设置 USB 端点 2 忙,返回 NAK
    }
}
```

（2）CH372 的写数据函数 CH372_WR_EP2。

该函数主要实现向 CH372 端点 2 的上传端点写入 Length 长度的数据，单次最大长度为 64 字节，当上位机接收数据后产生 USB_INT_EP2_IN(0A)中断。其程序代码如下。

```
void   CH372_RD_EP2( )
{
    uchar   length;
    uchar   buf;
    WR_CH372_ CMD_PORT( CMD_WR_USB_DATA7 );
    //向 USB 端点 2 的发送缓冲区写入数据块
    length = Usb_Length;
    WR_CH372_DAT_PORT( length );        //首先写入后续数据长度

    if (length)
    {
        //将缓冲区中的数据发出
        buf = Usb_Buffer;
        //指向缓冲区
```

```
        do
        {
            WR_CH372_DAT_PORT(*buf );
            //写入数据到 CH372
            buf ++;
        }
        while ( - - length );
        break;
    }
}
```

（3）CH372 的中断服务函数 CH372_Int0。

该函数为外部中断服务函数，主要用以响应 USB 接口芯片的中断。中断服务函数的工作步骤如下。

① 单片机进入中断服务程序时，首先执行 GET_STATUS 命令获取中断状态。CH372 在 GET_STATUS 命令完成后，将 INT#引脚恢复为高电平，取消中断请求。如果通过上述 GET_STATUS 命令获取的中断状态是下传成功,则单片机执行 RD_USB_DATA 命令从 CH372 读取接收到的数据，CH372 在 RD_USB_DATA 命令完成后释放当前缓冲区，从而可以继续 USB 通信。单片机退出中断服务程序；如果通过上述 GET_STATUS 命令获取的中断状态是上传成功，则单片机执行 WR_USB_DATA 命令向 CH372 写入另一组要发送的数据。如果没有后续数据需要发送，单片机就不必执行 WR_USB_DATA 命令。

② 单片机执行 UNLOCK_USB 命令。

CH372 在 UNLOCK_USB 命令完成后释放当前缓冲区，从而可以继续 USB 通信。

③ 单片机退出中断服务程序。

如果单片机已经写入了另一组要发送的数据，则 CH372 被动地等待 USB 主机在需要时取走数据，然后继续等待 CH372 向单片机请求中断，否则结束。

CH372 的中断服务函数的程序代码如下。

```
void    CH372_Int0( void ) interrupt 0 using 1
{
    uchar    IntStatus;
    uchar    length;
    uchar    buf;
    WR_CH372_CMD_PORT( CMD_GET_STATUS );    // 获取中断状态并取消中断请求
    IntStatus = RD_CH372_DAT_PORT( );        // 获取中断状态
    IE0 = 0;                                  //清中断标志

    switch( IntStatus )                       // 分析中断状态
    {
        case USB_INT_EP2_OUT:                 //批量端点 2 下传成功,接收到数据
        {
            WR_CH372_CMD_PORT( CMD_RD_USB_DATA );//从当前 USB 中断的端点缓冲区读
取数据块,并释放缓冲区
            Usb_Length =RD_CH372_DAT_PORT( ); //首先读取后续数据长度
            length= Usb_Length;
            if (length)
```

```
                                                          //接收数据放到缓冲区中
                buf = Usb_Buffer;                         //指向缓冲区
                do {
                    *buf = RD_CH372_DAT_PORT( );
                    buf ++;
                    } while ( -- length );
            }
            else   break;                                 //长度为 0,没有数据
            //下面是回传数据
            WR_CH372_ CMD_PORT( CMD_WR_USB_DATA7 );//向 USB 端点 2 的发送缓冲区写
入数据块

            length = Usb_Length;
            WR_CH372_DAT_PORT( length );                  //首先写入后续数据长度
            if (length)
            {                                             //将缓冲区中的数据发出
                buf = Usb_Buffer;                         // 指向缓冲区
                do{
                WR_CH372_DAT_PORT( *buf );                // 写入数据到 CH372

                buf ++;
            } while ( -- length );
            }
            break;
        case  USB_INT_EP2_IN:                             //批量端点上传成功,数据已发送成功

        {
                WR_CH372_ CMD_PORT( CMD_UNLOCK_USB );//释放当前 USB 缓冲区,收到上
传成功中断后,必须解锁 USB 缓冲区,以便继续收发
                break;
        }
        case USB_INT_EP1_IN:                              // 中断端点上传成功,中断数据发送成功
        {
            WR_CH372_CMD_PORT ( CMD_UNLOCK_USB );//释放当前 USB 缓冲区
            break;
        }
        case USB_INT_EP1_OUT: //辅助端点下传成功,接收到辅助数据辅助端点可以用于计算机
端向单片机端发送包
            {
            WR_CH372_ CMD_PORT( CMD_UNLOCK_USB );//释放当前 USB 缓冲区
            break;
            }
        }
}
```

13.1.5 经验总结

1. 硬件方面

（1）在设计 PCB 板时应注意：退耦电容 C3 和 C4 尽量靠近 CH372 的相连引脚；UD+和

UD-信号线贴近平行布线，尽量在两侧提供地线或者覆铜，减少来自外界的信号干扰；尽量缩短 XI 和 XO 引脚相关信号线的长度，在相关元器件周边环绕地线或者覆铜。

（2）为进一步地保护 CH372 的 UD+和 UD-信号线，对于需要频繁带电插拔 USB 设备的应用场所或静电较强的环境，建议在电路中增加 USB 信号瞬变电压抑制器件。

（3）对于支持睡眠功能的 CH372 芯片，在其睡眠期间，应该使 CH372 的各个 I/O 引脚（除 RSTI 引脚）处于悬空或者高电平状态，避免产生不必要的上拉电流。

2．软件方面

在单片机程序设计中，应注意命令的延时及读取数据的时间间隔。主程序在检测到 USB 设备连接后，等待数百毫秒再对其进行操作。

13.2　【实例 95】非接触 IC 卡读写

13.2.1　实例功能

非接触 IC 卡，诞生于 90 年代初期，具有使用方便快捷、不易损坏的特点。与磁卡和接触式 IC 卡相比，非接触 IC 卡与读写设备无电路接触，通过射频电磁感应电路从读写设备获取能量和交换数据，读写操作只需将卡片放在读写器附近一定距离之内就能实现数据交换。本节将具体讲述如何利用单片机来实现非接触 IC 卡的读写。

13.2.2　典型器件介绍

Philips 公司的 Mifare 技术是当今世界上非接触式 IC 智能射频卡中的主流技术，Mifare1 IC 智能射频卡的核心是 Philips 公司的 Mifare1 IC S50 系列微晶片，它采用先进的芯片制造工艺制作，内部包括有 1KB 高速 EEPROM、数字控制模块和一个高效率射频天线模块。卡片上无电源，工作时的电源能量由卡片读写器天线发送无线电载波信号耦合到卡片上天线而产生电能，其电压一般可达 2V 以上，足以满足卡片上 IC 工作所需。为了保证数据交换的安全可靠，Mifare1 IC 卡还提供了信道检测、防冲突机制、存储数据冗余检验和 3 次传递认证。

13.2.3　硬件设计

该系统主要由 AT89C51、MFRC500、看门狗以及 RS-232 通信模块组成，MF RC500 是应用于 13.56MHz 非接触式通信中高集成读卡 IC 系列中的一员，系统的工作方式是先由 AT89C51 控制 MF RC500 驱动天线对 Mifare 卡进行读写操作，然后与 PC 机之间进行通信，并把数据传给上位机。

图 13-3 所示是基于 MF RC500 的非接触式 IC 卡读写器的系统结构框图。

（1）天线的设计。

在本例中，由于 MF RC500 的频率是 13.56MHz，属于短波段，因此可以采用方形天线，尺寸不能超过 50cm。

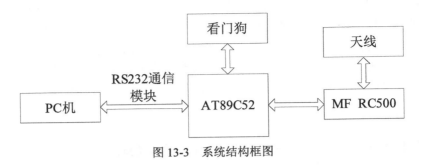

图 13-3   系统结构框图

（2）MF RC500 与 AT89C51 的接口电路。

图 13-4 所示为 MF RC500 与 AT89C51 的接口电路。单片机的 P0 口与 MF RC500 的 D0～D7 相连接以完成数据并行（8 位）传输。MF RC500 的选通端 NCS 与单片机的 P2.3 相连，低电平有效。MF RC500 的地址选通 ALE、写选通 NWR、读选通 NRD 分别与单片机的相应引脚 ALE、WR、RD 相连。单片机的 INT0 管脚与 MF RC500 的 IRQ 管脚相连用以接收并处理中断请求，工作频率为 13.56MHz，由石英晶体振荡器产生。

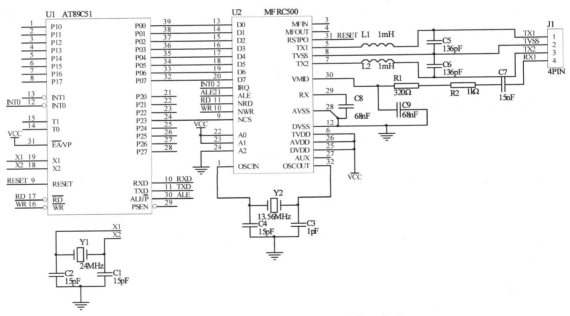

图 13-4   MF RC500 与 AT89C51 的接口电路

（3）AT89C51 与 RS-232 的接口电路。

RS-232 串行接口电路如图 13-5 所示，主要用于 PC 机和单片机的通信，在这里需要用到串口的第 2、3、5 脚进行通信，分别对应收、发、地信号，用以完成数据的发送和接收工作。同时，为了实现单片机与 PC 机间的连接，使用 MAX232 作为串口电平转化芯片，完成单片机的 TTL 电平到 RS-232 电平间的转换。

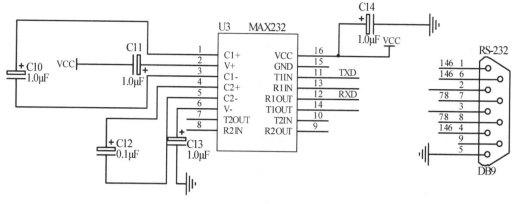

图 13-5　AT89C51 与 RS-232 的接口电路

13.2.4　程序设计

1. 非接触 IC 卡与读卡器的通信过程

非接触式 IC 卡与读卡器的交易过程，实际上就是 IC 卡和读卡器之间的数据交换和对 IC 卡内 EEPROM 存储器中的数据进行处理的过程。在数据交换过程中，为了确保卡和读卡器之间数据的同步及数据能被正确接收、识别，需要建立系统的通信协议。在交易的过程中，非接触式 IC 卡遵守通信协议，根据接收的指令，在有限状态机的控制下执行一个工作过程，从而完成需要的功能。

接下来就分别介绍读卡器与 IC 卡之间的通信协议、MF RC500 的命令集及卡对指令的执行过程。

2. 通信协议

非接触式 IC 卡与读卡器之间采用半双工的通信方式进行通信，使用 13.56MHz 高频电磁波作为载波，数据以 106kbit/s 进行传送。

在非接触式 IC 卡与读卡器之间的异步通信中，采用了起止位同步法的帧结构，有以下 3 种帧结构。

- 复位请求指令的帧结构：起始位、7 个数据位和停止位（不包括奇偶校验位）。
- 标准的帧结构：起始位、n 个字符（每个字符为 8 位数据位还有 1 位奇偶校验位）和停止位。
- 防冲突指令的帧结构：标准指令结构包括 7 个字节长度的数据，分为两部分，读卡器传输给 IC 卡的数据为第一部分，包括一字节的选卡操作码（SEL），一字节的有效位个数（NVB，有效位个数确定其后读卡器发出的卡序列号的数据位的个数）和卡序列号（UID，在 0 位到 40 位之间），第一部分数据最小长度为 16 位，最大长度为 55 位；IC 卡返回给读卡器的数据为第二部分，是 IC 卡返回的卡序列号（读卡器发出）的剩余部分，第二部分数据最大长度为 40 位，最小长度为 1 位。当这两部分以字节为单位分开时，第一部分的最后一位后加一位奇偶校验。

3．MF RC500 的命令集

MF RC500 的状态由可执行特定功能的命令集决定，这些命令可通过将相应的命令代码写入 Command 寄存器来启动，处理一个命令所需要的变量和数据主要通过 FIFO 缓冲区进行交换。对 MF RC500 的命令集的介绍可参考相关手册。

MF RC500 的命令集的程序定义代码如下。

```
#define M500Pcd_IDLE            0x00 //取消当前命令
#define M500Pcd _WRITEE2        0x01 //写 EEPROM
#define M500Pcd _READE2         0x03 //读 EEPROM
#define M500Pcd _LOADCONFIG     0x07 //调 EEPROM 中保存的 RC500 设置
#define M500Pcd _LOADKEYE2      0x0B //将 EEPROM 中保存的密钥调入缓存
#define M500Pcd _AUTHENT1       0x0C //验证密钥第一步
#define M500Pcd _AUTHENT2       0x14 //验证密钥第二步
#define M500Pcd _RECEIVE        0x16 //接收数据
#define M500Pcd _LOADKEY        0x19 //传送密钥
#define M500Pcd _TRANSMIT       0x1A //发送数据
#define M500Pcd _TRANSCEIVE     0x1E //发送并接收数据
#define M500Pcd _Startup        0x3F //复位
#define M500Pcd _CALCCRC        0x12 //CRC 计算
```

4．MF RC500 的内部寄存器

MF RC500 共有 64 个寄存器，8 个寄存器为一页，每页的第一个寄存器为页寄存器，其地址分别为 0x00，0x08，0x10，0x18，0x20，0x28，0x30，0x38；命令寄存器可用于启动或停止命令执行，通过写入相应命令码至命令寄存器来实现，其所需变量和数据主要由 FIFO 缓冲器交换。FIFO 数据寄存器是内部 64 字节 FIFO 缓冲器中的数据输入与输出端口，输入输出数据流在 FIFO 缓冲器中完成转换，可以并行输入输出。IntetruptRQ 寄存器是中断请求标志寄存器，当中断产生时，需要由该寄存器的相关标志位来判断中断的类型。

MF RC500 的 64 个寄存器的程序定义代码如下。

```
// PAGE 0
#define      RegPage            0x00
#define      RegCommand         0x01
#define      RegFIFOData        0x02
#define      RegPrimaryStatus   0x03
#define      RegFIFOLength      0x04
#define      RegSecondaryStatus 0x05
#define      RegInterruptEn     0x06
#define      RegInterruptRq     0x07
// PAGE 1
#define      RegPage            0x08
#define      RegControl         0x09
```

```
#define      RegErrorFlag              0x0A
#define      RegCollPos                0x0B
#define      RegTimerValue             0x0C
#define      RegCRCResultLSB           0x0D
#define      RegCRCResultMSB           0x0E
#define      RegBitFraming             0x0F
// PAGE 2
#define      RegPage                   0x10
#define      RegTxControl              0x11
#define      RegCwConductance          0x12
#define      RFU13                     0x13
#define      RegCoderControl           0x14
#define      RegModWidth               0x15
#define      RFU16                     0x16
#define      RFU17                     0x17
// PAGE 3
#define      RegPage                   0x18
#define      RegRxControl1             0x19
#define      RegDecoderControl         0x1A
#define      RegBitPhase               0x1B
#define      RegRxThreshold            0x1C
#define      RFU1D                     0x1D
#define      RegRxControl2             0x1E
#define      RegClockQControl          0x1F
// PAGE 4
#define      RegPage                   0x20
#define      RegRxWait                 0x21
#define      RegChannelRedundancy 0x22
#define      RegCRCPresetLSB           0x23
#define      RegCRCPresetMSB           0x24
#define      RFU25                     0x25
#define      RegMfOutSelect            0x26
#define      RFU27                     0x27
// PAGE 5
#define      RegPage                   0x28
#define      RegFIFOLevel              0x29
#define      RegTimerClock             0x2A
#define      RegTimerControl           0x2B
#define      RegTimerReload            0x2C
#define      RegIRqPinConfig           0x2D
#define      RFU2E                     0x2E
#define      RFU2F                     0x2F
// PAGE 6
#define      RegPage                   0x30
#define      RFU31                     0x31
```

```
#define    RFU32            0x32
#define    RFU33            0x33
#define    RFU34            0x34
#define    RFU35            0x35
#define    RFU36            0x36
#define    RFU37            0x37
// PAGE 7
#define    RegPage          0x38
#define    RFU39            0x39
#define    RegTestAnaSelect 0x3A
#define    RFU3B            0x3B
#define    RFU3C            0x3C
#define    RegTestDigiSelect 0x3D
#define    RFU3E            0x3E
#define    RegTestDigiAccess 0x3F
```

5．非接触 IC 卡的指令流程

非接触式 IC 接收到读卡器的指令后，经过指令译码，在有限状态机的控制下，进行数据处理，并返回相应的处理结果。非接触式 IC 卡与读卡器之间一个完整的交易过程如图 13-6 所示。

（1）初始化。

系统的初始化包括单片机的初始化和对 MF RC500 内部寄存器设初值、打开 RF 场以及 X5045 复位等操作。

（2）发送 Request 指令。

Request 指令用以通知 MF RC500 在天线的有效工作范围内寻找 Mifarel 卡，如有卡在，读写器将与 Mifarel 卡进行通信，读取卡片内的类型号（两字节），然后由 MF RC500 传递给单片机识别处理，建立卡片与读写器的第一步通信联络。Request 指令分为 Requeststd 和 Requestall 两个指令，前者是只读一次，后者是连续性的读卡指令。

（3）防冲撞操作。

当有多张 Mifarel 卡在读卡器天线的有效工作范围内，必须执行防冲撞操作。读写器将首先与每一张卡片进行通信，取得每一张卡片的系列号，每一张 Mifare1 卡片都具有其惟一的序列号，决不会相同，读卡器能够根据卡片的序列号选择出一张卡片。该操作读写器得到的返回值为卡的序列号。

（4）选择卡片。

选择被选中卡片的序列号，并返回该卡片的容量代码。

（5）认证操作。

在对卡片某一扇区读写操作之前，程序员必须证明他的读写操作是被允许的。这可以通过选择存储在 MF RC500 内的 RAM 中的密码集中的一组密码来进行认证而实现，密码匹配才能被允许对该扇区进行读写操作。

（6）对数据的操作。

对卡的最后操作即是读、写、增值、减值、存储和传送等操作。在每一个加值和减值操作后面都必须跟随一条 Transfer 传送指令，这样才能真正地将数据结果传送到卡片上。如果没有传送指令，数据结果仍将保持在数据缓冲寄存器中。

6. 系统的主程序

主程序的流程图如图 13-7 所示。

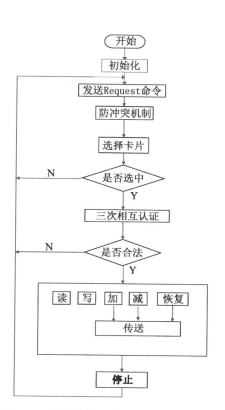

图 13-6　非接触式 IC 卡与读卡器的交易过程

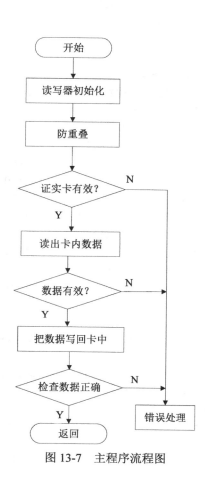

图 13-7　主程序流程图

主程序的代码如下。

```
#define      MI_OK     0
#define uchar unsigned char
#define uint unsigned int
//操作子函数
extern char      M500PcdReset();                    //复位并初始化 RC500
extern char      M500PcdRequest(uchar req_code);    //寻卡
extern char      M500PcdAnticoll(uchar *snr);       //防冲撞
extern char      M500PcdSelect(uchar *snr);         //选定一张卡
extern char      M500ChangeCodeKey(uchar *uncoded,uchar *coded);//转换密钥格式
extern char      M500PcdAuthKey(uchar *coded);      //传送密钥
extern char      M500PcdAuth(uchar auth_mode,uchar block,uchar *snr);//验证密钥
extern char      M500PcdRead(uchar addr,uchar *readdata);    //读块
```

```
    extern char      M500PcdWrite(uchar addr,uchar *writedata); //写块
    extern char      M500PcdHalt(void);                //卡休眠
    extern char      M500PcdReadE2(uint startaddr,uchar length,uchar *readdata);
//读 RC500-EEPROM 数据
    extern char      M500PcdWriteE2(uint startaddr,uchar length,uchar *writedat
a); //写数据到 RC500-EEPROM
    extern char      M500PcdConfigRestore();           //恢复 RC500 出厂设置

    //Mifarel 卡命令字
    #define PICC_REQIDL         0x26               //寻天线区内未进入休眠状态的卡
    #define PICC_REQALL         0x52               //寻天线区内全部卡
    #define PICC_ANTICOLL1      0x93               //防冲撞
    #define PICC_AUTHENT1A      0x60               //验证 A 密钥
    #define PICC_AUTHENT1B      0x61               //验证 B 密钥
    #define PICC_READ           0x30               //读块
    #define PICC_WRITE          0xA0               //写块
    #define PICC_DECREMENT      0xC0               //减值
    #define PICC_INCREMENT      0xC1               //加值
    #define PICC_RESTORE        0xC2               //存储
    #define PICC_TRANSFER       0xB0               //传送
    #define PICC_HALT           0x50               //休眠
    void main (void)
    { int count;
      idata struct   TranSciveBuffer{uchar MFCommand; uchar MFLength;   uchar
MFData[16];
                       }MFComData;
    M500PcdReset() ;                                   //初始化 RC500
    M500PcdReadE2(startaddr, length, readdata);  //读 MF RC500 的系列号并存储它
    For (count = 0 ;count<100 ;count + + )
    {
        status = M500PcdRequest(req_code);             //发送请求代码给卡,并等待应答
        if (status= =MI_OK)
        status= M500PcdAnticoll(serialno);             //防冲撞
        if (status= =MI_OK)
        status= M500PcdSelect(serialno);               //选择一个指定的卡
        if (status= =MI_OK)
        status = M500ChangeCodeKey(uncoded, coded);//转换密钥格式
        if (status= =MI_OK)
        status =M500PcdAuthKey(coded);                 //传送密钥
        if (status= =MI_OK)
        status = M500PcdAuth(auth_mode, block, serialno);//验证密钥,鉴定卡
        if (status= =MI_OK)
        status = M500PcdRead(addr, blockdata);     //读卡
        for ( i=0;i<16;i + + )
        *(blockdata+i) = MFComData.MFData[i]; ;
```

```
        if (status==MI_OK)
        status= M500PcdWrite(addr, blockdata);    //写卡
    }
}
```

13.2.5　经验总结

在硬件电路的设计中，要特别注意天线的选择，包括天线的形状、尺寸和磁通量的计算。

在非接触通信中，为了保证读卡器与卡片之间数据传输完整可靠，可采用以下措施：一是防冲突算法，二是通过 1 位 CRC 纠错，三是检查每个字母的奇偶检验位，四是检查位数，五是用编码方式来区分 1、0 或无信息。

在实际情况中，由于外界环境的干扰信号多呈毛刺状、作用时间很短，因此不能采用多次采集再取平均值等方法来有效滤除干扰，只能是多次检测都一致才行。为有效去除外界干扰对读卡的影响，并达到卡靠近读写器时自动读卡、处理和卡未拿走时只处理一次的目的，设置了卡同步信号连续读对次数与连续读错次数两个计数器以及 3 个标志位：卡同步读对或读错标志，仅读卡同步信号或同时读卡同步、数据信号标志，卡已处理或未处理一次标志。

13.3　【实例 96】SD 卡读写

13.3.1　实例功能

随着多媒体技术的发展和推广，要求单片机应用系统具备一定的多媒体处理能力，51 单片机通过传统的存储器扩展方式外可以扩展的最大容量是 64KB，而 64KB 的存储空间用于存储多媒体信息几乎是不可能的。可是如果通过接入 SD 卡等大容量的存储设备，不但可以用于存储多媒体信息，还可以用于存放单片机系统中用到的应用程序等，本节将详细讲述如何利用单片机实现 SD 卡的读写。

13.3.2　典型器件介绍

1．SD 卡简介

SD 卡（Secure Digital Memory Card）是由日本松下、东芝及美国 SanDisk 公司于 1999 年 8 月共同开发研制，它是一种基于半导体记忆器的新一代记忆设备，具备存储容量大、数据传输速度快、移动灵活以及安全性能高等优点。

SD 卡特性如下。

- 可选的通信协议：SD 模式和 SPI 模式。
- 可变时钟频率：0MHz～25MHz。
- 通信电压范围：2.0V～3.6V。
- 工作电压范围：2.0V～3.6V。
- 智能电源管理。

- 无需外加编程电压。
- 卡片带电插拔保护。
- 高速串行接口，支持双通道闪存交叉存取，最高读写速率 10Mbit/s。
- 10 万次编程/擦除。

2．SD 卡操作模式

SD 卡的接口可以支持两种操作模式：SD 卡模式和 SPI 模式。通过这两种模式都可以实现数据的传输，SD 模式是 SD 卡标准的读写方式，使用 4 线的高速数据传输，数据传输速率高，但是传输协议复杂，只有少数单片机才提供有此接口；而 SPI 总线模式是简单通用的 SPI 通道接口，只有一条数据传输线，传输速度较 SD 卡模式有所降低，但绝大多数中高档单片机都提供 SPI 总线，易于用软件方法来模拟。通过综合比较，本例选择 SPI 模式实现与 SD 的通信。

13.3.3 硬件设计

硬件接口电路如图 13-8 所示，SD 卡的操作模式选用 SPI 模式，单片机通过软件编程实现 SPI 模式的数据传输。在 SPI 模式下，单片机与 SD 卡的连接主要有 4 根线：包括时钟线，两根数据传输线和一根片选线。引脚 1（CS）作为 SPI 片选线 CS 用，引脚 2（DI）用作 SPI 总线的数据输入线，而引脚 7（DO）为数据输出线，引脚 5 用作时钟线（CLK）。除电源和地，保留引脚可悬空。

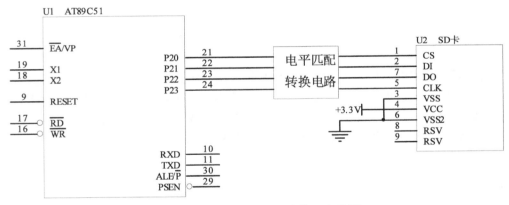

图 13-8   AT89C51 与 SD 卡接口电路图

在电路中还要解决 SD 卡与 AT89C51 的电平匹配问题，这里使用如图 13-9 所示的电路，将 AT89C51 的 5VCMOS 逻辑电平转换为 SD 卡的 3.3VTTL 电平，从而实现它们之间的正确连接。

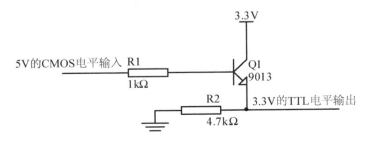

图 13-9   SD 卡与 AT89C51 的电平转换电路

13.3.4　程序设计

SD 卡在进行通信和数据读写时采用标准的 SPI 接口，由于 51 系列单片机不具备标准的 SPI 接口，因此在通信过程中需要通过软件编程，实现对标准 SPI 接口通信协议的模拟以实现通信过程。

SD 卡的软件设计主要包括两部分内容：SD 卡的上电初始化过程和对 SD 卡的读写操作。下面首先介绍一些 SD 卡读写过程中用到的操作子函数。

1. SD 卡读写的操作子函数

SD 卡读写的操作子函数主要包括以下几个。

- 函数 delay：延时微秒。
- 函数 SD_read_byte：读出一字节。
- 函数 SD_write_byte：写入一字节。
- 函数 SD_write_command：发送 SD 的命令。

（1）延时函数 delay。

该函数用来实现延时微秒，其程序代码如下。

```
void delay(uint n)
{
    while(--n)
    {
    }
}
```

（2）函数 SD_read_byte。

该函数的功能是从 SD 卡读出一个字节的数据信号，接收信号时从高位到低位进行，其程序代码如下。

```
uchar SD_read_byte (void)
{
    uchar Byte = 0;
    uchar i = 0;
    DI=1;
    for (i=0; i<8; i++)
    {
        CLK=0;
        delay(4);
        Byte=Byte<<1;            //先接收最高位
        if (DO==1)
        {
            Byte |= 0x01;
        }
        CLK=1;
```

```
        delay(4);
    }
  return (Byte);
}
```

（3）函数 SD_write_byte。

该函数的功能是向 SD 卡写入一个字节的数据信号，写入数据时从高位到低位进行，其程序代码如下。

```
void SD_write_byte(uchar Byte)
{
   uchar i ;
   CLK=1;
   for (i =0; i<8; i++)
   {
     if (Byte&0x80)              //先写高位的
     {
       DI=1;
     }
     else
     {
       DI=0;
     }
     CLK=0;
     delay(4);
     Byte=Byte<<1;
     CLK=1;
     delay(4);
   }
  DI=1;
}
```

（4）函数 SD_write_command。

该函数用于向 SD 卡写入不同的操作命令以实现不同的功能，每个命令的字节数为 6 个，其程序代码如下。

```
uchar SD_write_command (uchar  *cmd)
{
   uchar tmp = 0xff;
   uint  Timeout = 0;
   uchar a;
   SD_Disable();
   SD_write_byte(0xFF);          //发送8个时钟
   SD_Enable();
   for(a = 0;a<0x06;a++)         //发送6字节命令
   {
       SD_write_byte(cmd[a]);
   }
   while (tmp == 0xff)
   {
```

```
        tmp = SD_read_byte();    //等待回复
        if (Timeout++ > 500)
        {
            break;               //超时返回
        }
    }
    return(tmp);                  //返回响应信息
}
```

2. SD 卡的上电初始化

SD 卡从上电到对 SD 卡进行正确的读写操作需要一个上电初始化的过程。上电初始化的流程图如图 13-10 所示，操作步骤如下。

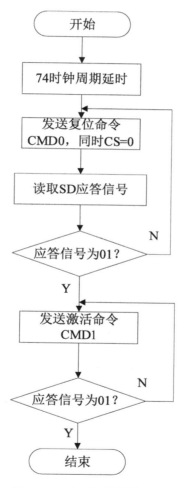

图 13-10　上电初始化的流程图

（1）SD 卡上电后，主机必须首先向 SD 卡发送 74 个时钟周期，以完成 SD 卡上电过程。

（2）SD 卡上电后会自动进入 SD 总线模式，并在 SD 总线模式下向 SD 卡发送复位命令 CMD0，此时应设置片选信号 CS 处于低电平态，使 SD 卡进入 SPI 总线模式，否则 SD 卡工作在 SD 总线模式。

（3）SD 卡进入 SPI 工作模式后会发出应答信号，若主机读到的应答信号为 01，即表明 SD 卡已进入 SPI 模式，此时主机即可不断地向 SD 卡发送命令字 CMD1 并读取 SD 卡的应答信号，直到应答信号为 00，以表明 SD 卡已完成初始化过程，准备好接收下一命令。

（4）初始化完成后，系统便可读取 SD 卡的各寄存器，并进行读写等操作。

SD 卡的上电初始化程序代码如下。

```
//预定义变量
sbit    CS=P2^0;
sbit    CLK= P2^3;
sbit    DI=P2^1;
sbit    DO=P2^2;
#define    SD_Disable()    CS=1                              //片选关
#define    SD_Enable()    CS=0                               //片选开
uchar    SD_read_byte (void)                                 //读出一字节
void     SD_write_byte(uchar Byte)                           //写入一个字节
uchar    SD_write_command (uchar *cmd)                       //发送SD命令
uchar    SD_write_sector(ulong addr,uchar *Buffer)          //写单块,512字节
void     SD_read_block(uchar *cmd,uchar *Buffer,uint Bytes)//读N个字节数
据放在缓冲区内
uchar    SD_read_sector (ulong addr,uchar *Buffer)          //读单块,512字节
uchar    SD_init ()                                          //sd 初始化
void     delay(uint n)                                       //延时微秒
//SD 初始化
uchar    SD_init ( )
{
    uchar Timeout = 0;
    uchar b;
    uchar idata  CMD[ ] = {0x40,0x00,0x00,0x00,0x00,0x95};//CMD0
    for (i=0;i<0x0f;i++)
    {
        SD_write_byte(0xff);                                //延迟 74 个以上的时钟
    }
    SD_Enable( );                                           //开片选
    //发送 CMD0
    while(SD_write_command (CMD) !=0x01)                    //等于 1 表示复位成功
    {
      if (Timeout++ > 5)
      {
        return(1);
      }
    }
    //发送 CMD1
    Timeout = 0;
    CMD[0] = 0x41;
    CMD[5] = 0xFF; //CMD1
    while( SD_write_command (CMD) !=0)
    {
        if (Timeout++ > 100)
```

```
    {
        return(2);
    }
}
SD_Disable();
return(0);                                          //成功
}
```

3. 对 SD 卡的读写操作

完成 SD 卡的初始化之后即可进行它的读写操作。SD 卡的读写操作都是通过发送 SD 卡命令完成的。

SPI 总线模式支持单块（CMD24）和多块（CMD25）写操作，多块操作是指从指定位置开始写下去，直到 SD 卡收到一个停止命令 CMD12 才停止。单块写操作的数据块长度只能是 512 字节，当应答为 0 时说明可以写入数据，大小为 512 字节。SD 卡对每个发送给自己的数据块都通过一个应答命令确认，它为 1 字节长，当低 5 位为 00101 时，表明数据块被正确写入 SD 卡，这里只实现单块数据的读写功能，其流程图如图 13-11 所示。

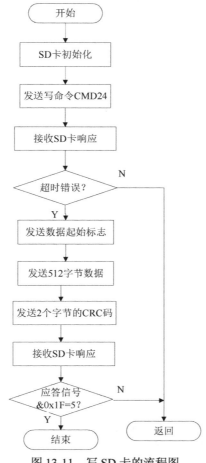

图 13-11　写 SD 卡的流程图

写 SD 卡的程序代码如下。

```c
//写单块,512字节
uchar SD_write_sector (ulong addr,uchar *Buffer)//参数:写扇区的地址,数据的指针
{
    uchar  tmp;
    uint a ;
    uchar idata cmd[] = {0x58,0x00,0x00,0x00,0x00,0xFF};  //CMD24
    addr = addr << 9;                         //addr = addr * 512
    cmd[1] = ((addr & 0xFF000000) >>24 );
    cmd[2] = ((addr & 0x00FF0000) >>16 );
    cmd[3] = ((addr & 0x0000FF00) >>8 );
    tmp = SD_write_command (cmd);             //发送命令cmd24,写单块512字节
    if (tmp != 0)
    {
        return(tmp);
    }
    for (a=0;a<100;a++)
    {
        SD_read_byte();
    }
    SD_write_byte(0xFE);                      //发送读、写命令后都要发送起始令牌FEH
    for ( a=0;a<512;a++)
    {
        SD_write_byte(*Buffer++);
    }
    //写入CRC字节
    SD_write_byte(0xFF);
    SD_write_byte(0xFF);
    while (SD_read_byte() != 0xff)
    {
    };
    SD_Disable();
    return(0);
}
```

在读取 SD 卡中数据时，读 SD 卡的命令字为 CMD17，接收正确的第一个响应命令字节为 0xFE，随后是 512 字节的用户数据块，最后为 2 字节的 CRC 验证码。读 SD 卡的流程图如图 13-12 所示。

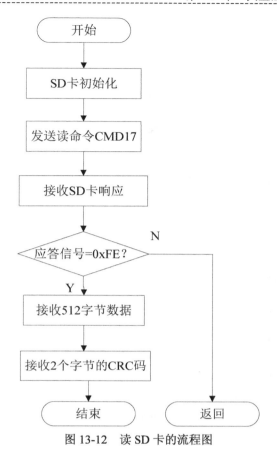

图 13-12 读 SD 卡的流程图

读 SD 卡的程序代码如下。

```
//读 N 个字节数据放在缓冲区内
void SD_read_block(uchar *cmd,uchar *Buffer,uint N_Byte)//参数:命令、缓冲区指
针、长度
{
    uint  a;
    if (SD_write_command (cmd) != 0)
    {
       return;
    }
    while (SD_read_byte( )!= 0xfe)
    {
    };
    for (a=0;a< N_Byte;a++)
    {
      *Buffer++ = SD_read_byte();
    }
    //取走 CRC 字节
    SD_read_byte();
    SD_read_byte();
```

```
    SD_Disable();
    return;
}
//读一个扇区数据
uchar SD_read_sector (ulong addr,uchar *Buffer)        //参数:扇区地址,缓冲区指针
{
    uchar idata  cmd[] = {0x51,0x00,0x00,0x00,0x00,0xFF};//读单块
    addr = addr << 9;                                     //addr = addr * 512
    cmd[1] = ((addr & 0xFF000000) >>24 );
    cmd[2] = ((addr & 0x00FF0000) >>16 );
    cmd[3] = ((addr & 0x0000FF00) >>8 );
    SD_read_block(cmd,Buffer,512);
    return(0);
}
```

13.3.5 经验总结

（1）在 SD 初始化时应当注意的是：主机在向 SD 卡发送命令字 CMD0 时，SD 卡是处于 SD 总线模式的，此时要求每一个命令都要有合法的 CRC 校验位，所以，此时的命令字 CMD0 必须有正确的 CRC 校验位（其校验位为 95H）。而在发送命令字 CMD1 时，SD 卡已处于 SPI 模式，而默认的 SPI 模式无需 CRC 校验，此时的 CRC 校验位可直接写入 0。

（2）读扇区：SD 卡允许以块数据进行读写，在这里用 CMD16 命令设定每读写的块为 512 字节，正好是一个扇区，设置好后用 CMD17 读块命令读取 512 放入缓冲区即可。

第14章 综合应用实例

14.1 【实例97】智能手机充电器设计

该智能充电器主要用于对手机锂离子电池进行充电控制。目前市场上常用的二次电池主要有镍氢（Ni-MH）与锂离子（Li-ion）两种类型。手机常用锂离子（lion）电池的充电器采用的是恒流充电方式，充电电流一般为电池容量的 0.1 倍～1.5 倍，充电时间 2h～3h。整个充电流程如下。

- 检测电池电压当电压低于一个阈值电压，进行预充电。
- 电池冲到一定电压后，进行全电流充电。
- 当电池电压达到预置电压时开始恒压充电，同时充电电流降低。
- 电流降低到规定值，充电过程结束。

14.1.1 智能手机电池充电器的结构组成

本系统主要用于单节锂离子电池充电控制，采用美信半导体公司的锂电池充电芯片，其工作原理如下：当有电池插入时，系统的 LED 指示灯亮，同时蜂鸣器发出提示音，系统进入预充电状态。当电池电压升到 2.5V 以上时，系统进入快充。在电池充满时指示灯熄灭，蜂鸣器报警，如电池无法充电指示灯以 1.5Hz 的频率闪烁。系统的结构图如图 14-1 所示。

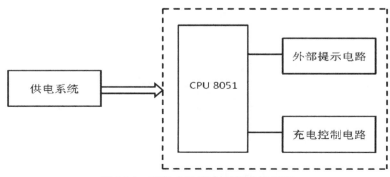

图 14-1 手机电池充电系统结构框图

系统包括供电系统、89c51 主控芯片、充电控制电路和外部提示电路，主要用于检测是否有电池插入该系统、电池是否完成充电等。

14.1.2 智能手机电池充电器的硬件电路设计

智能手机电池充电器由 CPU、LED 指示灯、蜂鸣器、MAX1898 充电芯片和电源电路等几部分组成。原理框图如图 14-2 所示。

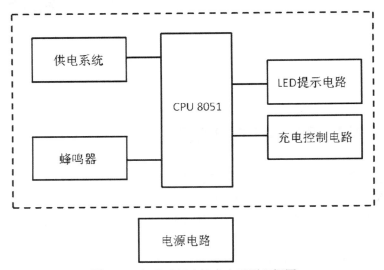

图 14-2 智能手机电池充电器原理框图

（1）供电电源电路。

系统采用 220V 交流电对系统直接供电，先使用交流变压器将 220V 交流电转换成 12V 的交流电，通过桥式整流电路进行整流后，接 1 只 1 000μF/25V 的电解电容和一个 104 的陶瓷电容，再将经过滤波后的输出直接接到 7805 集成稳压电路，为系统提供电源。电路原理图如图 14-3 所示。

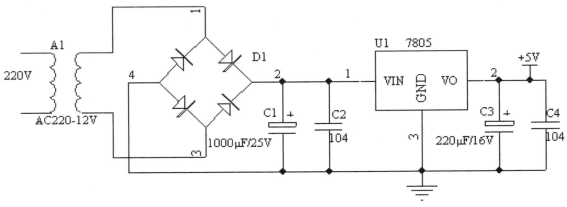

图 14-3 供电电源电路原理框图

（2）51 单片机。

单片机选用常用的 8051，采用 6MHz 晶振。电路外接引脚，电路设计如图 14-4 所示。

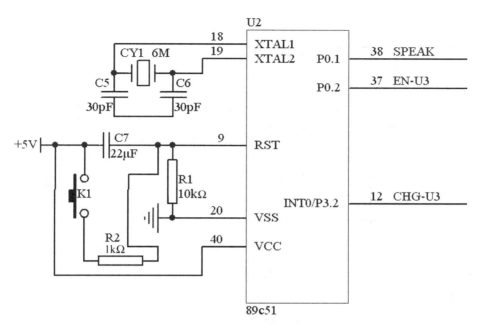

图 14-4 51 单片机电路原理框图

（3）充电控制电路。

系统选用美信半导体公司的单个锂电池充电芯片 MAX1898（如图 14-5 所示），芯片不仅能限制总输入电流还可通过外接电容和电阻来设定充电时间和最大充电电流。MAX1898 引脚定义如表 14-1 所示。

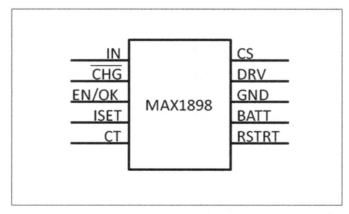

图 14-5 MAX1898 充电芯片

充电时间和定时电容 C（nF）的关系式满足：C（nF）= 34.33 × t（充电时间，单位为 h）。

最大充电电流 Imax 和限流电阻 rset 的关系式满足：Imax（A）＝1 400（V）/rset（Ω）。系统充电控制电路原理图如图 14-6 所示。

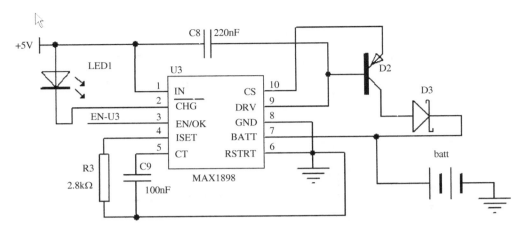

图 14-6　系统充电控制电路原理图

表 14-1 　　　　　　　　　　　　　　　　　**MAX1898 引脚定义**

引 脚 符 号	功 能 说 明
IN	芯片内部取样电阻的输入端，检测输入电源
$\overline{CHG}$	开漏极 LED 驱动引脚或接 100kΩ 电阻
EN/OK	芯片的使能输入和电源就绪输出引脚
ISET	外接限流电阻设置芯片最大充电电流
CT	外接定时电容设置芯片充电时间
RSTRT	重新充电控制端
BATT	锂电池的正极
GND	芯片地
DRV	外接晶体管的驱动引脚
CS	芯片内部取样电阻负端

14.1.3　智能手机电池充电器的软件设计

智能手机电池充电器程序的主要功能有检测是否有电池插入，预充电时间是否成功，电池是否充满等，程序流程图如图 14-7 所示。

在本系统中使用 MAX1898 和 89c51，直接控制电池的充电过程。当没有电源和电池输入时 MAX1898 的 CHG 引脚为高电平，将 CHG 引脚连接到外部中断 INT0，监测 CHG 的输出信号。当充电开始时，单片机的 INT0 引脚接收到中断信息，产生中断并使能单片机的 T1 计数器进行计数，如果预充出错则将 MAX1898 的 EN/OK 引脚置低停止充电，并驱动蜂鸣器报警。程序代码如下。

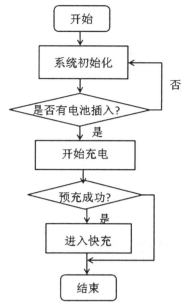

图 14-7 智能手机电池充电器程序流程图

```c
#include <reg51.h>
unsigned int  T3HOUS = 3 600;
unsigned int  T1NUM = 0;
unsigned int  INTONUM = 0;
sbit SPEAK = P0^1;
sbit EN/OK = P0^2;
void  main(void)
{   system_init();                /*调用系统初始化函数*/
    EA = 1; EX0 = 1;              /*使能 INT0 中断*/
    while(1)  { EN/OK = 1; }       /*使能 MAX1 898*/
}
void  int0_interrupt(void)
{      if(INTONUM = =0)  {TR1 = 1; SPEAK = 0;} /*使能定时器1*/
       INTONUM + +;
}
void  t1_interrupt(void)
{      T1NUM + +; T3HOUS--;
       if((T3HOUS! = 0)&&( INTONUM = = 1))
       {   if(T1NUM = =6 000)  /*3s*/
           {   T1NUM = 0; SPEAK = 0;
           }
       }
    else
    {   EN/OK = 0;    /*禁止 MAX1 898*/
        T3HOUS =0; SPEAK = 1;
}
```

```
void system_init(void)
{   SPEAK = 1;          /*禁止蜂鸣器*/
    EN/OK = 0;          /*禁止 MAX1 898*/
    TMOD = 0X20;        /*设置定时器 1*/
    TCON | = 0X01;
    TH1 = 0;TL1 = 0;
}
```

14.1.4　经验总结

系统采用 MAX1898 作为系统的充电控制器件，AT89C51 根据检测到的 MAX1898 的输出信息，完成对充电过程的控制和报警。

14.2　【实例 98】单片机控制门禁系统

近年来，电子门禁系统发展非常迅速，按照其开门方式可以分为 3 类：密码识别、卡片识别和生物识别。

无线射频识别技术（RFID）在门禁系统中得到广泛的应用，本例中以使用工作频率为 125kHz 的射频 ID 卡和密码识别相结合的门禁系统为例，说明单片机控制门禁系统的原理及应用。

14.2.1　门禁系统的结构组成

本门禁系统主要应用于居民小区的居民楼，其工作原理如下：当有人要进入时，可以通过以下两种方式实现。一种是通过在门禁处主机上刷卡，当该卡为门禁系统中存在的 ID 卡时，门可以打开，否则，语音提示该卡不存在。另一种则是输入房间号码 + 密码的方式开门，若有访客要进入时，访客可以提前和住户联系，获得住户的房间号和密码，当访客输入正确的房间号和密码后，楼宇门可以打开，否则提示密码错误。系统的结构图如图 14-8 所示。

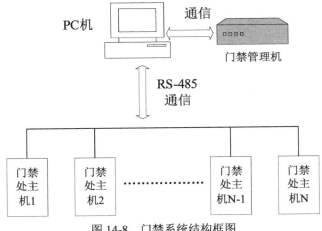

图 14-8　门禁系统结构框图

系统包括门禁管理机、门禁处主机以及上位管理机。

门禁管理机主要完成门禁系统发卡、挂失卡以及与 PC 机通信等操作，硬件电路包括：CPU、射频卡读卡器电路、RS-485 通信电路、电源电路等。

门禁处主机完成对进入楼宇门的控制及判断操作，另外需要与 PC 机通信，获得系统中存在的 ID 卡编号及其他信息。硬件电路包括：CPU、电源电路、键盘显示电路、射频卡读卡器电路、存储器电路、语音电路、电磁锁控制电路等。

14.2.2　门禁系统的硬件电路设计

1. 门禁主机硬件设计

门禁主机由 CPU、键盘显示电路、存储器、射频卡读卡器、通信电路、语音电路和电源电路等组成。原理框图如图 14-9 所示。

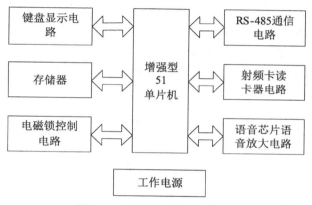

图 14-9　门禁处主机原理框图

（1）增强型 51 单片机。

单片机选用体积小、功能强、存储器容量大的 C8051F340。该单片机是一款完全集成的混合信号片上系统型 MCU，片上有 4352 字节的 RAM（256B 片内 RAM 和 4KB 片外 RAM），多达 64KB 的片内 Flash 存储器，具有一个内部可编程高速振荡器，可以作为系统时钟使用，片内集成了看门狗定时器功能，只需要极少的外围电路就可以构成单片机最小应用系统，电路设计简单，可以提供较多的 I/O 口，可以灵活配置中断引脚及 I/O 口的输入/输出方式。

（2）存储器电路。

由于在系统中要存储一定数量的射频 ID 卡号、开门记录以及其他的信息，所需要的存储器空间比较大，存储器选用 Flash 型的 AT45DB041D 存储器，这是单一 2.7V～3.6V 电源供电串行接口 Flash 存储卡，适用于系统内重复编程，它共有 4 325 376bit 内存，分为 2048 页，每页为 264 字节；在主内存之外 AT45DB041D 还有两个 SRAM 数据缓存，每个 264 字节，缓存使得主内存的一页正在编程的同时可以接收数据。与用多条地址线和一个并行接口随机访问的传统 Flash 存储器不同，其数据闪存 DataFlash 采用串行接口顺序访问数据，这种简单的串行接口方便了硬件布局，增强了系统灵活性。存储器电路原理如图 14-10 所示。AT45D041D 为 SPI 总线的器件，在系统中使用单片机管脚模拟 SPI 总线的方式实现了对存储器芯片的读写操作。

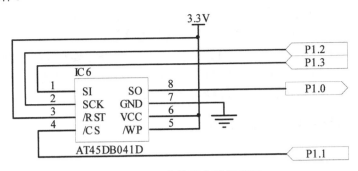

图 14-10　存储器电路原理图

（3）键盘显示电路。

键盘显示电路采用专用的控制芯片 HD7279A 来驱动，该芯片最多能驱动 8 位共阴极数码管及 64 个键盘，单片即可完成 LED 显示、键盘接口的全部功能，使设计的电路更加简洁。HD7279A 同样也是 SPI 总线的器件，在键盘显示电路中也是通过单片机管脚模拟 SPI 总线的方式实现对 HD7279A 的操作。键盘显示电路原理如图 14-11 所示。键盘显示由 8 个数码管以及 13 个按键组成，其中的 12 个键为 10 个数字键、"*" 建和 "#" 键，另外 1 个按键作为楼道内开门的按键使用。

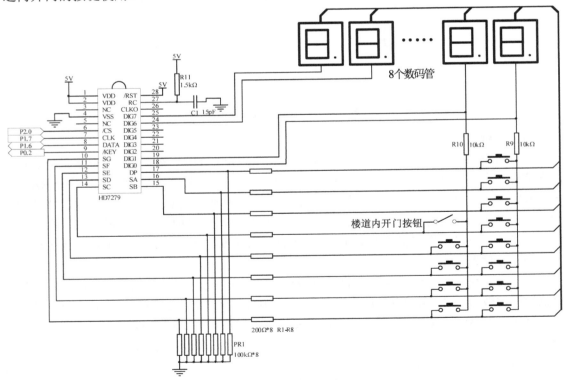

图 14-11　键盘显示原理图

（4）语音电路。

在本系统中对语音质量要求不高，而且语音提示信息不是很长，我们选用了价格低廉的 APLUS 公司生产的语音芯片 AP89170，这是一款 OTP 的语音芯片，声音的最大存储长度可以达到 170s，芯片可以最多存储 254 个语音片段。功率放大电路采用专用的语音放大器 LM386，该放大器的增益可以调整，在使用过程中比较灵活。语音电路原理如图 14-12 所示。

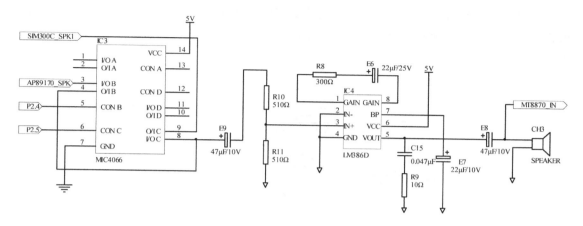

图 14-12　语音电路原理图

（5）射频卡读卡器电路。

本例中门禁系统使用工作频率为 125kHz 的 EM4100 卡作为系统使用的射频卡。125kHz 的射频卡读卡器电路可以由模拟电路和集成电路芯片电路两种方式实现。由于模拟电路设计复杂、调试难度大，所以系统的射频卡读卡器电路选用专用的低成本读卡器芯片 U2270B 实现，这是由美国 TEMIC 公司生产的、发射频率为 125kHz 的射频卡基站芯片，其载波振荡器能产生 100kHz～150kHz 的振荡频率，其典型应用频率为 125kHz，此时，典型数据传输速率为 5kbit/s，典型读写距离为 15cm。适用于曼彻斯特编码和双相位编码，并带有微处理器接口，可与单片机直接连接。另外，供电方式灵活，可以采用 + 5V 直流供电，也可以采用汽车用 + 12V 供电，同时具有电压输出功能，可以给微处理器或其他外围电路供电。具有低功耗待机模式，可以极大地降低基站的耗电量。其典型的应用电路原理如图 14-13 所示。

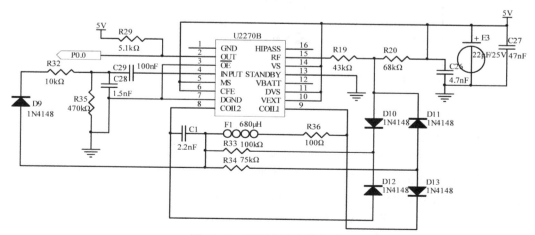

图 14-13　射频卡读卡器电路

图中 F1 为射频卡读卡器天线线圈，线圈的电感值为 680μH，使用漆包线缠绕制成，单片机通过 P0.0 读出 U2270B 送出的 ID 卡号。

（6）电磁锁控制电路。

电磁锁的开闭需要由继电器提供一个开关信号。楼宇门需要经常的打开关闭，而机械式的继电器使用寿命有限，因而采用光电式的继电器 AQV102A，它在负载电压为 60V 时，负载电流可以高达 600mA，完全满足一般电磁锁的工作要求。磁锁控制电路原理如图 14-14 所示。

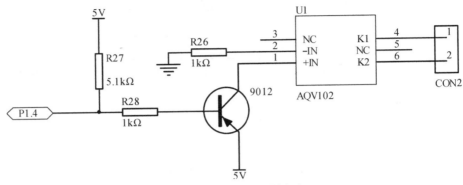

图 14-14 电磁锁控制电路

（7）电源电路。

门禁系统由 220V 交流电供电经过开关电源转换后输入的 12V 电压供电。在门禁主机电路中，有需要 3.3V 和 5V 供电的器件，设计中把开关电源的输出 12V 再转换为 5V 和 3.3V。5V 电压转换电路使用开关稳压芯片 LM2576T-5，该器件具有较高的转换效率，而且能够提供较大的工作电流，3.3V 电压通过稳压芯片 AMS1117－3.3 获得，电源电路原理如图 14-15 所示。

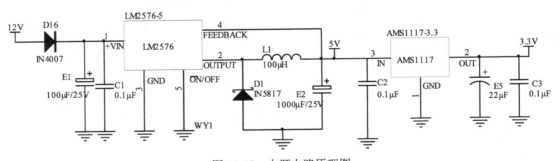

图 14-15 电源电路原理图

（8）RS-485 通信电路。

RS232 通信标准的距离较短，而且速率低，在本门禁系统中采用了 RS-485 通信标准。RS-485 标准的最大通信距离为 1219m，最大数据传输速率为 10Mbit/s，采用双绞线进行传输。RS-485 通信电路原理如图 14-16 所示。单片机的标准串行口 TXD 和 RXD 接到 MAX485 的 DI 和 RO 管脚，控制信号 R/D 接到 MAX485 的/RE 及 DE 脚。当 R/D 为 1 时发送器有效，接收器禁止，当 R/D 为 0 时接收器有效，发送器禁止。

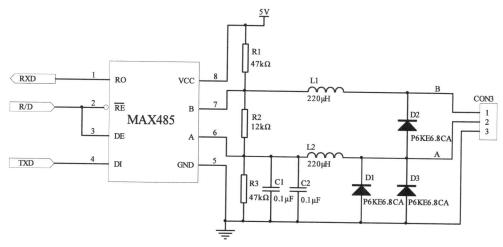

图 14-16 RS485 通信电路原理图

2. 管理机硬件设计

管理机的硬件设计采用与门禁主机相类似的电路设计，单片机的选型以及射频卡读卡器电路、电源电路采用完全相同的硬件设计，只是通信电路采用更简单的 RS-232 通信标准，使整个系统的硬件设计尽量一致，维护更加方便。

14.2.3 门禁系统的软件设计

门禁主机程序实现的功能有检测卡信息是否存在并进行校验核对，存储器读写，键盘显示控制，语音控制和通信等，本例中只对读卡部分进行详细说明。

门禁主机程序设计思想是：当有 EM4100 卡进入到射频卡读卡器线圈的工作范围内以后，门禁主机通过射频卡读卡器电路获得该卡的卡号信息，并对存储器进行读操作，确认该卡号信息在系统中是否存在，如果存在，则打开电磁锁，否则给出语音提示。如果键盘有按键按下，则语音提示提示"请输入房间号码"，对存储器进行读操作，判断该房间号是否正确，如果正确则语音提示"请输入密码"，密码正确后打开电磁锁，否则有相应的错误语音提示，电磁锁拒开。主程序流程图如图 14-17 所示。

在本系统的设计中，用到的芯片单片机 C8051F340、HD7279A 及 AT45DB041D 均为比较常见的芯片，编程调试比较方便，而且有大量的实例可以参考，下面仅详细介绍一下射频卡读卡器读卡操作子程序。

EM4100 芯片的数据调制和传送，是以常用的 Manchester（曼彻斯特）调制格式来编码的，如图 14-18 所示。只要 EM4100 芯片的外部线圈两端产生的 AC 感应电压≥3.5V$_{pp}$，线圈时钟频率约为 125kHz 时，芯片即上电启动。EM4100 的全部数据位为 64bit，它包含 9 个开始位（其值均为 1）、40 个数据位（8 个厂商信息位 + 32 个数据位）、14 个行列校验位（10 个行校验 + 4 个列校验）和 1 个结束停止位。EM4100 在向读卡机或 PC 机传送信息时，首先传送 9 个开始引导位，接着传送 8 个芯片厂商信息或版本代码，然后再传送 32 个数据位。其中 15 个校验以及结束位用以跟踪包含厂商信息在内的 40 位数据。

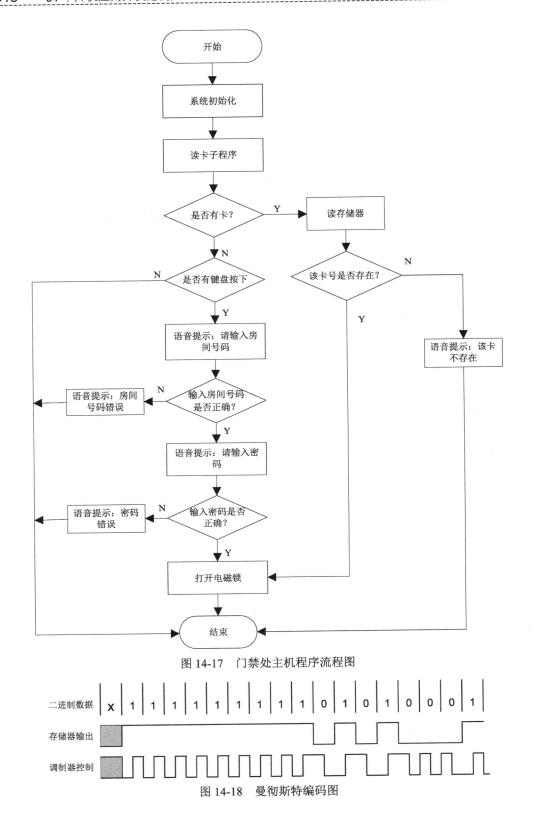

图 14-17   门禁处主机程序流程图

图 14-18   曼彻斯特编码图

对于曼彻斯特编码，本例使用单片机的软件解码，利用单片机的定时器 T0 产生精确定时，测定编码脉冲确认数据位是 0 还是 1，然后读取指定个数的数据位即可得到卡的信息。程序的编写要按照曼彻斯特编码的时序编写。readbit()函数实现读取一个数据位的功能，程序代码如下。

```
unsigned char Buff[30];
/*解码缓冲区*/
unsigned char readbit()
/*检测数据位子程序*/
{
    unsigned int mk = TIME10;
    /*装入超时值,TIME10 = 600,*/
    TL0 = TH0 = 0;
    /*初始化计时器*/
    TR0 = 1;
    /*开始计时*/
    while(--mk)
    /*超时机制,防止死等*/
    if(bitin! = INPORT)
    /*有跳变 INPORT = P0.0*/
    break;
    TR0 = 0;
    /*停止计时*/
    if(mk = =0)
        /*超时退出*/
        return 0;
        bitin = INPORT;
        /*保存状态*/
        mk = TH0*256 + TL0;
        /*计算这样跳变的脉宽*/
    if((mk>TIME05)&&(mk< = TIME10))
        /*一个周期*/
        return 1;
    if((mk> = TIME00)&&(mk< = TIME05))
        /*半个周期*/
        return 2;
        return 0;
        /*出错*/
}
```

readdata()函数实现读取一个完整的数据位的子程序，注意应用这个函数时需要在循环中不断查询，程序代码如下。

```
unsigned char readdata()
/*读一个完整的数据位子程序*/
{
    switch(readbit())
```

```
    {
        case 1:
            /*一个周期*/
            return !bitin;
        case 2:
            /*半个周期*/
            if(readbit()! = 2) return 2;
            /*再读一次半个周期*/
            return !bitin;
        default:
            return 2;
    }
}
```

CheckData()函数实现了接收并解码子程序，程序中调用了readdata()函数。

```
bit CheckData()
{
    unsigned char i,j;
    bitin = INPORT;
    /*保存位状态*/
    for(i = 0;i<9;i + +)
    /*检测9个数据位1*/
    {
        if(readdata()! = 1)
        return 0;
    }
    for(i = 0;i<11;i + +)
    /*读取数据*/
    {
        Buff[i] = 0x00;
        for(j = 0;j<5;j + +)
        {
            Buff[i]<< = 1;
            switch(readdata())
            {
            case 0:
                break;
            case 1:
                Buff[i]| = 0x08;
                break;
            case 2:
                /*err*/
                return 0;
            }
        }
    }
    /*结束位*/
```

```
if(Buff[10]&0x08! = 0x00)
    return 0;
/*行奇校验位*/
for(i = 0;i<10;i + +)
if((((Buff[i]>>4)^(Buff[i]>>3)^(Buff[i]>>2)^(Buff[i]>>1)^Buff[i])&0x08)! = 0)
    return 0;
/*列奇校验位*/
j = 0;
for(i = 0;i<11;i + +)
j = j ^ (Buff[i]&0x80);
if(j! = 0)
    return 0;
for(i = 0;i<11;i + +)
j = j ^ (Buff[i]&0x40);
if(j! = 0)
    return 0;
for(i = 0;i<11;i + +)
j = j ^ (Buff[i]&0x20);
if(j! = 0)
    return 0;
for(i = 0;i<11;i + +)
j = j ^ (Buff[i]&0x10);
if(j! = 0)
    return 0;
    /*完成*/
return 1;
}
```

ReadCardNo()函数实现读取卡号的功能。程序中如果检测到卡信息正确，则卡号信息存放在 Buff 缓冲区中，程序代码如下。

```
bit ReadCardNo()
{
    if(CheckData())
    /*检测卡*/
    {
        unsigned char i;
        /*编码输出*/
        Buff[0] = (Buff[2] & 0xF0) | (Buff[3]>>4 & 0x0F);
        Buff[1] = (Buff[4] & 0xF0) | (Buff[5]>>4 & 0x0F);
        Buff[2] = (Buff[6] & 0xF0) | (Buff[7]>>4 & 0x0F);
        Buff[3] = (Buff[8] & 0xF0) | (Buff[9]>>4 & 0x0F);
        /* Buff[0]到Buff[4]存放的就是卡号*/
        return 1;
    }
    return 0;
}
```

14.2.4　经验总结

本系统扩展的存储器可存储几千张射频卡信息，很多场合，可选容量小的存储器即可满足要求，甚至直接采用 C8051F340 内部存储器即可满足要求。

本门禁系统采用的是 RS485 总线构成整个管理系统，用户也可采用其他数据交换方式进行管理，如无线通信模式（如 GPRS）、手持式红外抄表模式或者直接用键盘到门禁机现场来管理，各种模式在技术上均能实现，各有利弊。

注意天线的绕制形状和圈数，如果天线参数不合适，会导致寻卡距离缩短甚至寻不到射频卡。

14.3　【实例 99】GPS 接收设备的设计

GPS（Global Positioning System，全球定位系统）是由美国研发并投入使用的卫星定位系统。主要是为各个领域提供实时、全天候和全球性的导航服务，以及用于情报搜集、监测和通信等。

本实例主要讲解定位系统的基础知识和串口通信的基础知识，开发出接收 GPS 提供的二维坐标（经度和纬度）的手持设备。

14.3.1　定位系统的基础知识

GPS 信号接收机能够捕获到按一定卫星高度截止角所选择的待测卫星的信号，并跟踪这些卫星的运行，对所接收到的定位系统信号进行变换、放大和处理，以便测量出定位系统信号从卫星到接收机天线的传播时间，解译出卫星所发送的导航电文，实时地计算出测站的三维位置，甚至三维速度和时间。

静态定位中，GPS 接收机在捕获和跟踪 GPS 卫星的过程中固定不变，接收机高精度的测量 GPS 信号的传播时间，利用 GPS 卫星在轨的已知位置，解算出接收机天线所在位置的三维坐标。而动态定位则是用 GPS 接收机测定一个运动物体的运行轨迹。GPS 信号接收机所位于的运动物体叫做载体（如航行中的船舰，空中的飞机，行走的车辆等）。载体上的 GPS 接收机天线在跟踪 GPS 卫星的过程中相对地球而运动，接收机用 GPS 信号实时地测得运动载体的状态参数（瞬间三维位置和三维速度）。

接收机硬件和机内软件以及 GPS 数据的后处理软件包，构成完整的 GPS 用户设备。GPS 接收机的结构分为天线单元和接收单元两大部分。对于测地型接收机来说，两个单元一般分成两个独立的部件，观测时将天线单元安置在测站上，接收单元置于测站附近的适当地方，用电缆线将两者连接成一个整机。也有的将天线单元和接收单元制作成一个整体，观测时将其安置在测站点上。

GPS 接收机一般用蓄电池做电源。同时采用机内机外两种直流电源。设置机内电池的目的在于更换外电池时可以不中断地连续观测。在用机外电池的过程中，机内电池自动充电。关机后，机内电池为 RAM 存储器供电，以防止丢失数据。

GPS 作为野外定位的最佳工具，在户外运动中有广泛的应用。

- 坐标（coordinate）
- 路标（Landmark or Waypoint）
- 路线（ROUTE）
- 前进方向（Heading）
- 日出日落时间（Sun set/raise time）

在本实例中介绍的是简易的 GPS 系统，即单片机通过 GPS 接收模块获得二维坐标（经度和纬度）。

14.3.2　器件介绍

1．GPS 模块

利用现成的 GPS 模块进行二次开发，在一般的电子设计中是十分常用的。本例中采用的 GPS 模块是美国 ROCKWELL 公司的 Jupiter 并行 12 通道接收板，如图 14-19 所示。

图 14-19　GPS 模块

（1）GPS 模块接口

Jupiter 接收板的插针引脚为 20 脚，具体的引脚定义见表 14-2。这些引脚的接口电平都为 TTL 电平，其中 11 脚（SDO1）和 12 脚（SDI1）组成一对串行口，14 脚（SDO2）和 15 脚（SDI2）组成一对串行口，均采用 TTL 电平标准，波特率为 9600，工作在无校验位模式。本实例中正是通过串行口实现 GPS 数据的读入。

表 14-2　　　　　　　　　　　　接收板插针接头引脚定义

插针	名　称	说　明	插针	名　称	说　明
1	PREAMP	预放大器电源输入	11	SDO1	1 号串行数据输出口
2	PWRIN-5	主+5 伏直流电源输入	12	SDI1	1 号串行数据输入口
3	VBRTC	备用电池（RTC）	13	GND	地
4	PWRIN-3	保留（不连接）	14	SDO2	2 号串行数据输出口
5	M-RST	主复位输入（低电平）	15	SDI2	2 号串行数据输入口
6	GPIO1	保留（不连接）	16	GND	地
7	GPIO2	NMEA 协议选择	17	N/C	保留（不连接）
8	GPIO3	ROM 缺省选择	18	GND	地
9	GPIO4	保留（不连接）	19	TMARK	1PPS 时标输出
10	GND	地	20	10kHZ	10kHz 时钟方波输出

（2）GPS 模块数据格式

通过串行口，单片机能够从 GPS 接收板上获得 GPS 定位系统相关的数据。下面将具体介绍一下该数据帧的格式。从 GPS 接收板中得到的数据较多，类型也较为复杂，相关的类型定义见表 14-3，其中 1 个字的大小为 2 个字节，即 16 位。

表 14-3 数据类型

类　　　型	缩写	字（WORDS）	位（BITS）	范　　围
位（Bit）	Bit	N/A	0~15	0~1
字符	C	N/A	8	ASCII 字符 0~255
单精度整数（Integer）	I	1	16	−32768~+32767
双精度整数（Double Integer）	DI	2	32	−2147483648~+2147483647
三精度整数（Triple Integer）	TI	3	48	−140737488355328~140737488355327
无符号单精度整数（Unsigned Integer）	UI	1	16	0~65535
无符号双精度整数（Unsigned Double Integer）	UDI	2	32	0~4294967295
无符号三精度整数（Unsigned Triple Integer）	UTI	3	48	0~281474976710656

从 GPS 接收板串行口中输出的数据称为定位语句，定位语句包含了 GPS 的所有相关信息，数据量较大，具体的定位语句格式见表 14-4。定位语句主要包括三个部分：定位语句头、定位求解状态、定位求解类型。其中，定位语句头主要用于对定位语句的识别，其具体格式定义见表 14-5，定位求解类型是 GPS 求解后所得到的数据，本实例所需要的经度、纬度数据都包含在其中。

表 14-4 定位语句输出格式

字　号	名　　　称	类型	单　位	范　　围	精　　度
1~4	语句字头				
5	字头校验和				
6~7	设定时间	UDI	10 毫秒	0~4294967295	
8	保留（序列）	I		0~32767	
9	卫星测量序号	I		0~32767	
定位求解状态（10.0－10.15）					
10.0	求解无效-高度使用	Bit		1=真	
10.1	求解无效-无差分	Bit		1=真	
10.2	求解无效-无足够的卫星跟踪	Bit		1=真	
10.3	求解无效-超过最大 EHPE	Bit		1=真	
10.4	求解无效-超过最大 EHPE	Bit		1=真	
10.5~10.15	保留				

续表

字　号	名　　称	类型	单　位	范　围	精　度
定位求解类型（11.0-10.15）					
11.0	传送	Bit		1=传送	
11.1	高度使用	Bit		1=高度使用	
11.2	差分	Bit		1=差分	
11.3~11.15	保留				
12	测量所用卫星的数目	UI		0~12	
13	极坐标定位	Bit		1=真	
14	GPS 星期数	UI	星期	0~32767	
15~16	GPS 秒	UDI	秒	0~604799	
17~18	GPS 纳秒	UDI	纳秒	0~99999999	
19	UTC 日	UI	日	1~31	
20	UTC 月	UI	月	1~12	
21	UTC 年	UI	年	1980~2079	
22	UTC 时	UI	时	0~23	
23	UTC 分	UI	分	0~59	
24	UTC 秒	UI	秒	0~59	
25-26	UTC 纳秒	UDI	纳秒	0~99999999	
27-28	纬度	DI	弧度	±0~p/2	10^{-8}
29-30	经度	DI	弧度	±0~p	10^{-8}
31-32	高度	DI	米	±0~50000	10^{-2}
33	大地水准平面差	I	米	±0~200	10^{-2}
34-35	地面速度	UDI	米/秒	0~1000	10^{-2}
36	真北方向	UI	弧度	0~2p	10^{-3}
37	磁差	I	弧度	±0~p/4	10^{-4}
38	爬升率	I	米/秒	±300	10^{-2}
39	基准坐标号	UI		0~188 和 300~304	
40~41	预计水平位置误差	UDI	米	0~1000	10^{-2}
42~43	预计垂直位置误差	UDI	米	0~1000	10^{-2}
44~45	预计时间误差	UDI	米	0~1000	10^{-2}
46	预计水平速度误差	UI	米/秒	0~300	10^{-2}
47~48	时钟偏差	DI	米	±0~9000000	10^{-2}
49~50	标准方差时钟偏差	DI	米	±0~9000000	10^{-2}
51~52	时钟漂移	DI	米/秒	±0~1000	10^{-2}
53~54	标准方差时钟漂移	DI	米/秒	±0~1000	10^{-2}
55	数据校验和				

定位语句头主要用于对 GPS 数据帧的识别，其中字 1 为语句字头用于表示一帧的开始。而且，只有当字 5 的校验和正确时，这一帧才是有效帧。字头校验和的正确值应等于字 1 到字 4 之和。

表 14-5　　　　　　　　　　　　　　**定位语句头格式**

数 据 内 容	帧 中 位 置	数 据 内 容	帧 中 位 置
1000 0001 1111 1111	字 1	DCLE QRAN 00XX XXXX	字 4
语句 ID 号	字 2	字头校验和	字 5
语句长度	字 3		

2．1602LCD 显示器

1602 为两行显示 LCD，每行显示 16 个字符，在之前的章节中已经介绍过 1602（请详见之前的章节）。1602 采用标准的 14 脚接口，其具体的接口定义见下表。

1602 液晶模块内部的字符发生存储器（CGROM）已经存储了 160 个不同的点阵字符图形，这些字符有：阿拉伯数字、英文字母的大小写、常用的符号和日文假名等，每一个字符都有一个固定的代码，比如大写的英文字母"A"的代码是 01000001B（41H），显示时模块把地址 41H 中的点阵字符图形显示出来，我们就能看到字母"A"。其中，阿拉伯数字、英文字母的大小写、常用的符号对应的代码见表 14-6，其他代码及自制图形的使用可以参考 1602 的使用手册，这里就不做介绍了。

表 14-6　　　　　　　　　　　　　　**常用符号代码**

高位 低位	0000	0010	0011	0100	0101	0110	0111
0000	CGRAM（1）	空格	0	@	P	`	p
0001	（2）	!	1	A	Q	a	q
0010	（3）	"	2	B	R	b	r
0011	（4）	#	3	C	S	c	s
0100	（5）	$	4	D	T	d	t
0101	（6）	%	5	E	U	e	u
0110	（7）	&	6	F	V	f	v
0111	（8）	'	7	G	W	g	w
1000	（1）	(	8	H	X	h	x
1001	（2）	)	9	I	Y	i	y
1010	（3）	*	:	J	Z	j	z
1011	（4）	+	;	K	[	k	{
1100	（5）	,	<	L	￥	l	|
1101	（6）	—	=	M	]	m	}
1110	（7）	.	>	N	^	n	
1111	（8）	/	?	O	_	o	

1602 液晶模块内部的控制器共有 11 条控制指令，具体介绍如下。

- 指令 1：清显示，指令码 01H，光标复位到地址 00H 位置。
- 指令 2：光标复位，光标返回到地址 00H 。
- 指令 3：光标和显示模式设置。I/D：光标移动方向，高电平右移，低电平左移；S：屏幕上所有文字是否左移或者右移。高电平表示有效，低电平则无效。
- 指令 4：显示开关控制。D：控制整体显示的开与关，高电平表示开显示，低电平表示关显示；C：控制光标的开与关，高电平表示有光标，低电平表示无光标；B：控制光标是否闪烁，高电平闪烁，低电平不闪烁。
- 指令 5：光标或显示移位。S/C：高电平时移动显示的文字，低电平时移动光标。
- 指令 6：功能设置命令。DL：高电平时为 4 位总线，低电平时为 8 位总线；N：低电平时为单行显示，高电平时双行显示；F：低电平时显示 5×7 的点阵字符，高电平时显示 5×10 的点阵字符。
- 指令 7：字符发生器 RAM 地址设置。
- 指令 8：DDRAM 地址设置。
- 指令 9：读忙信号和光标地址。BF：为忙标志位，高电平表示忙，此时模块不能接收命令或者数据，如果为低电平表示不忙。
- 指令 10：写数据。
- 指令 11：读数据。

液晶显示模块是一个慢显示器件，所以在执行每条指令之前一定要确认模块的忙标志为低电平，表示不忙，否则此指令失效。要显示字符时要先输入显示字符地址，也就是告诉模块在哪里显示字符，表 14-7 是 DM-162 的内部显示地址。

表 14-7　　　　　　　　　　　**DM-162 内部显示地址**

显　示　位		1	2	3	4	......	16
DDRAM 地址	第一行	00H	01H	02H	03H	......	0FH
	第二行	40H	41H	42H	43H	......	4FH

内部显示地址和实际输入的地址是有一定差别的，比如第二行第一个字符的地址是 40H，那么是否直接写入 40H 就可以将光标定位在第二行第一个字符的位置呢？这样不行，因为写入显示地址时要求最高位 D7 恒定为高电平 1 所以实际写入的数据应该是 01000000B（40H）+10000000B（80H）=11000000B（C0H）。

14.3.3　硬件电路图

简易的 GPS 系统硬件设计部分并不复杂，主要包括两部分电路：LCD 部分和 GPS 模块部分。其中 LCD 电路如图 14-20 所示，主要通过 P1 和 P3 对 1602 进行控制。

单片与 GPS 模块连接是通过串行口进行的，GPS 模块中提供了两路的串行通信口。GPS 模块的硬件电路比较简单，只需要加上电源、地、复位电路，串行口与单片机的串行口对应相连就可以了。GPS 模块的连线图如图 14-21 所示。

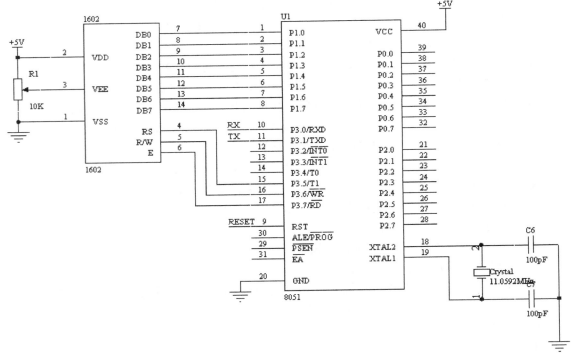

图 14-20　8051 与 LCD 连接电路图

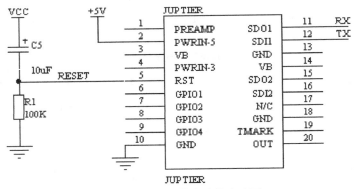

图 14-21　GPS 模块连接电路图

14.3.4　软件程序设计

简易的 GPS 系统主要完成的功能有三个：接受 GPS 模块的数据，从 GPS 数据得到经纬度以及控制 LCD 显示。软件程序在设计上也主要分为这三个部分，其中接收 GPS 模块数据部分在串口中断服务程序中完成，其他两个部分在主程序中完成。

1．串行口中断服务程序

中断服务程序中主要完成了接收 GPS 数据的任务。根据 GPS 数据帧的定义（见表 14-4），完成一个简单的 GPS 系统并不需要处理所有的 GPS 数据，只需要处理语句头、测量所用卫星的数目、纬度和经度数据即可。

（1）判断语句头

判断语句头只需要看接收的数据帧中前五个字节是否是：0FFH、81H、0E8H、03H、31H 即可。这里要注意的是串口发送时对于一个字中的两个字节，一般先发送低位字节，再发送高位字节。因此从表 14-5 中我们可以看到数据帧的第一个字是 1000000111111111B=81FFH，但是我们接收的顺序应该为 0FFH、81H。

（2）测量所用卫星数目

关于测量所用卫星数目的处理主要是判断 GPS 是否已经进入正常工作状态。根据 GPS 定位的原理，至少需要搜索到 4 颗卫星才能进行定位。因此这里的任务就是判断测量所用卫星数目是否大于等于 4。一般 GPS 接收机冷启动的搜索时间都在 100 秒左右，热启动在 20 秒左右。

（3）纬度和经度数据

在中断服务程序中，对于经纬度数据的处理，就是将这些数据存入单片机中相应的内存空间中。注意这里采用 R4 作为计数器，记录当前接受字节在 GPS 数据帧中的位置。当数据帧语句头被检测到时，R4 开始计数；数据帧接收完时，R4 清零。

2. 数据转换

从 GPS 中获得的经纬度数据是 32 位的整型数据，需要通过计算获得弧度表示的经纬度信息。同时为了显示控制方便，在 GPS 数据转换后的各个位分别储存，即十位、个位、十分位分别存储。

GPS 数据中纬度和经度数据精度较高，但是由于单片机的运算能力较弱，这里在计算的时候只使用高位字的数据，转换后的精度为小数点后一位。下面以纬度计算为例说明计算的过程纬度数据从整型转换为弧度的公式为

$$弧度 = \frac{32位整型数据}{2^{32}} \times 90$$

这里只用了 GPS 数据的高字部分。首先判断南北纬，如果最高位是 1 则为北纬，是 0 则为南纬。剩下的 15 位数据进行弧度计算。如果直接根据上面的公式进行计算，由于单片机只能进行 8 位运算，显然无法完成。这里通过高字节和低字节分别运算，然后用低字节的运算结果对高字节运算结果进行修正的方式进行。其中除法并不使用 DIV 指令，而是通过右移来完成。右移一位相当于除以 2。注意这里考虑的是高位字，因此相当于已经右移了低位字部分的位数（16 位）。

得到纬度的弧度表示形式后，还要将十位、个位、十分位分开存储。将整数部分除以 10，商就是十位上的数，余数就是个位上的数。将小数部分乘以 10，得到的整数就是十分位上的数。

经度的处理与纬度基本一样，只是最高位等于 1 时，为西经；等于 0 时，为东经。换算公式中 90 变成了 180。

3. LCD 显示

由于 GPS 数据转换函数已经将要显示的各个数分开存储，在 LCD 显示函数中只要将各

个数通过查表转换成相对应的显示代码即可。LCD 的应用在本书的前面章节中已经详细介绍过了，这里就不多做解释。

4. 详细程序

下面的程序主要实现了上述三个方面的功能。就 GPS 系统而言，有两个工作状态，一个是搜索状态，一个是正常工作状态。在程序中通过一个标志位进行识别。在搜索状态中，LCD 显示 "SEARCHING"。在正常工作状态，LCD 显示当前的纬度和经度。

```
RS EQU P3.5
RW EQU P3.6
E EQU P3.7


ORG 0000H
JMP START                       ; 程序开始
ORG 0023H
JMP Serial_RX_ISR               ; 串口中断向量


START:
    MOV SP,#60H                 ; 设置堆栈
    LCALL Init                  ; 进行有关的初始化

    MOV R1,#20H                 ; 初始化内存空间
    MOV R2,#30H
CLR_CYC:
    MOV @R1,#0
    DJNZ R2,CLR_CYC

    MOV R4,#0
    SETB 20H.0                  ; 将 GPS 工作状态位设为 1，表示正在搜索中
    LCALL LCD_INIT              ; 刷新启动进行 LCD

MAIN:
    MOV C,20H.0
    JC WAIT                     ; 20H.0 为 1 时，进入等待
    LCALL COUNT_NS              ; 计算纬度
    LCALL COUNT_EW              ; 计算经度
    LCALL DISPLAY_NS            ; 显示纬度
    LCALL DISPLAY_EW            ; 显示经度
    LCALL DELAY1                ; 延时
    JMP MAIN
WAIT:
    LCALL DISPLAY_SEARCH        ; 显示搜索状态
    LCALL DELAY1                ; 延时
    JMP MAIN

Init:
```

```
;-------------------------------------------------
;     程序初始化，包括串口、定时器 T1、中断的初始化
;-------------------------------------------------
      MOV SCON,#10010000B      ; 串口控制寄存器初始化
      ORL PCON,#10000000B      ; 把 SMOD 位置 1
      SETB EA                  ; 中断允许总控制位使能
      SETB ES                  ; 串口中断使能
      SETB PS                  ; 把串口中断设为高优先级
      CALL Timer1_Init         ; 进行定时器 T1 的初始化
      RET
Timer1_Init:
;-------------------------------------------------
;     定时器 T1 作为串口的波特率发生器
;     (2^SMOD)*fosc/32*12*(256-th1)=9600
;-------------------------------------------------
      MOV TMOD,#00100000B      ; 定时器 T1 工作在方式 2
      MOV TCON,#01000000B      ; 定时器 T1 使能
      MOV TH1,#0FAH            ; 设定定时器 T1 的初始值
      RET


COUNT_NS:
;-------------------------------------------------
;- 计算纬度的值，并将纬度的十位、个位、十分位分别放入相应的内存空间
;-------------------------------------------------
      MOV A,55                 ; 读取纬度的最高位数据
      ANL A,#80H               ; 测试符号位，1 为北纬，0 为南纬
      JZ S                     ; 跳到南纬的处理
      MOV DPTR,#TABLE2
      MOV A,#0
      MOVC A,@A+DPTR
      MOV 61,A                 ; 将 N 所对应的代码写进内存 61


      MOV A,55
      ANL A,7FH                ; 去掉最高位
      JMP NEXT


S:
      MOV DPTR,#TABLE2
      MOV A,#1
      MOVC A,@A+DPTR
      MOV 61,A                 ; 将 S 对应的代码写进内存 61
      MOV A,55
NEXT:
      MOV B,#90
      MUL AB                   ; 最高字节乘以 90
      MOV 37,B                 ; 结果的高位存在内存 37
```

```
        MOV 38,A                    ; 结果的低位存在内存38

        MOV A,56                    ; 读取次高字节
        MOV B,#90
        MUL AB                      ; 次高字节乘以90
        MOV A,38                    ; 读取纬度高字节乘以90所得结果的低字节
        ADDC A,B                    ; 用纬度次高字节乘以90所得结果的高字节修正上述数据
        JNC NEXT1
        MOV B,37                    ; 读取纬度高字节乘以90所得结果的高字节
        INC B                       ; 修正上述数据
        MOV 37,B                    ; 纬度计算结果高位存在37
        MOV 38,A                    ; 纬度计算结果低位存在38
NEXT1:
        ; 处理整数部分,将整数的十位部分和个位部分分别储存
        RLC A                       ; 将低位的最高位左移到C中
        MOV A,37                    ; 处理高位
        RL A                        ; 高位乘2
        ADDC A,#0                   ; 加上低位的最高位,这就是纬度的整数部分

        MOV B,#10
        DIV AB                      ; 整数部分除以10,得到十位部分和个位部分
        MOV 62,A                    ; 十位部分
        MOV 63,B                    ; 个位部分
        ; 以下处理小数部分
        MOV A,38                    ; 读入纬度的低字节部分
        ANL A,#7FH                  ; 去掉最高位得到小数部分
        MOV B,#10                   ; 小数部分乘以10
        MUL AB
        RLC A                       ; 以下将小数部分乘以10的结果除以2^7,去商作为第一位小数
        MOV A,B
        RLC A
        MOV 64,A
        RET


COUNT_EW:
;-------------------------------------------------
;- 计算经度的值,并将经度的十位、个位、十分位分别放入相应的内存空间
;-------------------------------------------------
        MOV A,59                    ; 读取经度的最高位数据
        ANL A,#80H                  ; 测试符号位,1为西经,0为东经
        JZ EAST                     ; 跳到东经的处理
        MOV DPTR,#TABLE2
        MOV A,#3
        MOVC A,@A+DPTR
        MOV 65,A                    ; 将W所对应的代码写进内存61

        MOV A,55
```

```
        ANL A,7FH                          ; 去掉最高位
    EAST:
        MOV DPTR,#TABLE2
        MOV A,#2
        MOVC A,@A+DPTR
        MOV 65,A                    ; 将 E 对应的代码写进内存 65
        MOV A,55
    NEXT2:
        MOV B,#180
        MUL AB                      ; 最高字节乘以 180
        MOV 39,B                    ; 结果的高位存在内存 39
        MOV 40,A                    ; 结果的低位存在内存 40

        MOV A,60                    ; 读取次高字节
        MOV B,#180
        MUL AB                      ; 次高字节乘以 180
        MOV A,40                    ; 读取经度度高字节乘以 180 所得结果的低字节
        ADDC A,B                    ; 用经度次高字节乘以 180 所得结果的高字节修正上述数据
        JNC NEXT3
        MOV B,39                    ; 读取经度高字节乘以 180 所得结果的高字节
        INC B                       ; 修正上述数据
        MOV 39,B                    ; 经度计算结果高位存在 39
        MOV 40,A                    ; 经度计算结果低位存在 40
    NEXT3:
        ; 处理整数部分, 将整数的十位部分和个位部分分别储存
        RLC A                       ; 将低位的最高位左移到 C 中
        MOV A,37                    ; 处理高位
        RL A                        ; 高位乘 2
        ADDC A,#0                   ; 加上低位的最高位, 这就是经度的整数部分

        MOV B,#10
        DIV AB                      ; 整数部分除以 10, 得到十位部分和个位部分
        MOV 66,A                    ; 十位部分
        MOV 67,B                    ; 个位部分
        ; 以下处理小数部分
        MOV A,40                    ; 读入经度度的低字节部分
        ANL A,#7FH                  ; 去掉最高位得到小数部分
        MOV B,#10                   ; 小数部分乘以 10
        MUL AB
        RLC A                       ; 以下将小数部分乘以 10 的结果除以 2^7, 取商作为第一位小数
        MOV A,B
        RLC A
        MOV 68,A

        RET
    DISPLAY_NS:
    ;- - - - - - - - - - - - - - - -
```

```
; - 显示纬度
; - - - - - - - - - - - - - - - -
     CALL LCD_INIT
     MOV P1,#80H          ; 显示位置
     ACALL ENABLE         ; 传送命令
     MOV P1,#01H
     CALL ENABLE


     MOV R0,#61           ; 显示 N 或 S
     MOV A,@R0
     CALL WRITE2
     INC R0
     MOV DPTR,#TABLE1


     MOV A,@R0            ; 显示纬度的十位
     MOVC A,@A+DPTR
     CALL WRITE2
     INC R0


     MOV A,@R0            ; 显示纬度的个位
     MOVC A,@A+DPTR
     CALL WRITE2
     INC R0


     MOV A,#2EH           ; 显示小数点 .
     CALL WRITE2
     INC R0


     MOV A,@R0            ; 显示纬度的十分位
     MOVC A,@A+DPTR
     CALL WRITE2


     RET
DISPLAY_EW:
; - - - - - - - - - - - - - - - -
; - 显示经度
; - - - - - - - - - - - - - - - -
     MOV P1,#80H          ; 显示位置
     ACALL ENABLE
     MOV P1,#0C0H         ; 写入显示起始地址（第二行第一个位置）
     CALL ENABLE          ; 调用写入命令子程序


     MOV R0,#65           ; 显示 E 或 W
     MOV A,@R0
     CALL WRITE2
     INC R0
     MOV DPTR,#TABLE1
```

```
        MOV A,@R0            ; 显示经度的十位
        MOVC A,@A+DPTR
        CALL WRITE2
        INC R0

        MOV A,@R0            ; 显示纬度的个位
        MOVC A,@A+DPTR
        CALL WRITE2
        INC R0

        MOV A,#2EH          ; 显示小数点 .
        CALL WRITE2
        INC R0

        MOV A,@R0            ; 显示纬度的十分位
        MOVC A,@A+DPTR
        CALL WRITE2

        RET

DISPLAY_SEARCH:
;- - - - - - - - - - - - - - - - - -
;- 显示搜索状态
;- - - - - - - - - - - - - - - - - -
        CALL LCD_INIT
        MOV P1,#80H         ; 显示位置
        ACALL ENABLE
        MOV P1,#01H
        CALL ENABLE
        MOV DPTR,#TABLE0
        CALL WRITE1
        RET

LCD_INIT:
        mov p3,#0ffh
        MOV P1,#01H         ; 清除屏幕
        ACALL ENABLE
        MOV P1,#38H         ; 8 位点阵
        ACALL ENABLE
        MOV P1,#0FH         ; 开显示
        ACALL ENABLE
        MOV P1,#06H         ; 移动光标
        ACALL ENABLE

        RET
```

```
ENABLE: ;送命令
   CLR RS
   CLR RW
   CLR E
   ACALL DELAY
   SETB E
   RET

WRITE1: ; 送字符串
   MOV R1,#00h
A1:
   MOV A,R1
   MOVC A,@A+DPTR
   CALL WRITE2
   INC R1
   CJNE A,#00h,A1        ;  以 00H 做字符串结束标志
   RET

WRITE2:   ; 送单个字符
   MOV P1,A
   SETB RS
   CLR RW
   CLR E
   CALL delay
   SETB E
   RET

delay:  ; 延时子程序
   mov r7,#255
   d1:mov r6,#255
   d2:djnz r6,d2
   djnz r7,d1
   ret

delay1:
   mov r7,#255
delay2:
   mov r6,#255
   djnz r6,$
   djnz r7,delay2
ret


Serial_RX_ISR:
;- - - - - - - - - - - - - - - - - - - - - - - - - - - - - - - - -
;    串口接收中断服务程序，需要在程序开始时在 2FH 处写入缓存区首地址
;- - - - - - - - - - - - - - - - - - - - - - - - - - - - - - - - -
```

```
        PUSH PSW                        ; 程序状态字压栈
        PUSH 1                          ; R1 压栈

        CJNE R4,#0,ISR_1                ; 判断第 0 字节是否为 0FFH
        MOV A,SBUF
        CJNE A,#0FFH,ISR_OUT
        INC R4
ISR_1:
        CJNE R4,#1,ISR_2                ; 判断第 1 字节是否为 81H
        MOV A,SBUF
        CJNE A,#81H,ISR_OUT
        INC R4
ISR_2:
        CJNE R4,#2,ISR_3                ; 判断第 2 字节是否为 0E8H
        MOV A,SBUF
        CJNE A,#0E8H,ISR_OUT
        INC R4
ISR_3:
        CJNE R4,#3,ISR_4                ; 判断第 3 字节是否为 03H
        MOV A,SBUF
        CJNE A,#03H,ISR_OUT
        INC R4
ISR_4:
        CJNE R4,#4,ISR_22               ; 判断第 4 字节是否为 31H
        MOV A,SBUF
        CJNE A,#31H,ISR_OUT
        INC R4
ISR_22:
        CJNE R4,#22,ISR_NEXT            ; 判断搜索到卫星的数量是否大于 4
        MOV A,SBUF
        SUBB A,#4
        JNC ISR_OK
        SETB 20H.0                      ; 20h.0 为 1 时表示 GPS 搜索卫星数小于 4，GPS 无法准确定位
ISR_OK:
        CLR 20H.0
ISR_NEXT:
        MOV A,R4
        SUBB A,#53                      ; 将经度和纬度数据存入内存空间 53 - 60
        JC ISR_OTHER
        MOV A,R4
        SUBB A,#61
        JNC ISR_OTHER
        MOV A,R4
        MOV R1,A
        MOV @R1,SBUF
        INC R4
```

```
        JMP ISR_OUT2
ISR_OTHER:
        INC R4
        CJNE R4,#55,ISR_OUT    ; 判断是否到一帧结束
        JMP ISR_OUT2
ISR_OUT:
        CLR RI                 ; 软件清除串口接收中断标志
        MOV R4,#0              ; 将R4清零
ISR_OUT2:
        POP 1                  ; R1 出栈
        POP PSW                ; 程序状态字出栈
        RETI


;--S,E,A,R,C,H,I,N,G
TABLE0: DB 53H,45H,41H,52H,43H,48H,49H,4EH,47H,00H
;-- 0,1,2,3,4,5,6,7,8,9
TABLE1: DB 30h,31h,32h,33h,34h,35h,36h,37h,38h,39h
;-- N,S,E,W
TABLE2: DB 4EH,53H,45H,57H
END
```

14.3.5 经验总结

本实例采用 8051 接收 GPS 模块数据，通过 LCD 模块显示的方式实现了一个简单的 GPS 系统。本系统的主要难点在于数据的处理上，以下是本实例技巧的总结。

- 8051 系列的单片机为 8 位机，运算能力比较弱，尤其是乘除法，应尽量避免使用乘除运算，可以通过移位的方式实现对 2 的乘除法。
- 对于小数数据的计算应该灵活二进制数据的特点进行计算，实现简单的小数计算功能。
- GPS 模块都需要一定时间的搜索时间，对于数据的处理应等到搜索卫星数达到四颗或四颗以上时才能进行。
- GPS 模块能够提供的信息比较多，对于系统只需提取其中有用的信息，而不用都进行存储。如果需要较大的数据存储，可以采用外扩存储器的方式进行。
- 串口通信中，如果数据帧较大的时候，可以采用计数的方式了解数据帧的接收方式。

附录 1　8051 的指令列表

为了便于查阅，现把 8051 的指令列表整理如下。

类别	指令格式	功能简述	字节数	周期
数据传送类指令	MOV　A，Rn	寄存器送累加器	1	1
	MOV　Rn，A	累加器送寄存器	1	1
	MOV　A，@Ri	内部 RAM 单元送累加器	1	1
	MOV　@Ri，A	累加器送内部 RAM 单元	1	1
	MOV　A，#data	立即数送累加器	2	1
	MOV　A，direct	直接寻址单元送累加器	2	1
	MOV　direct，A	累加器送直接寻址单元	2	1
	MOV　Rn，#data	立即数送寄存器	2	1
	MOV　direct，#data	立即数送直接寻址单元	3	2
	MOV　@Ri，#data	立即数送内部 RAM 单元	2	1
	MOV　direct，Rn	寄存器送直接寻址单元	2	2
	MOV　Rn，direct	直接寻址单元送寄存器	2	2
	MOV　direct，@Ri	内部 RAM 单元送直接寻址单元	2	2
	MOV　@Ri，direct	直接寻址单元送内部 RAM 单元	2	2
	MOV　direct2，direct1	直接寻址单元送直接寻址单元	3	2
	MOV　DPTR，#data16	16 位立即数送数据指针	3	2
	MOVX　A，@Ri	外部 RAM 单元送累加器（8 位地址）	1	2
	MOVX　@Ri，A	累加器送外部 RAM 单元（8 位地址）	1	2
	MOVX　A，@DPTR	外部 RAM 单元送累加器（16 位地址）	1	2
	MOVX　@DPTR，A	累加器送外部 RAM 单元（16 位地址）	1	2
	MOVC　A，@A+DPTR	查表数据送累加器（DPTR 为基址）	1	2
	MOVC　A，@A+PC	查表数据送累加器（PC 为基址）	1	2

类别	指 令 格 式	功 能 简 述	字节数	周期
算术运算类指令	XCH　A，Rn	累加器与寄存器交换	1	1
	XCH　A，@Ri	累加器与内部 RAM 单元交换	1	1
	XCHD　A，direct	累加器与直接寻址单元交换	2	1
	XCHD　A，@Ri	累加器与内部 RAM 单元低 4 位交换	1	1
	SWAP　A	累加器高 4 位与低 4 位交换	1	1
	POP　direct	栈顶弹出指令直接寻址单元	2	2
	PUSH　direct	直接寻址单元压入栈顶	2	2
	ADD　A，Rn	累加器加寄存器	1	1
	ADD　A，@Ri	累加器加内部 RAM 单元	1	1
	ADD　A，direct	累加器加直接寻址单元	2	1
	ADD　A，#data	累加器加立即数	2	1
	ADDC　A，Rn	累加器加寄存器和进位标志	1	1
	ADDC　A，@Ri	累加器加内部 RAM 单元和进位标志	1	1
	ADDC　A，#data	累加器加立即数和进位标志	2	1
	ADDC　A，direct	累加器加直接寻址单元和进位标志	2	1
	INC　A	累加器加 1	1	1
	INC　Rn	寄存器加 1	1	1
	INC　direct	直接寻址单元加 1	2	1
	INC　@Ri	内部 RAM 单元加 1	1	1
	INC　DPTR	数据指针加 1	1	2
	DA　A	十进制调整	1	1
	SUBB　A，Rn	累加器减寄存器和进位标志	1	1
	SUBB　A，@Ri	累加器减内部 RAM 单元和进位标志	1	1
	SUBB　A，#data	累加器减立即数和进位标志	2	1
	SUBB　A，direct	累加器减直接寻址单元和进位标志	2	1
	DEC　A	累加器减 1	1	1
	DEC　Rn	寄存器减 1	1	1
	DEC　@Ri	内部 RAM 单元减 1	1	1
	DEC　direct	直接寻址单元减 1	2	1
	MUL　AB	累加器乘寄存器 B	1	4
	DIV　AB	累加器除以寄存器 B	1	4
逻辑运算类指令	ANL　A，Rn	累加器与寄存器	1	1
	ANL　A，@Ri	累加器与内部 RAM 单元	1	1
	ANL　A，#data	累加器与立即数	2	1
	ANL　A，direct	累加器与直接寻址单元	2	1
	ANL　direct，A	直接寻址单元与累加器	2	1
	ANL　direct，#data	直接寻址单元与立即数	3	1
	ORL　A，Rn	累加器或寄存器	1	1
	ORL　A，@Ri	累加器或内部 RAM 单元	1	1

续表

类别	指令格式	功能简述	字节数	周期
逻辑运算类指令	ORL　A，#data	累加器或立即数	2	1
	ORL　A，direct	累加器或直接寻址单元	2	1
	ORL　direct，A	直接寻址单元或累加器	2	1
	ORL　direct，#data	直接寻址单元或立即数	3	1
	XRL　A，Rn	累加器异或寄存器	1	1
	XRL　A，@Ri	累加器异或内部 RAM 单元	1	1
	XRL　A，#data	累加器异或立即数	2	1
	XRL　A，direct	累加器异或直接寻址单元	2	1
	XRL　direct，A	直接寻址单元异或累加器	2	1
	XRL　direct，#data	直接寻址单元异或立即数	3	2
	RL　A	累加器左循环移位	1	1
	RLC　A	累加器连进位标志左循环移位	1	1
	RR　A	累加器右循环移位	1	1
	RRC　A	累加器连进位标志右循环移位	1	1
	CPL　A	累加器取反	1	1
	CLR　A	累加器清零	1	1
控制转移类指令	ACCALL addr11	2KB 范围内绝对调用	2	2
	AJMP　addr11	2KB 范围内绝对转移	2	2
	LCALL　addr16	2KB 范围内长调用	3	2
	LJMP　addr16	2KB 范围内长转移	3	2
	SJMP　rel	相对短转移	2	2
	JMP　@A+DPTR	相对长转移	1	2
	RET	子程序返回	1	2
	RET1	中断返回	1	2
	JZ　rel	累加器为零转移	2	2
	JNZ　rel	累加器非零转移	2	2
	CJNE　A，#data，rel	累加器与立即数不等转移	3	2
	CJNE　A，direct，rel	累加器与直接寻址单元不等转移	3	2
	CJNE　Rn，#data，rel	寄存器与立即数不等转移	3	2
	CJNE　@Ri，#data，rel	RAM 单元与立即数不等转移	3	2
	DJNZ　Rn，rel	寄存器减 1 不为零转移	2	2
	DJNZ　direct，rel	直接寻址单元减 1 不为零转移	3	2
布尔操作类指令	NOP	空操作	1	1
	MOV　C，bit	直接寻址位送 C	2	1
	MOV　bit，C	C 送直接寻址位	2	1
	CLR　C	C 清零	1	1
	CLR　bit	直接寻址位清零	2	1
	CPL　C	C 取反	1	1
	CPL　bit	直接寻址位取反	2	1
	SETB　C	C 置位	1	1

续表

类别	指 令 格 式	功 能 简 述	字节数	周期
布尔操作类指令	SETB bit	直接寻址位置位	2	1
	ANL C，bit	C 逻辑与直接寻址位	2	2
	ANL C，/bit	C 逻辑与直接寻址位的反	2	2
	ORL C，bit	C 逻辑或直接寻址位	2	2
	ORL C，/bit	C 逻辑或直接寻址位的反	2	2
	JC rel	C 为 1 转移	2	2
	JNC rel	C 为零转移	2	2
	JB bit，rel	直接寻址位为 1 转移	3	2
	JNB bit，rel	直接寻址为 0 转移	3	2
	JBC bit，rel	直接寻址位为 1 转移并清该位	3	2

附录2　PS/2 键盘键值和符号对照表

十六进制	字符	十六进制	字符	十六进制	字符	十六进制	字符
00	nul	20	sp	40	@	60	'
01	soh	21	!	41	A	61	a
02	stx	22	"	42	B	62	b
03	etx	23	#	43	C	63	c
04	eot	24	$	44	D	64	d
05	enq	25	%	45	E	65	e
06	ack	26	&	46	F	66	f
07	bel	27	`	47	G	67	g
08	bs	28	(	48	H	68	h
09	ht	29	)	49	I	69	i
0a	nl	2a	*	4a	J	6a	j
0b	vt	2b	+	4b	K	6b	k
0c	ff	2c	,	4c	L	6c	l
0d	er	2d	-	4d	M	6d	m
0e	so	2e	.	4e	N	6e	n
0f	si	2f	/	4f	O	6f	o
10	dle	30	0	50	P	70	p
11	dc1	31	1	51	Q	71	q
12	dc2	32	2	52	R	72	r
13	dc3	33	3	53	S	73	s
14	dc4	34	4	54	T	74	t
15	nak	35	5	55	U	75	u
16	syn	36	6	56	V	76	v
17	etb	37	7	57	W	77	w
18	can	38	8	58	X	78	x
19	em	39	9	59	Y	79	y
1a	sub	3a	:	5a	Z	7a	z
1b	esc	3b	;	5b	[	7b	{
1c	fs	3c	<	5c	\	7c		
1d	gs	3d	=	5d	]	7d	}
1e	re	3e	>	5e	^	7e	~